简明材料力学

（第2版）

徐　鹏　薛春霞　高经武
关学锋　郝铁生　张建军　编著

電子工業出版社
Publishing House of Electronics Industry
北京·BEIJING

内 容 简 介

本书是参考教育部高等学校力学基础课程教学指导分委员会 2008 年编制的“理工科非力学专业力学基础课程教学基本要求（试行）（B）”编著的。通过对材料力学原有知识结构体系的优化，本教材精选了材料力学的基本知识内容，系统介绍了杆件的内力、应力强度、变形刚度、稳定性、动载荷、能量法、超静定问题的基本概念和基本方法。

本教材适合机械类、近机械类专业本、专科生使用，学时为 48～64 学时，也可供类似专业高等职业教育的学生使用，结合网络资源也可供成人业余教育和网络教育使用。

未经许可，不得以任何方式复制或抄袭本书之部分或全部内容。
版权所有，侵权必究。

图书在版编目（CIP）数据

简明材料力学/徐鹏等编著. —2 版. —北京：电子工业出版社，2016.1
普通高等教育“十二五”机电类规划教材
ISBN 978-7-121-27862-4

Ⅰ. ①简… Ⅱ. ①徐… Ⅲ. ①材料力学－高等学校－教材 Ⅳ. ①TB301

中国版本图书馆 CIP 数据核字（2015）第 304132 号

策划编辑：李 洁
责任编辑：刘真平
印　　刷：北京七彩京通数码快印有限公司
装　　订：北京七彩京通数码快印有限公司
出版发行：电子工业出版社
　　　　　北京市海淀区万寿路 173 信箱　邮编　100036
开　　本：787×1 092　1/16　印张：16　字数：409.6 千字
版　　次：2011 年 6 月第 1 版
　　　　　2016 年 1 月第 2 版
印　　次：2025 年 2 月第 4 次印刷
定　　价：45.00 元

凡所购买电子工业出版社图书有缺损问题，请向购买书店调换。若书店售缺，请与本社发行部联系，联系及邮购电话：（010）88254888。

质量投诉请发邮件至 zlts@phei.com.cn，盗版侵权举报请发邮件至 dbqq@phei.com.cn。

服务热线：（010）88258888。

第2版前言

<<<<<< PREFACE

本书初版于2011年出版，被国内多所高校选用，曾获得2013年度兵工高校优秀教材奖。

第2版保持了第1版的体系和风格，在培养学生力学应用能力上具有显著的导向性和创新性，坚持理论严谨、体系完整、逻辑清晰、难易适度、易教易学的原则。结合教材使用教师和学生的意见，对其进行了修订。

在本版中，我们对全书的内容和个别表达语句进行了必要的增删和修改，也修订了第1版中的一些印刷错误。本版注意不同章节的符号、例题、习题的一致性，有重点地增加了一些习题，以增加教师的选择性；替换了一些工程实际图片；在超静定部分增加了扭转超静定的内容，删减了第八章和附录A的部分习题。

本版教材由中北大学力学系编著，由徐鹏、薛春霞、高经武、关学锋、郝铁生、张建军等编著。其中第一章、第二章、附录C由徐鹏编著；第三章由薛春霞编著；第四章、第七章、附录B由关学锋编著；第五章、第九章由郝铁生编著；第六章由高经武编著；第八章和附录A由张建军编著。全书由徐鹏统稿。

本书虽然经过修改，但限于我们的水平和条件，缺点和错误仍在所难免，衷心希望大家给予批评指正，使本书得以不断提高和完善，也不断提高我们的教学水平。

编著者
2015年7月

第1版前言

<<<<< PREFACE

材料力学作为机械类、近机械类专业本、专科生直接面向工程设计的重要技术基础课程，历来受到重视。近年来，各级各类高等学校材料力学课程教学的总学时都在减少，而后续专业课程对材料力学课程的各种要求却没有降低，另外应用型人才、复合型人才培养对材料力学的教学也提出了新的更高的要求，这都对材料力学课程传统教学模式和教材内容提出了现实的问题：学时减少，难度降低，但对内容的系统性和覆盖面却提出了较高的要求。编写出版一种《材料力学》教材，既能适应学时减少的当前形势，又能满足后续课程对材料力学教学的基本要求，还能考虑到学生继续学习力学类课程的内容和方法需求，成为目前材料力学教学面临的新问题。

本教材根据机械类、近机械类的专业特点，构建了层次分明的材料力学各部分教学内容之间的关系，优化了教学内容。本教材打破传统材料力学教材的固定编排模式，采取工程问题设计和制造流程的思路编写教材，将传统的材料力学按杆的变形进行分章编排，采用基本变形加组合变形的模式，四种基本变形均使用外力、内力、应力强度、变形刚度的循环过程，改为按内力、应力、变形进行分章编排，另外将以往教材在各章分散出现的内容集中起来，从而使体系更合理、内容更精练。

随着有限元模拟和其他数值计算商业软件的不断完善和应用，材料力学教学的重点不再强调复杂、烦琐的计算过程和计算方法，在掌握基本概念、方法的基础上，培养学生较强的力学建模能力是当前材料力学教学中应大力关注的。利用典型工程实际问题的分析过程，通过设置一些力学建模问题，增强学生对力学的发散性思维能力，是编写此教材的出发点之一。本教材注重通过工程实际问题提炼材料力学模型，引出力学理论，从而增强学生力学建模的能力和准确分析计算的能力。

在习题设置方面，注重开发学生的发散性思维，习题结构多样性，每章设计灵活多样的判断题、选择题、填空题和计算题。结合工程图片，设计了一些定性分析的题目，以培养学生力学建模和分析工程实际问题的能力；关键词汇给出英语解释，加大学生的专业外语词汇量。另外本教材配有多媒体课件，方便教师授课和学生自学。

本教材由中北大学力学系编著，由徐鹏、关学锋、郝铁生、张建军等编著。其中第一章到第三章、第六章、附录 C 由徐鹏编著；第四章、第七章、附录 B 由关学锋编著；第五章、第九章由郝铁生编著；第八章和附录 A 由张建军编著。书中插图由研究生刘飞同学和关学锋、张建军绘制。

衷心希望读者就本教材的内容进行交流，并对教材中的不足给予批评指正。电子邮箱：ncitlxpx@nuc.edu.cn.

编　者

2011 年 6 月

目录

<<<<< CONTENTS

第七章　受压杆件的稳定性设计

第八章　动载荷与交变应力

第九章　超静定结构

附录 A　平面图形的几何性质

附录 B　型　钢　表

附录 C　典型问题有限元模拟结果

习 题 答 案

参 考 文 献

第一章 绪 论

第一节 引言

工程中广泛使用着各种机械和结构。组成机械和结构的元件称为**构件**。构件的形状繁多，材料力学所研究的主要构件从几何上多抽象为**杆**（bar），它是纵向（长度方向）尺寸远比横向（垂直于长度方向）尺寸要大得多的构件。传动轴、梁、柱等都可抽象为杆。杆有两个主要几何因素，即横截面和轴线。前者是指直杆沿垂直于其长度方向的截面，后者则是指所有横截面形心的连线，图 1-1（a）所示为直杆，图 1-1（b）所示为曲杆。

构件在工作时都要承受各种载荷作用。因此，为了保证构件能安全可靠地工作，要求它必须具有足够的承载能力。在材料力学中，衡量构件是否具有足够的承载能力，是从以下三个方面来考虑的。

（1）**强度**（strength）：**强度是指构件在载荷作用下抵抗破坏的能力**。构件工作时绝不允许发生破坏。例如，机床主轴因荷载过大而断裂时，整个机床就无法使用；桥梁也会因载荷过大而发生破坏。所以要求构件必须具有足够的强度。图 1-2 所示为输电塔因雪灾而造成的强度失效。图 1-3 所示为曲轴疲劳失效示例。图 1-4 所示为主减速器齿轮副损坏（打齿）。

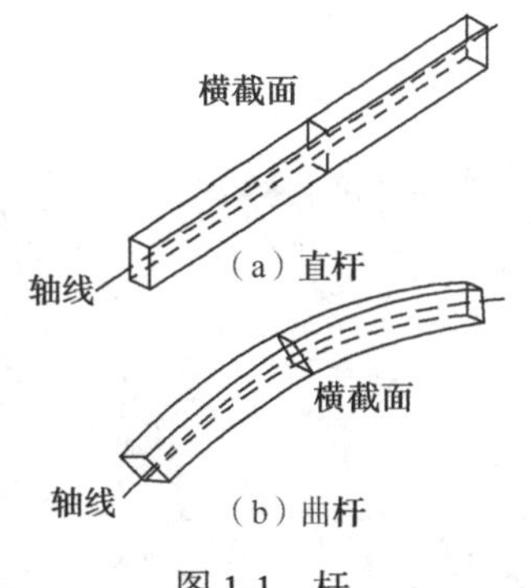

图 1-1 杆

图 1-2 强度失效

图 1-3 曲轴疲劳失效示例

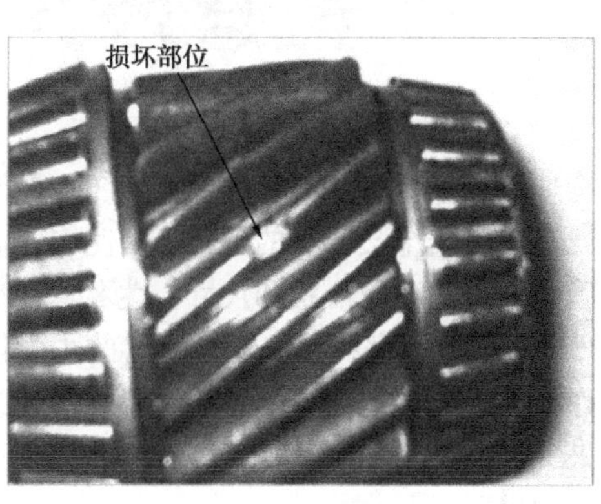

图 1-4 齿轮副损坏

（2）**刚度**（rigidity）：**刚度是指构件在载荷作用下抵抗变形的能力。**在载荷作用下，构件形状和尺寸的变化称为变形。构件即使有足够的强度，但如果在载荷作用下产生的变形过大，也不能正常工作。例如，齿轮的变形过大时，会使齿轮啮合不良和轴承不均匀磨损，引起噪声；机床主轴变形过大就会降低加工精度（如图1-5所示），钻床立柱刚度不足将影响加工孔的垂直度（如图1-6所示）。所以对构件工作时产生的变形应有一定的要求，即要求构件必须具有一定的刚度。但有的时候，需要降低构件的刚度，以达到一定的工程目的。例如，汽车的钢板弹簧（如图1-7所示）就是在满足强度的前提下，降低其刚度，从而实现减振缓冲的效果。

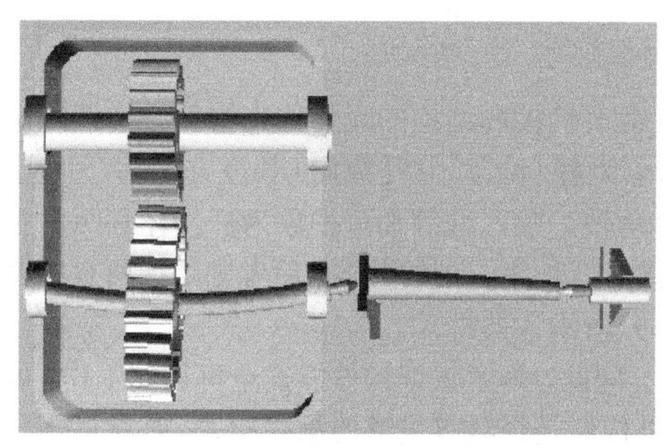
图1-5　齿轮轴刚度不足示例

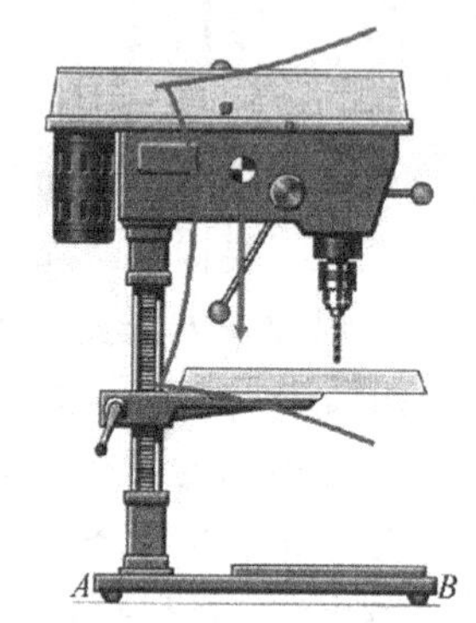

图1-6　钻床立柱刚度不足示例

（3）**稳定性**（stability）：**稳定性是指构件在载荷作用下保持原有平衡形态的能力。**有些受压的细长直杆，当压力不大时，构件能保持原来直线平衡形态。若压力超过某一临界值，构件会突然变弯而丧失了承载能力，这种现象称为丧失稳定性（失稳）（如图1-8所示）。工程中如房屋承重的立柱、千斤顶的螺杆都是这样。因此要求构件具有足够的保持原有平衡形态的能力，即要求构件有足够的稳定性。

图1-7　汽车的钢板弹簧

图1-8　丧失稳定性示例

使构件更加安全可靠地工作是必需的，但同时也要控制成本，注意设计的经济性。材料力学的任务就是在既安全又经济的条件下，使构件满足强度、刚度和稳定性的要求，为其选择适宜的材料，确定合理的截面形状和尺寸，为构件的设计提供理论基础和计算方法。

构件的强度、刚度和稳定性与材料的力学性能有关。材料的力学性能要由实验来测定；材料力学中许多理论分析和计算的结果，需要实验的验证；一些难以进行理论分析的问题，须借助实验方法来解决。所以材料力学的实验研究与理论分析同等重要，它们互相补充，相辅相成，都是解决问题的重要手段。

第二节 变形固体的基本假设

由于生产、机械加工、施工等各个环节因素的影响，制成构件的实际材料与理论计算存在一定偏差。为了研究简便，常把与问题无关或影响不大的次要因素忽略，仅保留主要因素，即对事物做出一些假设，把问题抽象化、理想化，再进行分析研究。材料力学对构成构件的变形固体做如下几个基本假设。

1．连续性假设

连续性假设认为组成变形固体的物质毫无空隙地充满了变形固体的几何空间。实际上组成固体的粒子之间是有空隙的、是不连续的。但粒子之间的空隙与构件的尺寸相比极其微小，在宏观的讨论中，可以忽略不计。例如，球墨铸铁中的球墨团（如图 1-9 所示）、微小气泡孔洞、混凝土中的孔洞等与这些构件的宏观尺寸相比，要小好几个数量级，所以在进行强度、刚度等分析时，可以忽略这些内部缺陷。

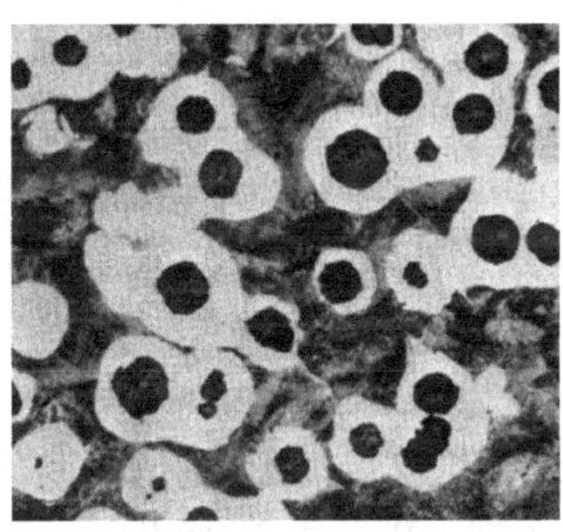

图 1-9 球墨铸铁的显微组织

需要引入这个假设的另一个原因是，材料力学中需要采用高等数学中的求导、积分等来定义一些力学量或进行相关计算。而求导、积分通常要求函数是连续的，需要用坐标的连续函数来表示它们的变化规律。

2．均匀性假设

均匀性假设认为在变形固体所占的空间内，各处的力学性能完全相同，即同一物体中各部分材料的力学性质不随位置坐标而改变。就工程中使用最多的金属（如图 1-10、图 1-11 所示）来说，组成金属的每个晶粒的力学性能并不完全相同。但构件的某一部分中包含了无数多晶粒，而且它们无规则地排列着，在宏观领域内，其力学性能是各晶粒力学性能的统计平均值。

根据此假设，可以从构件中取出任意一小部分进行分析，然后将所得结果应用于整个构件。也可以把通过试样测得的材料的力学性能应用于构件任何部分。

3．各向同性（Isotropic）假设

各向同性假设认为变形固体在各个方向上的力学性能完全相同，具有这种属性的材料称为各向同性材料。工程中常用的各种金属材料（铸钢、铸铜等）、塑料、混凝土和玻璃等都是各向同性材料。就金属单一晶粒而言，不同方向的力学性能是不同的。但构件内常包含着数量极多的晶粒，而各晶粒又是杂乱无章地排列着的，所以各方向的性能就接近相同了。实验证明，按这种理想化的材料模型研究问题所得结论能很好地符合实际情况。即使应用于具有方向性的材料，也可以得到较满意的结果。

在各个方向上具有不同的力学性能的材料称为各向异性材料，如木材、轧制钢材、胶合板等。

图1-10　普通钢材的显微组织

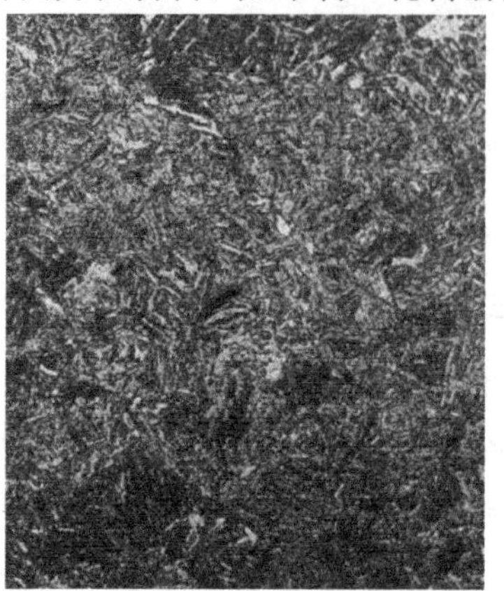

图1-11　优质钢材的显微组织

4．小变形假设

材料力学研究的问题，仅限于变形的大小远小于构件的原始尺寸，即小变形的情况。在小变形条件下，研究构件的平衡和运动时，可以忽略构件的变形，而按构件变形前的原始尺寸进行分析计算。这样可以使分析计算大大简化，而产生的误差很小，完全在工程允许范围之内。如图1-12所示构件AB，在载荷P作用下发生了变形，B点移到B'点，水平位移为Δ。若Δ远小于杆长l，则属于小变形问题。在计算A处反力时，可以不考虑Δ的影响，仍然按构件原尺寸计算，即

$$\sum F_x = 0 \quad F_{Ax} = 0\,; \qquad \sum F_y = 0 \quad F_{Ay} - P = 0\,; \qquad \sum M_A = 0 \quad m_A + Pl = 0$$

得

$$F_{Ax} = 0\,,\ \ F_{Ay} = P\,,\ \ m_A = -Pl$$

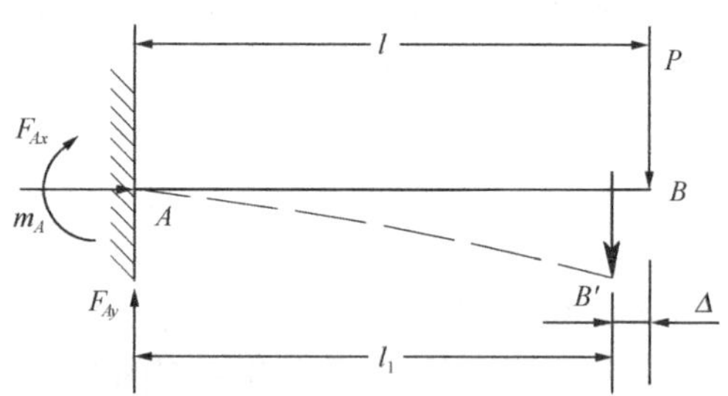

图1-12　小变形假设

第三节　外力、内力、应力与应变

1．外力（external force）

作用于构件上的外力，按其作用方式可分为体力和面力。体力是连续分布在构件内部各点

处的力，如构件的自重和惯性力等，单位为 N/m^3。面力是直接作用于构件内、外表面的力，又可分为分布力和集中力。连续作用于构件表面面积上的力为分布力，如作用于船体上的水压力和作用于楼房墙壁上的风压力等，常用单位为 N/m^2。对于杆件，认为分布力沿杆件的轴线作用，单位为 N/m，如梁自重的影响、钢板对轧辊的作用力、楼板对屋梁的作用力等。若分布面积远小于物体的表面尺寸，如火车车轮对钢轨的压力、车刀对工件表面的作用力等，就可看成集中力。常用的单位为 N（牛顿）或 kN（千牛顿）。

2．内力（internal force）

构件在没有受到外力作用时，其内部各质点之间就存在着相互作用力，这是物体保持一定形状或容积的内在因素。构件受到外力作用后发生变形，内部任意两点之间因为相对位置改变而引起相互作用力的变化。这里所说的内力是指构件在外力的作用下，内部相互作用力的变化量，称为“附加内力”，简称“内力”。构件的内力随外力增加而增大，但增加到某一限度时，构件将发生破坏，所以内力是有限度的，这一限度与构件强度密切相关。

因为内力是在构件内部的，为了求某一截面上的内力，通常用假想截面沿指定位置将构件切开两部分，然后对其中任意一部分利用静力平衡方程求解内力分量，这种方法称为**截面法**。

截面法可以分为以下三个步骤。

（1）**截开**：在所求内力的截面处，假想地用截面将杆件一分为二（如图 1-13（a）所示）。弃去任意一部分，保留另一部分作为研究对象。

（2）**代替**：用力代替弃去部分对保留部分的作用（如图 1-13（b）所示）。

（3）**平衡**：根据保留部分的平衡条件，求得截面上的内力。

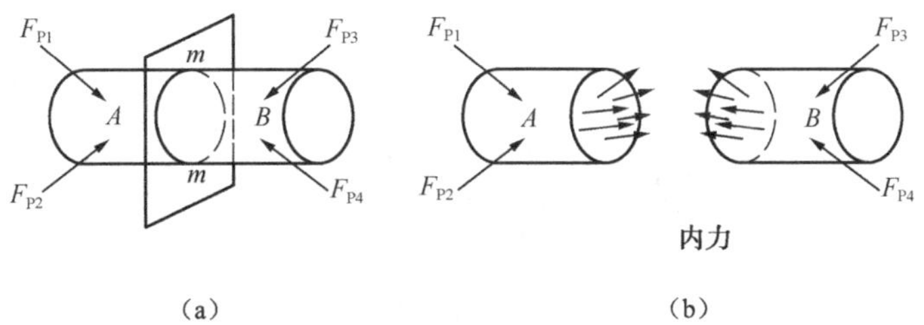

图 1-13　截面法

内力具有以下特征：

（1）是指定截面上的连续分布力系；

（2）与外力组成平衡力系（特殊情形下内力本身形成自相平衡力系）。

需要注意的是，虽利用静力平衡方程能够求解内力的数值，但不能得到内力在指定截面上的分布规律。

此外应特别注意，在使用截面法之前，不能对构件上的力系进行简化。

例 1-1　小型压力机的铸铁框架如图 1-14（a）所示，载荷 F=1kN，试求截面 n—n 上的内力。

【解】（1）沿截面 n—n 假想将框架切开成两部分，取上半部分为研究对象。选取截面 n—n 的形心为坐标原点。

（2）将下半部分对上半部分的作用以力代替，在截面 n—n 形心处加上内力 F_N 和 M，F_N 为通过形心作用线与 y 轴重合的拉力，M 为对形心 O 的力偶矩。

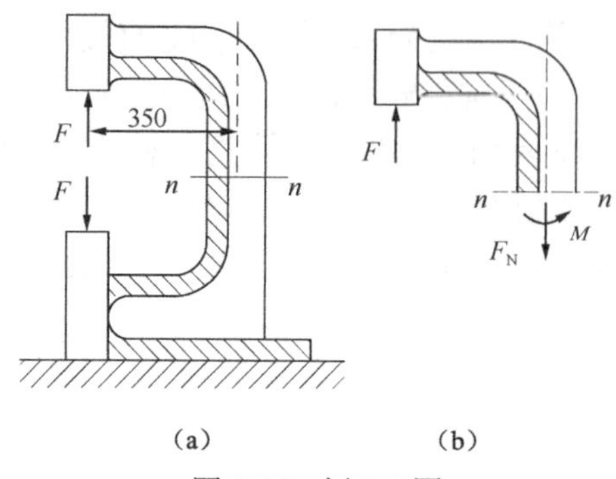

（a）（b）

图 1-14　例 1-1 图

（3）由保留部分的平衡条件

$$\sum F_y = 0\,, \qquad F - F_N = 0\,; \qquad \sum m_O = 0\,, \qquad 0.35F - M = 0$$

求得内力为　　$F_N = F = 1\text{kN}$　　$M = 0.35 \times 1 = 0.35\text{kN}\cdot\text{m}$

3．应力与应力状态

在前面介绍内力特征时，提到内力是指定截面上的连续分布力系，那么内力在某一截面上的分布如何呢？下面就来研究这个问题。

在图 1-15（a）所示的受力构件的截面上，围绕 k 点取一很小的面积 ΔA，ΔA 上分布内力的合力为 ΔP。显然 ΔP 的大小和方向与 k 点的位置和 ΔA 的大小有关。在 ΔA 范围内，单位面积的内力平均集度为

$$p_m = \frac{\Delta P}{\Delta A} \tag{1-1}$$

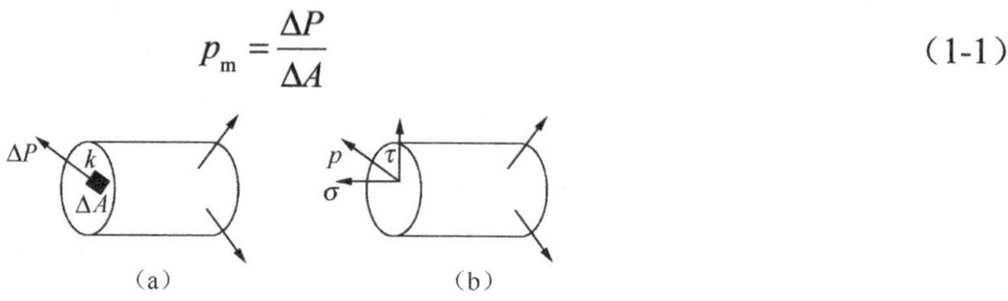

（a）（b）

图 1-15　应力表示

式中，p_m 称为在 ΔA 上的平均应力，是个矢量。一般情况下截面上的分布内力系不是均匀分布的，平均应力 p_m 随所取 ΔA 的大小不同而不同。所以它还不能准确地说明内力在截面上 k 点处的强弱程度。当 ΔA 趋于零时，p_m 的大小和方向都趋于一定极限，即

$$p = \lim_{\Delta A \to 0} \frac{\Delta P}{\Delta A} = \frac{dP}{dA} \tag{1-2}$$

式中，p 即为分布内力系在 k 点的集度，称为截面上 k 点的**应力**。p 是个矢量，一般情况既不与截面垂直，也不与截面相切。通过一点的不同方位截面上的应力一般并不相同。通过一点的所有不同方位截面上应力的全部情况，称为该点处的**应力状态**（stress state）。根据工程实际中构件的失效类型，通常把应力 p 分解成垂直于截面的分量 σ 和切于截面的分量 τ。σ 称为**正应力**（normal stress），τ 称为**切应力**（shearing stress），它们都是矢量。应力的量纲是力/面积。在国际单位制中，应力的单位是牛/平方米（N/m^2），称为帕斯卡或简称帕（Pa）。由于这个单位太小，通常使用的是兆帕，即 $1\text{MPa}=10^6\text{Pa}$。

4．线应变与切应变

受到约束的构件发生变形时，内部任意两点之间将产生相对位移。为了研究各点处的变形情况，引入应变的概念，来度量构件一点处的变形程度。通常围绕该点取一微小的六面体，以微六面体（单元体）的形状改变来度量构件某点的变形。一个六面体的变形可以分为两种：各边的伸长或变短、平行面之间的相互错动引起直角的改变，当只考虑 x 方向的线变形或 xy 平面内的角变形时，将六面体投影到 xy 平面，以上两种变形如图 1-16（b）、（d）所示。在图 1-16 中，六面体沿 x 方向的长度为Δx，绝对变形为Δu，所以六面体沿 x 方向的相对变形为

$$\varepsilon_x = \lim_{\Delta x \to 0} \frac{\Delta u}{\Delta x} = \frac{\mathrm{d}u}{\mathrm{d}x} \tag{1-3}$$

式中，ε_x 称为该点沿 x 方向的**线应变**。同理，可定义 y、z 方向的线应变 ε_y 和 ε_z 。

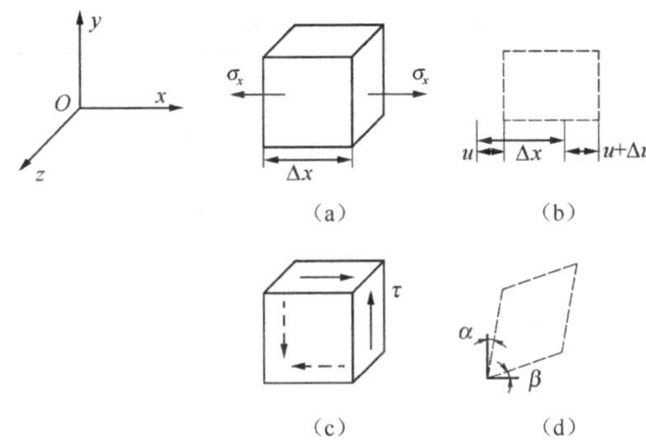

图 1-16　应变表示

定义 xy 平面内直角的相对改变量为

$$\gamma_{xy} = \lim_{\substack{\Delta x \to 0 \\ \Delta y \to 0}} (\alpha + \beta) \tag{1-4}$$

式中，γ_{xy} 称为该点在 xy 平面内的**切应变**。同理，可定义 yz、zx 平面内的切应变 γ_{yz} 和 γ_{zx} 。

线应变ε和切应变γ是度量一点处变形程度的两个基本量，它们都是无量纲量。

第四节　杆件的内力分量与变形的基本形式

为了分析内力分量的一般形式，沿杆件轴线建立 x 轴，沿横截面建立 y、z 轴。将图 1-17 中截面上的分布内力系向截面形心简化，得到一个力（主矢 F_R）和一个力偶（主矩 M）（如图 1-17（a）所示），然后将主矢和主矩沿三个坐标轴方向进行分解，得到三个内力分量 F_{Nx}、F_{Sy}、F_{Sz}，以及三个内力偶矩分量 M_x、M_y、M_z（如图 1-17（b）所示）。其中，沿轴线的主矢分量 F_{Nx} 将使杆件产生轴向变形，称为**轴力**。作用线位于所切横截面的主矢分量 F_{Sy}、F_{Sz} 将使杆件产生剪切变形，称为**剪力**。作用面垂直于杆件轴线 x 的内力偶矩分量 M_x 将使杆件产生绕杆轴的扭转变形，称为**扭矩**（记为 T）；作用面垂直于轴 y、z 的内力偶矩分量 M_y、M_z 将使杆件产生弯曲变形，称为**弯矩**。

当杆件横截面的内力分别存在轴力、剪力、扭矩、弯矩和剪力时，杆件将只发生轴向拉伸或压缩变形（如图 1-18 所示）、剪切变形（如图 1-19 所示）、扭转变形（如图 1-20 所示）、平面弯

曲变形（如图 1-21 所示）等基本变形。当横截面存在两个或两个以上的内力分量时，杆件将发生组合变形。

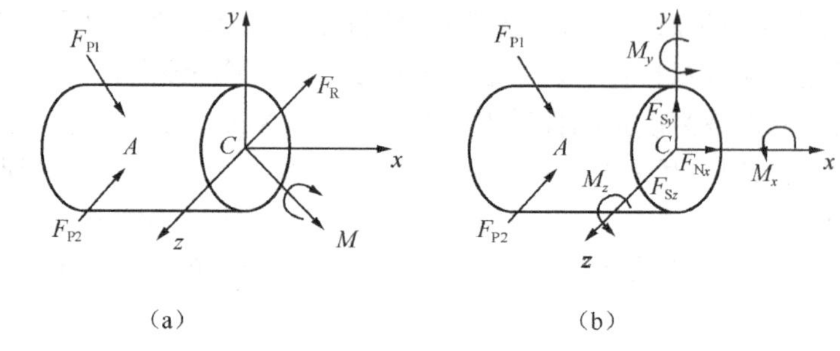

图 1-17 内力分量

图 1-18 轴向拉伸或压缩

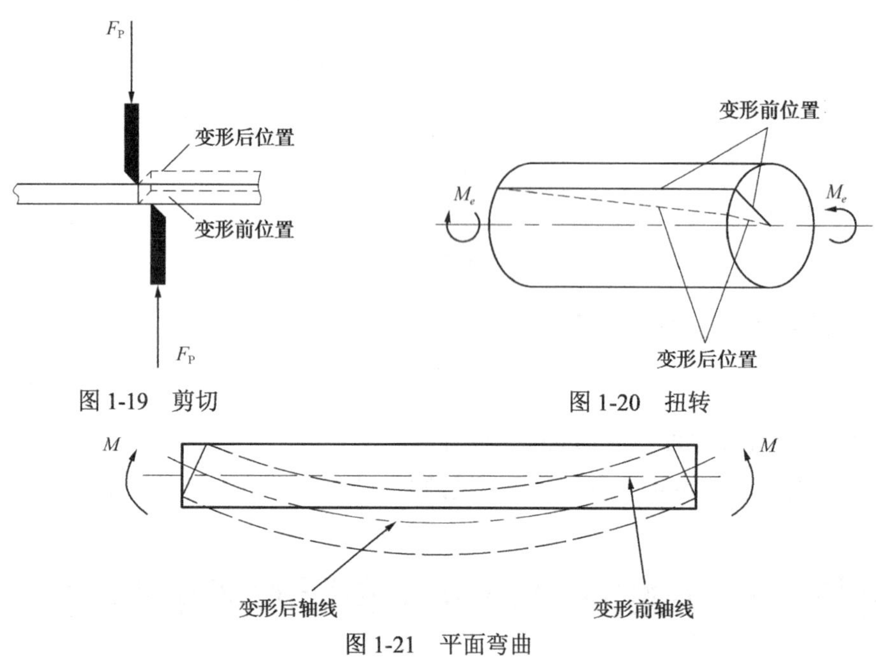

图 1-19 剪切

图 1-20 扭转

图 1-21 平面弯曲

习题 A

1-1．试就日常生活及工程实际中关于构件的强度、刚度和稳定性各举一个例子。

1-2．试考虑在变形体力学中，能否将题 1-2 图中的力系进行如下等效：将（a）等效为（b）。

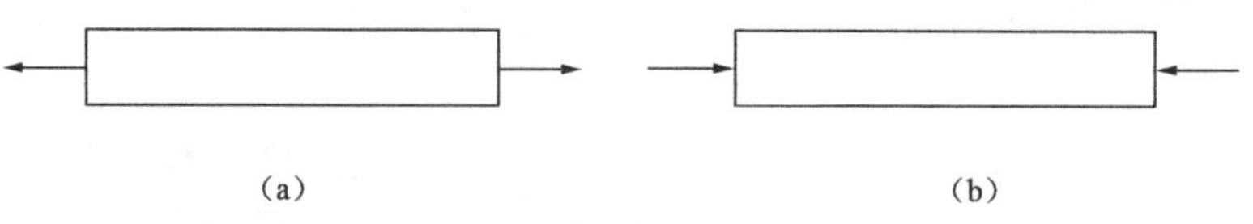

题 1-2 图

1-3．材料力学对变形固体做了哪些基本假设？假设的根据是什么？理论力学中的绝对刚体假设在材料力学中能否使用？

1-4．题 1-4 图所示各单元体，变形后形状用虚线表示。指出各单元体点的切应变是多少。

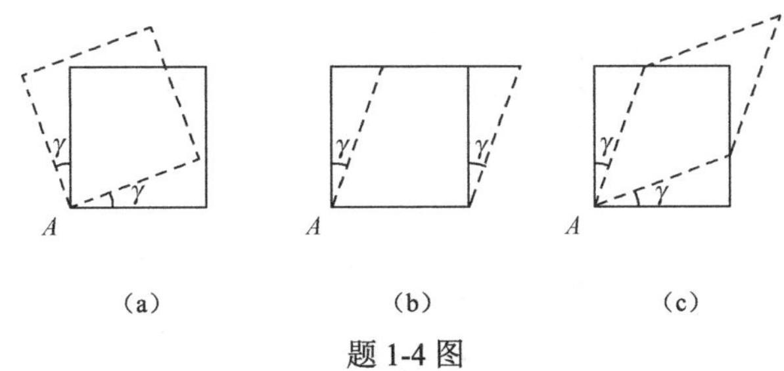

题 1-4 图

1-5．题 1-5 图所示悬臂梁，初始位置为 ABC，受作用力 F 后移到 $AB'C'$，试问：
（1）两段是否都产生位移？　（2）两段是否都产生变形？

习题 B

1-6．试求题 1-6 图所示结构 m—m 和 n—n 两截面上的内力，并指出 AB 和 BC 属于何种基本变形。

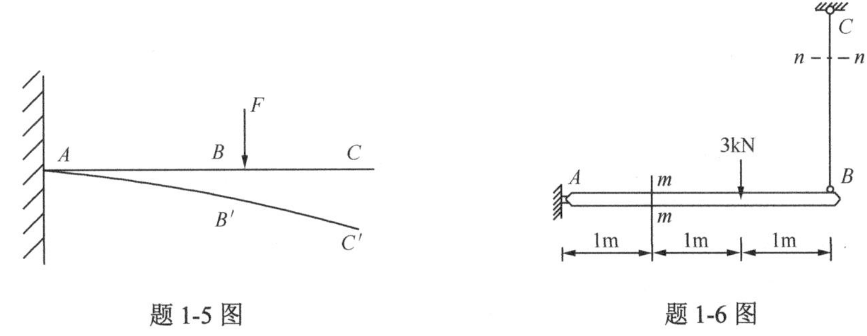

题 1-5 图　　题 1-6 图

1-7．题 1-7 图所示刚性梁在点 A 处铰接，B 点和 C 点由钢索吊挂，作用在 H 点的力 F 引起 C 点的铅垂位移为 10mm，求钢索 CE 和 BD 的应变。

1-8．题 1-8 图所示拉伸试件上 A、B 两点的距离（称为标距）l=10cm，在拉力作用下，用引伸仪量出标距的伸长量为 5×10^{-5} m，试求 A、B 两点间的平均应变 ε。

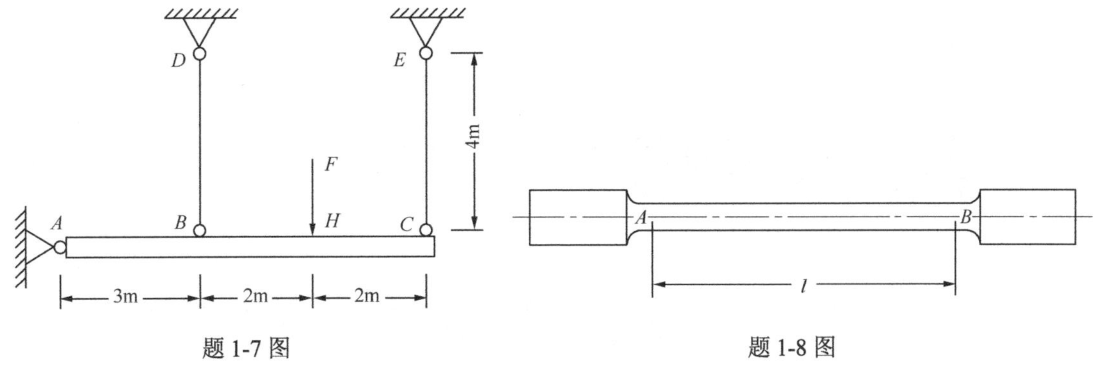

题 1-7 图　　题 1-8 图

1-9．四边形平板变形后成为题 1-9 图所示的平行四边形，水平轴在 AC 边保持不变，图中单位为 mm。求：（1）沿 AB 边的平均线应变；（2）平板 A 点的切应变。

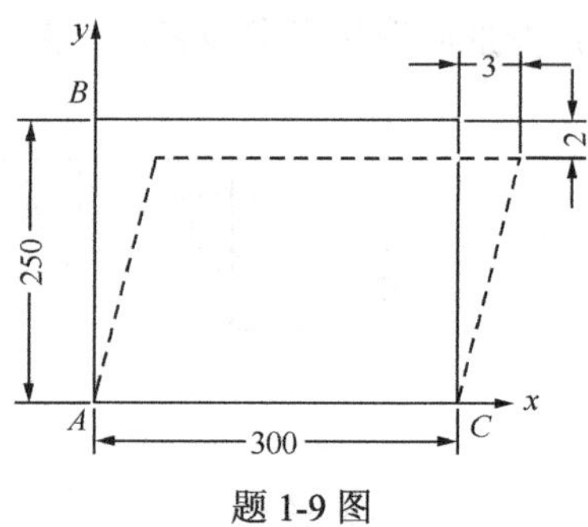

题 1-9 图

第二章　杆件内力分析

第一节　轴向拉压变形的内力分析

1．轴向拉压（axial tension and compression）变形概述

工程实际中许多杆件承受拉伸或压缩作用。例如，起重机的钢索起吊重物时受到拉伸载荷作用（如图 2-1 所示），千斤顶工作时螺杆受到轴向压缩作用（如图 2-2 所示），桥墩在理想情况下承受轴向压缩作用（如图 2-3 所示）。

图 2-1　起重机钢索

图 2-2　千斤顶

图 2-3　桥墩

这些杆件具有以下共同的受力特点和变形特点（如图 1-18 所示）：**作用在杆上的外力或外力合力的作用线与杆的轴线重合，杆件沿杆的轴线方向伸长或缩短。**具有上述受力和变形特点的杆件称为拉（压）杆。

受压缩杆件存在被压弯的可能，这属于稳定性问题，将在后面章节中讨论。这里讨论的压缩是指受压杆未被压弯的情况，不涉及稳定性问题。

2．轴力和轴力图

图 2-4 所示是轴向拉压的简单力学模型：一对大小相等、方向相反的外力沿轴向作用在等截面直杆两端。下面采用截面法求拉杆中任意一横截面 $m—m$ 上的内力，并取杆的轴线为 x 轴。

可用假想截面将拉杆在指定位置截开，用分布内力的合力 F_N 来代替右段对左段的作用，由于外力 F_P 的作用线是沿着杆的轴线，内力 F_N 的作用线必通过拉杆的轴线，所以又称为**轴力**。

舍弃右段取左段为研究对象，沿 x 轴建立平衡方程：

$$\sum F_x = F_N - F_P = 0 \qquad F_N = F_P \tag{a}$$

若舍弃左段取右段为研究对象，同样沿 x 轴建立平衡方程：

$$\sum F_x = F_P - F_N = 0 \qquad F_N = F_P \tag{b}$$

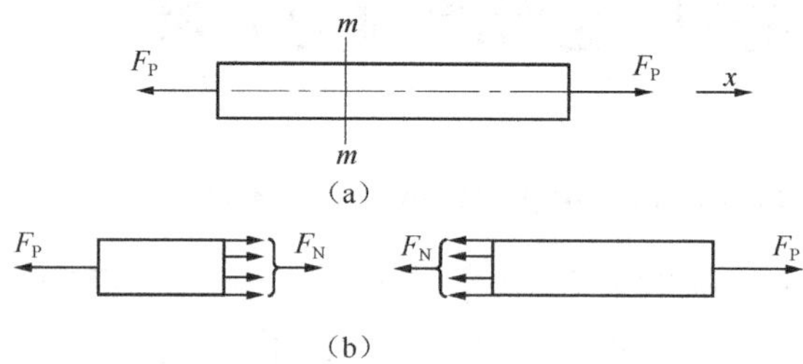

图 2-4　求解轴力

比较式（a）、式（b）可知，取某一截面不同侧面的部分为研究对象，得到同一截面上的轴力大小相同，但方向相反，互为作用力和反作用力。如果按照静力学中对力正负的规定（与坐标轴正向相同为正，反之为负），则取不同侧面得到的轴力大小相等、正负相反。为了解决这一问题，对轴力的符号做以下规定：**轴力与截面的外法线方向一致即背离截面时为正；反之为负。** 在实际计算时，通常假设待求轴力为正，则根据以上规定，当轴力为正时，杆件受拉；轴力为负，杆件受压。

多数情况下杆件上作用的轴向外力比较复杂，可能有多个外力，或沿轴线作用着分布外载荷，这使得在不同段轴力可能不同或沿轴线变化，可表示为轴力方程。为了形象直观地表示轴力的变化规律，通常将轴力的变化规律用图线绘出，称为**轴力图**。

作轴力图的步骤如下：

（1）建立适当的坐标系。

（2）分段计算各段任一截面的内力 F_{Ni}。

（3）写出轴力方程 F_N（x）。

（4）按比例作图。

例 2-1　一等直杆的受力情况如图 2-5（a）所示，作杆的轴力图。

【解】　图 2-5（a）中等直杆，在 A、B、C、D、E 作用有集中力（含支反力），因为每个集中力作用的截面两侧轴力变化，所以需要分为 AB、BC、CD、DE 四段计算轴力。

（1）求支座反力，解除固定端约束，以支反力 F_{RA} 代替，如图 2-5（b）所示。

$$\sum F_x = 0 \qquad -F_{RA} - 40 + 55 - 25 + 20 = 0$$

$$F_{RA} = 10\text{kN}$$

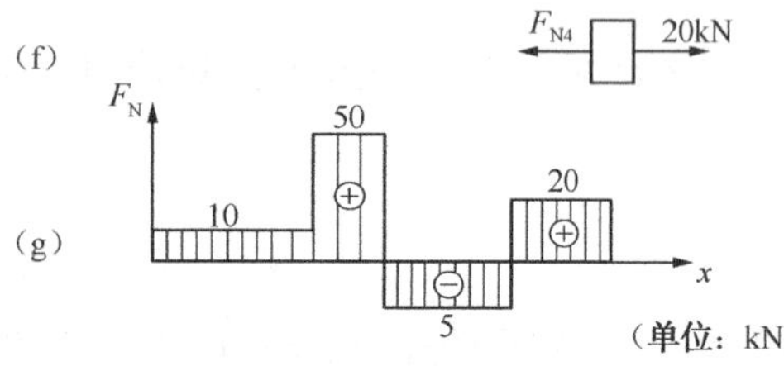

图 2-5　例 2-1 图

（2）用截面法求 AB 段内的轴力。在 AB 段任意一横截面将直杆截开，以轴力 F_{N1} 代替，如图 2-5（c）所示。

$$F_{N1}-F_{RA}=0 \qquad F_{N1}=F_{RA}=10\,\text{kN}$$

该段轴力为正，所以是拉力。

（3）求 BC 段内的轴力，如图 2-5（d）所示。

$$F_{N2}-F_{RA}-40=0 \qquad F_{N2}=F_{RA}+40=50\,\text{kN}\text{（拉力）}$$

（4）求 CD 段内的轴力，如图 2-5（e）所示。

$$-F_{N3}-25+20=0 \qquad F_{N3}=-5\,\text{kN}\text{（压力）}$$

（5）求 DE 段内的轴力，如图 2-5（f）所示。

$$F_{N4}=20\,\text{kN}\text{（拉力）}$$

（6）选取一个坐标系，其横坐标表示横截面的位置，纵坐标表示相应截面上的轴力，该题的轴力图如图 2-5（g）所示。

F_{Nmax}=50kN，发生在 BC 段内任意一横截面上。

思考：在集中力作用的截面 B、C、D、E 处，轴力的数值应该是多少？

第二节　扭转变形的内力分析

1．扭转（torsion）变形概述

工程实际中有很多构件如钻头（如图 2-6 所示）、汽车转向轴（如图 2-7 所示）、汽车传动轴（如图 2-8 所示）、丝锥（如图 2-9 所示）、钥匙等都是受扭构件。另外，还有一些轴类零件如电动机主轴、机床传动轴等，除扭转变形外还有弯曲等变形，属于组合变形。

图 2-6　钻头

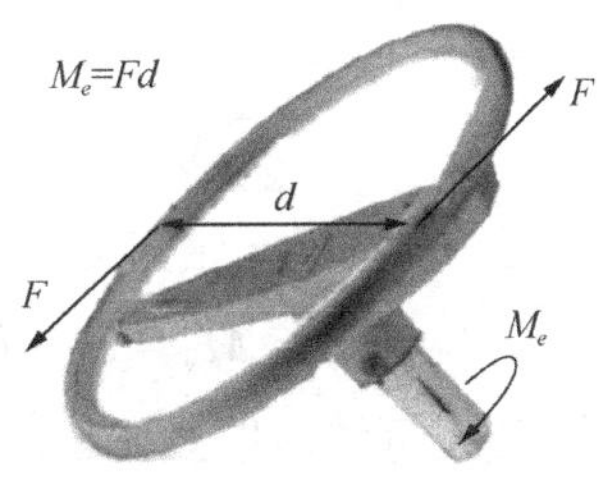

图 2-7　汽车转向轴

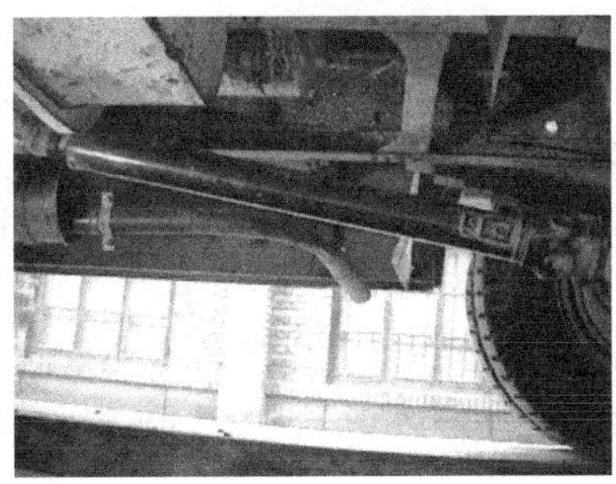

图 2-8　汽车传动轴

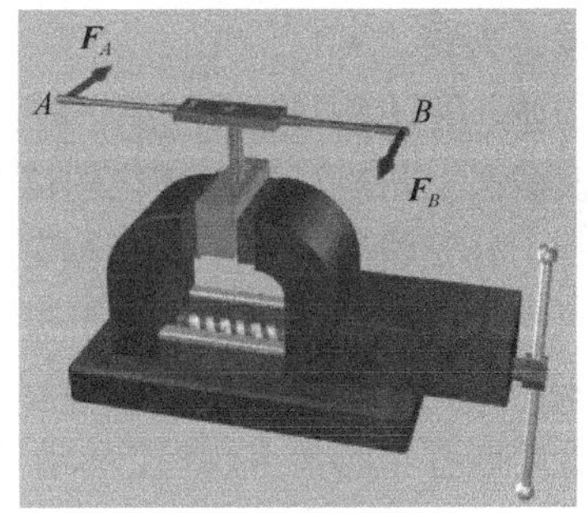

图 2-9　丝锥攻丝

这些杆件具有以下共同的受力特点和变形特点（如图 2-10 所示）：杆件的两端作用着大小相等、方向相反，且作用面垂直于杆件轴线的力偶，杆件的任意两个横截面发生绕轴线的相对转动。具有上述受力和变形特点的杆件称为**轴**（shaft）。

2．扭矩（torsional moment）和扭矩图

作用在轴上的外力偶矩有时不是直接给出的，而是给出轴所传递的功率 P（kW）和转速 n（r/min，即转数/分钟）。设作用在轴上的外力偶矩为 M_e，M_e 在每秒钟内完成的功也就是轴在相同时间内所传递的功，即

$$P\times1000 = M_e\times\frac{2n\pi}{60}$$

$$\{M_e\}_{\mathrm{N\cdot m}} = 9549\frac{\{P\}_{\mathrm{kW}}}{\{n\}_{\mathrm{r/min}}} \tag{2-1}$$

求出作用于轴上的所有外力矩后，便可用截面法研究横截面上的内力，这个过程与求解轴力类似。图 2-10 所示是圆轴扭转的简单力学模型：一对大小相等、方向相反的外力偶作用在等截面直杆两端，其作用面垂直于杆件轴线。下面采用截面法求轴中任意一横截面 $m—m$ 上的内力，并取杆轴线为 x 轴。可用假想截面将轴在指定位置截开，取左段为研究对象。由于端部作用的是外力矩，所以采用分布内力的合力矩 T 来代替右段对左段的作用，该内力矩称为**扭矩**。

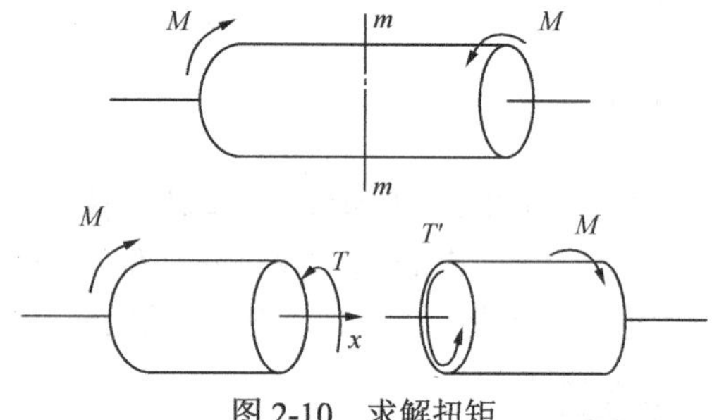

图 2-10　求解扭矩

取左段为研究对象，沿 x 轴建立平衡方程：

$$\sum M_x = T - M = 0 \qquad T=M \tag{a}$$

取右段为研究对象，同样沿 x 轴建立平衡方程：

$$\sum M_x = M - T' = 0 \qquad T' = M \tag{b}$$

比较式（a）、式（b）可知，取某一截面不同侧面的部分为研究对象，得到同一截面上的扭矩大小相等，但方向相反，互为作用力矩和反作用力矩。下面采用类似于轴力符号的规定，给出扭矩的正负号：**把 T 表示为矢量，按右手螺旋法则，当矢量方向与截面外法线方向一致时，扭矩为正；反之为负。**

与轴向拉、压问题中作轴力图一样，当作用于轴上的外力偶矩多于两个时，就有必要用图线来表示各横截面上扭矩沿轴线变化的情况，这种图线称为**扭矩图**。

用平行于杆轴线的坐标 x 表示横截面的位置，用垂直于杆轴线的坐标 T 表示横截面上的扭矩，正的扭矩画在 x 轴上方，负的扭矩画在 x 轴下方。

例 2-2　一传动轴如图 2-11(a)所示，其转速 n=300r/min，主动轮 A 输入的功率为 P_1=500kW。若不计轴承摩擦所耗的功率，三个从动轮输出的功率分别为 P_2=150kW，P_3=150kW，P_4=200kW，试作扭矩图。

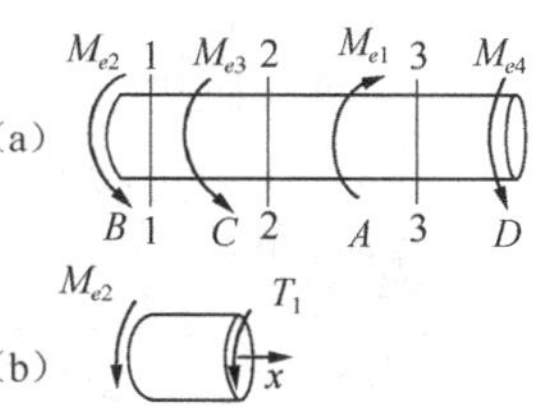

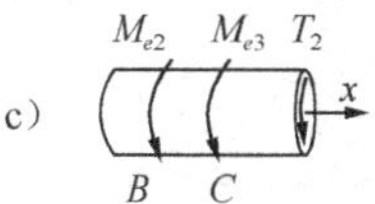

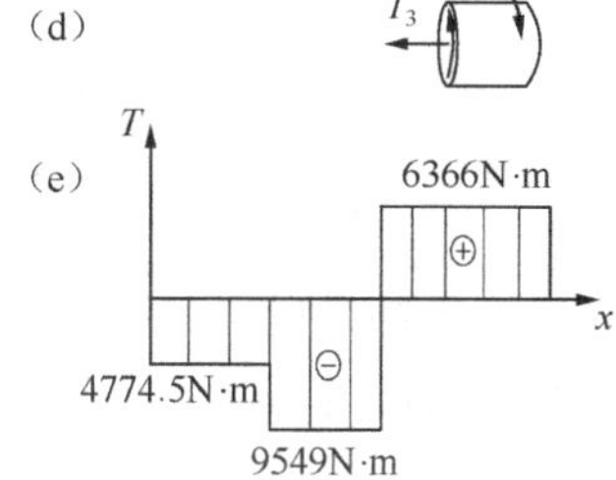

图 2-11　例 2-2 图

【解】　(1) 计算外力偶矩。

由 $\{M_e\}_{\text{N}\cdot\text{m}}=9549\dfrac{\{P\}_{\text{kW}}}{\{n\}_{\text{r/min}}}$ 计算各轮外力矩：

$$M_{e1}=9549\times\frac{500}{300}=15915\text{N}\cdot\text{m}$$

$$M_{e2}=M_{e3}=4774.5\ \text{N}\cdot\text{m}\qquad M_{e4}=6366\ \text{N}\cdot\text{m}$$

(2) 计算 BC 段内任意一横截面 1—1 上的扭矩，假设 T_1 为正值，如图 2-11 (b) 所示。

$$\sum M_x=0\quad T_1+M_{e2}=0$$
$$T_1=-M_{e2}=-4774.5\text{N}\cdot\text{m}$$

计算 CA 段内任意一横截面 2—2 截面上的扭矩。

假设 T_2 为正值，如图 2-11 (c) 所示。

$$\sum M_x=0\qquad T_2+M_{e2}+M_{e3}=0$$
$$T_2=-(M_{e2}+M_{e3})=-9549\text{N}\cdot\text{m}$$

同理，在 AD 段内，如图 2-11 (d) 所示：

$$T_3=M_{e4}=6366\ \text{N}\cdot\text{m}$$

(3) 作出扭矩图，如图 2-11 (e) 所示。从图可见，最大扭矩在 CA 段内，T_{max}=9549N · m。

讨论：如将 A 轮和 D 轮位置互换，轴的扭矩图如何变化？

第三节　弯曲变形的内力分析

1. 弯曲（bending）变形概述

弯曲变形在工程实际中普遍存在。例如，工厂中运送工件的大梁（如图 2-12 所示），在自重 q、工件重力 F、支座反力 F_R 作用下发生弯曲变形。桥梁在自重、车辆载荷、支座反力作用下也发生弯曲变形（如图 2-13 所示）。工件（如图 2-14 所示）受切削力作用发生弯曲变形。以弯曲变形为主的构件称为**梁**（beam）。**产生弯曲变形的杆件的受力特点是：所有外力都作用在杆件的纵向平面上且与杆轴垂直。变形特点是：杆的轴线由直线弯曲成曲线。**

(a)

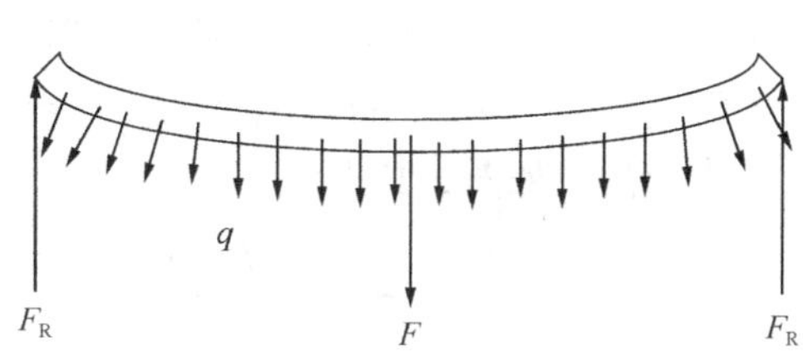

(b)

图 2-12　大梁弯曲

图 2-13 桥梁

图 2-14 切削工件

工程实际中梁的形状比较规则，通常有一个或多个对称平面。例如，矩形截面梁、工字形截面梁有两个对称平面，T 字形截面梁有一个对称平面，圆形截面梁有多个对称平面。当外力作用在一个对称平面内时，梁弯曲后的轴线（称为**挠曲线**）所在平面与外载荷作用平面重合，这种弯曲称为**平面弯曲**（plane bending），它是变形只发生在一个平面内的弯曲（如图 2-15 所示），由于梁的截面形状和尺寸对内力的计算并无影响，通常可用梁的轴线来代替实际的梁。

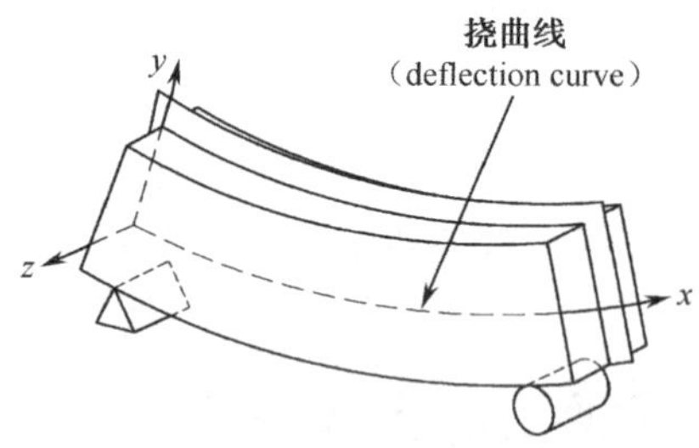

图 2-15 平面弯曲示例

2．梁的简化及其类型

作用在梁上的载荷有三种类型：集中载荷（单位：牛顿（N）或千牛（kN））、分布载荷（单位：牛顿/米（N/m）或千牛/米（kN/m））和集中力偶（单位：牛顿·米（N·m）或千牛·米（kN·m））。梁的支座按它对梁在载荷作用面内的约束作用的不同，可以简化为三种常见的形式：可动铰支座、固定铰支座和固定端。

经过对梁的载荷和支座的简化，可以得到梁的计算简图。若梁的全部支反力可以用其平衡条件求出，这种梁称为静定梁。静定梁一般有如下三种基本形式。

（1）外伸梁（overhanging beam）：梁由一个固定铰支座和一个可动铰支座支撑，梁的一端或两端伸出支座外的称为外伸梁，如图 2-16 所示。梁在两支座之间的长度称为跨度。

（2）简支梁（simply supported beam）：当外伸梁的外伸段 $l_1=l_2=0$ 时，称为简支梁，它与外伸梁的约束相同，如图 2-17 所示。

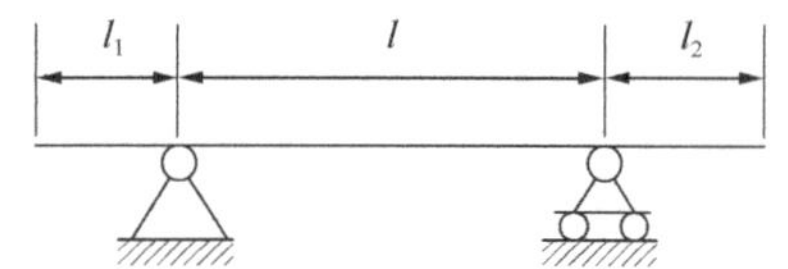

图 2-16 外伸梁

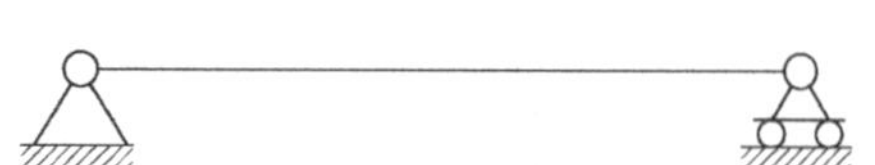

图 2-17 简支梁

（3）悬臂梁（cantalever beam）：梁的一端为固定端支座，另一端为自由端的称为悬臂梁，如图 2-18 所示。

支反力不能完全由其平衡条件确定的梁，称为超静定梁（如图 2-19 所示）。这个问题将在后面章节分析。

图 2-18　悬臂梁　　　　图 2-19　超静定梁

3．梁的内力——弯矩（bending moment）和剪力（shearing force）图

以图 2-20（a）所示的悬臂梁为例，用截面法确定 x 截面上的内力。用假想截面将梁在 x 截面位置截开，取左段为研究对象（如图 2-20（b）所示）。将截面 C 上的内力系向截面形心 O 简化，可得其主矢量 F_S 和主矩 M。内力 F_S 称为横截面 C 上的**剪力**，内力偶矩 M 称为横截面 C 上的**弯矩**。剪力 F_S 和弯矩 M 统称为弯曲内力。列平衡方程如下：

$$\sum F_y = F - F_S(x) = 0 \qquad F_S(x) = F$$

$$\sum M_O(x) = Fx - M(x) = 0 \qquad M(x) = Fx$$

取右段为研究对象（如图 2-20（c）所示），同上列平衡方程：

$$\sum F_y = F_S(x) - F = 0 \qquad F_S(x) = F$$

$$\sum M_O(x) = Fl - M(x) - F(l - x) = 0 \qquad M(x) = Fl - F(l - x) = Fx$$

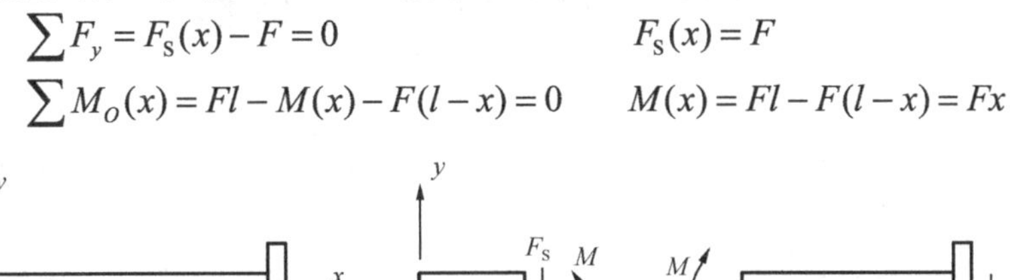

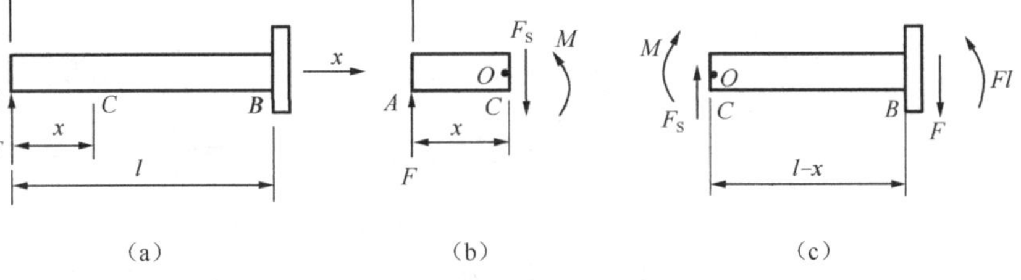

图 2-20　弯曲内力求解

为了使由 AC、BC 段分别求出剪力 F_S 和弯矩 M 的大小、正负均相同，下面做出 F_S 和 M 的符号规定。F_S **的符号规定：截面** n—n **的左段相对右段向上错动时，其上的剪力为正，反之为负（如图 2-21 所示）；**M **的符号规定：截面** n—n **处的弯曲变形向下凸时，其上的弯矩为正，反之为负（如图 2-22 所示）。**

在实际计算时，对水平梁的某一指定截面来说，在它左侧的向上的外力，或右侧的向下的外力，将产生正的剪力；反之，即产生负剪力。可简单记为："外力左上右下为正；反之，为负。"同理，对水平梁的某一截面来说，在截面左侧顺时针方向的外力矩，或右侧逆时针方向的外力矩，将产生正的弯矩；反之即产生负的弯矩。同样可简单记为："外力矩左顺右逆为正；反之，为负。"

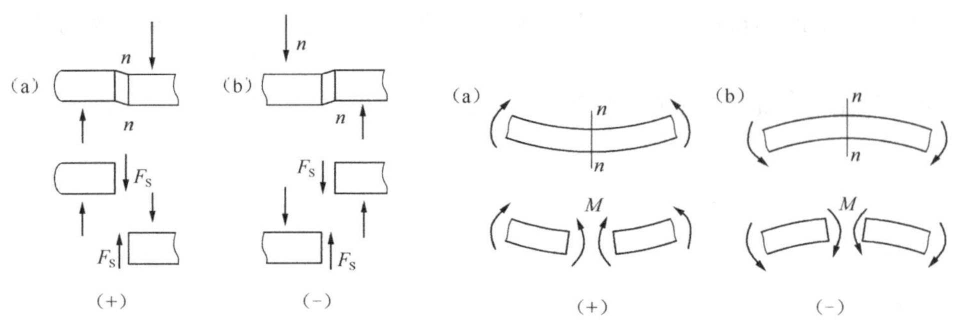

图 2-21　剪力符号规定　　　　图 2-22　弯矩符号规定

在一般情况下，梁的横截面上的剪力和弯矩是随横截面的位置变化而变化的，剪力和弯矩可表示为轴线坐标 x 的函数，即

$$F_S=F_S(x) \qquad M=M(x) \tag{2-2}$$

这两个方程分别称为剪力方程和弯矩方程。在工程实际中，为了简明而直观地表明剪力和弯矩的变化规律，需要绘制剪力图和弯矩图。对于水平梁，绘图时将正值的剪力画在 x 轴的上方；对于弯矩，则画在梁的受压一侧。

由于梁结构较为复杂，且作用有多个载荷，所以剪力方程和弯矩方程需要分段表达，剪力图和弯矩图也需要分段绘制。**分段的原则是：**在集中载荷（包括支反力）、集中力偶作用处，分布载荷的起始和终止位置，都是需要分段的位置；另外，分段位置左右两侧截面的剪力和弯矩可能发生突变，**这一点应特别注意。**

例 2-3　图 2-23 所示简支梁 AB，在 C 点处作用一集中力偶 m_0，试画出此梁的剪力图和弯矩图。

【解】　(1) 求梁的支反力。由 AB 梁的平衡方程可知：

$$\sum m_A=0\,,\;\; F_B l-m_0=0\;;\qquad \sum m_B=0\,,\;\; F_A l-m_0=0$$

解得支反力为　　$F_A=\dfrac{m_0}{l}$　　$F_B=\dfrac{m_0}{l}$

(2) 写出梁的剪力方程和弯矩方程。以梁左端 A 为横坐标原点，选取如图 2-23 所示坐标系。用截面 x 左侧的外力计算截面的剪力，剪力方程为

$$F_S(x)=-F_A=-\frac{m_0}{l} \qquad (0<x<l)$$

至于弯矩，则应在 AC 和 CB 两段梁上分段计算：

AC 段　$M_1(x)=-F_A x=-\dfrac{m_0}{l}x$　　$(0\leqslant x<a)$

CB 段　$M_2(x)=F_B(l-x)=\dfrac{m_0}{l}(l-x)$　　$(a<x\leqslant l)$

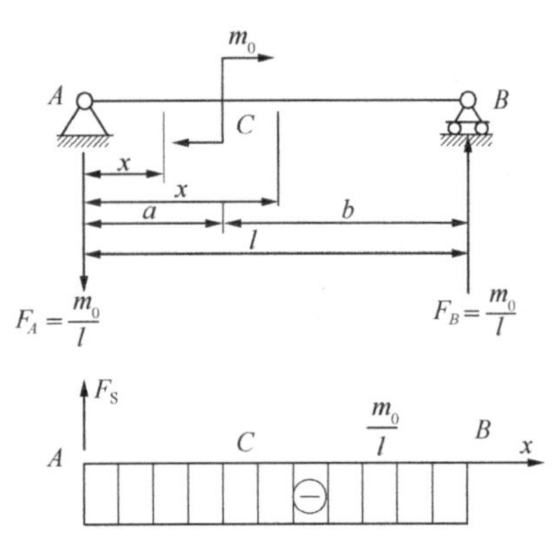

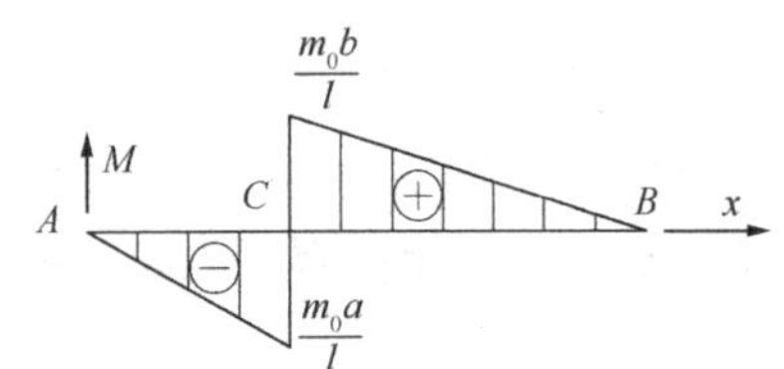

图 2-23　例 2-3 图

(3) 绘制剪力图和弯矩图。实际作内力图时，起控制作用的关键点一定要先确定。因此，应根据剪力方程和弯矩方程的具体情况，首先确定对剪力图和弯矩图起控制作用的关键截面的内力数值。本例中梁的各段的剪力方程和弯矩方程都是线性函数，其图形均为直线，只需确定这些直线端点的坐标即可。该图中集中力偶作用处，弯矩突变值等于集中力偶数值。

例 2-4　画出图 2-24 所示梁的剪力图和弯矩图。

【解】（1）求梁的支反力。显然有 $F_{RA}=F_{RB}=\dfrac{ql}{2}$。

（2）写出梁的剪力方程和弯矩方程。以梁左端 A 为横坐标原点，选取如图 2-24 所示坐标系。用截面 x 左侧的外力计算截面的内力，剪力方程和弯矩方程为

$$F_S(x)=F_{RA}-qx=\frac{ql}{2}-qx \qquad (0<x<l)$$

$$M(x)=F_{RA}x-qx\cdot\frac{x}{2}=\frac{qlx}{2}-\frac{qx^2}{2} \qquad (0\leqslant x\leqslant l)$$

（3）画梁的剪力图和弯矩图，如图 2-24 所示。

剪力图为一倾斜直线。x=0 处，$F_S=\dfrac{ql}{2}$；$x=l$ 处，$F_S=-\dfrac{ql}{2}$。

弯矩图为一条二次抛物线。x=0 处，M=0；x=l 处，M=0。

$\dfrac{\mathrm{d}M(x)}{\mathrm{d}x}=\dfrac{ql}{2}-qx=0$，极值位置为 $x=\dfrac{l}{2}$。

弯矩的极值 $M_{\max}=M_{x=\frac{l}{2}}=\dfrac{ql^2}{8}$。

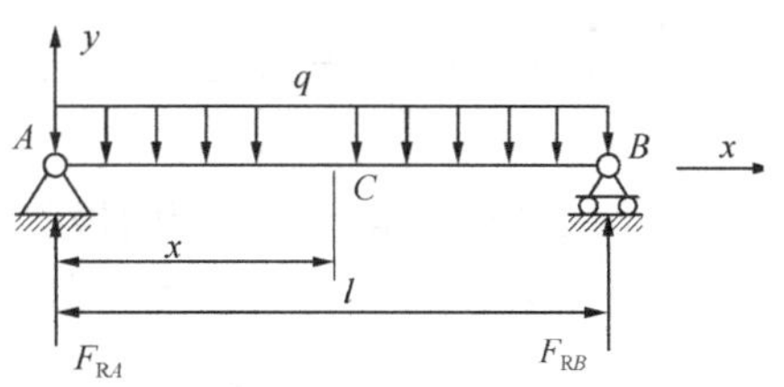

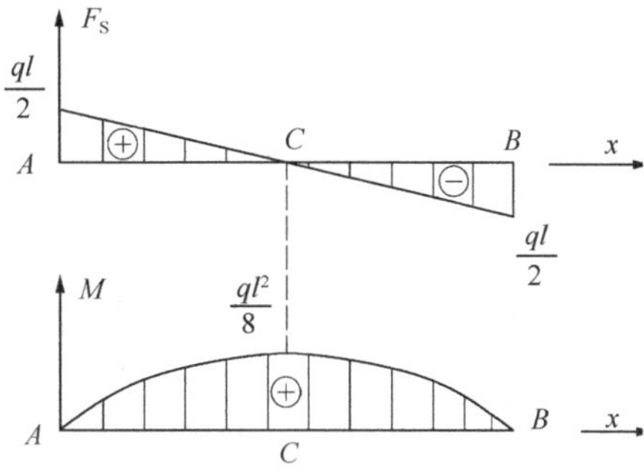

图 2-24　例 2-4 图

例 2-5　如图 2-25 所示的简支梁在 C 点处受集中荷载 F 作用。试画出此梁的剪力图和弯矩图。

【解】（1）求梁的支反力。

$$F_{RA}=\frac{Fb}{l} \qquad F_{RB}=\frac{Fa}{l}$$

（2）因为 AC 段和 CB 段的内力方程不同，所以必须分段列剪力方程和弯矩方程。

将坐标原点取在梁的左端，可得

AC 段

$$\begin{cases} F_S(x)=\dfrac{Fb}{l} \quad (0<x<a) & (1)\\ M(x)=\dfrac{Fb}{l}x \quad (0\leqslant x\leqslant a) & (2)\end{cases}$$

BC 段

$$F_S(x)=\frac{Fb}{l}-F=-\frac{F(l-b)}{l}=-\frac{Fa}{l} \quad (a<x<l) \qquad (3)$$

$$M(x)=\frac{Fb}{l}x-F(x-a)=\frac{Fa}{l}(l-x) \quad (a\leqslant x\leqslant l) \qquad (4)$$

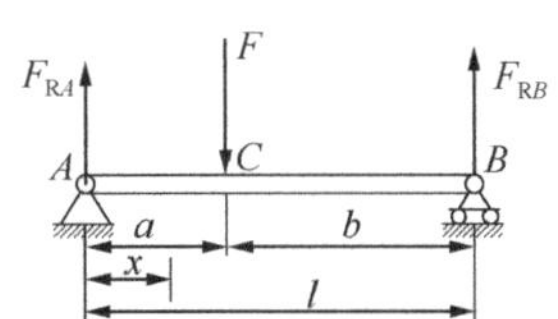

图 2-25　例 2-5 图

（3）画梁的剪力图和弯矩图（如图 2-25 所示）。

由式（1）、式（3）可知，AC、CB 两段梁的剪力图各是一条平行于 x 轴的直线。由式（2）、式（4）可知，AC、CB 两段梁的弯矩图各是一条斜直线。在集中荷载作用处的左、右两侧截面上，剪力值有突变，突变值等于集中荷载 F，弯矩图形成尖角，该处弯矩值最大。

第四节 弯矩、剪力与载荷集度之间的微分关系

在例2-4中，梁上的弯矩的极值位置正是剪力为零之处，即弯矩函数的导数等于剪力。这个关系并不是特例。实际上，梁的载荷集度 q、剪力 F_S、弯矩 M 之间存在着一定的微分关系。图2-26（a）所示为一根梁。以梁的左端为坐标原点，选取右手坐标系如图中所示。规定分布载荷 $q(x)$向上（与 y 轴方向一致）为正号。用坐标为 x 和 $x+\mathrm{d}x$ 的两相邻截面从梁中截取出长为 $\mathrm{d}x$ 的微段，并将其放大如图2-26（b）所示。根据该微段的平衡方程可得

$$\sum F_y=0 \qquad F_S(x)-[F_S(x)+\mathrm{d}F_S(x)]+q(x)\mathrm{d}x=0$$

$$\sum M_C=0 \qquad -M(x)+[M(x)+\mathrm{d}M(x)]-F_S(x)\mathrm{d}x-q(x)\mathrm{d}x\cdot\frac{\mathrm{d}x}{2}=0$$

省略上面第二式中的二阶微量 $q(x)\mathrm{d}x\cdot\dfrac{\mathrm{d}x}{2}$，整理后可得

$$\frac{\mathrm{d}F_S(x)}{\mathrm{d}x}=q(x) \qquad \frac{\mathrm{d}M(x)}{\mathrm{d}x}=F_S(x) \tag{2-3}$$

进一步又可得到

$$\frac{\mathrm{d}^2M(x)}{\mathrm{d}x^2}=q(x) \tag{2-4}$$

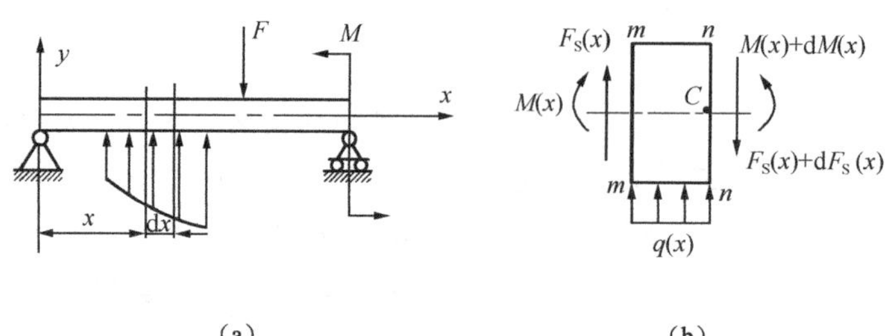

图2-26 弯矩、剪力和分布载荷集度微分关系分析

式（2-3）和式（2-4）就是载荷集度 $q(x)$、剪力 $F_S(x)$及弯矩 $M(x)$间的微分关系。

根据梁的这些微分关系，还可以进一步推出有关剪力图和弯矩图的几何特征的推论，它对正确地绘制和校核梁的剪力图和弯矩图是很有帮助的，表2-1 列出了几种荷载下剪力图与弯矩图的特征。

表2-1 几种荷载下剪力图与弯矩图的特征

	向下的均布荷载	无荷载	集中力	集中力偶
一段梁上的外力情况	$q<0$		F C	M C
剪力图的特征	向下倾斜的直线	水平直线	在 C 处有突变	在 C 处无变化 C

续表

	向下的均布荷载	无荷载	集中力	集中力偶
弯矩图的特征	上凸的二次抛物线	一般斜直线 ／ 或 ＼	在 C 处有转折	在 C 处有突变
M_{max} 所在截面的可能位置	F_S=0 的截面		在剪力突变的截面	在紧靠 C 的某一侧截面

例 2-6　作图 2-27（a）所示梁的内力图。

【解】（1）支座反力为　F_{RA}=7kN，F_{RB}=5kN

将梁分为 AC、CD、DB、BE 四段。

（2）作剪力图（如图 2-27（b）所示）。

AC 段：q 向下为负，剪力图斜率为负，为向下斜的直线（↘）。

$$F_{SA右} = F_{RA} = 7\text{kN}$$

$$F_{SC左} = F_{RA} - 4q = 3\text{kN}$$

CD 段：向下斜的直线（↘）。

$$F_{SC右} = F_{RA} - 4q - F_1 = 1\text{kN}$$

$$F_{SD} = F_2 - F_{RB} = -3\text{kN}$$

AC 段和 CD 段直线的斜率相同。

DE 段：q 为零，剪力图为水平直线。

DB 段：水平直线。$F_S = F_2 - F_{RB} = -3\text{kN}$

EB 段：水平直线。$F_{SB右} = F_2 = 2\text{kN}$

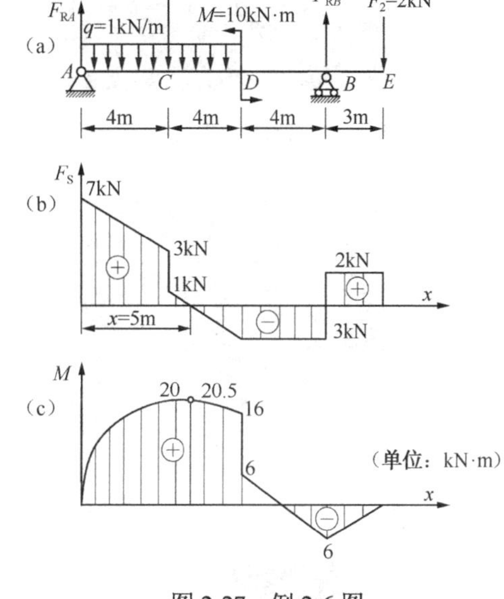

图 2-27　例 2-6 图

剪力为零的点距 A 截面的距离为 x。

$$F_{Sx} = F_{RA} - qx - F_1 = 0，x=5\text{m}$$

（3）作弯矩图（如图 2-27（c）所示）。

AD 段：q 向下为负，弯矩图为向上凸的曲线。

AC 段：M_A=0　$M_C = 4F_{RA} - \frac{q}{2}4^2 = 20\text{kN}\cdot\text{m}$

CD 段：$M_{D左} = -7F_2 + 4F_{RB} + M = 16\text{kN}\cdot\text{m}$

$$M_{max} = 5F_{RA} - \frac{q}{2}\times 5^2 = 20.5\text{kN}\cdot\text{m}$$

DE 段：q 为零，弯矩图为斜直线。

DB 段：$M_{D右} = -7F_2 + 4F_{RB} = 6\text{kN}\cdot\text{m}$　$M_B = -3F_2 = -6\text{kN}\cdot\text{m}$

BE 段：M_E=0

第五节　组合变形的内力分析

工程实际中的杆件只发生单一基本变形的情形是比较少的，通常是以一种基本变形为主，伴随发生其他类型次要的变形，或者同时发生两种或两种以上的基本变形，这种变形称为**组合变形**。如图2-28所示的钻床立柱将发生拉伸和弯曲的组合变形。如图2-29中的横梁*ACB*将发生压缩和弯曲的组合变形。如图2-30所示的绞车轴发生扭转和弯曲的组合变形。如图2-31所示的悬臂梁将发生*xy*和*xz*两个平面内的弯曲，称为斜弯曲。如图2-32中的柱子受到偏心压缩。如图2-33所示飞机螺旋桨传动轴受到扭转和拉伸的共同作用。

图2-28 拉伸和弯曲组合变形

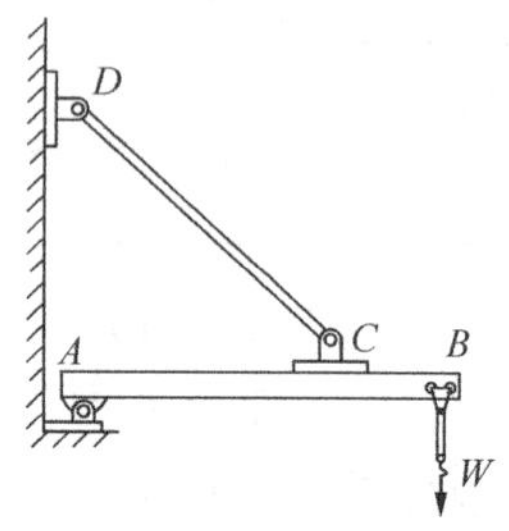

图2-29 压缩和弯曲组合变形

图2-30 扭转和弯曲组合变形

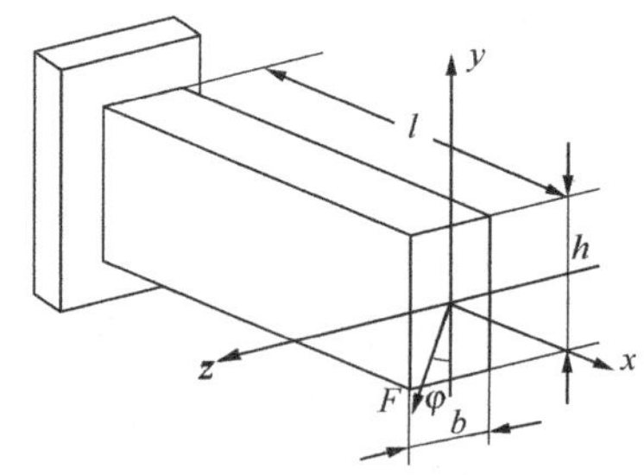

图2-31 斜弯曲

图2-32 偏心受压柱

图2-33 飞机螺旋桨传动轴受力

分析组合变形内力时可采用线性叠加原理，**首先把作用在杆件上的载荷向杆件的轴线简化，转化为几组静力等效的载荷，其中每一种载荷对应一组基本变形；其次分别画出每种基本变形的内力图，确定危险截面。**

在线弹性和小变形条件下，杆件上虽然同时存在几种变形，但每种基本变形都各自独立、互不影响。这样，就可以分别计算每一种基本变形的内力，然后叠加，即为组合变形的内力。叠加原理在组合变形的强度和变形分析时还将使用。另外，对于组合变形的实心构件，若无特殊要求，通常不考虑弯曲剪力。

用叠加原理解决组合变形问题的前提条件是：①材料服从胡克定律，即外力与变形是线性关系；②构件变形为小变形。以上两者缺一不可。

下面以图2-29和图2-30所示为例，说明组合变形内力图的求解方法。

图 2-29 所示的横梁 ACB 受力如图 2-34（a）所示，受力包含 F_{Ax}、F_{Ay}、F_N、W，将 F_N 分解为 F_{Nx} 和 F_{Ny}。梁在 F_{Ay}、F_{Ny}、W 作用下发生弯曲变形，因为梁上无分布载荷，所以弯矩图为直线，只需确定 A、C、B 三个位置的弯矩值，然后连成直线即可（如图 2-34（b）所示）。梁在 F_{Ax}、F_{Nx} 作用下 AC 部分发生轴向压缩变形，轴力等于 F_{Ax} 或 F_{Nx}（如图 2-34（c）所示）。所以横梁 ACB 发生拉伸轴向压缩和弯曲组合变形。

图 2-30 中钢丝绳的拉力 F 不通过绞车轴，将 F 向轴线简化，力学模型如图 2-35（a）所示，得到与轴线垂直的力 F 和作用面与轴线垂直的外力矩 M_{eC}。绞车轴在两端支座反力和外力 F 作用下发生弯曲变形，在 M_{eC} 和 M_e 作用下左段 AC 发生扭转变形。轴上无分布载荷，所以弯矩图为直线（如图 2-35（c）所示）。在 AC 段扭矩为正，数值等于 M_{eC} 或 M_e（如图 2-35（b）所示）。所以绞车轴发生弯曲和扭转组合变形。

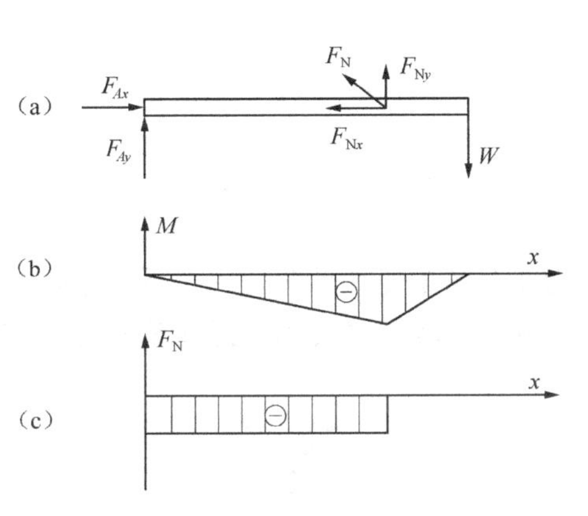

图 2-34　压缩和弯曲组合变形分析

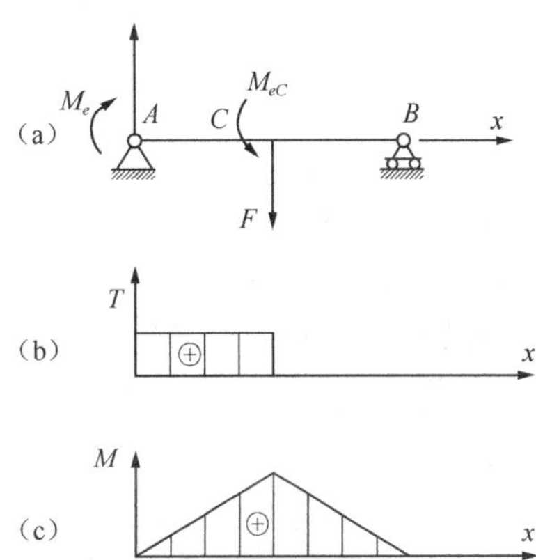

图 2-35　扭转和弯曲组合变形分析

总结与讨论

本章分析了轴向拉压、扭转、平面弯曲等基本变形和组合变形横截面的内力，并绘制出各种变形的内力图。本章的主要知识点有：各种基本变形内力分析的方法、内力符号的规定、内力图绘制等，其中难点是内力符号的规定和弯曲内力图——弯矩和剪力的绘制。

（1）在理解内力分析方法时，关键是理解截面法的过程：**截开、代替、平衡，关键在平衡**；在理解内力正负号的规定时，注意内力正负是和杆件的变形相关的，而与坐标系的选择没有直接关系。轴力和扭矩的正负号的规定方法是相同的。

（2）在绘制内力图时，注意内力图的分段、分段处两侧截面的内力是否突变，各段内力是直线还是曲线。若是曲线，应注意凹凸方向、极值位置等。

（3）本章的重点和难点是弯矩图和剪力图的绘制。需要注意以下几方面：分段的原则；控制面的剪力和弯矩计算及内力数值突变规律；能够利用微分关系判断弯矩图的凹凸方向、极值位置。

学习了本章之后，对简单的结构和受力情况，应能较熟练绘制内力图。这是学好后续章节的基础，也是工程实际的要求。

习题 A

2-1．在求解构件内力时，将题2-1图（a）中的力 P 移至题图（b）中的位置，对求支座反力有无影响？对求各段的内力有无影响？

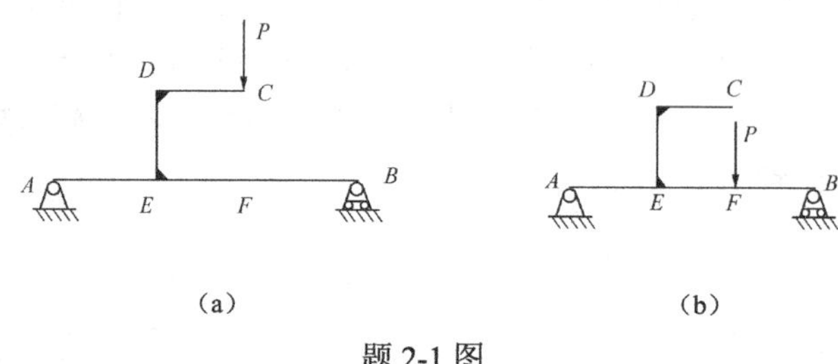

题2-1图

2-2．图2-3中整个结构由哪几种构件组成？分别发生哪种基本变形？试尽量接近工程实际建立整个结构的力学模型。

2-3．在题2-3图所示变速箱中有多个传动轴，为什么各个传动轴的直径却不尽相同？

2-4．在题2-4图所示的高耸构筑物设计时应考虑哪些因素？试尽量接近工程实际建立整个结构的力学模型。

题2-3图

题2-4图

2-5．在题2-5图所示的电动机皮带轮传动轴中，皮带的紧边张力为 $2F$，松边张力为 F，轴发生哪种基本变形？试尽量接近工程实际建立整个结构的力学模型。

2-6．在题2-6图所示杆件中，哪些杆件或杆段属于轴向拉压？

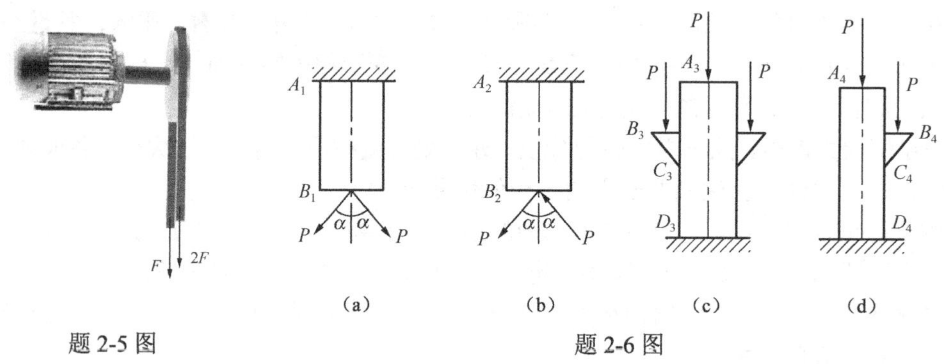

题2-5图　　题2-6图

2-7．在题2-7图所示传动轴中，主动轮 A 的输入功率为10kW，从动轮 B 和 C 的输出功率均为5kW，则在三种轮子布局中最合理的是（　　）。

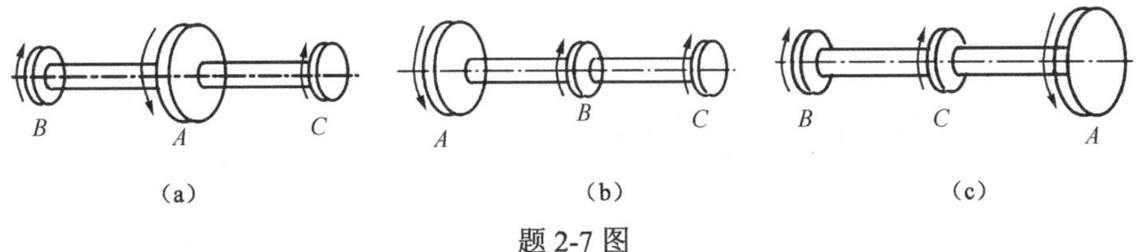

题 2-7 图

2-8．长 L 的钢筋混凝土梁用钢绳向上吊起，如题 2-8 图所示。钢绳绑扎处离梁端部的距离为 x，当 x 等于（　　）时，梁内自重引起最大弯矩值 $|M|_{max}$ 为最小。

A．$\dfrac{L}{2}$　　B．$\dfrac{L}{6}$　　C．$\dfrac{\sqrt{2}-1}{2}L$　　D．$\dfrac{\sqrt{2}+1}{2}L$

2-9．简支梁承受的总载荷相同，而分布情况不同，四种载荷情况如题 2-9 图所示。在这些梁中，最大剪力 F_{Smax}=______，发生在______梁的______截面处；最大弯矩 M_{max}=_______，发生在_____梁的______截面处。

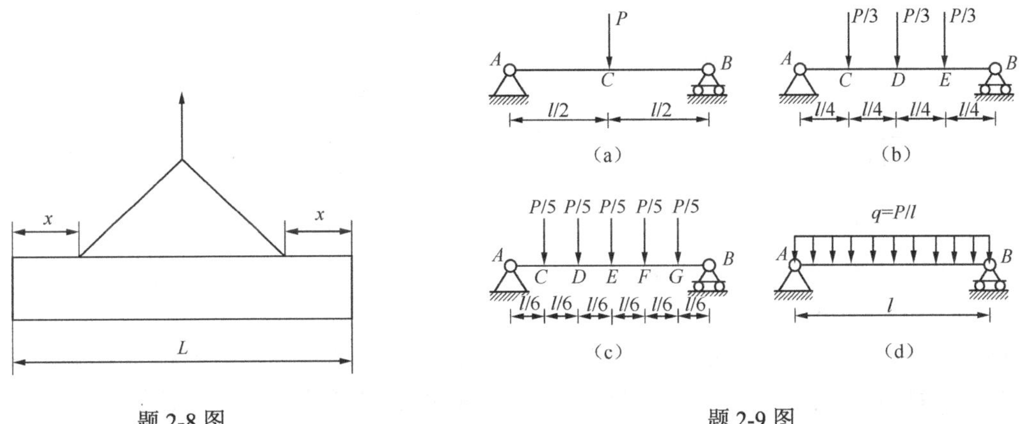

题 2-8 图　　题 2-9 图

2-10．分别写出题 2-10 图所示刚架各段的变形形式。

图（a）：AC 段______，BC 段_______，CD 段_______。

图（b）：AB 段______，BC 段_______，CD 段_______。

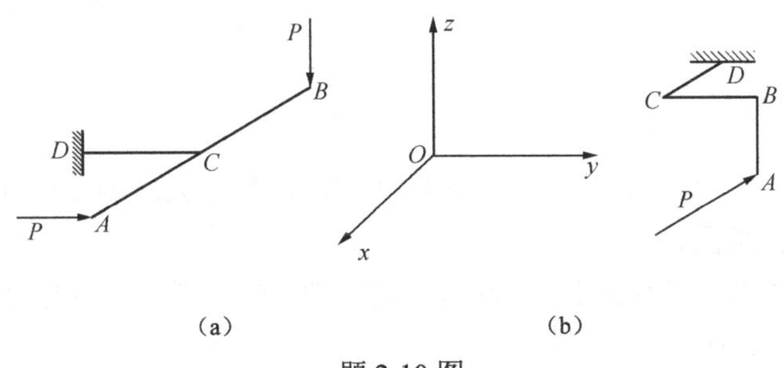

题 2-10 图

习题 B

2-11．作轴力图，题 2-11 图（b）中 P_1=20kN，P_2=10kN。（c）图中 F_1=20kN，F_2=35kN，

F_3=35kN。

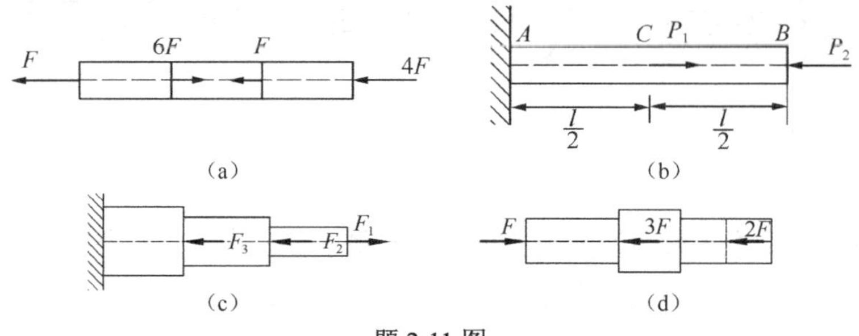

题 2-11 图

2-12．BC 杆件受力如题 2-12 图所示。已知杆件的容重为γ，横截面为 A，试作其轴力图。

2-13．试作题 2-13 图所示的扭矩图。

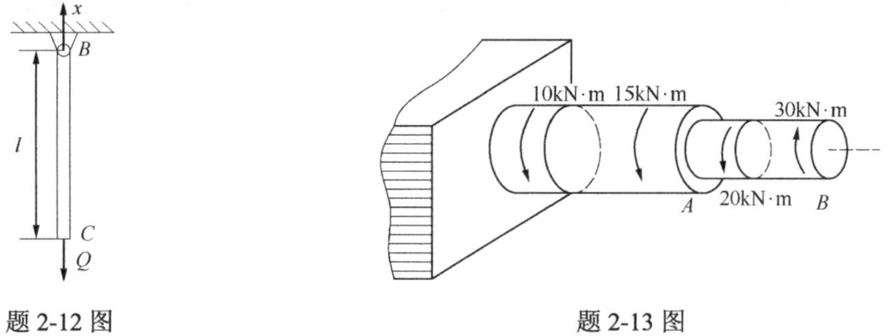

题 2-12 图

题 2-13 图

2-14．题 2-14 图中齿轮传动轴的输入力矩 M_{e3}=50N·m，输出力矩 M_{e1}=15N·m，M_{e2}=15N·m，M_{e4}=20N·m，试作其扭矩图。

2-15．如题 2-15 图所示传动轴，已知转速 n=300r/min，主动轮输入功率为 P_A=45kW，三个从动轮输出功率分别为 P_B=10kW，P_C=15kW，P_D=20kW，试作其扭矩图，并比较 A、D 轮交换位置后的扭矩图。

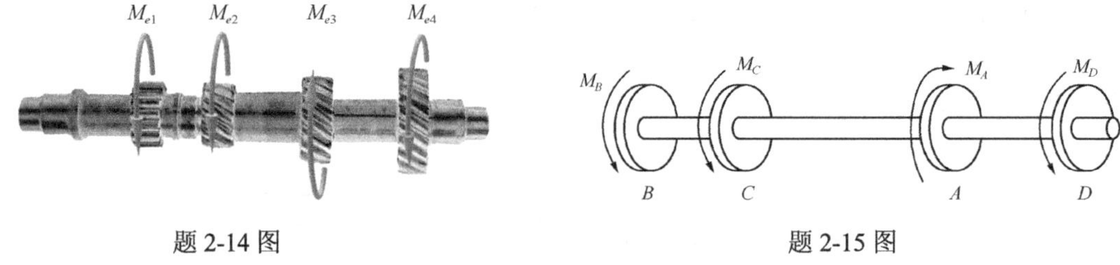

题 2-14 图

题 2-15 图

2-16．题 2-16 图（a）中某钻床的钻头在钻孔时可以简化为题图（b）所示的受力模型，若 M_e=100N·m，试作其扭矩图。

2-17．如题 2-17 图所示，各梁的载荷和尺寸均已知。（1）列出梁的剪力和弯矩方程；（2）作剪力和弯矩图；（3）确定$|F_S|_{max}$和$|M|_{max}$。

2-18．在起重机大梁上，如题 2-18 图（a）所示，小车每个轮子对大梁的压力均为 P，试问在题 2-18 图（b）、（c）所示两种情况下，小车在什么位置时梁内弯矩为最大值？试求出这一最大弯矩，并画出图（b）、（c）中最大弯矩状态的剪力图、弯矩图。

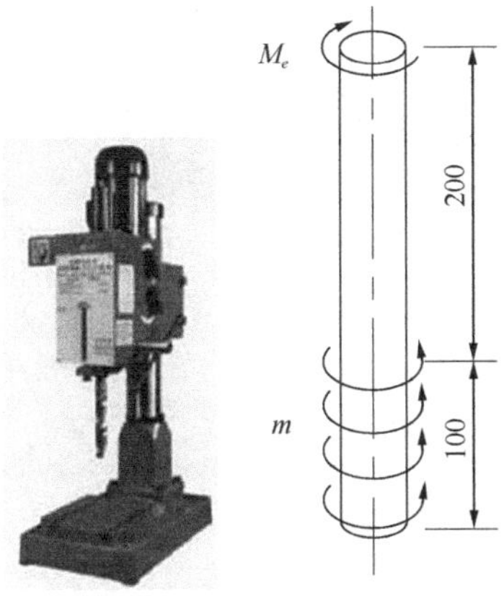

（a）　（b）

题 2-16 图

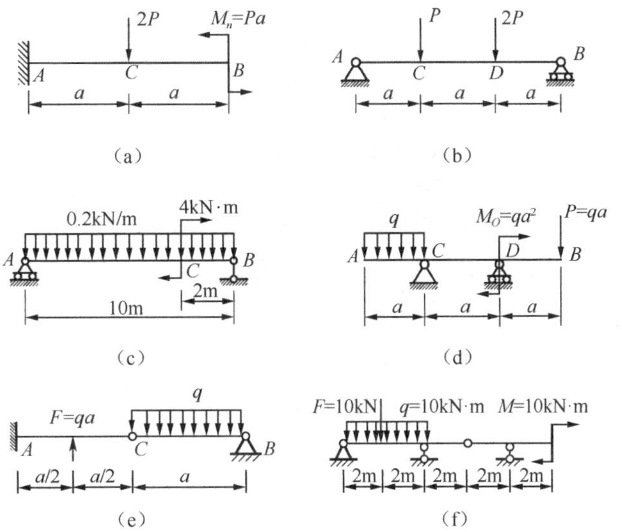

（a）　（b）　（c）　（d）　（e）　（f）

题 2-17 图

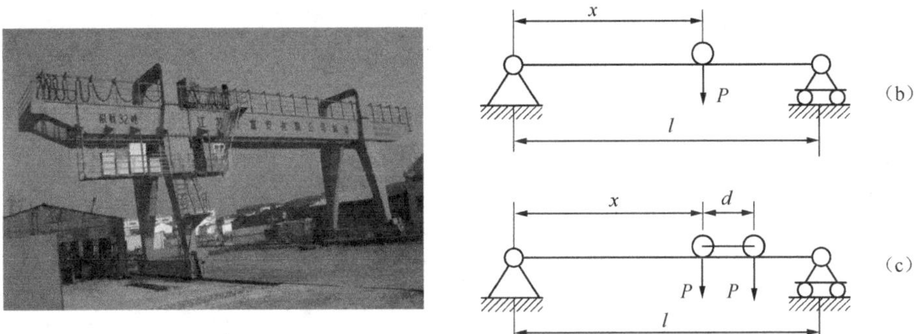

（a）　（b）　（c）

题 2-18 图

2-19. 题 2-19 图所示圆轴匀速转动，P_1=600N，B 轮的直径为 400mm，D 轮的直径为 600mm，试作内力图。

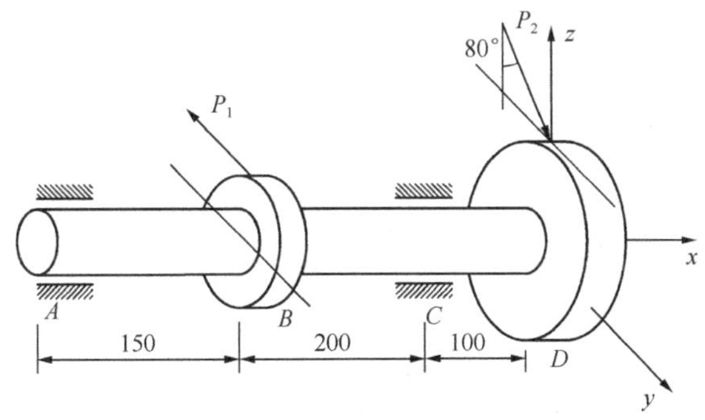

题 2-19 图

2-20. 如题 2-20 图所示，楼梯斜梁的长度为 l=4m，受均布载荷作用，q=2kN/m，试作梁的轴力图、剪力图和弯矩图。

（a）

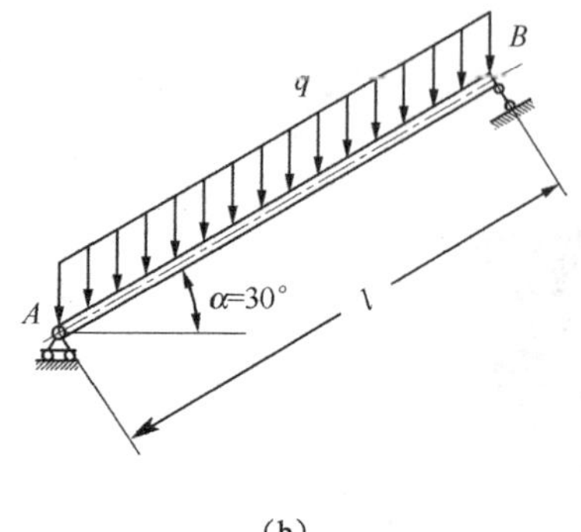

（b）

题2-20图

第三章　直接实验强度条件下杆件应力和强度分析

基本变形时，判断构件的强度是否满足是以直接实验为依据的。对于轴向拉伸和压缩、圆轴扭转、梁的弯曲等变形，直接通过材料的力学性能试验（试样的拉伸、压缩和扭转试验）测出材料的失效应力，再除以一个大于 1 的数 n（安全系数），得到材料的许用应力。要使构件安全工作，构件上的最大应力（正应力或切应力）必须小于或等于材料的许用应力，这就建立了构件的强度条件。

需要指出，基本变形时构件的强度条件是以实验为依据的，而未涉及材料失效的原因。

第一节　杆件轴向拉压变形时的应力

1．轴向拉（压）杆件横截面的应力

拉（压）杆横截面上的内力为轴力，其方向垂直于横截面，且通过横截面的形心。显然，截面上各点处的切应力不可能合成为一个垂直于截面的轴力。因而，与轴力相应的只可能是垂直于截面的正应力。截面上各点处应力σ与微面积 dA 之乘积的合成即为该截面上的内力 F_N，即

$$F_N = \int_A \sigma dA \tag{3-1}$$

而要完成式（3-1）的积分，必须知道正应力σ在截面上的变化规律。为此考察杆件在受力后表面上的变形情况，并由表及里地做出杆件内部变形情况的几何假设，再根据力与变形间的物理关系，得到应力在截面上的变化规律，然后再通过应力与 dA 之乘积的合成即为内力这一静力学关系，得到以内力表示的应力计算公式。这一分析过程是材料力学中分析截面上应力分布的基本方法，应重点掌握。

取一轴向拉（压）等直杆（如图 3-1（a）所示），在其侧面作相邻的两条横向线 ab 和 cd，可观察到该两横向线移到 $a'b'$和 $c'd'$，（图 3-1（a）中的虚线）。根据这一现象，设想横向线代表杆的横截面。于是，可假设原为平面的横截面在杆变形后仍为平面，称为**平面假设**（如图 3-2 所示）。根据平面假设，拉（压）杆变形后两横截面将沿杆轴线作相对平移。也就是说，拉（压）杆在其任意两个横截面之间纵向线段的伸长变形是均匀的。

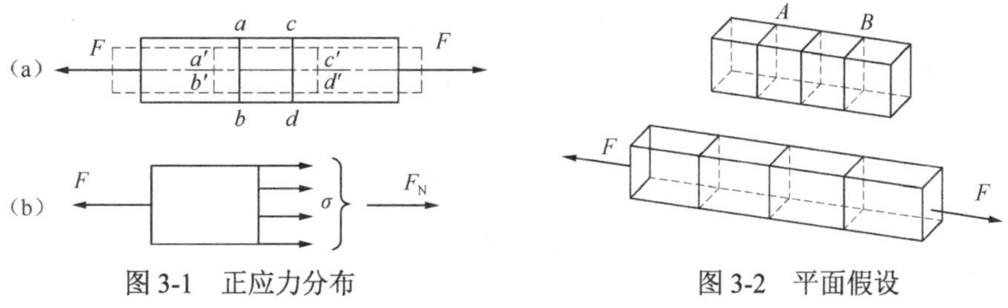

图 3-1　正应力分布

图 3-2　平面假设

由材料的均匀性假设，且杆的分布内力集度（应力）又是变形的内在因素，因而拉（压）杆在横截面上的分布内力也是均匀分布的，即横截面上各点处的正应力都相等（如图 3-1（b）所示）。

现在可以完成式（3-1）的积分

$$F_{\mathrm{N}}=\int_{A}\sigma \mathrm{d}A=\sigma\int_{A}\mathrm{d}A=\sigma A$$

即得拉杆横截面上正应力σ的计算公式

$$\sigma=\frac{F_{\mathrm{N}}}{A} \tag{3-2}$$

应该指出，这一结论实际上只在杆上离外力作用点稍远的部分才正确。而在外力作用点附近，由于外力作用方式的不同，其应力情况较为复杂。**圣维南**（Saint-Venant，法国力学家，1797—1886）**原理**指出："力作用于杆端方式的不同，只会使与杆端距离不大于杆的横向尺寸的范围内受到影响"，也称为局部作用原理。这一原理已被实验和计算机模拟所证实。如图 3-3 所示的杆件，尽管两端外力分布的方式不同，但因为它们是静力等效的，所以除靠近两端的部分（约等于杆的横向尺寸）外，在距离两端较远处，三种情形的应力分析是相同的。有限元结果见附录 C，图 C-1。

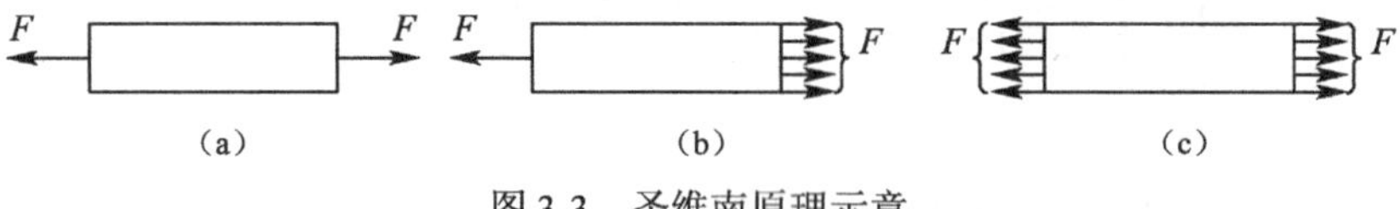

图 3-3 圣维南原理示意

工程实际中的轴向拉（压）杆件可能是阶梯杆，各段的面积不同，同时可能受几个轴向外力作用，由式（3-3）可以得到最大工作应力

$$\sigma_{\max}=\left(\frac{F_{\mathrm{N}}}{A}\right)_{\max} \tag{3-3}$$

最大工作应力发生的截面通常称为**危险截面**。

2．轴向拉（压）杆件斜截面的应力

不同材料的实验表明，拉压杆的破坏有时发生在某一倾斜截面上，为此现研究与横截面成α角的任一斜截面 k—k 上的应力（如图 3-4（a）所示）。假想用一平面沿斜截面 k—k 将杆截开，并研究左段杆的平衡（如图 3-4（b）所示），由截面法可得斜截面 k—k 上的内力 $F_\alpha=F$。根据求横截面上正应力变化规律的分析过程，可得到斜截面上各点处的总应力 p_α也处处相等，即有

$$p_\alpha=\frac{F_\alpha}{A_\alpha} \tag{a}$$

其中，A_α是斜截面的面积，且 $A_\alpha=A/\cos\alpha$，代入式（a）可得

$$p_\alpha=\frac{F_\alpha}{A_\alpha}=\frac{F}{A}\cos\alpha=\sigma\cos\alpha \tag{b}$$

其中，σ 是横截面上的正应力。将 p_α分解为沿截面法线方向的正应力σ_α和沿截面切线方向的切应力τ_α，如图 3-4（c）所示。

$$\sigma_\alpha=p_\alpha\cos\alpha=\sigma\cos^2\alpha \tag{c}$$

$$\tau_\alpha=p_\alpha\sin\alpha=\frac{\sigma}{2}\sin 2\alpha \tag{d}$$

式（c）、式（d）表达了通过拉杆内任一点处不同方位斜截面上的正应力σ_α和切应力τ_α随α角而改变的规律。由式（c）、式（d）可知，在轴向拉（压）问题中，一点处的应力状态由其横截面上的正应力σ可完全确定。这样的应力状态称为**单向应力状态**。

根据式（c）、式（d）可以得到不同方位截面上的应力分布情况。

$\alpha=0°$ 时，即横截面$\sigma_\alpha=\sigma_{max}=\sigma$，$\tau_\alpha=0$；

$\alpha=90°$ 时，即纵向截面$\sigma_\alpha=0$，$\tau_\alpha=0$；

$\alpha=\pm45°$ 时，$\sigma_\alpha=\pm\dfrac{\sigma}{2}$，$\tau_\alpha=\tau_{max}=\dfrac{\sigma}{2}$。

例 3-1　一横截面为正方形的阶梯形柱分上、下两段，其受力情况、各段长度及横截面面积如图 3-5（a）所示。已知 $F=50$kN，试求载荷引起的最大工作应力。

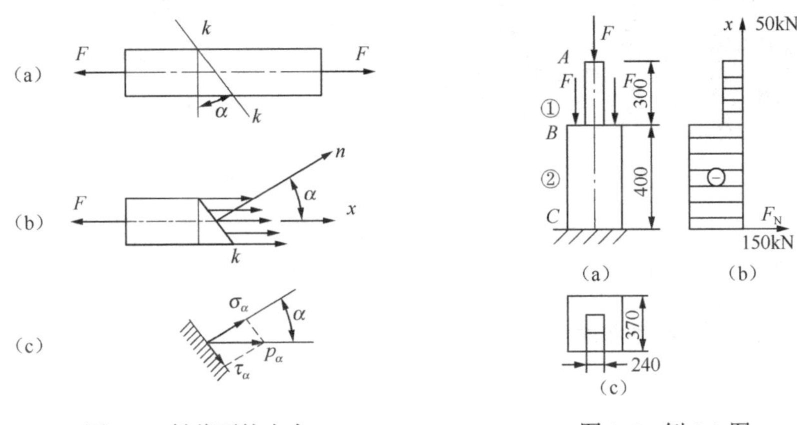

图 3-4　斜截面的应力　　　　图 3-5　例 3-1 图

【解】（1）作轴力图如图 3-5（b）所示，因为在 A、B 处分别作用有集中力，所以需要分为 AB、BC 两段分析轴力。

$$F_{N1}=-F=-50\text{kN}，F_{N2}=-3F=-150\text{kN}$$

（2）应力 $\sigma_1=\dfrac{F_{N1}}{A_1}=\dfrac{-50000}{0.24\times0.24}=-0.87\times10^6\,\text{N/m}^2=-0.87\text{MPa}$

$$\sigma_2=\frac{F_{N2}}{A_2}=\frac{-150000}{0.37\times0.37}=-1.1\times10^6\,\text{N/m}^2=-1.1\text{MPa}$$

结论：σ_{max}发生在柱的下段，其值为 1.1MPa，是压应力。

第二节　材料的力学性能与失效判据

在工程实际中，为构件选择合适的材料与理论计算同样重要，而选择材料需要依据由试验得到的各种变形、破坏指标，即材料的力学性能。本节主要介绍工程中常用材料低碳钢和铸铁在拉伸和压缩时的力学性能，按照国家标准 GB/T 228—2002《金属材料室温拉伸试验方法》执行，试验条件为常温、静载（缓慢加载）。

1．试验仪器和试件

如图 3-6 所示是一台用于测量材料力学性能的电子万能试验机。它由横梁、上下夹头、电源、数据采集处理系统和计算机组成。

对试样的形状、加工精度、加载速度和实验环境等，国家都有统一标准，试验必须按照国家标准进行。拉伸试样（如图 3-7 所示）有圆截面和矩形截面两种标准，在试样上取长为 l 的一段作为试验段，l 称为标距。圆截面试样标距 l 与直径 d 有两种比例：l=5d 和 l=10d。对于矩形截面，有 $l=11.3\sqrt{A}$ 和 $l=5.65\sqrt{A}$ 两种。

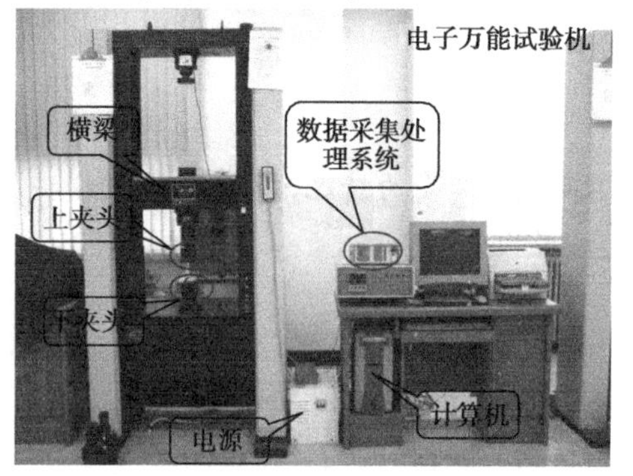

图 3-6　电子万能试验机

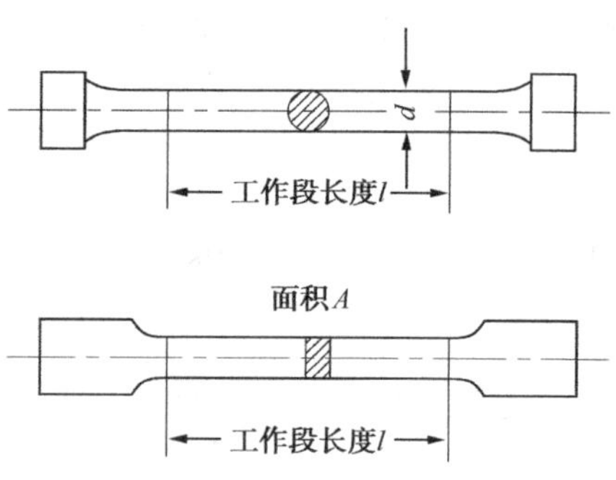

图 3-7　国标试样

压缩试样通常用圆截面或正方形截面的短柱体，其长度 l 与横截面直径 d 或边长 b 的比值一般规定为 1～3，这样才能避免试样在试验过程中被压弯。

2．低碳钢拉伸时的力学性能

低碳钢是指含碳量在 0.3%以下的碳素钢。把低碳钢试样装在如图 3-6 所示微机控制的电子万能试验机上，设定加载速率，使它受到缓慢增加的拉力，计算机控制系统自动采集力传感器的拉力 F 信号和位移传感器的位移Δl 信号，并在计算机屏幕上自动绘出拉力-位移曲线或 F-Δl 曲线（如图 3-8 所示）。为了消除试样尺寸的影响，把力 F 除以试样横截面原始面积 A，得到正应力σ=F/A；把标距的原始长度 l 除以变形量Δl，得到应变ε=$\Delta l/l$，则得到应力-应变曲线或σ-ε曲线（如图 3-9 所示）。可以看出，低碳钢拉伸时的σ-ε 曲线可分为**四个阶段**。

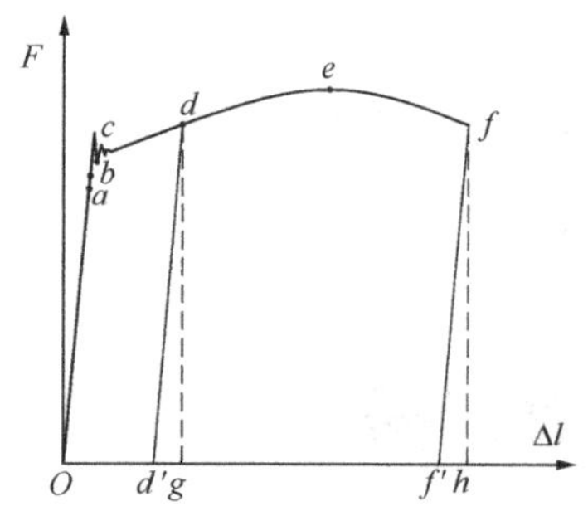

图 3-8　拉力-位移曲线

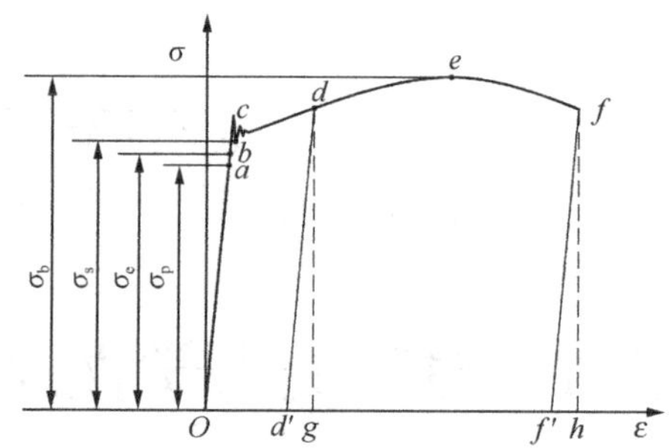

图 3-9　应力-应变曲线

（1）**弹性阶段**。曲线上为 Ob 段，这一阶段内卸除拉力后，变形完全恢复，这种变形为弹性变形。在拉伸的初始阶段，σ与ε 的关系为直线 Oa，它表明应力与应变成正比，即

$$\sigma \propto \varepsilon$$

写成等式

$$\sigma = E\varepsilon \tag{3-4}$$

式（3-4）称为**胡克定律**（Robert Hooke，1635—1703，英国力学家）。式（3-4）中的比例常数 E 与材料相关，称为**弹性模量**（modulus of elasticity），它与应力有相同量纲，常用单位为 GPa

(1GPa=10^9Pa)，E 为直线 Oa 的斜率。直线部分的最高点对应的应力σ_p称为**比例极限**(proportional limit)。所以式（3-4）成立的条件是$\sigma \leqslant \sigma_p$，这时称材料是**线弹性**的。

ab 段不再是直线，b 点对应的应力σ_e称为**弹性极限**（elastic limit)，在σ-ε曲线上，a、b 两点非常接近，一般对比例极限和弹性极限并不严格区分。

（2）**屈服阶段**。应力超过弹性极限增加到某一数值时，会突然下降，而后在一平台位置有微小的波动，应变则有明显的加大。在σ-ε上出现接近水平线的小锯齿形线段，这种现象称为屈服(yield）或流动。屈服阶段内，比较稳定的波动应力的最低点称为屈服点或屈服极限，用σ_s来表示。到达屈服极限时构件将出现明显的塑性变形，这将严重影响工程构件的正常工作。所以，σ_s是衡量材料强度的重要指标之一。

经过磨光的试样屈服时，将出现大约与轴线成 45° 角的滑移线的条纹，由本章第一节中的式（d）可知，该方向有最大切应力，从而使材料内部晶格相对滑移。

（3）**强化阶段**。屈服阶段过后，要产生应变，就必须增加应力，低碳钢又恢复了抵抗变形的能力，这种现象称为强化。强化阶段中的最高点 e 对应的应力σ_b称为强度极限（strength limit)。σ_b是材料能承受的最高应力，它是衡量材料强度的另一重要指标。在强化阶段，试样的横向尺寸有明显的缩小。

（4）**局部变形阶段**。到达强度极限后，试样在某一局部范围内横向尺寸突然缩小，形成颈缩(necking）现象（如图 3-10 所示)。颈缩部分的急剧变形引起试样伸长迅速加大，同时颈缩部位截面面积快速减小，试样承受的拉力明显下降，到 f 点被拉断。由于事先无法准确预测到颈缩发生的具体位置，在σ-ε曲线上仍采用横截面的原始面积计算此时的正应力，所以 f 点的正应力比 e 点低，实际上这是不可能的。

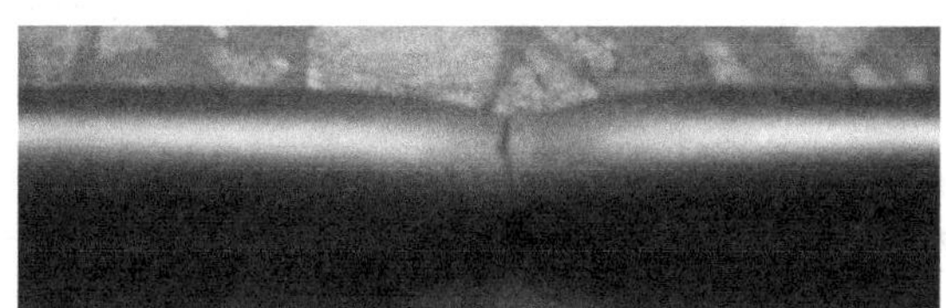

图 3-10 颈缩现象

衡量材料塑性的指标——**延伸率和断面收缩率**：试样拉断后因保留着塑性变形，将断口对接，测量标距的长度为 l_1，颈缩处的最小截面面积为 A_1，则延伸率表示为

$$\delta = \frac{l_1 - l}{l} \times 100\% \tag{3-5}$$

断面收缩率表示为

$$\psi = \frac{A - A_1}{A} \times 100\% \tag{3-6}$$

通常按延伸率的大小把材料分成两大类：δ>5%的材料为塑性材料（ductile materials)，如碳钢、黄铜、铝合金等；δ<5%的材料为脆性材料（brittle materials)，如铸铁、玻璃、陶瓷、石料等。低碳钢的延伸率高达 20%～30%，断面收缩率可达 60%，所以是塑性很好的材料。

卸载规律和冷作硬化：当试件应力超过屈服极限，如在图 3-9 中的 d 点，然后逐渐卸除拉力，可以发现在卸载过程中应力和应变按直线规律变化，沿直线 dd'回到 d'，斜直线 dd'大致平行于 Oa，这种现象称为卸载规律。此时拉力完全卸除，应力为零，而应变不为零。在图 3-9 中，$d'g$ 代表恢复了的弹性变形，面 Od'表示不再恢复的塑性变形。若将此试件在短时间内重新加载，则其σ-ε曲线将沿直线 $d'd$ 上升，后面的曲线和原来的曲线相同，可见材料的比例极限有所提高，这一现象称为冷作硬化。工程上可用冷作硬化来提高某些构件的承载能力，如预应力钢筋、钢丝绳等。冷作硬化经退火后又可消除。

3．铸铁拉伸时的力学性能

灰口铸铁试件在拉伸至拉断时，变形始终很小，其应力-应变曲线也没有明显的直线部分，即使在较低的拉力下也是如此（如图 3-11 所示），通常近似地认为应力与应变服从胡克定律。另外，铸铁拉伸时也没有屈服现象，在拉力不大的情况下即突然断裂，强度极限σ_b 是衡量其强度的唯一指标。

铸铁经球化处理后称为球墨铸铁，不但具有较高的强度，还有较好的塑性性能。球墨铸铁以其优良的性能，在使用中有时可以代替昂贵的铸钢和锻钢，在机械制造工业中得到了广泛应用。

4．其他金属材料拉伸时的力学性能

如图 3-12 所示为低碳钢和其他几种金属材料的应力-应变图。从图中可以看出，这些材料在拉伸的初始阶段，应力应变的关系服从胡克定律，但有的材料没有明显的屈服阶段，如黄铜 H62。对于没有明显屈服阶段的塑性材料，常以卸载时产生 0.2%的塑性应变的应力作为屈服应力，称为名义屈服强度，并用$\sigma_{0.2}$表示（如图 3-13 所示）。

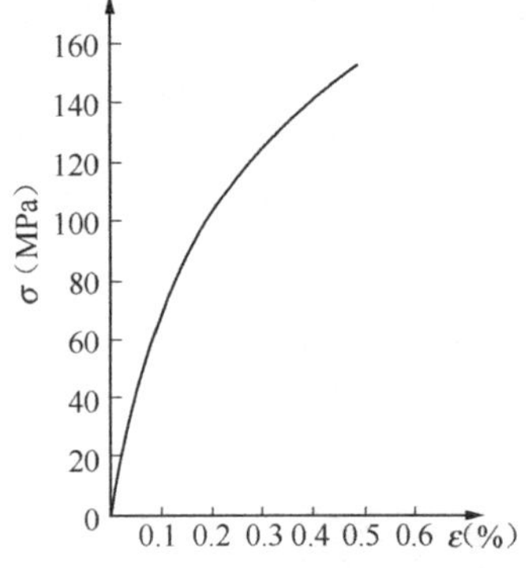

图 3-11　铸铁拉伸力学性能

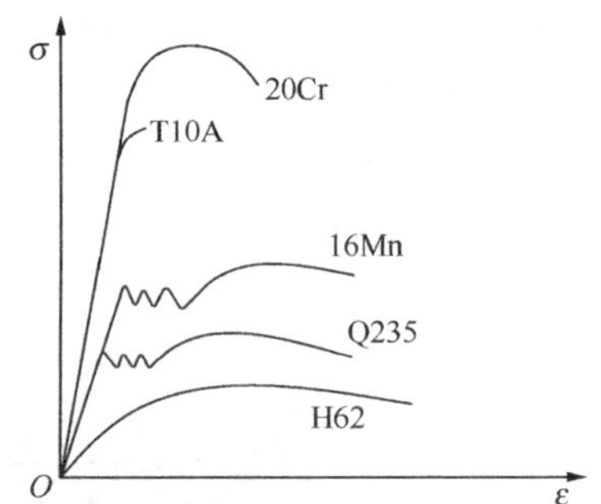

图 3-12　几种金属材料拉伸力学性能

5．低碳钢压缩时的力学性能

低碳钢试样压缩时的应力-应变曲线如图 3-14 所示，在屈服阶段前，应力与应变的关系服从胡克定律，压缩时的屈服应力、弹性模量与拉伸时大致相同。当试样压缩至屈服应力以后，会越压越扁，其横截面面积不断增大，其抗压能力不断增高，试样不可能被压断，因此得不到压缩时的强度极限。

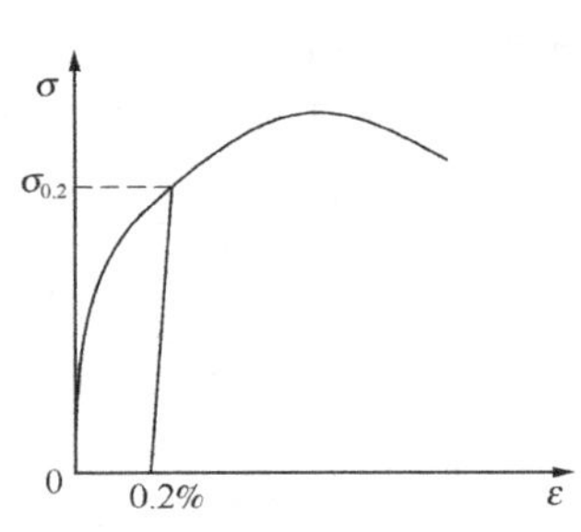

图 3-13　$\sigma_{0.2}$的定义

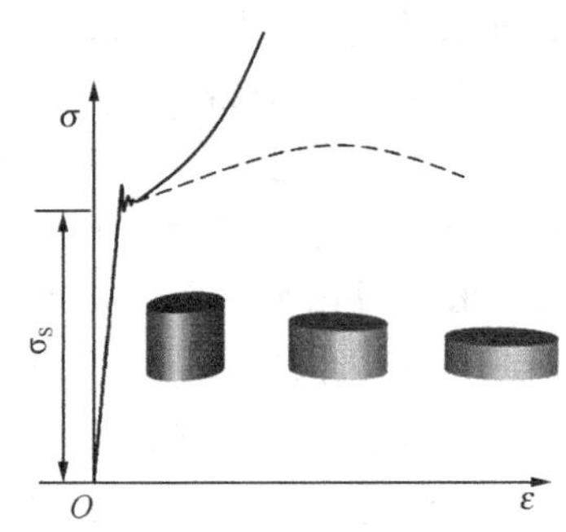

图 3-14　低碳钢压缩力学性能

几种常用材料的主要力学性能如表 3-1 所示。

表 3-1　几种常用材料的主要力学性能

材料名称	牌　号	σ_s（MPa）	σ_b（MPa）	δ（%）
低碳钢	Q235	235	375	25
优质碳素结构钢	45	355	600	16
合金结构钢	40Cr	785	980	5
铸钢	ZG25	230	450	22
灰铸铁	HT100		100	
球磨铸铁	QT900-2	900	600	2
铝合金	2A12	275	420	10

6．铸铁压缩时的力学性能

铸铁压缩时的应力-应变的关系始终是非线性的，如图 3-15 所示。铸铁压缩时破坏端面与横截面大致成 45°～55° 倾角（如图 3-16 所示），因为 45° 截面是轴向压缩时最大切应力截面，表明这类试样主要因剪切而破坏，铸铁的抗压强度极限是抗拉强度极限的 3～4 倍。铸铁易于浇铸成形状复杂的零部件，且价格低廉，所以广泛应用于铸造基座、机床床身、缸体及轴承座等。

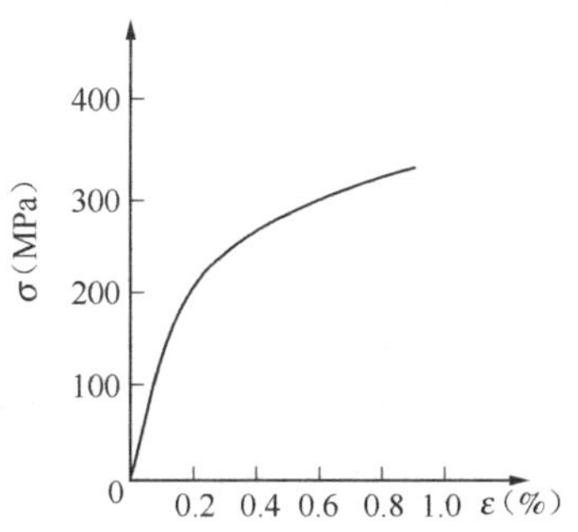

图 3-15　铸铁压缩力学性能

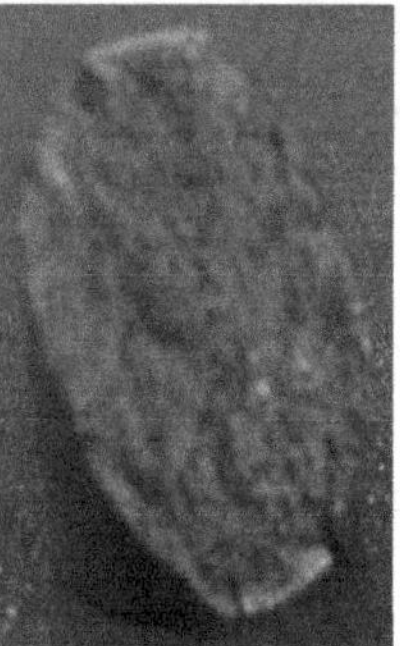

图 3-16　铸铁试件压缩破坏

7．失效判据

由于构件的强度不足，出现断裂或塑性变形，使构件不能保持原有的形状和尺寸，从而不能正常工作，通常称为**失效**。对脆性材料，以断裂的方式失效时的应力是强度极限σ_b；对塑性材料，以出现塑性变形的方式失效时的应力是屈服极限σ_s。σ_b和σ_s可称为极限应力。为避免失效，构件在载荷作用下的实际最大应力（称为工作应力），显然应低于极限应力，并应具有一定的强度储备。在强度计算中，以大于 1 的系数 n_s 或 n_b 除以极限应力，将所得结果称为许用应力，并用$[\sigma]$来表示。

对塑性材料
$$[\sigma]=\frac{\sigma_s}{n_s} \tag{3-7}$$

对脆性材料
$$[\sigma]=\frac{\sigma_b}{n_b} \tag{3-8}$$

其中，n_s 或 n_b 称为安全系数，该系数的确定应该权衡经济和安全两方面的要求。确定安全系数应考虑的因素一般有以下几点：①材料的素质；②载荷简化、计算方法的准确程度和合理性；

③在设备中的重要性等。

构件轴向拉伸和压缩的强度条件为

$$\sigma_{\max}=\left(\frac{F_{\mathrm{N}}}{A}\right)_{\max}\leqslant[\sigma] \tag{3-9}$$

根据以上强度条件，可以进行强度校核、设计截面、确定许可载荷等强度计算。

（1）强度校核。已知外力大小（由此可知轴力 F_{N}）、横截面面积 A 和拉（压）杆材料的许用应力，可用强度条件式（3-9）校核构件是否满足强度要求。

（2）设计截面。已知构件所受的外力和所用材料的许用应力，按强度条件的改写式 $A\geqslant F_{\mathrm{N}}/[\sigma]$ 设计构件所需的横截面面积 A。

（3）确定许可载荷（外力）。已知构件的横截面面积和材料的许用应力，确定构件所能承受的最大轴力 $F_{\mathrm{N}}\leqslant A[\sigma]$。再由轴力和外力的关系，确定该构件或结构所能承受的最大载荷。

8．应力集中

在工程实际中，有些构件必须有圆孔、切口、螺纹、轴肩等，以致在这些部位上截面尺寸发生突然变化。实验结果和理论分析表明，在尺寸突然改变的横截面上，局部范围内的应力急剧增大，这种现象称为应力集中。

例如，带有圆孔或切口的板条受拉时（如图 3-17 所示），在圆孔或切口附近的局部区域内应力明显增大，但在离开圆孔或切口稍远处，应力就迅速降低而趋于均匀，通常采用理论应力集中系数 k 来反映应力集中的程度：

$$k=\frac{\sigma_{\max}}{\sigma} \tag{3-10}$$

对于圆孔，弹性力学的理论分析表明 k=3。另外，理论和实验结果都表明：截面尺寸改变得越急剧、角越尖、孔越小，应力集中的程度越严重。有限元结果见附录 C，图 C-2。

在日常生活和工程实际中，很好地利用应力集中，可以带来方便。而对应力集中带来的危害，则需要进行控制。易拉罐小拉片周围的刻痕、食品包装袋边上的锯齿形切口，都是利用应力集中带来的方便。另外，为了消除或减缓应力集中，在截面突变处，要采用半径较大的过渡圆角（如图 3-18 所示）。

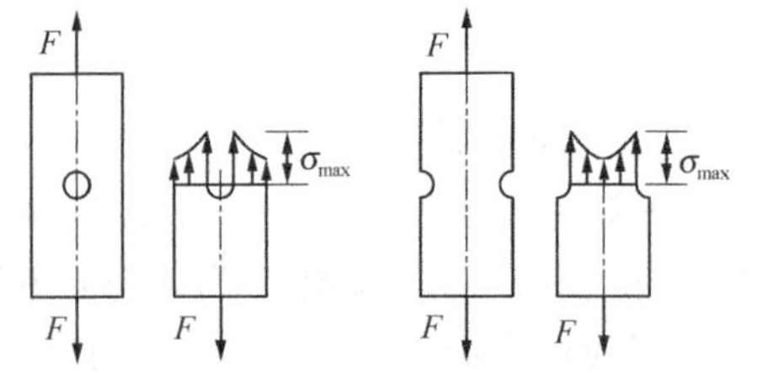

图 3-17　圆孔应力集中

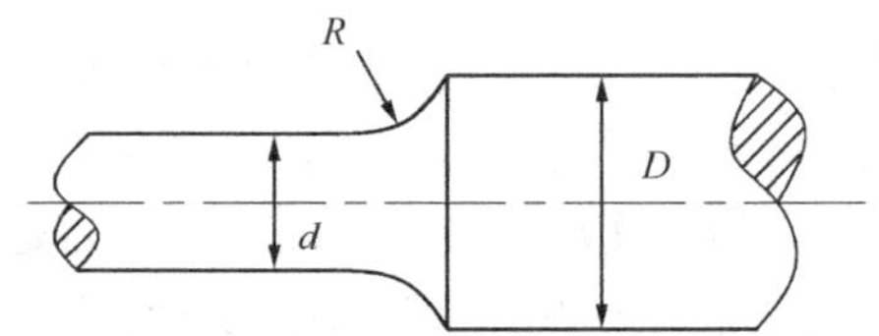

图 3-18　过渡圆角

例 3-2　简易起重设备可简化为三角桁架（如图 3-19（a）所示），AC 杆由两根 80mm×80mm×7mm 等边角钢组成，AB 杆由两根 10 号工字钢组成，材料为 Q235 钢，许用应力$[\sigma]$=170MPa。求许可载荷$[F]$。

【解】　（1）取节点 A 为研究对象，受力分析如图 3-19（b）所示。节点 A 的平衡方程为

$$\sum F_x=0\quad F_{\mathrm{N2}}-F_{\mathrm{N1}}\cos30^\circ=0,\quad \sum F_y=0\quad F_{\mathrm{N1}}\sin30^\circ-F=0$$

得到

$$F_{\mathrm{N1}}=2F\qquad F_{\mathrm{N2}}=1.732F$$

由型钢表查得 $A_1 = 1086 \times 2 = 2172 \times 10^{-6}\,\mathrm{m}^2$，$A_2 = 1434.5 \times 2 = 2869 \times 10^{-6}\,\mathrm{m}^2$ 。

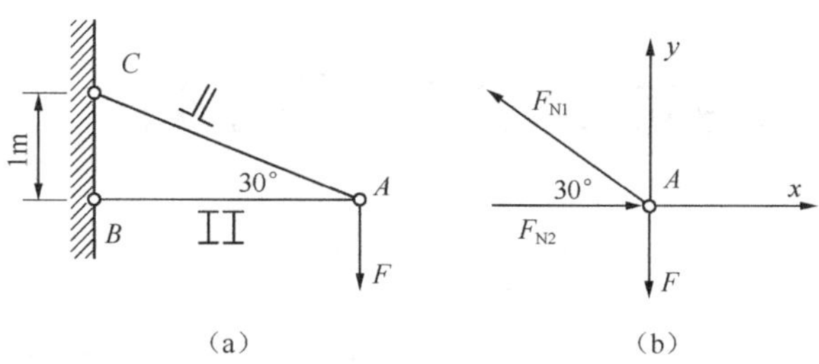

图 3-19 例 3-2 图

（2）各杆的许可轴力为

$$[F_{N1}] = [\sigma]A_1 = 170 \times 10^6 \times 2172 \times 10^{-6} = 369.24\mathrm{kN}$$
$$[F_{N2}] = [\sigma]A_2 = 170 \times 10^6 \times 2869 \times 10^{-6} = 487.73\mathrm{kN}$$

（3）各杆的许可载荷为

$$F_1 = \frac{[F_{N1}]}{2} = 184.6\mathrm{kN} \qquad F_2 = \frac{[F_{N2}]}{1.732} = 281.6\mathrm{kN}$$

所以，桁架结构的许可载荷为[F]=184.6kN。

例 3-3 如图 3-20（a）所示的刚性杆 ACB 由圆杆 CD 悬挂在 C 点，B 端作用集中力 F=25kN，已知 CD 杆的直径 d=20mm，许用应力[σ]=160MPa，试校核 CD 杆的强度。若 F=50kN，试设计 CD 杆的直径。

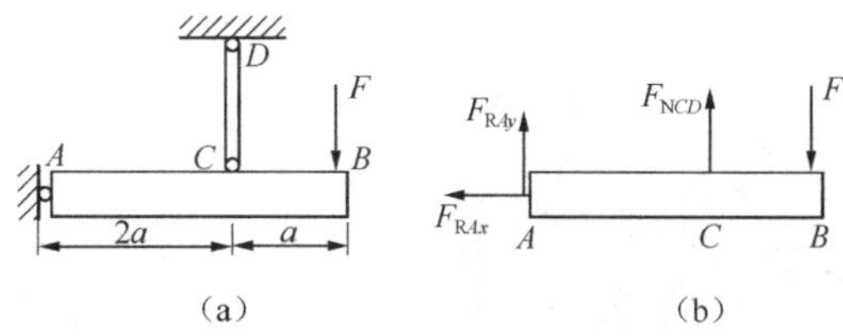

图 3-20 例 3-3 图

【解】 （1）取杆 ACB 为研究对象，受力分析如图 3-20（b）所示，平衡方程为

$$\sum M_A = 2a \times F_{NCD} - 3a \times F = 0$$

得到

$$F_{NCD} = \frac{3}{2}F$$

（2）CD 杆强度校核。

$$\sigma = \frac{F_{NCD}}{A} = \frac{3F/2}{\pi d^2/4} = \frac{1.5 \times 25 \times 10^3}{\pi \times 20^2 \times 10^{-6}/4} = 119\mathrm{MPa} < [\sigma]$$

所以 CD 杆强度满足。

另外，在工程问题中，如工作应力σ略大于许用应力[σ]，但不超过[σ]的 5%，一般还是允许的。

（3）若 F=50kN，设计 CD 杆的直径。

由 $\sigma_{CD} = \dfrac{F_{NCD}}{A} \leqslant [\sigma]$ 得

$$A \geqslant \frac{F_{NCD}}{[\sigma]} = \frac{3F/2}{[\sigma]} \qquad \frac{\pi d^2}{4} \geqslant \frac{3F/2}{[\sigma]}$$

代入已知数据得：d=24.4mm，取 d=25mm。

第三节　剪切与挤压的实用强度分析

在日常生活和生产中，用剪刀剪布、纸片（如图3-21所示），剪板机剪切钢板（如图3-22所示），都是剪切破坏的典型例子。工程中有些联结件如铆钉、螺钉、销、键等受到外力时，都会产生剪切（shearing）变形，如机器上的凸缘联轴节是用螺栓联结在一起的（如图3-23所示）。可能被剪断的截面称为剪切面。

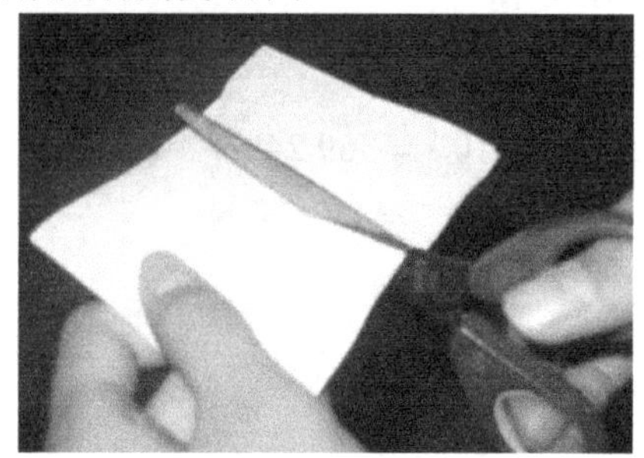

图3-21　剪刀剪纸片

图3-22　剪板机剪切钢板

构件剪切可简化为图3-24所示的力学模型，剪切变形的受力特点是：作用在杆件两个侧面上且与轴线垂直的外力，大小相等，方向相反，作用线相距很近。变形特点是：两个力之间的截面沿剪切面相对错动。构件只有一个剪切面的情况称为单剪切，有两个剪切面时称为双剪切。

图3-23　凸缘联轴节

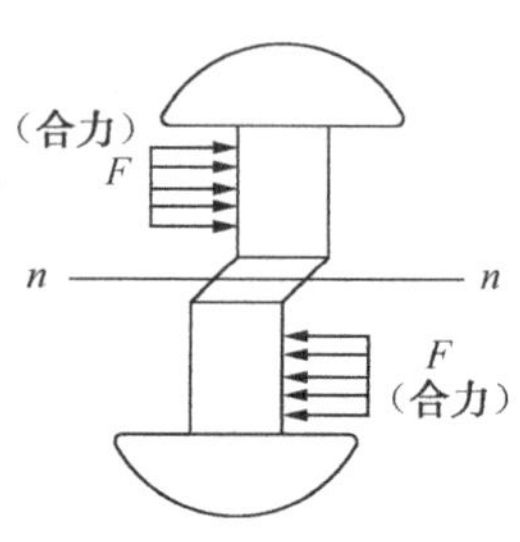

图3-24　剪切力学模型

构件发生剪切变形时，常在受力的侧面上伴随发生挤压（bearing）现象。在如图3-25所示的铆钉联结中，铆钉孔和铆钉之间相互挤压，当相互挤压力比较大时，可能使挤压部分产生显著的塑性变形（如图3-26所示），而使构件不能安全可靠地工作。这种现象称为挤压失效，所以对伴随剪切发生挤压现象的联结件，也要进行挤压的强度计算。

1．剪切的实用强度计算

以图3-27所示抗剪螺栓为例，外力 F 已知，应用截面法假想沿截面 m—m 将螺栓切开，保留下段为研究对象。由平衡条件可知，截面 m—m 上的分布内力系的合力必然是一个平行于 F 的力 F_S。F_S 与截面相切，称为截面 m—m 上的剪力。

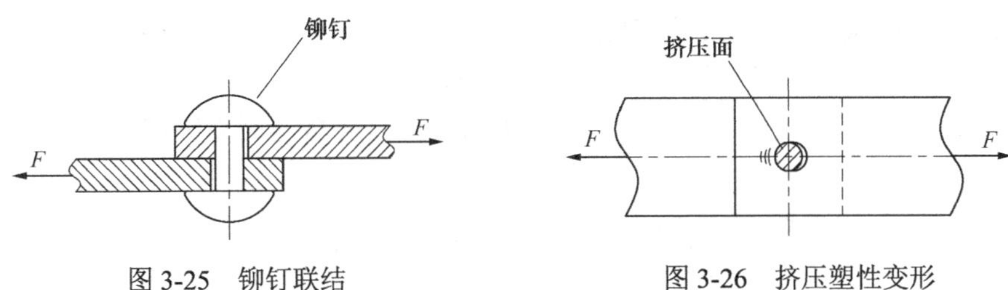

图 3-25　铆钉联结　　　　图 3-26　挤压塑性变形

剪力 F_S 是剪切面上各点处切应力的合力，因为发生剪切的构件，受力部分局部变形很复杂，剪切面上切应力分布也就很复杂。因此，在工程中采用了剪切实用计算（或假定计算），即假设切应力 τ 在剪切面上是均匀分布的（如图 3-28 所示），其方向与剪力的方向相同，故得到了简单实用的切应力 τ 计算公式

$$\tau = \frac{F_S}{A} \tag{3-11}$$

式中，F_S 是剪切面上的剪力，它与 F 的关系由平衡方程确定；A 是剪切面面积（与外载荷平行）。式（3-11）中的切应力只是剪切面内的平均切应力，故也称为名义应力。

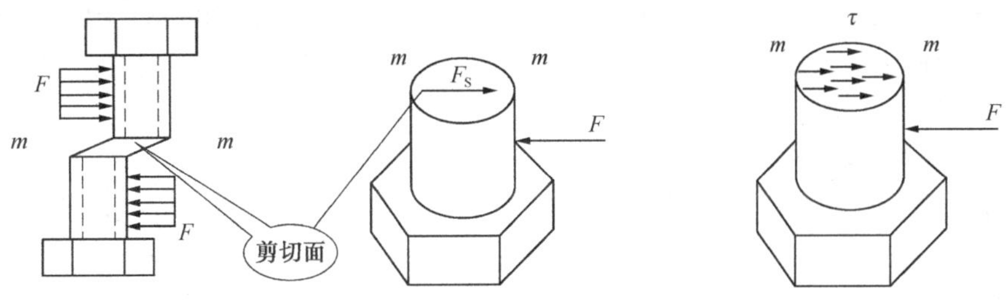

图 3-27　截面法求剪切内力　　　　图 3-28　剪切应力

为了使构件安全可靠地工作，必须使其具有足够的剪切强度，即必须使剪切面上的切应力不超过材料的许用切应力。故剪切强度条件为

$$\tau = \frac{F_S}{A} \leqslant [\tau] \tag{3-12}$$

式中，$[\tau]$为许用切应力，通常采用直接剪切试验来确定。试验时，尽量使试件的受力情况与实际构件的受力情况相近，求得试件剪切失效时的极限载荷，用式（3-11）计算出相应的名义失效应力，再除以安全系数 n，就可得到材料的许用切应力$[\tau]$。试验表明，材料的许用切应力与许用拉应力之间大致有如下关系：对塑性材料，$[\tau]$=（0.6～0.8）$[\sigma]$；对脆性材料，$[\tau]$=（0.8～1.0）$[\sigma]$。

2．挤压实用计算

挤压面上某点处单位面积的挤压力称为挤压应力，用σ_{bs}表示，其方向垂直于挤压面。挤压应力只限于在接触面附近的区域内存在。挤压应力在挤压面上的分布也是很复杂的。工程中采用挤压的实用计算，即假设挤压应力在挤压面上均匀分布，所以有

$$\sigma_{bs} = \frac{F}{A_{bs}} \tag{3-13}$$

式中，F 是挤压面上的挤压力；A_{bs} 是挤压面面积（与外载荷垂直）。

当挤压面为平面时（齿轮轴中的键），挤压面面积就是接触面面积；当挤压面为圆柱面时（如

铆钉、螺钉和销），挤压应力的分布情况如图 3-29（a）所示，最大挤压应力在圆柱表面的中点，实用计算中，用圆柱面在直径平面的投影面积作为挤压面面积 td（如图 3-29（b）所示），用挤压力 F 除以 td 来计算挤压应力，这样计算的结果与实际最大挤压应力很接近。

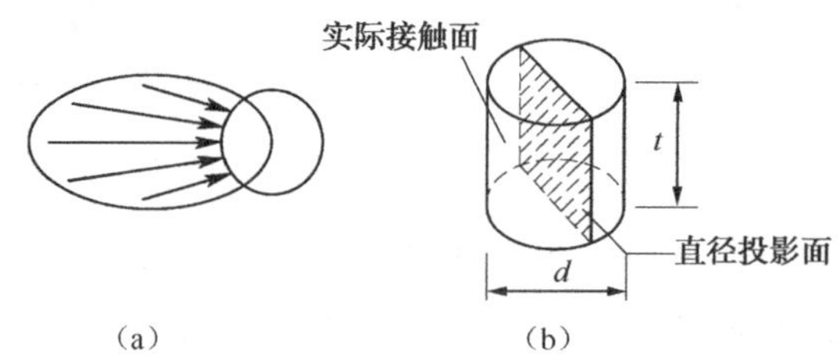

图 3-29　圆柱面挤压面积计算

故挤压强度条件为

$$\sigma_{bs}=\frac{F}{A_{bs}}\leqslant[\sigma_{bs}] \tag{3-14}$$

材料的许用挤压应力可根据试验确定，或从有关手册查得。对于钢材，大致可取$[\sigma_{bs}]=(1.7\sim2)[\sigma]$。

例 3-4　齿轮和轴用平键联结如图 3-30 所示。已知轴的直径 d=70mm，键的尺寸为 $b\times h\times l$=20mm×12mm×100mm，传递的力偶矩 M_e=2kN·m，键的许用应力$[\tau]$=60MPa，许用挤压应力$[\sigma_{bs}]$=100MPa。试校核键的强度。

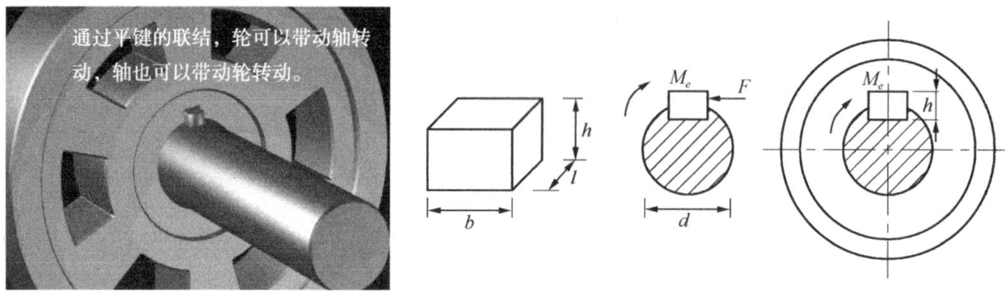

图 3-30　例 3-4 图

【解】　（1）计算键所受力的大小。由平衡条件

$$\sum m_O=0 \qquad F\cdot\frac{d}{2}=M_e \qquad F=\frac{2M_e}{d}=\frac{2\times2\times10^3}{70\times10^{-3}}=57\text{kN}$$

（2）校核键的剪切强度。

剪力

$$F_S=F$$

由剪切强度条件可得

$$\tau=\frac{F_S}{A}=\frac{F}{bl}=\frac{57\times10^3}{20\times100\times10^{-6}}=28.6\text{MPa}<[\tau]$$

故平键满足剪切强度条件。

（3）校核键的挤压强度。键受到的挤压力为 F，挤压面面积 $A_{bs}=\dfrac{hl}{2}$，由挤压强度条件可得

$$\sigma_{bs}=\frac{F}{A_{bs}}=\frac{F}{l\,h/2}=\frac{57\times10^3}{100\times6\times10^{-6}}=95.3\text{MPa}<[\sigma_{bs}]$$

故平键满足挤压强度条件。

例 3-5　图 3-31 所示为两轴用凸缘联结，沿直径 D=150mm 的圆轴上对称地用 4 个螺栓，传递力偶矩 M_e=2.5kN·m。若 t=10mm，螺栓材料的$[\tau]$=60MPa，许用挤压应力$[\sigma_{bs}]$=100MPa，试

设计螺栓直径。

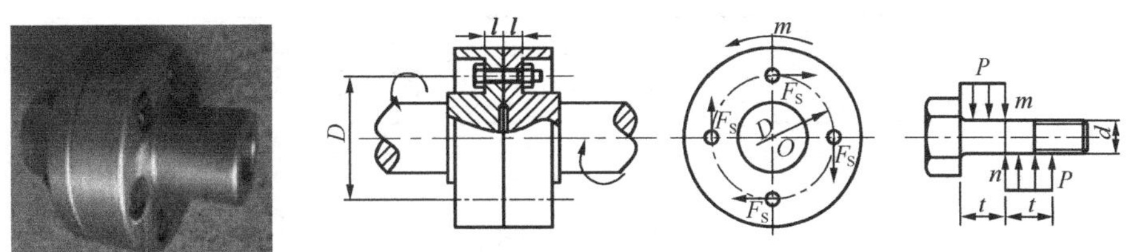

图 3-31 例 3-5 图

【解】（1）计算螺栓所受的力。设每个螺栓受力相同，为 F，由凸缘的平衡条件可得

$$\sum m_O = 0 \qquad M_e - 4F\frac{D}{2} = 0 \qquad F = \frac{M_e}{2D} = \frac{2.5}{2\times150\times10^{-3}} = 8.33\text{kN}$$

（2）求剪切内力，切面上剪力为

$$F_S = F = 8.33\text{kN}$$

（3）计算螺栓直径，先按剪切强度条件设计

$$\tau = \frac{F_S}{A} = \frac{4F_S}{\pi d^2} \leqslant [\tau] \qquad d \geqslant \sqrt{\frac{4F_S}{\pi[d]}} = \sqrt{\frac{4\times8.33\times10^3}{3.14\times80\times10^6}} = 11.5\times10^{-3}\ \text{m}$$

再按挤压强度条件设计。将挤压面面积 $A_{bs}=td$ 代入挤压强度条件公式中

$$\sigma_{bs} = \frac{F}{A_{bs}} = \frac{F}{dt} \leqslant [\sigma_{bs}] \qquad d \geqslant \frac{F}{t[\sigma_{bs}]} = \frac{8.33\times10^3}{10\times10^{-3}\times200\times10^6} = 4.17\times10^{-3}\ \text{m}$$

应取按剪切强度条件计算的直径 d=11.5mm。

3．剪切胡克定律

试验指出：当切应力不超过材料的剪切比例极限 τ_p 时，切应力 τ 与切应变 γ 成正比，这就是材料的剪切胡克定律，即

$$\tau = G\gamma \tag{3-15}$$

式中，比例常数 G 与材料有关，称为材料的切变模量。因为 γ 为无量纲量，G 的量纲与 τ 相同，常用单位是 GPa，其数值可由试验测得。一般钢材的 G 约为 80GPa，铸铁约为 45GPa。

第四节 圆轴扭转时应力和强度分析

1．圆轴扭转时横截面上的应力

由前面内容可知，仅通过静力学平衡方程无法得到圆轴扭转时横截面上的应力，为此必须考虑三方面的关系，即变形几何关系、物理关系及静力学关系。

1）变形几何关系

变形几何关系的核心是做试验、提假设、得结论。试验前在如图 3-32（a）所示的圆轴表面画若干条圆周线和与轴线平行的纵向线，然后进行扭转试验。在小变形情况下可以观察到以下现象：圆轴表面的各圆周线的形状、大小和间距均未改变，只是绕轴线作了相对转动；各纵向线均倾斜了同一微小角度 γ；所有矩形网格均歪斜成同样大小的平行四边形（如图 3-32（b）所示）。根据这些现象，可以提出**扭转平面假设：变形前为平面的横截面，变形后仍保持为圆平面，只是**

绕轴线发生相对转动。由该假设可知，圆轴扭转时横截面上只有切应力，且与半径方向垂直。

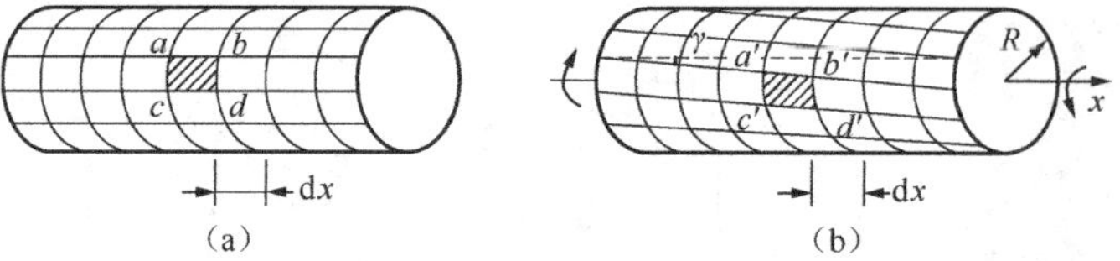

图 3-32　圆轴扭转试验现象

取距离为 dx 的相邻截面 *OAC* 和 *O'BD*，并放大如图 3-33 所示。设截面 *O'BD* 对 *OAC* 相对转角为 $d\varphi$，根据扭转平面假设，*O'B* 和 *O'D* 分别旋转到 *O'B'* 和 *O'D'* 位置，表面方格 *ABCD* 的 *BD* 相对 *AC* 发生微小错动，△*ABB'* 和△*O'BB'* 对应同一条边 *BB'*。

$$BB'=\gamma \mathrm{d}x=R\mathrm{d}\varphi \qquad \gamma=R\frac{\mathrm{d}\varphi}{\mathrm{d}x}$$

采用相同的方法，可以求得距圆心为ρ处的切应变为

$$\gamma_\rho=\rho\frac{\mathrm{d}\varphi}{\mathrm{d}x} \tag{3-16}$$

所以，横截面上任意点的切应变γ_ρ与该点到圆心的距离ρ成正比。

2）物理关系

由剪切胡克定律$\tau=G\gamma$，任意点的切应力τ_ρ为

$$\tau_\rho=G\gamma_\rho \tag{3-17}$$

这表明横截面上任意点的切应力τ_ρ与该点到圆心的距离ρ成正比。最大切应力$\tau_{\max}$发生在最外边缘（如图 3-34 所示）。

将式（3-16）代入式（3-17），可得到

$$\tau_\rho=G\gamma_\rho=G\rho\frac{\mathrm{d}\varphi}{\mathrm{d}x} \tag{3-18}$$

因为$\frac{\mathrm{d}\varphi}{\mathrm{d}x}$未知，任意点的切应力$\tau_\rho$仍无法求解，需要利用静力学关系。

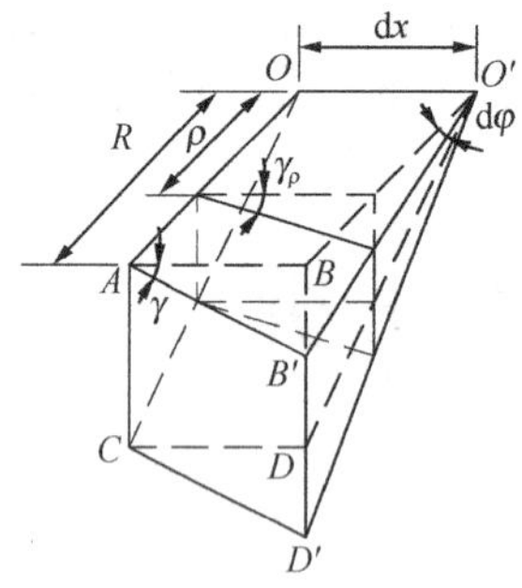

图 3-33　圆轴扭转应变分布

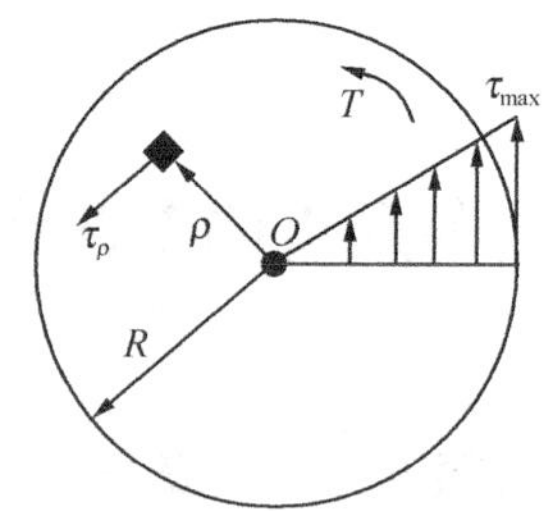

图 3-34　圆轴扭转应力分布

3）静力学关系

根据内力和应力的关系，扭转内力矩 *T* 和其在横截面上的分布切应力τ_ρ存在以下关系：

$$\int_A \rho\tau_\rho \mathrm{d}A=T$$

因为在给定截面上$\frac{\mathrm{d}\varphi}{\mathrm{d}x}$为常数，于是有$G\frac{\mathrm{d}\varphi}{\mathrm{d}x}\int_A \rho^2\mathrm{d}A=T$。

令$I_\mathrm{p}=\int_A \rho^2\mathrm{d}A$，则

$$\frac{\mathrm{d}\varphi}{\mathrm{d}x}=\frac{T}{GI_{\mathrm{p}}} \tag{3-19}$$

将式（3-19）代入式（3-18），得到

$$\tau_{\rho}=\frac{T\rho}{I_{\mathrm{p}}} \tag{3-20}$$

其中，I_{p}是横截面对圆心的极惯性矩（polar moment of inertia），单位为 m^4。

$$\tau_{\max}=\frac{T\rho_{\max}}{I_{\mathrm{p}}}=\frac{T}{\frac{I_{\mathrm{p}}}{R}}=\frac{T}{W_{\mathrm{t}}} \tag{3-21}$$

其中，W_{t}称为抗扭截面系数，单位为 m^3。

为了计算 I_{p}，在如图 3-35（a）所示的实心截面中取 $\mathrm{d}A=2\pi\rho(\mathrm{d}\rho)$，则

$$I_{\mathrm{p}}=\int_A \rho^2\mathrm{d}A=\int_0^{\frac{d}{2}} 2\pi\rho^3\mathrm{d}\rho=\frac{\pi d^4}{32} \tag{3-22}$$

$$W_{\mathrm{t}}=\frac{I_{\mathrm{p}}}{\rho_{\max}}=\frac{\pi d^4/32}{d/2}=\frac{\pi d^3}{16} \tag{3-23}$$

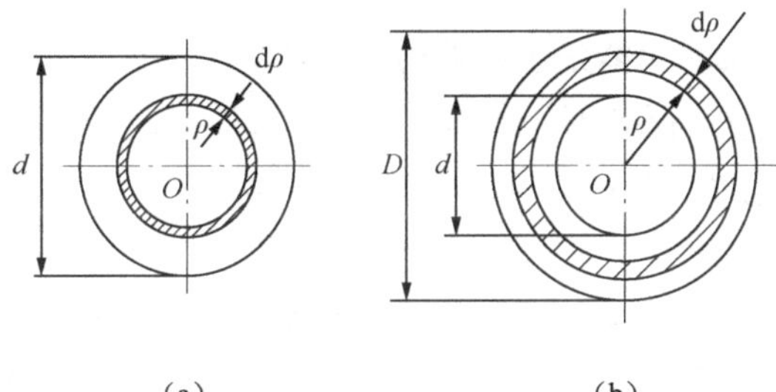

图 3-35　极惯性矩计算

对图 3-35（b）所示的空心截面

$$I_{\mathrm{p}}=\int_A \rho^2\mathrm{d}A=\int_{\frac{d}{2}}^{\frac{D}{2}} 2\pi\rho^3\mathrm{d}\rho=\frac{\pi(D^4-d^4)}{32} \tag{3-24}$$

$$W_{\mathrm{t}}=\frac{\pi D^3}{16}(1-\alpha^4) \qquad \alpha=\frac{d}{D}$$

空心截面上的切应力分布如图 3-36 所示。当空心截面的壁厚δ很小时，空心轴就变成薄壁圆筒，此时可以认为切应力沿着半径方向均匀分布（如图 3-37 所示），根据扭转内力矩 T 和应力τ的关系可得

$$\int_A \tau\mathrm{d}A\cdot r=\tau\cdot r\cdot\int_A \mathrm{d}A=\tau\cdot r\cdot A=\tau\cdot r(2\pi r\delta)=T$$

$$\tau=\frac{T}{2\pi r^2\cdot\delta} \tag{3-25}$$

2．圆轴扭转时的强度条件

圆轴扭转的强度条件为

$$\tau_{\max}=\left(\frac{T}{W_{\mathrm{t}}}\right)_{\max}\leqslant[\tau] \tag{3-26}$$

式（3-26）适用于等截面或变截面（阶梯轴、锥度较小的圆锥形杆）的圆轴。

式（3-26）中的$[\tau]=\dfrac{\tau_s}{n_s}$或$[\tau]=\dfrac{\tau_b}{n_b}$，$\tau_s$和$\tau_b$分别是塑性材料和脆性材料扭转时的切应力屈服极限和强度极限，由材料的扭转试验来确定。

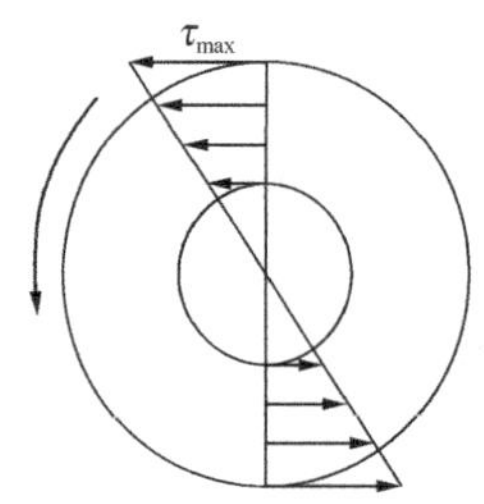

图 3-36　空心截面上的切应力分布

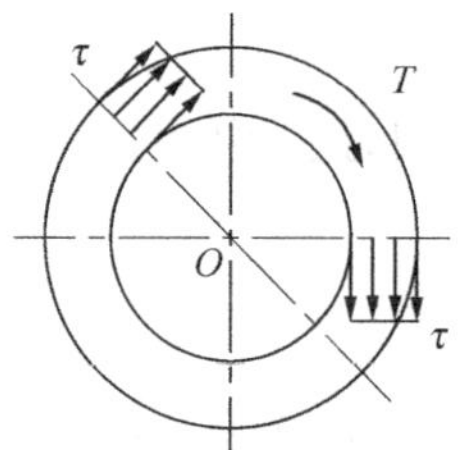

图 3-37　薄壁圆筒切应力分布

3．切应力互等定理

用两个横截面（左、右面）、两个径向截面以及两个与轴线同轴的圆柱面在圆轴内截取一微小的正六面体，作为研究的单元体（如图 3-38 所示）。单元体平面上只有切应力而无正应力，则称为纯剪切单元体，或者说该单元体处于**纯剪切应力状态**。在其左、右两侧面（杆的横截面）只有切应力，其方向与 y 轴平行，在其前、后曲平面（即与杆表面平行的面）上无任何应力。由于单元体处于平衡状态，由$\sum m_z=0$，$\tau\cdot \mathrm{d}z\cdot \mathrm{d}y\cdot \mathrm{d}x-\tau'\cdot \mathrm{d}z\cdot \mathrm{d}x\cdot \mathrm{d}y=0$ 可得

$$\tau'=\tau \tag{3-27}$$

在单元体相互垂直的两个平面上，切应力必然成对出现，且数值相等，两者都垂直于两平面的交线，其方向则共同指向或共同背离该交线。这就是切应力互等定理。

例 3-6　如图 3-39（a）所示的阶梯圆轴，AB 段的直径 d_1=120mm，BC 段的直径 d_2= 100mm，扭转力偶矩为 M_{eA}=22kN·m，M_{eB}=36kN·m，M_{eC}=14kN·m。已知材料的许用切应力$[\tau]$=80MPa，试校核该轴的强度。

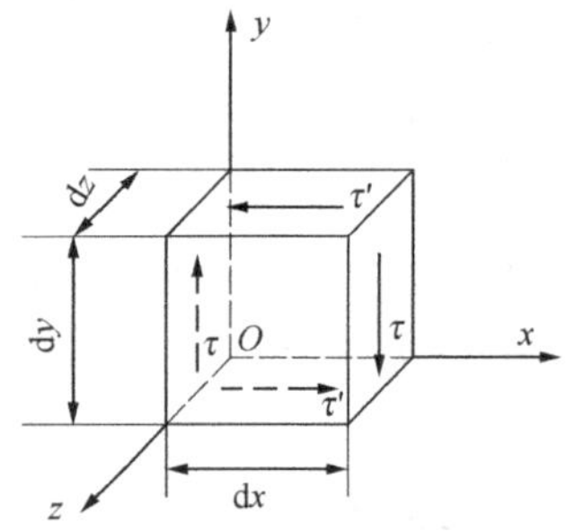

图 3-38　纯剪切单元体

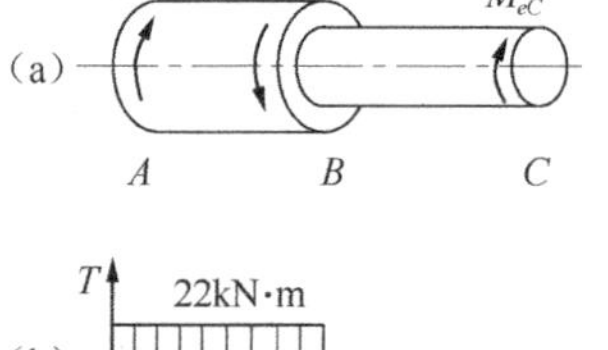

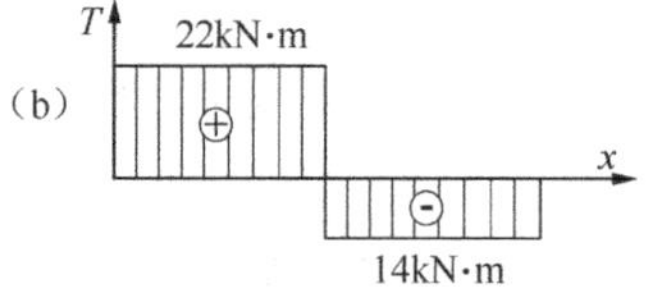

图 3-39　例 3-6 图

【解】（1）作轴的扭矩图如图 3-39（b）所示。

（2）分别校核两段轴的强度。

左段　$\tau_{1\max}=\dfrac{T_1}{W_{t1}}=\dfrac{T_1}{\pi d_1^3/16}=\dfrac{22\times10^3}{\pi(0.12^3)/16}=64.84\text{MPa}<[\tau]$

右段　$\tau_{2\max}=\dfrac{T_2}{W_{t2}}=\dfrac{T_2}{\pi d_2^3/16}=\dfrac{14\times10^3}{\pi(0.1^3)/16}=71.3\text{MPa}<[\tau]$

所以该轴满足强度要求。

例 3-7　实心圆轴 1 和空心圆轴 2，材料、扭转力偶矩 M 和长度 l 均相等，最大切应力也相等。若空心圆轴的内外径之比 α=0.8，试求空心圆截面的外径和实心圆截面直径之比及两轴的重量比。

【解】 设实心圆截面直径为 d_1，空心圆截面的内、外径分别为 d_2、D_2；因扭转力偶矩相等，则两轴的扭矩也相等，设为 T。

$$\tau_{\max 1}=\frac{T}{W_{t1}} \qquad \tau_{\max 2}=\frac{T}{W_{t2}}$$

由已知条件

$$\tau_{\max 1}=\tau_{\max 2} \quad 故 \quad \frac{T}{W_{t1}}=\frac{T}{W_{t2}}$$

$$\frac{\pi d_1^3}{16}=\frac{\pi D_2^3(1-\alpha^4)}{16}$$

所以

$$\frac{D_2}{d_1}=\sqrt[3]{\frac{1}{1-0.8^4}}=1.194$$

两轴材料、长度均相同，故两轴的重量比等于两轴的横截面面积之比。

$$\frac{A_2}{A_1}=\frac{\frac{\pi}{4}(D_2^2-d_2^2)}{\frac{\pi}{4}d_1^2}=\frac{D_2^2(1-\alpha^2)}{d_1^2}=1.194^2\times(1-0.8^2)=0.512$$

在最大切应力相等的情况下空心圆轴比实心圆轴轻，即节省材料。这是因为在横截面上，沿半径切应力线性分布，圆心附近的应力很小，材料没有充分利用。将轴心附近的材料向边缘移置，使其成为空心轴，就会增大 I_p 和 W_t，提高了轴的强度。所以，飞机、轮船、汽车的某些轴常采用空心轴。

例 3-8　圆柱密圈螺旋弹簧（如图 3-40（a）所示）是工程中常用的减震器件，从疲劳失效的弹簧的断面分析，弹簧失效往往是从簧丝内边缘点开始的，试分析其中原因。

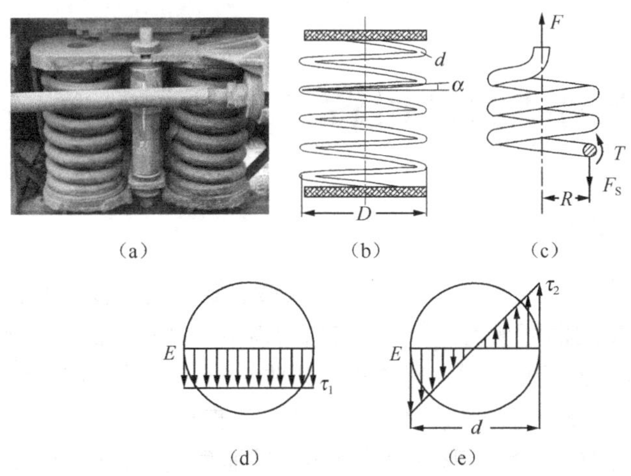

图 3-40　圆柱密圈螺旋弹簧

【解】 对于螺旋角较小（α<5°）的情况，则可忽略α的影响，认为弹簧丝的横截面与弹簧轴线在同一平面内（如图 3-40（b）所示）。

（1）内力分析——截面法。

沿簧丝横截面假想将其切开，弃去下部分，保留上部分。考虑上部分的平衡条件，截面上必有剪力 F_S 和扭矩 T 存在（如图 3-40（c）所示），而

$$F_S=F \qquad T=\frac{FD}{2}$$

所以簧丝是剪切和扭转变形的组合。

（2）应力分析。在小变形和线弹性条件下，应用叠加原理，分别计算两种基本变形下的应力，然后叠加即为总的应力。

考虑剪切变形，按剪切的实用计算，横截面上的切应力 τ_1 是均匀分布的（如图 3-40（d）所示）。

$$\tau_1=\frac{F_S}{A}=\frac{4F}{\pi d^2}$$

考虑扭转变形时簧丝横截面上的剪应力 τ_2，τ_2 沿半径按线性规律分布（如图 3-40（e）所示），最大切应力在圆周边缘上。

$$\tau_2=\frac{T}{W_t}=\frac{T}{\frac{\pi d^3}{16}}=\frac{8FD}{\pi d^3}$$

任意点的切应力是 τ_1 和 τ_2 的矢量和，从图 3-40 看出，在弹簧内侧 E 点处切应力最大（受拉压均相同）。

$$\tau=\tau_1+\tau_2=\frac{8FD}{\pi d^3}+\frac{4F}{\pi d^2}=\frac{8FD}{\pi d^3}\left(1+\frac{d}{2D}\right)$$

当 d/D 远小于 1 /10 时，第二项可以忽略不计，即只计算扭转时的切应力。若考虑簧丝的曲率和剪切变形的切应力非均匀分布等因素，最大切应力计算公式可采用下式：

$$\tau_{\max}=\left(\frac{4c-1}{4c-4}+\frac{0.615}{c}\right)\frac{8FD}{\pi d^3}=k\frac{8FD}{\pi d^3}$$

式中，$c=\frac{D}{d}$ 称为弹簧指数，k 称为曲度系数。

第五节　非圆截面杆扭转

1．非圆截面杆扭转的概念

前面讨论了圆截面轴的扭转，但并不是只有圆轴才能承受扭转，如农业机械中有时采用方轴作为传动轴。又如曲轴的曲柄承受扭转，而它们的横截面是矩形的。非圆截面扭转变形后横截面已变为曲面，不再保持为平面，这种现象称为翘曲（warp），如图 3-41 所示。

非圆截面杆的扭转可分为自由扭转和约束扭转。等直杆在两端受力偶作用，且截面翘曲不受任何限制，属于自由扭转。这种情形下的杆件各横截面翘曲的程度相同，纵向纤维的长度没有变化，所以横截面上没有正应力，只有切应力。由于约束条件或受力条件的限制造成杆件各横截面翘曲的程度不同，势必引起相邻两截面间纵向纤维长度的改变，于是横截面上除切应力外还有正应力，这种情形称为约束扭转。一般实心截面杆由于约束扭转产生的正应力很小，可以略去不计。但像工字钢、槽钢等薄壁杆件，约束扭转所引起的正应力则往往是相当大的，不能忽略。

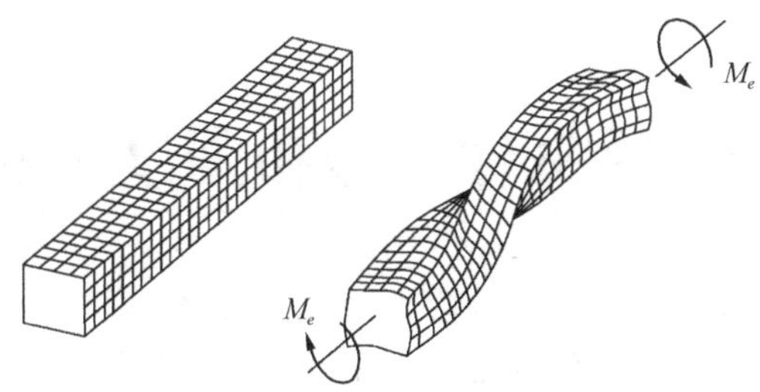

图 3-41　矩形截面轴扭转

2. 矩形截面轴扭转

下面简单介绍弹性力学中关于矩形截面等直杆自由扭转的一些主要结果。

（1）横截面边缘各点处的切应力方向都与边缘相切（如图 3-42 所示）。

（2）横截面的凸角处的切应力为零。

（3）整个截面上的最大切应力发生在矩形截面长边的中点。

$$\tau_{\max}=\frac{T}{\alpha hb^2} \tag{3-28}$$

短边中点的切应力 $\tau'_{\max}$ 是短边各点的切应力的极值。

$$\tau'_{\max}=\gamma\tau_{\max} \tag{3-29}$$

杆两端相对扭转角为

$$\varphi=\frac{Tl}{\beta Ghb^3} \tag{3-30}$$

式中，γ、α 和 β 为与比值 h/b 有关的系数，其值可从表 3-2 中查得。

从表 3-2 看出，当 $h/b>10$ 时，截面成为狭长矩形，这时 $\alpha=\beta\approx1/3$。

表 3-2　矩形截面杆扭转时的系数 α、β 和 γ

h/b	1.0	1.2	1.5	2.0	2.5	3.0	4.0	6.0	8.0	10.0	∞
α	0.208	0.219	0.231	0.246	0.256	0.267	0.282	0.299	0.307	0.313	0.333
β	0.141	0.166	0.196	0.229	0.249	0.263	0.281	0.299	0.307	0.313	0.333
γ	1.000	0.930	0.858	0.796	0.767	0.753	0.745	0.743	0.743	0.743	0.743

图 3-43 所示为狭长矩形截面的长边和短边的切应力分布情况。从图中看到，除了靠近两端部分以外，长边上各点的切应力接近相等，靠近两端迅速减小至零。

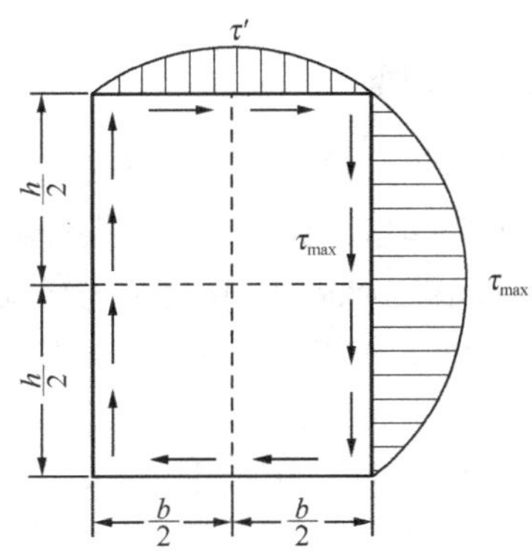

图 3-42　矩形截面切应力分布

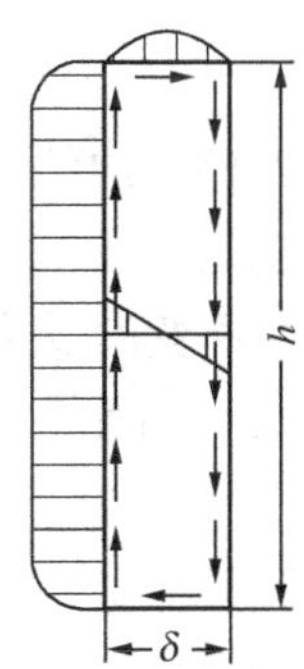

图 3-43　狭长矩形截面切应力分布

第六节　细长梁弯曲时应力和强度分析

弯曲时梁的横截面上一般同时存在两种内力——剪力 F_S 和弯矩 M，这种弯曲称为横力弯曲。弯曲强度分析与横截面以及内力在截面上的分布，即应力有关。剪力 F_S 是和截面相切的内力，它是截面上与截面相切的切应力 τ 的合力；而弯矩 M 则是作用面与横截面垂直的力偶矩，它是由截面上和截面垂直的正应力 σ 组成的。因此，梁的横截面上一般既有正应力 σ，又有切应力 τ。若横截面上只有弯矩 M，而没有剪力 F_S，则这种弯曲称为**纯弯曲**。这是弯曲理论中最基本的情况。

1．纯弯曲时的正应力

只利用静力关系无法找到弯曲时横截面上正应力 σ 的分布规律，和拉（压）杆的正应力、圆轴扭转的切应力的分析一样，必须综合考虑梁的变形几何关系、物理关系和静力关系进行分析。

1）变形几何关系

变形前先在梁的侧面画上与轴线平行的纵线以及与梁轴垂直的横线（如图3-44（a）所示）。两端施加作用面在梁纵向对称平面内的一对力矩。可以观察以下现象（如图 3-44（b）所示）：梁上的纵线（包括轴线）都弯曲成圆弧曲线，靠近梁凹侧一边的纵线缩短，而靠近凸侧一边的纵线伸长；梁上的横线仍为直线，各横线间发生相对转动，不再相互平行，但仍与梁弯曲后的轴线垂直。

根据上述变形现象，可做出如下假设：**梁的横截面在纯弯曲变形后仍保持为平面，并垂直于梁弯曲后的轴线。横截面只是绕其面内的某一轴线刚性地转了一个角度。这就是弯曲变形的平面假设。**梁的纵向纤维间无挤压，只是发生了简单的轴向拉伸或压缩。根据平面假设，梁变形后的横截面仍与各纵线正交，说明横截面上各点处没有切应变。所以，纯弯曲时梁的横截面上没有切应力。另外，假设梁的纵向纤维间无挤压，只是发生了简单的轴向拉伸或压缩。

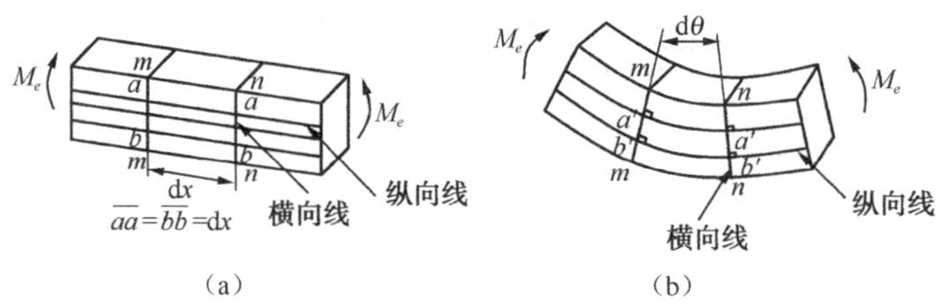

图3-44　纯弯曲实验现象

另外，靠近梁凹侧一边的纵向纤维缩短，靠近凸侧一边的纵向纤维伸长，而纵向纤维沿截面高度应该是连续变化的，所以，从纵向纤维伸长区到缩短区，梁内必有一层纤维既不伸长，又不缩短。这一纤维长度不变的过渡层，称为中性层（neutral surface）。中性层与横截面的交线，称为中性轴（neutral axis），如图3-45所示。显然，对称弯曲时横截面的中性轴必定垂直于其对称轴。

从梁中截取长为 dx 的一个微段，横截面选用如图3-46所示的 y–z 坐标系，y 轴为横截面的对称轴，z 轴为中性轴。两个横截面间相对转过的角度为 $d\theta$，中性层 o'— o'曲率半径为 ρ，距中性层为 y 处的任意纵线（纵向纤维）$b'b'$为圆弧曲线（如图3-46（b）所示）。因此，纵线 $\overline{bb}$ 的伸长为

$$\Delta l=(\rho+y)\mathrm{d}\theta-\mathrm{d}x=(\rho+y)\mathrm{d}\theta-\rho\mathrm{d}\theta=y\mathrm{d}\theta$$

其线应变为

$$\varepsilon=\frac{\Delta l}{l}=\frac{y\mathrm{d}\theta}{\rho\mathrm{d}\theta}=\frac{y}{\rho} \tag{3-31}$$

由于中性层等距离的各纵向纤维变形相同，所以，式（3-31）中线应变ε 即为横截面上坐标为y 的所有各点处的纵向纤维的线应变。

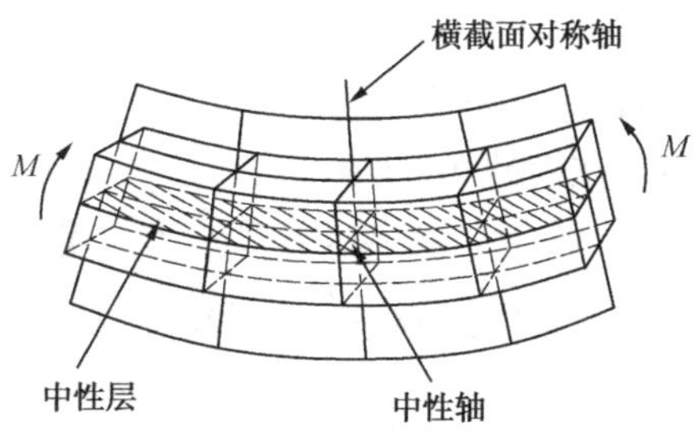

图 3-45　中性层和中性轴

2）物理关系

当横截面上的正应力不超过材料的比例极限时，由梁的纵向纤维间无挤压和胡克定律$\sigma=E\varepsilon$得到横截面上坐标为y 处各点的正应力为

$$\sigma=E\frac{y}{\rho} \tag{3-32}$$

式（3-32）表明，横截面上各点的正应力σ与点的坐标 y 成正比，由于截面上 E/ρ为常数，说明弯曲正应力沿截面高度按线性规律分布，如图 3-47 所示。中性轴 z 上各点的正应力均为零，中性轴上部横截面的各点均为压应力，而下部各点则均为拉应力。

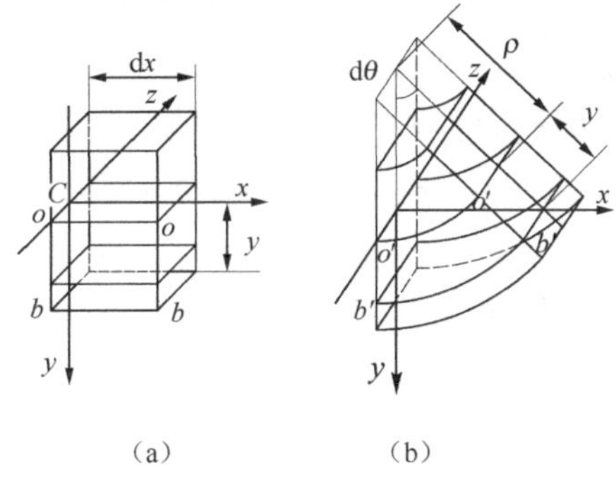

图 3-46　纯弯曲应变分析

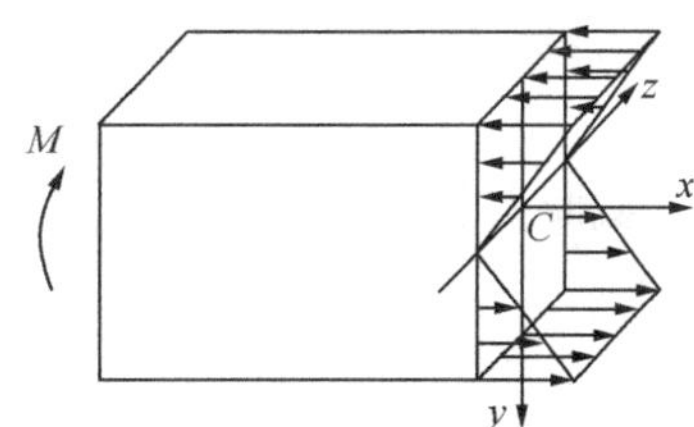

图 3-47　弯曲正应力分布

3）静力关系

式（3-32）中，截面中性轴 z 的位置及梁的中性层的曲率半径ρ的大小均为未知，下面根据梁截面上的应力σ与弯曲内力之间的静力关系解决。

截面上各点的微内力$\sigma\mathrm{d}A$ 组成与横截面垂直的空间平行力系（如图 3-47 所示），它可以简化为三个内力分量，即平行于 x 轴的轴力 F_{N}、对 z 轴的力偶矩 M_z 和对 y 轴的力偶矩 M_y，分别为

$$F_{\mathrm{N}}=\int_A \mathrm{d}F_{\mathrm{N}}=\int_A \sigma\mathrm{d}A \tag{a}$$

$$M_y=\int_A \mathrm{d}M_y=\int_A z\sigma\mathrm{d}A \tag{b}$$

$$M_z = \int_A \mathrm{d}M_z = \int_A y\sigma \mathrm{d}A \tag{c}$$

梁纯弯曲时，横截面没有轴力，所以 $F_{\mathrm{N}} = \int_A \mathrm{d}F_{\mathrm{N}} = \int_A \sigma \mathrm{d}A = 0$

将式（3-32）代入式（a）可得 $\int_A \frac{E}{\rho} y\mathrm{d}A = \frac{E}{\rho}\int_A y\mathrm{d}A = 0$

由于弯曲时 $E/\rho \neq 0$，必然有 $\int_A y\mathrm{d}A = S_z = 0$

此式表明，z 轴即横截面的中性轴一定是形心轴，点 C 即为截面的形心。x 轴即为梁的轴线，从而完全确定了纯弯曲时中性轴 z 在横截面上的位置。

根据弯曲时梁的横截面上弯矩 $M=M_z$，将式（3-32）代入式（c）可得

$$M_z = \int_A \sigma y\mathrm{d}A = \frac{E}{\rho}\int_A y^2 \mathrm{d}A = M$$

式中，$\int_A y^2 \mathrm{d}A = I_z$，$I_z$ 为横截面对中性轴 z 的惯性矩。上式可表达为

$$\frac{1}{\rho} = \frac{M}{EI_z} \tag{3-33}$$

式中，EI_z 称为梁的**抗弯刚度**。

将式（3-33）代入式（3-32），即可得到纯弯曲时梁的横截面上的正应力计算公式

$$\sigma = \frac{My}{I_z} \tag{3-34}$$

另外，由于弯曲时梁的横截面上弯矩 $M_y=0$，可得

$$M_y = \int_A zE\frac{y}{\rho}\mathrm{d}A = \frac{E}{\rho}\int_A yz\mathrm{d}A$$

式中，$\int_A yz\mathrm{d}A = I_{yz}=0$，$I_{yz}$ 为横截面对于 y、z 轴的惯性积。由于横截面上的正应力 σ 只与点的 y 坐标成正比而与 z 坐标无关，而 y 轴又为截面的纵向对称轴，所以这一关系式自动满足。

应用式（3-34）时，一般将 M、y 以绝对值代入，根据梁变形的情况直接判断 σ 的正负号。以中性轴为界，梁变形后凸出边的应力为拉应力（σ 为正号），凹入边的应力为压应力（σ 为负号）。

任意截面上的最大正应力发生在横截面上离中性轴最远的点处。

$$\sigma_{\max} = \frac{My_{\max}}{I_z} \tag{3-35}$$

令 $W_z=I_z/y_{\max}$，称为抗弯截面系数，所以有

$$\sigma_{\max} = \frac{M}{W_z} \tag{3-36}$$

2．横力弯曲时的正应力

对横力弯曲时的细长梁，由于横截面上存在切应力，弯曲时横截面将发生翘曲，平面假设不再适用。但是，弹性理论分析表明，对横力弯曲时的细长梁，即截面高度 h 远小于跨度 l 的梁（$l/h>5$），横截面的翘曲对正应力的影响是较小的。有限元模拟见附录 C 的图 C-4。所以，细长梁横力弯曲时的正应力，可以用纯弯曲时梁横截面上的正应力计算，只不过式（3-36）中的弯矩 M 要用相应截面上的弯矩 $M(x)$ 代替。

$$\sigma_{\max}=\frac{M(x)}{W_z} \tag{3-37}$$

3．弯曲正应力强度条件及其应用

梁在弯曲时，横截面上一部分点为拉应力，另一部分点为压应力。对于低碳钢等塑性材料，其抗拉和抗压性能相同，为了使横截面上的最大拉应力和最大压应力同时达到许用应力，常将梁做成矩形、圆形和工字形等对称于中性轴的截面。因此，弯曲正应力的强度条件为

$$\sigma_{\max}=\left(\frac{M}{W_z}\right)_{\max}\leqslant[\sigma] \tag{3-38}$$

对于铸铁等脆性材料，则由于其抗拉和抗压的许用应力不同，工程上常将此种梁的截面做成如T字形等对中性轴不对称的截面，其最大拉应力和最大压应力的强度条件分别为

$$(\sigma_{\mathrm{t}})_{\max}=\left(\frac{My_{\mathrm{t}}}{I_z}\right)_{\max}\leqslant[\sigma_{\mathrm{t}}]$$

$$(\sigma_{\mathrm{c}})_{\max}=\left(\frac{My_{\mathrm{c}}}{I_z}\right)_{\max}\leqslant[\sigma_{\mathrm{c}}] \tag{3-39}$$

式中，y_{t}和y_{c}分别表示梁上拉应力最大点和压应力最大点的y坐标；$[\sigma_{\mathrm{t}}]$和$[\sigma_{\mathrm{c}}]$分别为脆性材料的弯曲许用拉应力和许用压应力。

根据梁正应力强度条件，可对梁进行强度校核、截面设计以及确定许可载荷等强度计算。

例 3-9　T形截面铸铁梁的载荷和截面尺寸如图3-48所示，F_1=9kN，F_2=4kN。铸铁的许用拉应力为$[\sigma_{\mathrm{t}}]$=30MPa，许用压应力为$[\sigma_{\mathrm{c}}]$=160MPa，校核梁的强度。

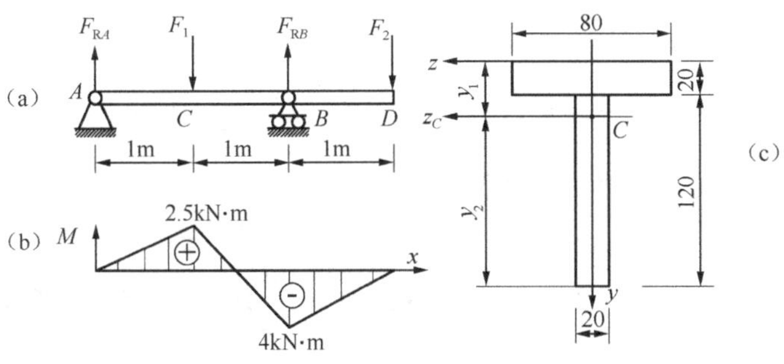

图3-48　例3-9图

【解】　（1）求支座反力。

$$\sum M_A=0 \qquad 2\times F_{RB}-1\times F_1-3\times F_2=0 \qquad F_{RB}=10.5\text{kN}$$

$$\sum F_y=0 \qquad F_{RB}+F_{RB}-F_1-F_2=0 \qquad F_{RA}=2.5\text{kN}$$

（2）画弯矩图。因为整个梁没有作用均布载荷，所以弯矩图应为分段直线，只需计算截面C、B的弯矩。绘制弯矩图如图3-48（b）所示。最大正弯矩在截面C上，M_C=2.5kN · m；最大负弯矩在截面B上，M_B=4.0kN · m。

（3）确定截面形心位置并计算形心轴惯性矩。建立如图3-48（c）所示的参考坐标系yz，图形关于y轴对称，所以y轴为形心轴，设通过形心C轴为z_C。

$$y_C=y_1=\frac{S_z}{A}=\frac{20\times80\times10+20\times120\times80}{20\times80+20\times120}=52\text{mm}$$

T形截面对其形心轴 z_C 的轴惯性矩为

$$I_{z_C}=\left(\frac{80\times20^3}{12}+80\times20\times42^2\right)+\left(\frac{20\times120^3}{12}+120\times20\times28^2\right)=763\text{cm}^4$$

（4）分别校核铸铁梁的拉伸和压缩强度。

在 B 截面：　上边缘点　$\sigma_{\text{tmax}}=\dfrac{M_B y_1}{I_{z_C}}=\dfrac{4\times10^3\times52\times10^{-3}}{763\times10^{-8}}=27.2\text{MPa}<[\sigma_\text{t}]$

下边缘点　$\sigma_{\text{cmax}}=\dfrac{M_B y_2}{I_{z_C}}=\dfrac{4\times10^3\times(120+20-52)\times10^{-3}}{763\times10^{-8}}=46.1\text{MPa}<[\sigma_\text{c}]$

在 C 截面：　上边缘点　$\sigma_{\text{cmax}}=\dfrac{M_C y_1}{I_{z_C}}<\dfrac{M_B y_2}{I_{z_C}}$

下边缘点　$\sigma_{\text{tmax}}=\dfrac{M_C y_2}{I_{z_C}}=\dfrac{2.5\times10^3\times(120+20-52)\times10^{-3}}{763\times10^{-8}}=28.8\text{MPa}<[\sigma_\text{t}]$

所以，整个铸铁梁的强度满足。

请思考，如果铸铁梁倒置，梁的强度是否满足？

例 3-10　一简易吊车（如图 3-49 所示）起重量 F_1=50kN，电葫芦自重 F_2=6.7kN，梁的跨度 l=9.5m，许用应力[σ]=140MPa，试选择工字钢型号。

【解】（1）当只有外载作用时，梁承受的集中力为

$$F=F_1+F_2=50+6.7=56.7\text{kN}$$

集中力 F 在中央截面时的弯矩图如图 3-49 所示。

$$M_{1\max}=\frac{1}{4}Fl=\frac{1}{4}\times56.7\times10^3\times9.5=1.347\times10^5\ \text{N}\cdot\text{m}$$

由弯曲正应力强度条件，得

$$W_z\geqslant\frac{M_{\max}}{[\sigma]}=\frac{1.347\times10^5}{140\times10^6}=9.62\times10^{-4}\text{m}^3=962\text{cm}^3$$

从型钢表中查得 36c 号工字钢 W_z=962 cm³，自重 q=699N/m。

（2）考虑自重。

$$M_{\max}=M_{1\max}+M_{2\max}=\frac{1}{4}Fl+\frac{1}{8}ql^2=1.347\times10^5+\frac{1}{4}\times699\times9.5^2=142585\text{N}\cdot\text{m}$$

$$W_z\geqslant\frac{M_{\max}}{[\sigma]}=\frac{142585}{140\times10^6}=1018\text{cm}^3$$

查型钢表选得 40a 号工字钢 W_z=1090cm³。

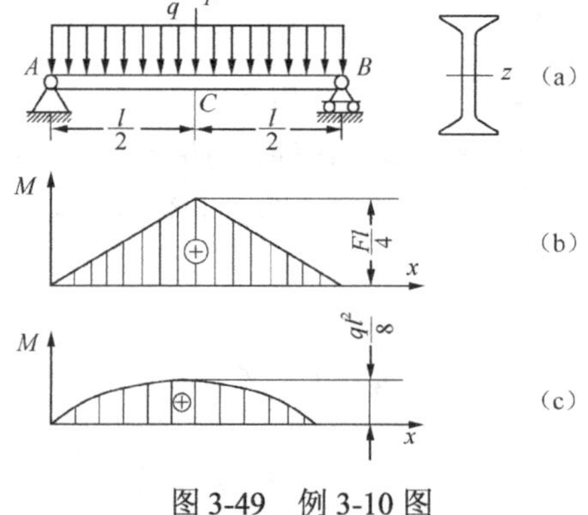

图 3-49　例 3-10 图

4．弯曲切应力简介

一般情况下梁的强度主要取决于正应力，但在某些情况下必须考虑切应力，并按切应力进行强度校核。例如，横截面上有较大的剪力而弯矩较小，或梁的跨度短而截面较高，以及铆接或焊接的组合截面梁的腹板较薄等。下面介绍几种常见截面上弯曲切应力的计算公式及切应力的分布情况，对计算公式不做推导。

当截面高度 h 大于宽度 b 时，对于矩形截面上的切应力分布规律（如图 3-50 所示），可有如下假设：①截面上任意一点的切应力都平行于剪力的方向；②切应力沿截面宽度均匀分布，即切应力的大小只与 y 坐标有关。

矩形截面上距中性轴为 y 处任意点的切应力 τ 计算公式为

$$\tau=\frac{F_S S_z^*}{I_z b} \tag{3-40}$$

式中，S_z^* 为距中性轴为 y 的横线以外部分的面积 A^* 对中性轴的静矩，$S_z^*=\frac{b}{2}\left(\frac{h^2}{4}-y^2\right)$。可得

$$\tau=\frac{F_S S_z^*}{I_z b}=\frac{F_S}{2I_z}\left(\frac{h^2}{4}-y^2\right) \tag{3-41}$$

切应力分布规律如图 3-50 所示，沿截面高度切应力 τ 按抛物线规律变化。可以看到，当 $y=\pm\frac{h}{2}$ 时，矩形截面的上、下边缘处切应力 $\tau=0$；当 $y=0$ 时，截面中性轴上的切应力为最大值：

$$\tau_{\max}=\frac{F_S h^2}{8I_z}=\frac{F_S h^2}{8\times\frac{bh^3}{12}}=\frac{3}{2}\times\frac{F_S}{bh} \tag{3-42}$$

需要注意的是，当截面高度 h 小于宽度 b 时，即对于扁平的矩形截面，用式（3-42）计算其切应力时误差较大。且 b/h 越大，误差也越大。在宽翼缘梁的翼缘切应力计算中，如此大的误差是不允许的。

其他几种形状截面梁（工字形截面梁、圆形截面梁）的切应力均可近似地按矩形截面梁的切应力计算公式（3-40）求得，且在中性轴上切应力最大。

工字形截面梁由上下翼缘和中间腹板组成。计算结果表明，腹板上的剪力约为整个工字形截面上剪力的 95%～97%，且腹板上 $\tau_{\max}$ 和 $\tau_{\min}$ 实际上相差不大。所以，在计算工字形截面上的最大切应力（如图 3-51 所示）时，可以采用剪力 F_S 在腹板面积上的平均值，即

$$\tau_{\max}=\frac{F_S}{bh} \tag{3-43}$$

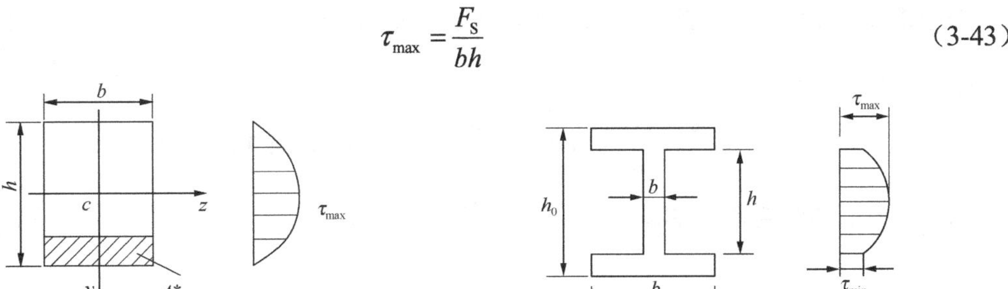

图 3-50　矩形梁弯曲切应力分布　　图 3-51　工字梁弯曲切应力分布

对圆截面上的切应力分布可做如下假设（如图 3-52 所示）：圆截面上 y 坐标相等的任意一根弦上各点的切应力都汇交于 y 轴上的一点，且该弦上各点的切应力 τ 在 y 方向的分量 τ_y 是相等

的。最大切应力为

$$\tau_{\max}=\frac{F_S S_z^*}{I_z b}=\frac{4}{3}\cdot\frac{F_S}{A} \tag{3-44}$$

对于等直截面梁，梁的最大切应力发生在最大剪力的截面上。由于中性轴上正应力为零，切应力最大，所示中性轴上各点处于纯剪切状态，弯曲切应力的强度条件为

$$\tau_{\max}=\frac{F_{S\max}S_{z\max}^*}{I_z b}\leqslant[\tau] \tag{3-45}$$

例 3-11　简易起重设备力学模型如图 3-53（a）所示，起重量 F=30kN，跨长 l=5m。吊车大梁 AB 由 20a 工字钢制成。其许用弯曲正应力$[\sigma]$=170MPa，许用弯曲切应力$[\tau]$=100MPa，试校核梁的强度。

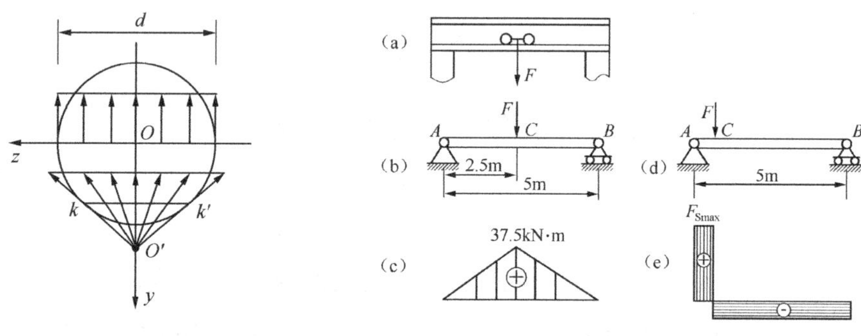

图 3-52　圆截面梁切应力分布　　　　图 3-53　例 3-11 图

【解】　(1) 此吊车梁可简化为简支梁，如图 3-53（b）所示，力 F 在梁中间位置时有最大弯矩和最大正应力，弯矩图如图 3-53（c）所示。

$$M_{\max}=37.5\ \text{kN}\cdot\text{m}$$

(2) 正应力强度校核。由型钢表查得 20a 工字钢的抗弯截面系数为 W_z=237cm³，所以梁的最大正应力为

$$\sigma_{\max}=\frac{M_{\max}}{W_z}=\frac{37.5\times10^3}{237\times10^{-6}}=158\text{MPa}<[\sigma]$$

(3) 切应力强度校核。在计算最大切应力时，应取载荷 F 在紧靠任意一支座（如支座 A）处，因为此时该支座的支反力最大，而梁的最大切应力也最大。

$$F_{S\max}=F_{RA}\approx F=30\text{kN}$$

查型钢表中 20a 号工字钢，有 $\dfrac{I_z}{S_{z\max}^*}=17.2\text{cm}$，$d$=7mm。

据此校核梁的切应力强度

$$\tau_{\max}=\frac{F_{S\max}S_{z\max}^*}{I_z d}=\frac{30\times10^3}{17.2\times10^{-2}\times7\times10^{-3}}=24.9\text{MPa}<[\tau]$$

以上两方面的强度条件都满足，所以此梁是安全的。

第七节　提高梁弯曲强度的措施

从弯曲强度分析可以看到，弯曲正应力条件常常是控制梁的强度的主要因素。弯曲正应力

强度条件：

$$\sigma_{\max}=\left(\frac{M}{W_z}\right)_{\max}\leqslant[\sigma]$$

因而可以考虑从两方面提高梁的强度：一方面是合理安排梁的受力情况，以降低梁的最大弯矩 $M_{\max}$ 的数值；另一方面是采用合理的截面形状，以提高其抗弯截面系数 W_z 的数值。下面给出从这两方面考虑提高梁的强度的一些措施。

1．合理安排梁的支撑及载荷

由弯曲内力的分析可知，梁的弯矩图和载荷的作用位置及梁的支撑方式有关。在可能的情形下，适当地调整载荷或支座的位置，可以减小梁的最大弯矩。图 3-54（a）所示简支梁受均布载荷 q 作用时，梁的最大弯矩为 $M_{\max}=ql^2/8=0.125ql^2$。而若将梁两端的支座各向内移动 $0.2l$，如图 3-54（b）所示，则梁上的最大弯矩为 $M_{\max}=0.025\,ql^2$，只有前者的 20%。另外，请考虑：两支座向里移动多少是最合理的？

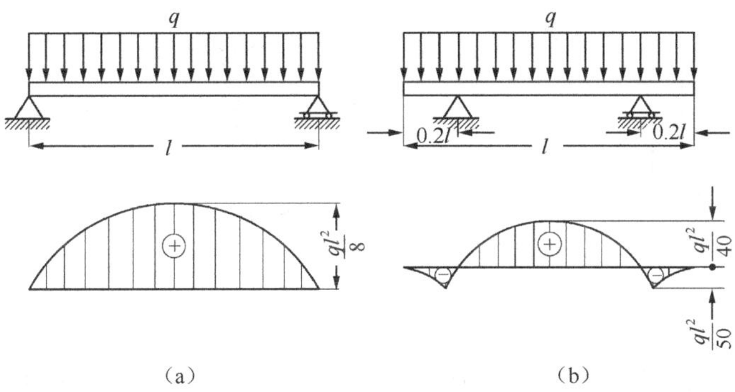

图 3-54　调整支座位置对弯矩的影响

图 3-55 所示的门式起重机大梁，其支撑不在结构的两端，而是向中间移动了一些，都可以起到降低构件的最大弯矩的效果。

另外，在结构允许的条件下，将一个集中载荷分散成若干个较小的集中载荷，或者变成均布载荷作用在梁上，同样可以减小梁的最大弯矩。如图 3-56 所示的简支梁，集中力 F 作用于梁中点时，最大弯矩为 $Fl/4$；若把集中力分成两个集中力，则最大弯矩降低为 $Fl/8$。

图 3-55　门式起重机大梁

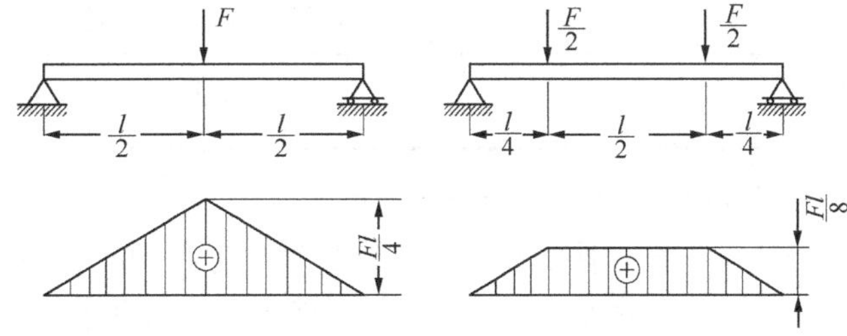

图 3-56　分散载荷对弯矩的影响

2．梁的合理截面

1）根据截面的几何特性选择截面

当梁上的弯矩已确定时，最大弯曲正应力的数值随抗弯截面系数的增大而减小。为了减轻梁的自重、节省材料，梁所采用的截面形状应该是横截面面积 A 较小，而抗弯截面系数 W_z 相对较大的。截面形状的合理性可用比值 W_z/A 来衡量。比值 W_z/A 越大，截面越合理。如矩形截面梁，截面的边长为 b 和 $h(h>b)$。如果将梁竖放（如图 3-57（a）所示），其抗弯截面系数为 $W_z=bh^2/6$；而若将梁平放（如图 3-57（b）所示），则其抗弯截面系数为 $W_z=hb^2/6$。显然，矩形截面梁竖立放置比平放时合理。这也就是房屋建筑的矩形截面梁几乎全为竖放的原因。

表 3-3 中列出了几种常见截面的比值 W_z/A。从表中可以看出，矩形截面优于圆形截面，环形截面也优于圆形截面，而槽钢、工字钢等薄壁截面是最好的。上述结论，可以从弯曲正应力的分布规律解释。弯曲正应力在横截面上沿高度呈线性分布，靠近中性轴各点处的正应力很小，而离中性轴最远的上、下边缘的点正应力最大。针对这一特点，理想的截面应该是较多的材料分布在远离中性轴的区域，而在中性轴附近只留少量材料。若从矩形截面中间部分“挖”出部分面积，加到上、下两端，便可构成一个等面积的工字形截面，就趋于合理了（如图 3-58 所示）。这样，既提高了梁的强度，又节省了材料。因此，工程中的弯曲构件广泛采用工字形、环形、槽形及箱形等薄壁截面。

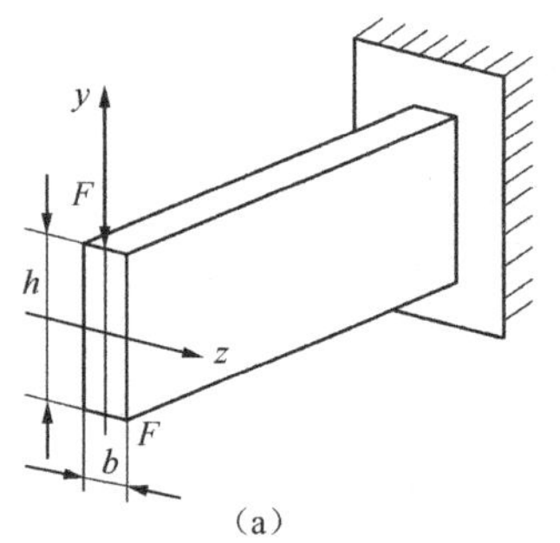

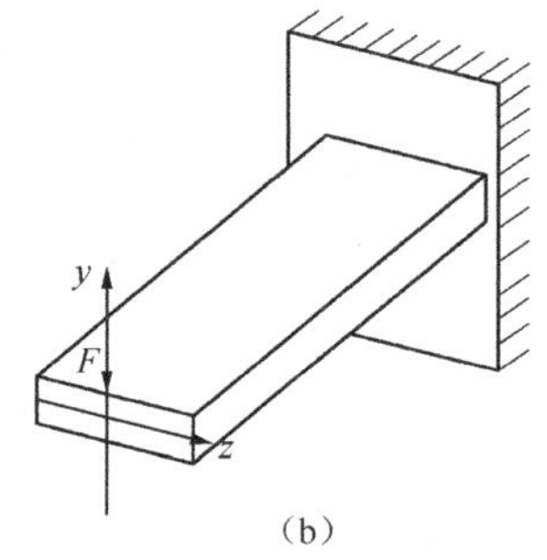

图 3-57　矩形截面梁的不同放置方式

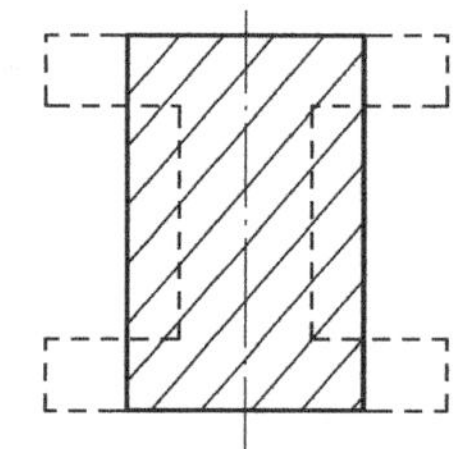

图 3-58　梁截面合理性比较

表 3-3　几种常见截面的比值 W_z/A

	矩形	圆形	环形	槽钢	工字钢
截面形状	h, b	h	h 内径 d=0.8h	h	h
$\frac{W_z}{A}$	0.167h	0.125h	0.205h	(0.27～0.31)h	(0.27～0.31)h

2）根据材料的性质选择合理截面

对于抗压与抗拉性能相同的塑性材料，工程中一般采用矩形、工字形等对称于中性轴的截面。而对于铸铁等脆性材料，由于抗拉能力低于抗压能力，则适宜选用不对称于中性轴的截面，如 T 字形截面等（如图 3-59 所示）。设计时有意识地使截面的中性轴偏于梁的受拉一侧。通过设计截面尺寸，使梁的最大拉应力与最大压应力同时达到各自的许用应力。

$$\frac{\sigma_{\text{tmax}}}{\sigma_{\text{cmax}}}=\frac{My_1/I_z}{My_2/I_z}=\frac{y_1}{y_2}=\frac{[\sigma_{\text{t}}]}{[\sigma_{\text{c}}]}$$

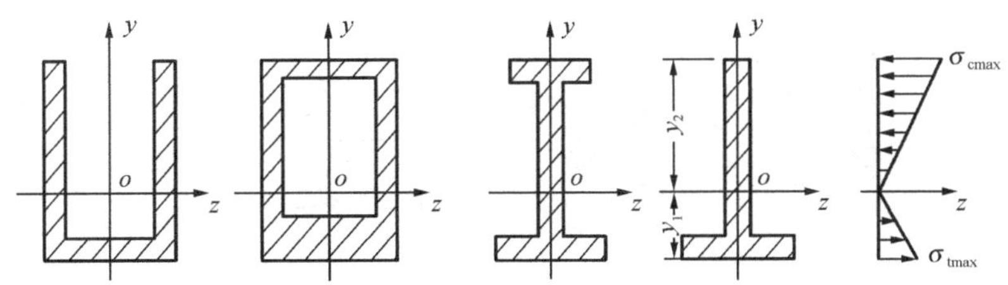

图 3-59 根据材料的性质选择合理截面

3．等强度梁

前面所讨论的梁都是等截面的，梁的截面尺寸是按危险截面上的最大弯矩 M_{max} 来设计的。横力弯曲时，梁上的弯矩是随截面位置变化而变化的。因此，除了危险截面上的最大正应力接近或达到许用应力之外，其余截面上的正应力均小于许用应力值，致使相当一部分材料并没有充分利用。为了节省材料、减轻梁的自重，以及其他方面的要求（如增加梁的柔性）等，可以按每个截面上弯矩的大小来选择该截面的尺寸，使抗弯截面系数 W_z 随弯矩 M 而变化，设计成变截面梁。在弯矩较大处采用大的截面，而弯矩小处采用较小的截面，以使每个截面的最大弯曲正应力都相等且等于许用应力，这种梁称为等强度梁（fully stressed beam）。

设梁的任意截面上的弯矩为 $M(x)$，该截面的抗弯截面系数为 $W(x)$，根据等强度梁的条件

$$\sigma(x)=\frac{M(x)}{W(x)}=[\sigma]$$

或

$$W(x)=\frac{M(x)}{[\sigma]}$$

这就是等强度梁 $W(x)$沿轴线变化的规律。

如图 3-60 所示，在集中力 F 作用下的简支梁为等强度梁，截面为矩形，且设截面宽度为常数，而高度是 x 的函数，即 $h=h(x)$（$0\leqslant x\leqslant l/2$）。在左半段距离左端为 x 的弯矩为

$$M(x)=Fx/2$$

$$W(x)=\frac{M(x)}{[\sigma]}=\frac{Fx}{2[\sigma]}=\frac{1}{6}bh^2(x)$$

$$h(x)=\sqrt{\frac{3}{b}\cdot\frac{Fx}{[\sigma]}}\qquad h_{max}=\sqrt{\frac{3Fl}{2b[\sigma]}}$$

在两端的截面宽度为零，这将不能承受剪力，必须按切应力强度条件定出截面的最小宽度：

$$F_{S\max}=\frac{F}{2}\qquad \tau_{max}=\frac{3}{2}\frac{F_S}{A}=\frac{3F/2}{2bh_{min}}\leqslant[\tau]$$

$$h_{min}=\frac{3F}{4b[\tau]}$$

梁形状如图 3-60（c）所示。如果把梁做成图 3-60（d）所示的形式，就成为在厂房建设中广泛使用的“鱼腹梁”。但考虑到加工的方便及结构上的要求，常用阶梯状的变截面梁（阶梯轴）来代替理论上的等强度梁。

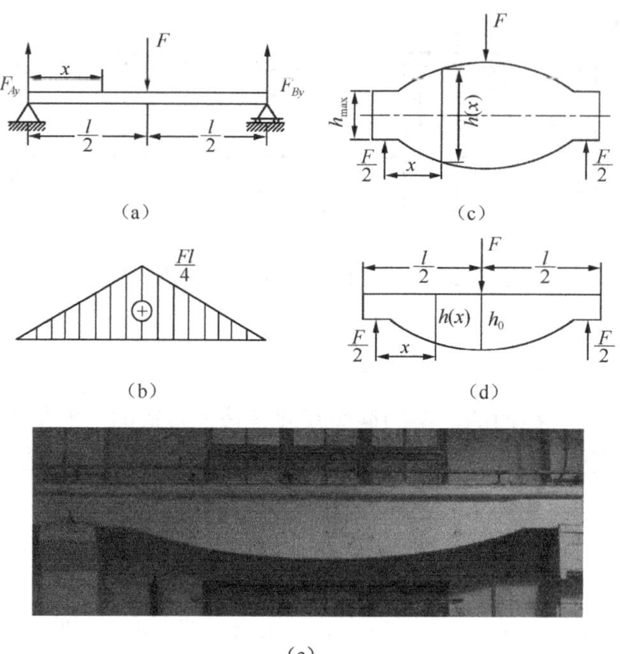

图 3-60　等强度梁

第八节　斜弯曲及拉压弯曲组合时强度分析

在前面的弯曲问题中，弯曲变形通常只存在于一个纵向对称截面内（如铅直方向），而在工程实际中，有可能在两个互相垂直的纵向对称截面内（铅直和水平方向）都发生弯曲，此时挠曲线和外力作用面不重合，这种弯曲称为斜弯曲（skew bending）。

当杆件同时承受轴向拉伸和弯曲两种变形时，横截面上同时存在轴力、弯矩和剪力。对于细长杆件，分析斜弯曲、拉伸压缩弯曲这两类组合变形的强度时，通常忽略剪力的影响。由于轴力、弯矩在横截面上都只产生正应力，所以可以采用叠加法分析组合变形的强度。

1．斜弯曲时强度分析

斜弯曲时强度分析的基本思想如下：对两个平面弯曲分别进行研究，然后将计算结果叠加起来。现以矩形截面的悬臂梁（如图 3-61 所示）为例说明解决斜弯曲问题的方法。

在任意截面 m—m 上的任意点 $C(y，z)$处的应力，可采用叠加法计算，即在 xy 平面内的平面弯曲（由于 M_z 的作用）产生的正应力σ'，以及在 xz 平面内的平面弯曲（由于 M_y 的作用）产生的正应力σ''取代数和

$$\sigma=\sigma'+\sigma''=\frac{M_z y}{I_z}+\frac{M_y z}{I_y}=M\left(\frac{\cos\varphi}{I_z}y+\frac{\sin\varphi}{I_y}z\right) \tag{3-46}$$

式中，I_z 和 I_y 分别为横截面对 z 轴和 y 轴的惯性矩。在每一问题的具体计算中，σ'和σ''是拉应力还是压应力可根据杆件的变形来确定。

对于截面有棱角的杆件，如矩形面、工字形、槽形截面等，由于两个平面内弯矩引起的最大拉应力在同一点，最大压应力也在同一点，所以，叠加后横截面上应力的最大值必定发生在截面

的角点处。当材料的抗拉和抗压强度相等时，强度条件为

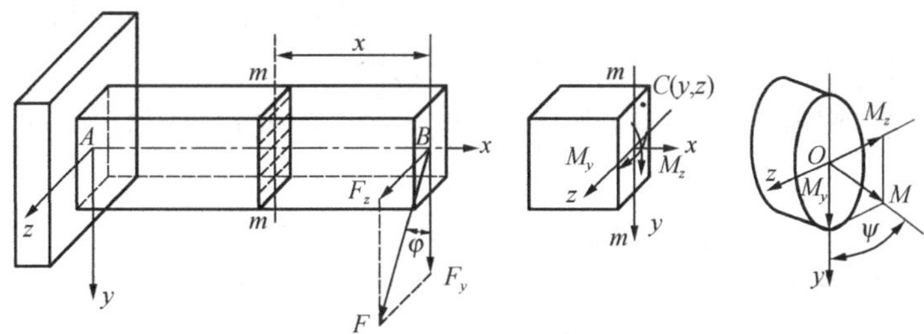

图 3-61　斜弯曲强度分析

$$\sigma_{\max}=\frac{\left|M_y\right|_{\max}}{W_y}+\frac{\left|M_z\right|_{\max}}{W_z}\leqslant[\sigma] \tag{3-47}$$

若材料的抗拉和抗压强度不等，强度条件为

$$\sigma_{\text{tmax}}\leqslant[\sigma]；\ \sigma_{\text{cmax}}\leqslant[\sigma_{\text{c}}] \tag{3-48}$$

对于圆截面，由于两个平面内弯矩引起的最大拉应力不在同一点，最大压应力也不在同一点，所以式（3-47）和式（3-48）不再成立。此时可将弯矩 M_z 和 M_y 求矢量和 M，由于圆截面的任意一直径都是对称线，所以弯矩 M 的作用面仍为对称面，则平面弯曲的公式仍然成立。

$$\sigma_{\max}=\frac{M_{\max}}{W}=\frac{\sqrt{M_y^2+M_z^2}}{W}\leqslant[\sigma] \tag{3-49}$$

为了确定中性轴位置，设中性轴上任意一点的坐标为 y_0 和 z_0，则下式成立

$$\sigma=M\left(\frac{\cos\varphi}{I_z}y+\frac{\sin\varphi}{I_y}z\right)=0$$

所以中性轴方程为

$$\frac{\cos\varphi}{I_z}y_0+\frac{\sin\varphi}{I_y}z_0=0 \tag{3-50}$$

可见，中性轴是通过截面形心的一条斜直线。中性轴这条斜直线把横截面分成两个区域：一个区域是拉应力区，另一个区域是压应力区。在横截面上的应力分布如图 3-62 所示。可以证明：**中性轴与载荷 F 所在的纵向平面不垂直，或者说梁变形后的挠曲线与载荷 F 所在的纵向平面不共面，**这是斜弯曲的重要特征。

例 3-12　如图 3-63 所示结构的梁为 16 号工字钢，材料为 Q235 钢，$[\sigma]$=160MPa，载荷 F 与 y 轴的夹角 φ=20°，F=7kN，梁的跨度 l=4m。试校核梁的强度。

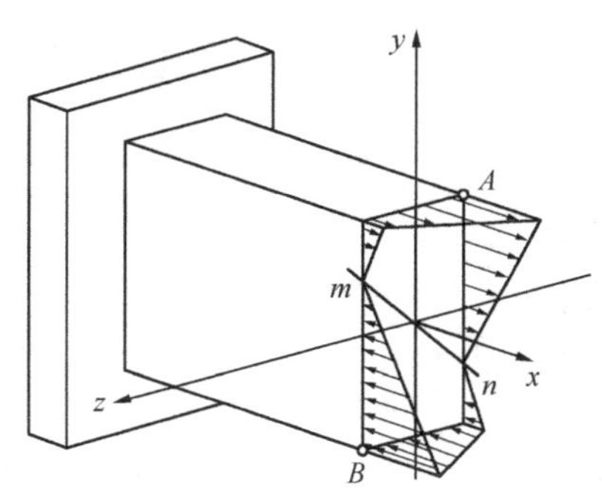

图 3-62　斜弯曲时横截面上应力分布

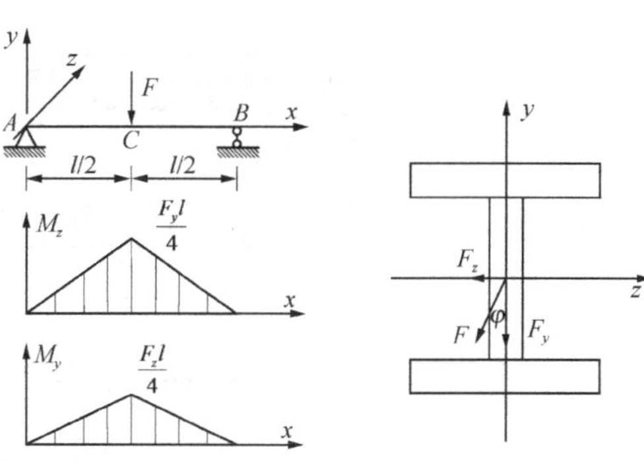

图 3-63　例 3-12 图

【解】（1）外力分析。将 F 沿 y 轴和 z 轴分解，得

$$F_y=F\cos\varphi=7\cos 20°=6.58\text{kN}，F_z=F\sin\varphi=7\sin 20°=2.39\text{kN}$$

F_y 和 F_z 将分别使梁在 xy 和 xz 平面内产生平面弯曲。

（2）内力计算。其弯矩图如图3-63所示。显然，在梁中点 C 处，M_y 和 M_z 同时取得最大值，故为危险截面。

$$M_{z\max}=6.58\,\text{kN}\cdot\text{m}，M_{y\max}=2.39\,\text{kN}\cdot\text{m}$$

（3）强度计算。在 M_z 作用下，截面 C 的下边缘拉应力最大，上边缘压应力最大。在 M_y 作用下，前侧边缘拉应力最大，后侧边缘压应力最大。

查型钢表，对于16号工字钢，$I_z=1130\text{cm}^4$，$I_y=93.1\text{cm}^4$，$W_z=141\text{cm}^3$，$W_y=21.2\text{cm}^3$。由式（3-47）可得

$$\sigma_{\max}=\left|\frac{M_{y\max}}{W_y}+\frac{M_{z\max}}{W_z}\right|=\frac{6.58\times10^3}{141\times10^{-6}}+\frac{2.39\times10^3}{21.2\times10^{-6}}=159.4\text{MPa}<[\sigma]$$

所以满足强度条件。

若载荷不偏离 y 轴（$\varphi=0°$），C 截面弯矩最大 $M_{\max}=\dfrac{Fl}{4}=\dfrac{7\times4}{4}=7\text{kN}\cdot\text{m}$

所以最大正应力为 $$\sigma_{\max}=\frac{M_{\max}}{W_z}=\frac{7\times10^3}{141\times10^{-6}}=49.6\text{MPa}$$

由此看出，虽然载荷 F 偏离纵向对称面一个不大的角度，但最大正应力却由49.6MPa增大到159.4MPa。这是由于工字钢的截面 W_y 远小于 W_z。因此，若梁横截面的 W_y 和 W_z 相差较大，则应注意斜弯曲对梁强度的不利影响。

所以，对高的矩形、工字形钢和槽形钢等截面梁，在最大刚度平面内弯曲时，将能很好地工作；但在斜弯曲时，却很不利。在很难估计外力平面与对称平面能否准确地重合时，设计者应避免采用这类截面，或者采用附加结构措施（设置约束），以防止梁由于斜弯曲而发生大的侧向变形。

2．拉伸压缩弯曲组合时强度分析

如图3-64所示，载荷 F_1 为作用在梁跨度中点 C 截面上的横向力，而 F_2 为作用于杆两端的轴向拉力。下面以此为例来说明拉（压）与弯曲组合时的强度计算问题。轴力 F_2 对应的正应力 σ' 和最大 $M_{\max}$ 对应的弯曲正应力 σ'' 在横截面上的分布如图3-64（d）所示，将 σ' 和 σ'' 叠加，即为拉（压）与弯曲的组合时横截面上任意一点的正应力。拉（压）与弯曲组合时，平面弯曲的中性轴将发生平移。读者可以考虑中性轴将发生平移的情况。

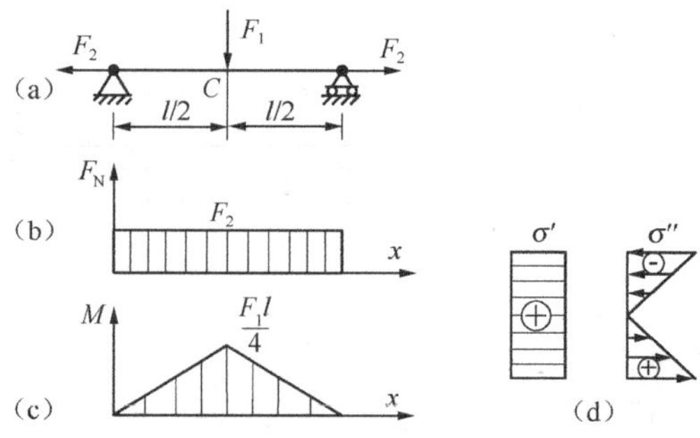

图3-64　拉压、弯曲组合强度分析

由于危险截面上危险点处于单向应力状态，所以拉（压）与弯曲组合变形时的强度条件可以

表示为

$$\sigma_{max}=\left|\frac{F_N}{A}+\frac{M_{max}}{W}\right|\leqslant[\sigma] \tag{3-51}$$

例 3-13　如图 3-65（a）所示为一悬臂式吊车架，在横梁 AB 的中点 D 作用一集中载荷 F=25kN，已知材料的许用应力$[\sigma]$=100MPa，若横梁 AB 为工字钢，试选工字钢型号。

【解】（1）横梁 AB 受力分析。取横梁 AB 为研究对象，如图 3-65（b）所示，由静力平衡条件得

$$\sum m_A=0 \qquad F_{NAB}\times\sin30°\times2.6-F\times1.3=0$$

$$\sum F_x=0 \qquad F_{RAx}-F_{NAB}\cos30°=0$$

$$\sum F_y=0 \qquad F_{RAy}-F+F_{NAB}\sin30°=0$$

解得　F_{NAB}=25kN　F_{RAx}=21.6kN　F_{RAy}=12.5kN

在 F_x 和 F_{RAx} 的作用下，梁承受轴向压缩，在 F、F_y 和 F_{RAy} 的作用下，梁发生弯曲变形。因此，横梁 AB 承受的是压缩和弯曲的组合。

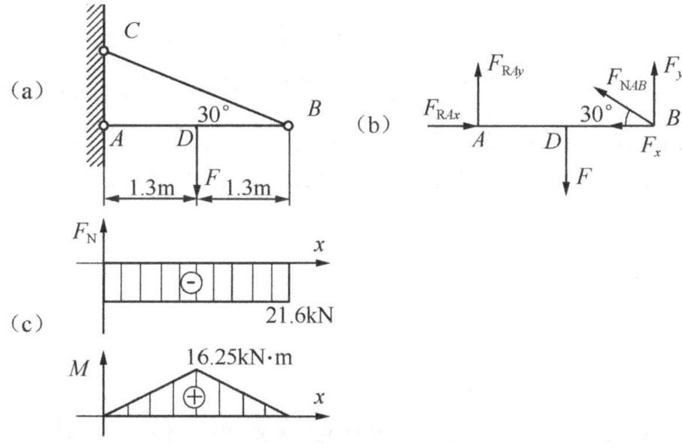

图 3-65　例 3-13 图

（2）内力分析。横梁 AB 的轴力图和弯矩图如图 3-65（c）所示。显然，危险截面是 D 截面，其轴力和弯矩分别为

$$F_N=-F_{RAx}=-21.6\text{kN} \qquad M_{max}=\frac{FL}{4}=\frac{25\times2.6}{4}=16.25\text{kN}\cdot\text{m}$$

（3）截面设计。对于工字钢梁，其抗拉和抗压强度相同，在 D 截面上边缘，叠加后的正应力绝对值（压应力）达到最大值，故为危险点，所以强度条件为

$$\sigma_{max}=\left|\frac{F_N}{A}+\frac{M_{max}}{W}\right|\leqslant[\sigma]$$

上式中，有两个未知量 A 和 W。所以，仅由上式无法确定工字钢的型号。工程中一般采用**试算法**，即先不考虑轴力 F_N 的影响，只根据弯曲强度条件初选工字钢型号，然后再根据拉（压）弯曲组合的强度条件进行强度校核。

由弯曲正应力强度条件

$$\sigma_{max}=\frac{M_{max}}{W}\leqslant[\sigma] \quad 得 \quad W\geqslant\frac{M_{max}}{[\sigma]}=\frac{16.25\times10^3}{100\times10^6}=162.5\text{cm}^3$$

查型钢表，选取 18 号工字钢，W=185cm^3，A=30.6cm^2。

（4）强度校核。将以上数据及已求得的 F_N 和 M_{max} 代入拉（压）弯曲组合的强度条件有

$$\sigma_{\max}=\left|\frac{F_N}{A}+\frac{M_{\max}}{W}\right|=\left|-\frac{21.6\times10^3}{30.6\times10^{-4}}-\frac{16.25\times10^3}{185\times10^{-6}}\right|=94.9\text{MPa}<[\sigma]$$

所以选18号工字钢满足强度条件。试算中，若初选出的工字钢型号，拉（压）弯组合时的危险点应力大于许用应力$[\sigma]$，则应重新选取工字钢。

总结与讨论

在第二章杆件内力分析的基础上，本章介绍了轴向拉压、剪切、扭转、平面弯曲等基本变形的应力分析方法，建立了各自的强度条件；并在忽略剪力影响的情况下，采用叠加法建立了斜弯曲、拉伸压缩弯曲这两类组合变形的强度条件，介绍了典型材料的力学性能试验方法、应力-应变关系、胡克定律。

（1）基本变形的应力分析方法需要从三个方面入手：变形几何关系、物理关系及静力学关系，这是变形体应力分析的基本方法。

（2）基本变形的强度条件要求确定整个构件或结构危险截面上危险点的应力，然后与材料的许用应力比较，危险截面应力分布、最大应力与构件的材料无关，而许用应力取决于材料实验得到的极限应力和由工程经验得到的安全系数。这一条件既有理论分析，又有工程经验，所以比较好地解决了工程设计中的安全性和经济性的矛盾。基本变形强度条件的应用是本章的重点内容。

习题A

3-1．上海杨浦大桥（如题3-1图所示）为双塔双索面斜拉桥，其中最长一根钢索长328m，自重37t，能承受800t的拉力。对这类很长的拉杆，需考虑自重的影响。在最大拉伸载荷情况下，试分析钢索的最大应力的计算过程。

3-2．冲床的最大冲击力为P，冲头材料的许用应力为$[\sigma]$，被冲钢板的剪切强度极限为τ_b，钢板厚度为t，如题3-2图所示，则该冲床能冲剪钢板的最大孔径d=（　　）。

A. $\dfrac{P}{\pi t\tau_b}$　　B. $\dfrac{P}{\pi t[\sigma]}$　　C. $\sqrt{\dfrac{4P}{\pi\tau_b}}$　　D. $\sqrt{\dfrac{4P}{\pi[\sigma]}}$

题3-1图

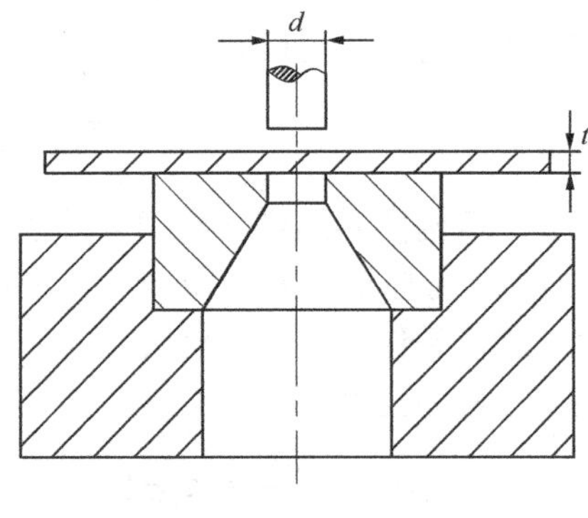

题3-2图

3-3．空心圆轴扭转时，横截面上的扭矩如题3-3图所示，相应的切应力分布为（　　）。

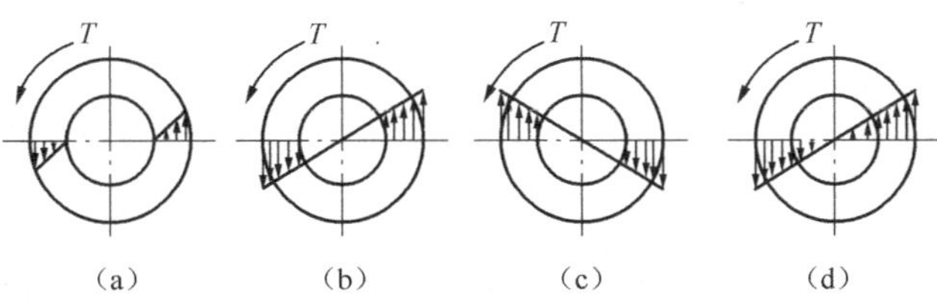

题 3-3 图

3-4．圆轴的两端受扭转力偶矩 **m** 作用，在圆轴上通过截面 I—I、II—II 和 III—III（纵截面 *ABCD*）截出半圆柱，如题 3-4 图所示。则横截面 I—I 和纵截面 *ABCD* 上切应力沿半径 *OA* 的分布图是（　　）。

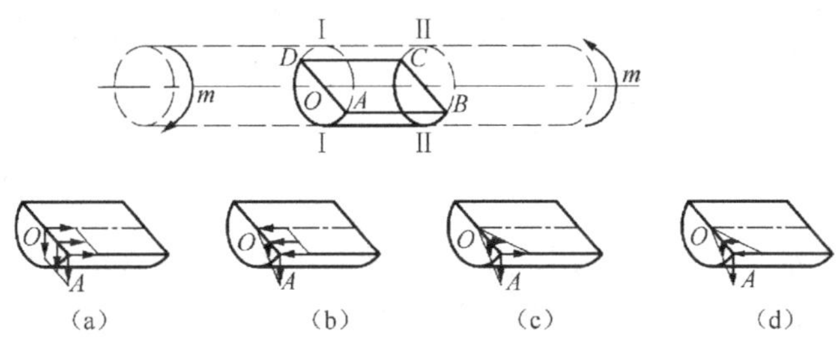

题 3-4 图

3-5．由实心圆杆 1 及空心圆杆 2 组成的受扭圆轴如题 3-5 图所示。假设在扭转过程中两杆无相对滑动。若（a）两杆材料相同，即 $G_1=G_2$；（b）两杆材料不同，$G_1=2G_2$，试绘出横截面上切应力沿水平直径的变化情况。

3-6．我国宋朝《营造法式》中，对矩形截面梁给出的尺寸比例是 $h:b=3:2$。试用弯曲正应力强度证明，从原木锯出的矩形截面梁（如题 3-6 图所示），上述尺寸比例接近最佳比值。

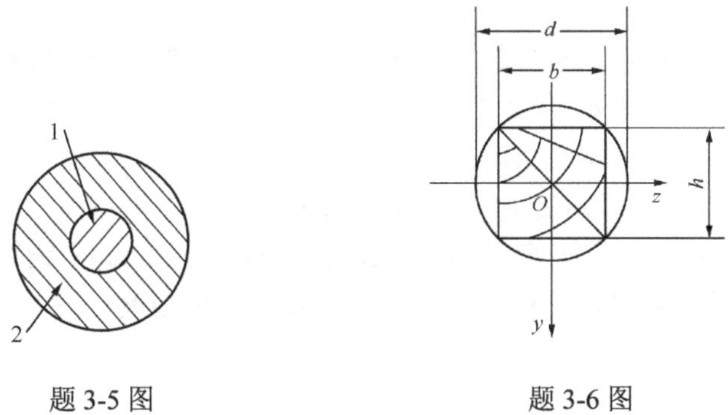

题 3-5 图　　　　题 3-6 图

3-7．为了完成对电阻应变片的标定等工作，在实验室中通常使用如题 3-7 图所示悬臂等强度梁。它被设计为等厚度、线性变宽度的形状，试分析其中的原因。

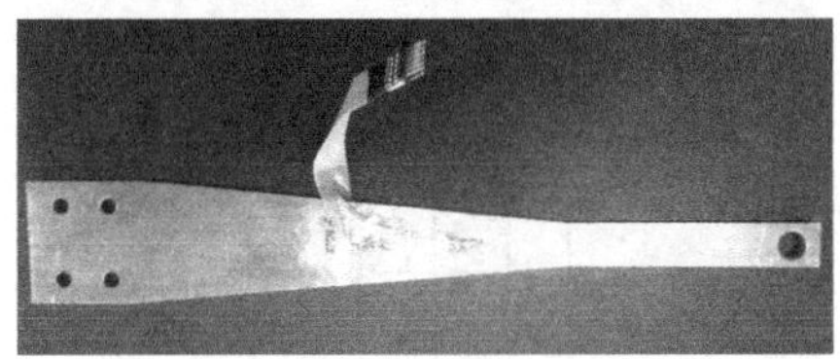

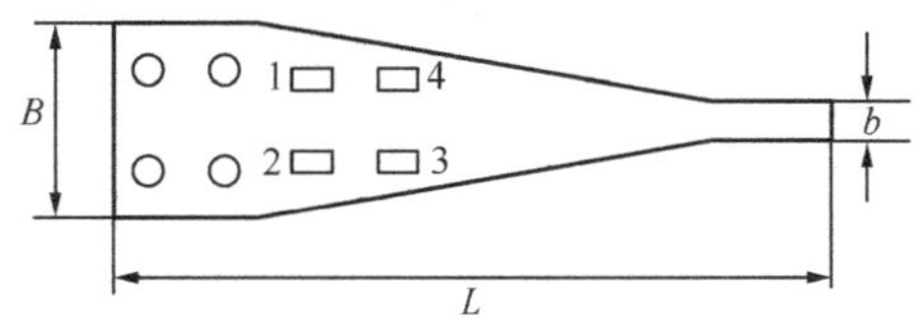

题 3-7 图

习题 B

3-8．题 3-8 图所示为阶梯杆，已知：A_1=8cm^2，A_2=4cm^2，试求杆的最大正应力。

3-9．横截面面积 A=10cm^2 的钢杆如题 3-9 图所示，试求指定斜截面上的正应力及切应力。

3-10．题 3-10 图所示为汽车离合器踏板，已知 F_1=400N，拉杆 1 的直径 d=9mm，L= 300mm，l=56mm，拉杆的许用应力[σ]=50MPa，试校核拉杆 1 的强度。

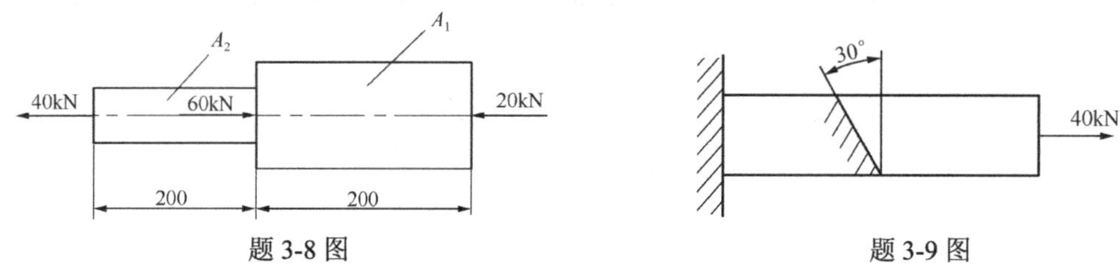

题 3-8 图　　　　题 3-9 图

3-11．题 3-11 图所示结构中 AB 为木杆，横截面面积为 A_1=10^{4}mm^2，[σ]$_1$=7MPa，杆 BC 为钢杆，横截面面积 A_2=6cm^2，[σ]$_2$=160MPa，试求许可吊重[F]。

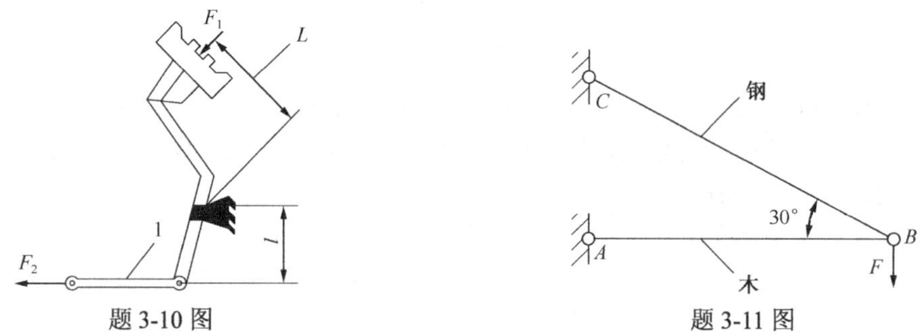

题 3-10 图　　　　题 3-11 图

3-12．题 3-12 图所示拉伸试验机的 CD 杆和试样 AB 的材料均为低碳钢，其σ_p=200MPa，σ_s=240MPa，σ_b=400MPa，试验机的最大拉力为 100kN，试求：（1）进行拉断试验时，试样的最大直径为多少？（2）若设计时试验机的安全系数 n=2，CD 杆的横截面面积为多少？（3）若试样直径 d=10mm，在测其弹性模量 E 时，所加载荷最大不超过多少？

3-13．题 3-13 图所示销钉连接 F=18kN，板厚δ_1=5mm，δ=8mm，销钉的直径 d=16mm，销钉与板的材料相同，[τ]=60MPa，[σ_{bs}]=200MPa，试校核销钉强度。

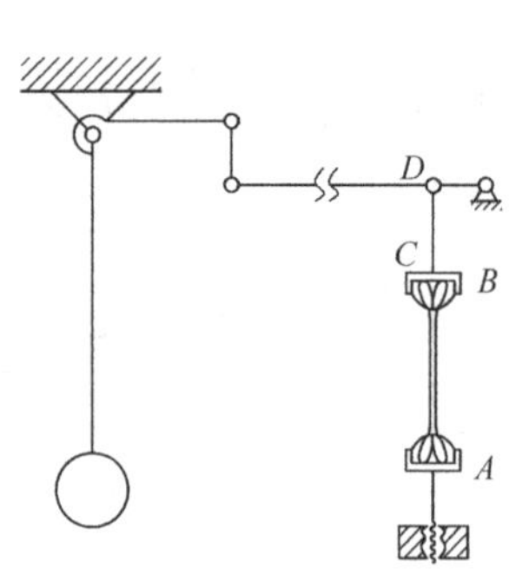

题 3-12 图

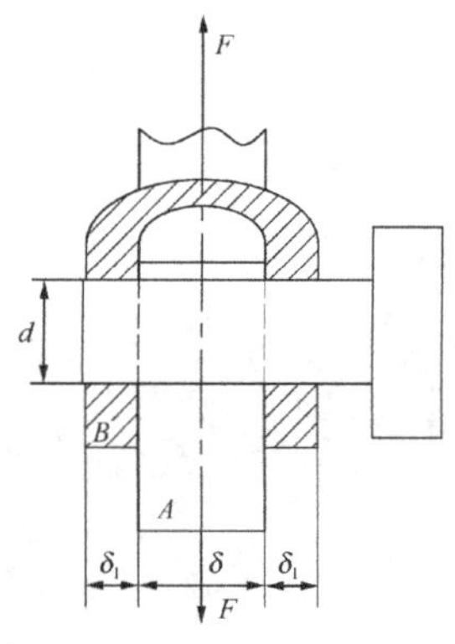

题 3-13 图

3-14．题 3-14 图所示木榫接头 $a=b=120\text{mm}$，$h=350\text{mm}$，$c=45\text{mm}$，$F=40\text{kN}$。试求接头的切应力和挤压应力。

3-15．题 3-15 图所示螺栓在拉力 F 的作用下，发生拉伸和剪切变形。已知材料的许用切应力和许用拉应力的关系为$[\tau]=0.6[\sigma]$，试求螺栓直径 d 与钉头高度 h 的合理比值。

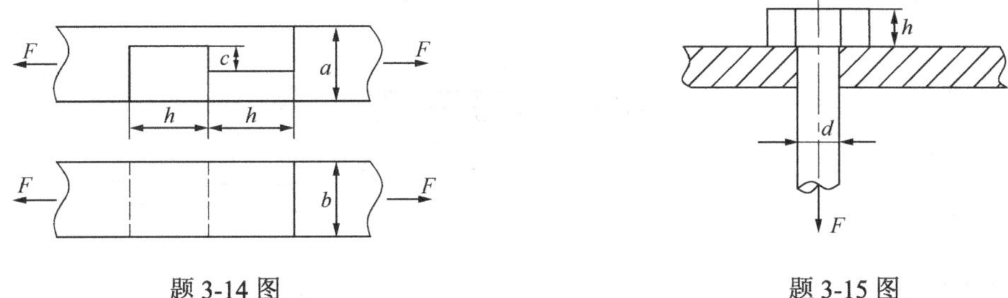

题 3-14 图　　　　题 3-15 图

3-16．题 3-16 图所示车床的传动光杆装有安全联轴器，当超过一定载荷时，安全销即被剪断。已知安全销的平均直径为 5mm，剪切极限应力 $\tau_u=370\text{MPa}$，求安全联轴器所能传递的力偶矩。

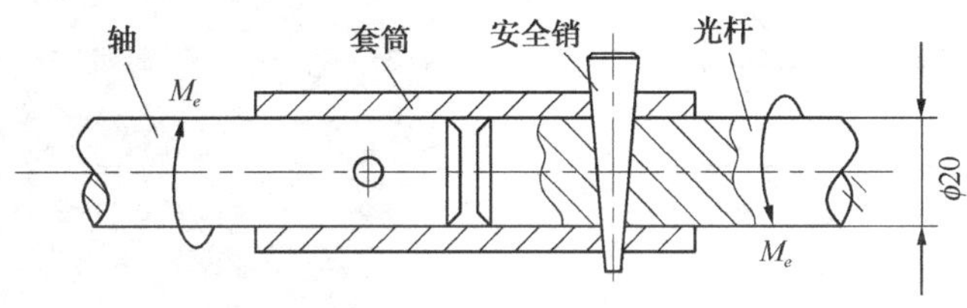

题 3-16 图

3-17．直径 $d=50\text{mm}$ 的圆轴，受到扭矩 $T=2.15\,\text{kN}\cdot\text{m}$ 作用，试求距离轴心 10mm 处的切应力，以及轴横截面上最大切应力值。

3-18．某小型水电站的水轮机容量为 50kW，转速为 200r/min，钢轴直径为 75mm，若在正常运转下只考虑扭矩作用，其许用切应力$[\tau]=20\text{MPa}$。试校核轴的强度。

3-19．以 $n=200\text{r/min}$ 作匀速转动的轴（如题 3-19 图所示），轮 3 的输入功率 $P_3=30\text{kW}$，轮 1 输出功率 $P_1=13\text{kW}$，轴的直径 $d_1=40\text{mm}$，$d_2=70\text{mm}$，材料的许用切应力$[\tau]=60\text{MPa}$。试校核轴的强度。

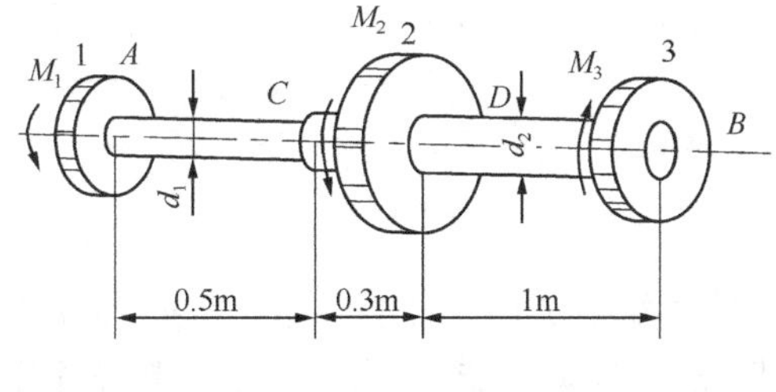

题 3-19 图

3-20．如题 3-20 图所示，钻头横截面直径为 20mm，假设材料对钻头顶部的阻力矩均匀分布（单位为 N·m/m），许用切应力$[\tau]=70\text{MPa}$。求许可的外力矩 M_e，并绘制扭矩图。

3-21．厚度 $h=3\text{mm}$ 的钢板围卷在半径 $R=1.2\text{m}$ 的圆柱面上，试求钢板内产生的最大弯曲正应力。设钢板材料的弹性模量 $E=210\text{GPa}$，屈服极限$\sigma_s=210\text{MPa}$，为避免钢板产生塑性变形，圆柱面的半径应为多大？

3-22．简支梁受均布载荷如题 3-22 图所示。若分别采用截面积相等的实心和空心圆截面，

且 D_1=40mm，d_2/D_2=0.6，试分别计算它们的最大正应力，并求空心截面比实心截面的最大正应力减小了百分之几。

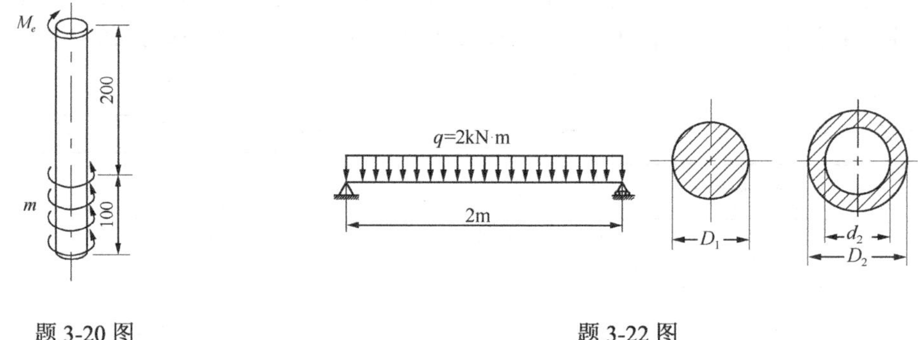

题 3-20 图　　题 3-22 图

3-23. 如题 3-23 图所示，切割工件时割刀受到的切削力 F=1kN，试求割刀内最大弯曲应力。

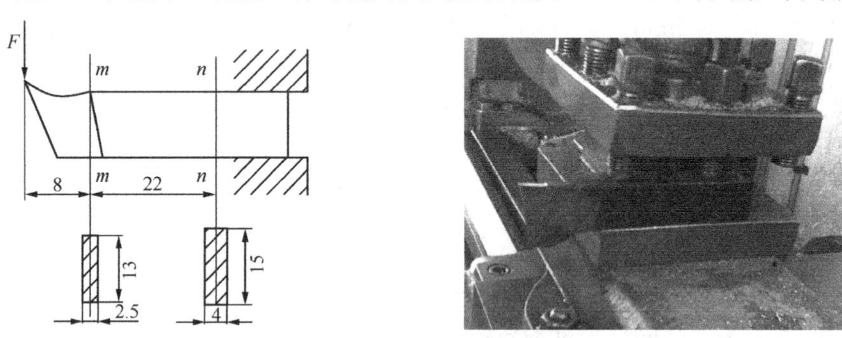

题 3-23 图

3-24. 压板的尺寸和载荷情况如题 3-24 图所示。材料为 45 号钢，σ_s=380MPa，取安全系数 n=1.5。试校核压板的强度。

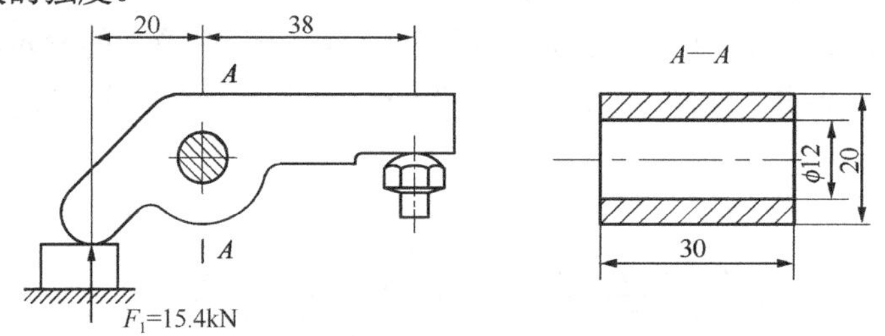

题 3-24 图

3-25. 题 3-25 图所示铸铁简支梁的 I_{z1}=645.86×10^{6}mm^4，E=120GPa，许用拉应力[σ_t]= 30MPa，许用压应力[σ_c]=90MPa。试求：(1) 许可载荷 F；(2) 在许可载荷作用下，梁下边缘的总伸长量。

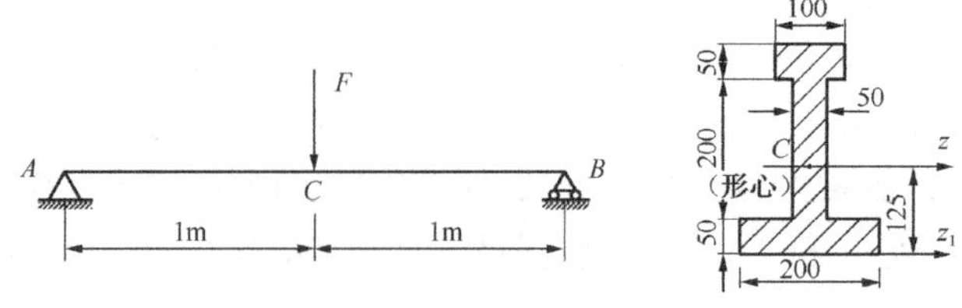

题 3-25 图

3-26．由三根木条胶合而成的悬臂梁截面尺寸如题 3-26 图所示，在自由端施加集中力 F。跨度 l=1m。若胶合面上的许用切应力$[\tau]$=0.34MPa，木材的许用正应力$[\sigma]$=10MPa，木材的许用切应力$[\tau]$=1MPa，试确定该梁的许可载荷 F。

3-27．题 3-27 图所示为一起重机及行车梁。梁由两根工字钢组成。起重机自重 P=50kN，起重量 F=10kN，若梁的许用正应力$[\sigma]$=160MPa，许用切应力$[\tau]$=100MPa，试按照正应力强度条件选择工字钢的型号，然后再按切应力强度条件进行校核。

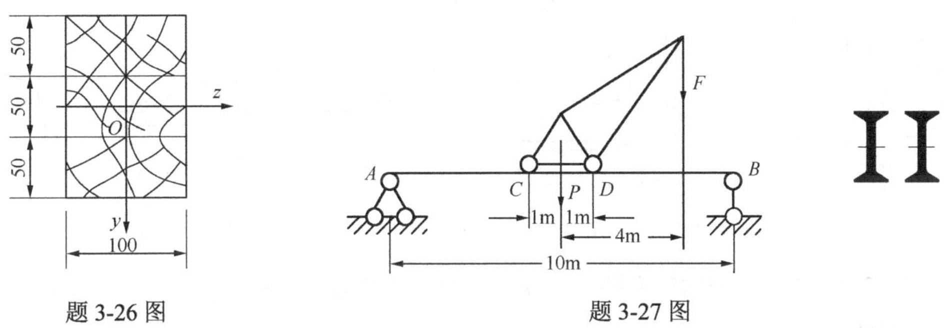

题 3-26 图　　题 3-27 图

3-28．14 号工字钢悬臂梁受力情况如题 3-28 图所示。l=0.8m，F_1=2.5kN，F_2=1.0kN，试指出最大拉、压应力点的位置，并求危险截面上的最大正应力。如果截面为圆形，直径 d=50mm，试求梁内最大正应力值。

3-29．如题 3-29 图所示矩形截面简支梁，已知 F=15kN，试求梁的最大正应力。

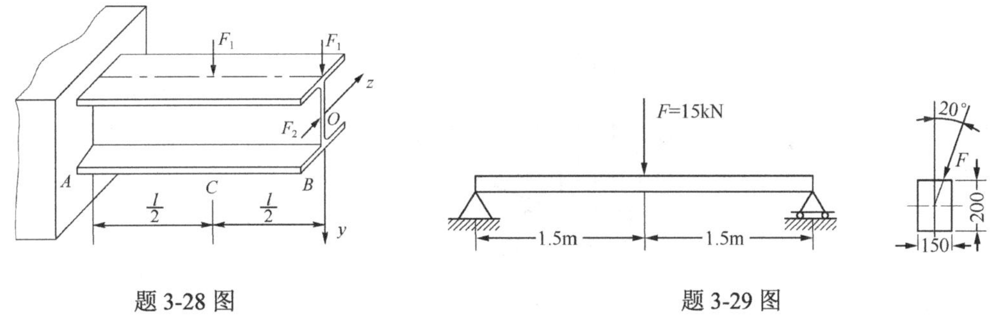

题 3-28 图　　题 3-29 图

3-30．如题 3-30 图所示截面为 40mm×5mm 的杆承受着轴向拉力 F=12kN 的作用，材料的许用应力$[\sigma]$=100MPa，试求杆的许可切口深度 x。

3-31．螺旋夹紧器立臂的横截面为 a×b 的矩形，如题 3-31 图所示。已知该夹紧器工作时承受的夹紧力 F=2.5kN，材料的许用应力$[\sigma]$=160MPa，立臂厚 a=20mm，偏心距 e=140mm。试求立臂宽度 b。

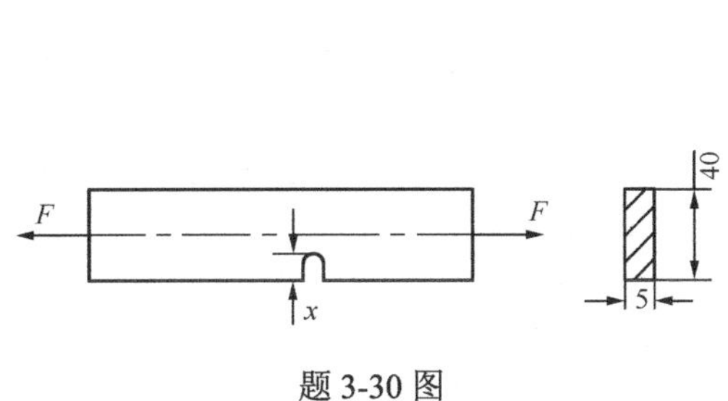

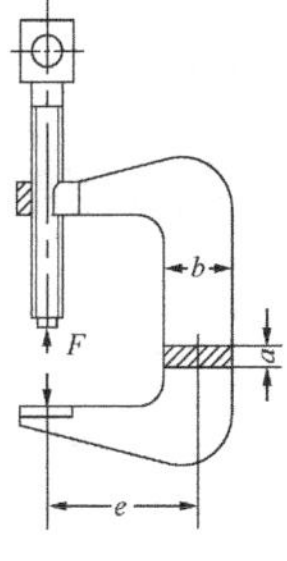

题 3-30 图　　题 3-31 图

3-32．材料为灰口铸铁的压力机框架，如题3-32图所示。许用拉应力$[\sigma_t]$= 30MPa，许用压应力$[\sigma_c]$=80MPa，试校核框架立柱的强度。

3-33．题3-33图所示起重架的最大起吊重量（包括行走小车等）为F=40kN，横梁AC由两根18号槽钢组成，材料为Q235钢，许用应力$[\sigma]$=120MPa。试校核梁的强度。

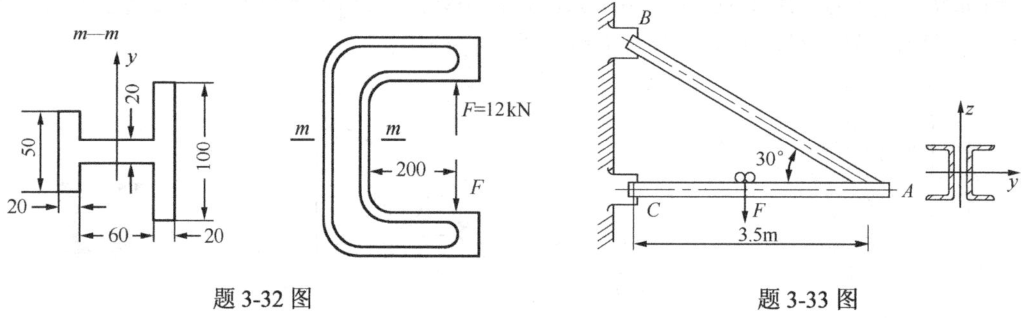

题3-32图　　　　题3-33图

3-34．题3-34图所示为钻床简图，若F=15kN，材料的许用拉应力$[\sigma_t]$=35MPa，试计算铸铁立柱所需的直径。

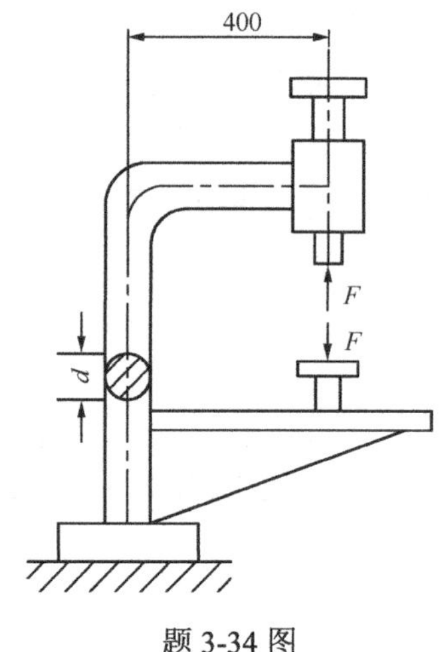

题3-34图

第四章　杆件变形分析

杆件在载荷作用下都将发生**变形**（deformation）。在有些结构或实际工程中，杆件发生过大的变形将影响杆件或结构的正常使用，必须对杆件的变形加以限制，如工程中使用的传动轴、车床主轴等变形过大会造成机器不能正常工作；而有些结构又需要杆件有较大的变形，如汽车上所使用的叠板弹簧，只有当弹簧有较大变形时，才能起缓冲作用。在结构的设计中，无论是限制杆件的变形，还是利用杆件的变形，都必须掌握计算杆件变形的方法。本章将具体讨论杆件轴向拉伸（或压缩）、圆轴扭转和弯曲三种情况下的杆件变形。研究杆件变形的目的，一方面是为了分析杆件的刚度问题，另一方面则是为了求解超静定问题。

第一节　杆件轴向拉压变形

当杆件承受轴向载荷时，其轴向尺寸和横向尺寸均发生变化，杆件沿轴线方向的变形，称为**轴向变形**（axial deformation）；垂直于轴线方向的变形，称为**横向变形**（lateral deformation）。

1．拉压杆的轴向变形与胡克定律

实验表明，杆件受拉时，轴向尺寸增大，横向尺寸缩小；杆件受压时，轴向尺寸缩小，横向尺寸增大。设拉压杆的横截面的面积为 A，原长为 l，在轴向拉力 F 作用下产生变形，如图 4-1 所示，变形后杆长为 l_1，则杆在轴线方向的伸长量为

$$\Delta l = l_1 - l \tag{a}$$

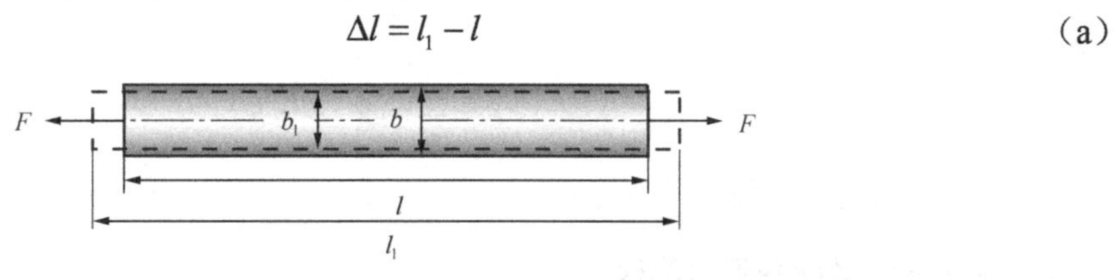

图 4-1　轴向拉伸杆件

Δl 是杆件长度尺寸的绝对改变量，称为绝对变形，表示整个杆件沿轴线方向总的变形量，绝对变形不能说明杆件的变形程度。要度量杆件变形程度的大小，必须消除杆件原有尺寸的影响，杆件均匀变形时杆件沿轴线方向的相对变形，即**轴向线应变**（axial strain）为

$$\varepsilon = \frac{\Delta l}{l} \tag{b}$$

式中，ε 为杆件轴线方向的线应变，是无量纲量，拉伸时为正，压缩时为负。

实验表明，对于工程中的大部分材料，当杆内应力在一定范围（比例极限）内时，杆的变形量与外力 F 和杆的原长 l 成正比，与杆的横截面面积 A 成反比，并引入比例常数弹性模量 E，则可以得到杆件变形的计算公式为

$$\Delta l = \frac{F_N l}{EA} \tag{4-1}$$

上述为描述弹性范围内杆件承受轴向载荷时力与变形的**胡克定律**（Hooke's law），适用于等截面常轴力拉压杆。式（4-1）表明，在比例极限内，拉压杆的轴向变形与材料的弹性模量及杆的横截面面积成反比，乘积 EA 称为拉压杆的**抗拉压刚度**（tensile or compression rigidity）。显然，对于给定长度的等截面拉压杆，在一定的轴向载荷作用下，抗拉压刚度 EA 越大，杆的轴向变形就越小。

由式（4-1）可知，轴向变形Δl 与轴力 F_N 具有相同的正负符号，即伸长为正，缩短为负。

对于轴向力、横截面面积或弹性模量沿杆轴逐段变化的拉压杆，如图 4-2 所示，其轴向变形为

$$\Delta l=\sum_{i=1}^{n}\frac{F_{Ni}l_i}{E_iA_i} \tag{4-2}$$

式中，F_{Ni}、l_i、E_i 与 A_i 分别代表第 i 段杆的轴力、长度、弹性模量与横截面面积，n 为杆件的段数。

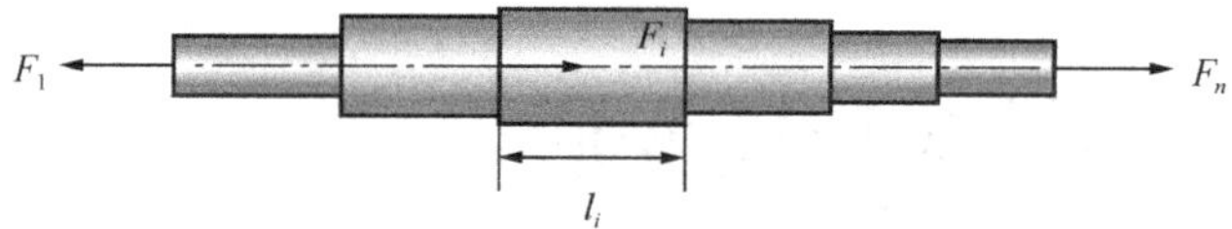

图 4-2　受轴向载荷的阶梯杆

对于轴力和横截面面积沿轴向连续变化的情况，其轴向变形量为

$$\Delta l=\int_l\frac{F_N(x)}{EA(x)}dx \tag{4-3}$$

将式（4-1）等号两边同除以杆长，即

$$\frac{\Delta l}{l}=\frac{F_N}{EA}$$

得到

$$\varepsilon=\frac{\sigma}{E}\quad 或\quad \sigma=E\varepsilon \tag{4-4}$$

式（4-4）为胡克定律的另一种表达式。

2．拉压杆的横向变形与泊松比

如图 4-1 所示，设杆件的原宽度为 b，在轴向拉力作用下，宽度变为 b_1，横向变形量为$\Delta b=b_1-b$，则横向应变为

$$\varepsilon'=\frac{\Delta b}{b}$$

显然，如果杆件是如图 4-1 所示的拉伸变形，则ε' 为负值，即轴向拉伸时，杆沿轴向伸长，其横向尺寸减小；轴向压缩时，杆沿轴向缩短，横向尺寸增大。也就是说，轴向的正应变与横向的正应变的符号是相反的。

通过实验发现，当材料在弹性范围内时，拉压杆的轴向正应变ε与横向正应变ε' 成正比。用μ来表示横向正应变ε' 与轴向正应变ε之比的绝对值，有

$$\mu=\left|\frac{\varepsilon'}{\varepsilon}\right|\quad 或\quad \varepsilon'=-\mu\varepsilon \tag{4-5}$$

式中，比例常数μ 称为**泊松比**（Poisson radio）。在比例极限内，泊松比μ是一个材料的弹性常数，

不同材料具有不同的泊松比，大多数各向同性材料的泊松比取值范围为$0<\mu<0.5$。表 4-1 列出了几种常见材料的弹性模量 E 与泊松比μ的值。

表 4-1　常见材料的弹性模量和泊松比

材 料 名 称	E（GPa）	μ
碳钢	196～216	0.24～0.28
合金钢	186～216	0.25～0.30
灰铸铁	78.5～157	0.23～0.27
铜	100～120	0.33～0.35
铜合金	72.6～128	0.31～0.42
铝合金	70～72	0.26～0.34
混凝土	14.6～36	0.16～0.18
木（顺纹）	8～12	
橡胶	0.008	0.47

例 4-1　圆截面杆如图 4-3 所示，已知 F=4kN，$l_1=l_2$=100mm，弹性模量 E=200GPa。为保证杆件正常工作，要求其总伸长不超过 0.10mm，即许用轴向变形[Δl]=0.10mm。试确定杆的直径 d。

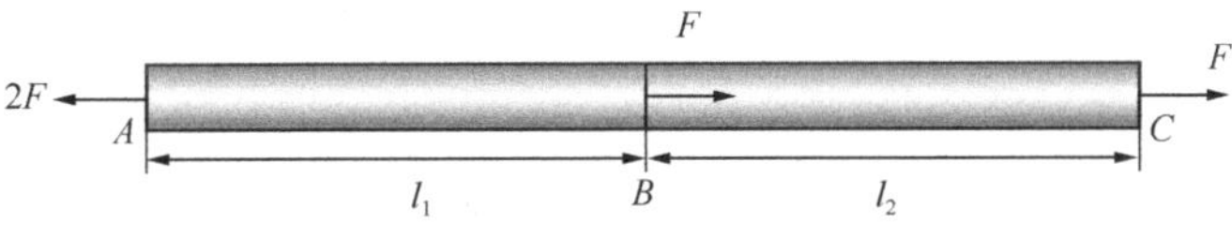

图 4-3　例 4-1 图

【解】　（1）变形分析。

AB 段和 BC 段的轴力分别为

$$F_{N1}=2F \quad F_{N2}=F$$

由式（4-2）可得，杆 AC 的总伸长为

$$\Delta l=\sum_{i=1}^{2}\frac{F_{Ni}l_i}{E_iA_i}=\frac{8Fl_1}{E\pi d^2}+\frac{4Fl_1}{E\pi d^2}=\frac{12Fl_1}{E\pi d^2}$$

（2）直径设计。

按照设计要求，总伸长Δl 不得超过许用变形[Δl]，即要求

$$\frac{12Fl_1}{E\pi d^2}\leqslant[\Delta l]$$

由此得

$$d\geqslant\sqrt{\frac{12Fl_1}{E\pi[\Delta l]}}=\sqrt{\frac{12\times(4\times10^3)\times(100\times10^{-3})}{\pi\times(200\times10^9)\times(0.10\times10^{-3})}}=8.7\times10^{-3}\text{ m}=8.7\text{mm}$$

可以取直径 $d=9$mm。

例 4-2　已知条件如例 3-1（见图 3-5），设阶梯形柱所用材料的弹性模量为 E=20GPa，求上端面 A 的位移。

【解】　（1）分别计算该阶梯形柱的上下两端的变形。AB 段和 BC 段的变形量分别为

$$\Delta l_{AB}=\frac{F_{NAB}l_{AB}}{EA_{AB}}=\frac{-50\times10^3\times0.3}{20\times10^9\times0.24^2}=-1.302\times10^{-5}\text{ m（缩短）}$$

$$\Delta l_{BC}=\frac{F_{NBC}l_{BC}}{EA_{BC}}=\frac{-150\times10^3\times0.4}{20\times10^9\times0.37^2}=-2.191\times10^{-5}\text{ m}\text{（缩短）}$$

（2）上端面 A 的位移为

$$\varDelta_A=\Delta l_{AB}+\Delta l_{BC}=-3.493\times10^{-5}\text{ m}=-3.493\times10^{-2}\text{ mm}$$

即上端面 A 的位移为 0.03493mm，方向向下。

3. 桁架的节点位移

桁架的变形通常用节点的**位移**（displacement）表示，现以图 4-4（a）所示桁架为例，说明桁架节点位移的分析方法。

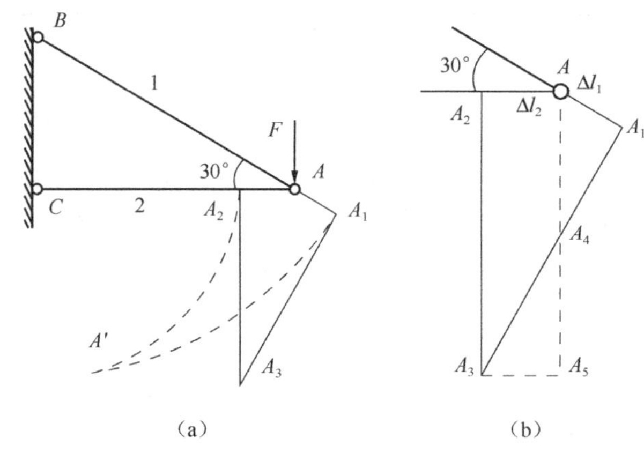

图 4-4 例 4-3 图

例 4-3 桁架由 1、2 杆组成，通过铰链连接，在节点 A 承受铅垂载荷 F=40kN 作用。已知杆 1 为钢杆，横截面面积 A_1=960mm^2，弹性模量 E_1=200GPa，杆 2 为木杆，横截面面积 A_2=2.5×10^{4}mm^2，弹性模量 E_2=10GPa，杆 2 的杆长为 1m。求节点 A 的位移。

【解】 （1）利用截面法，可以求得 1、2 两杆的轴力分别为

$$F_{N1}=80\text{kN（拉力）},\quad F_{N2}=40\sqrt{3}\text{ kN（压力）}$$

由胡克定律可以求得两杆的变形分别为

$$\Delta l_1=\frac{F_{N1}l_1}{E_1A_1}=\frac{80\times10^3\times(1/\cos30^\circ)}{200\times10^9\times960\times10^{-6}}=4.81\times10^{-4}\text{ m}\text{（伸长）}$$

$$\Delta l_2=\frac{F_{N2}l_2}{E_2A_2}=\frac{40\sqrt{3}\times10^3\times1}{10\times10^9\times2.5\times10^4\times10^{-6}}=2.77\times10^{-4}\text{ m}\text{（缩短）}$$

（2）求节点 A 的位移。加载前，杆 1 与杆 2 在节点 A 相连，加载后，各杆的长度虽然改变，但仍然连接在一起。因此，为了确定节点 A 产生位移后的位置，可以以 B 点与 C 点为圆心，并分别以变形后杆的长度 BA_1 和 CA_2 为半径作圆弧，其交点 A' 即为节点 A 的新位置，如图 4-4（a）所示。那么确定 A' 的位置就是求解两弧线的交点，但计算量相对较大。通常杆的变形很小，弧线 A_1A' 与 A_2A' 均很小，因而可近似用过 A_1、A_2 的垂线来代替。于是，过 A_1 和 A_2 分别作 BA_1 和 CA_2 的垂线，两条垂线的交点 A_3 可近似为节点 A 的新位置，如图 4-4（a）所示。

根据图 4-4（b）所示的几何关系，可以求得节点 A 的水平位移与铅垂位移分别为

$$\varDelta_{Ax}=\overline{AA_2}=\Delta l_2=2.77\times10^{-4}\text{ m}=0.277\text{ mm}\text{（←）}$$

$$\varDelta_{Ay}=\overline{AA_4}+\overline{A_4A_5}=\frac{\varDelta l_1}{\sin30^\circ}+\frac{\varDelta l_2}{\tan30^\circ}=14.4\times10^{-4}\text{ m}=1.44\text{ mm}\text{（↓）}$$

最后 A 点的位移为

$$\overline{AA_3}=\sqrt{(\Delta_{Ax})^2+(\Delta_{Ay})^2}=\sqrt{0.277^2+1.44^2}=1.47\ \text{mm}$$

在小变形条件下，通常可按结构原有几何形状与尺寸计算约束力与内力，并可采用例 4-3 中的**以垂线代替圆弧法**确定节点位移。小变形是一个十分重要的概念，利用此概念，可使许多问题的分析计算大为简化。

第二节　圆轴扭转变形

1．圆轴扭转变形

圆轴的扭转变形用各横截面间绕轴线作相对转动的相对角位移φ表示。相距为 dx 的两个横截面间有相对转角 dφ，即微段 dx 的扭转变形为

$$\mathrm{d}\varphi=\frac{T}{GI_{\mathrm{P}}}\mathrm{d}x$$

因此，间距为 l 的两截面的**扭转角**（angle of twist）为

$$\varphi=\int_l \mathrm{d}\varphi=\int_l \frac{T}{GI_{\mathrm{P}}}\mathrm{d}x \tag{4-6}$$

对于长度为 l，扭矩 T 为常数的等截面圆轴，其两端横截面的相对扭转角为

$$\varphi=\int_l \mathrm{d}\varphi=\int_0^l \frac{T}{GI_{\mathrm{P}}}\mathrm{d}x=\frac{T}{GI_{\mathrm{P}}}\int_0^l \mathrm{d}x=\frac{Tl}{GI_{\mathrm{P}}} \tag{4-7}$$

式（4-7）表明，扭转角φ与扭矩 T、轴长 l 成正比，与 GI_{P} 成反比。乘积 GI_{P} 称为圆轴截面的**抗扭刚度**（torsion rigidity）。

对于扭矩、横截面或切变模量沿杆轴逐段变化的圆截面轴，其扭转变形为

$$\varphi=\sum_{i=1}^{n}\frac{T_i l_i}{G_i I_{\mathrm{P}i}} \tag{4-8}$$

式中，T_i、l_i、G_i 与 $I_{\mathrm{P}i}$ 分别为轴段 i 的扭矩、长度、切变模量与极惯性矩；n 为杆件的总段数。

2．圆轴扭转的刚度条件

在圆轴设计中，除考虑其强度问题外，在许多情况下对刚度的要求更为严格，常常对其变形有一定限制，即应该满足相应的刚度条件。

在工程实际问题中，通常是限制扭转角沿轴线的变化率，即**单位长度扭转角**φ'，使其不得超过某一规定的许用值$[\varphi']$。由第三章圆轴扭转强度分析时得到的扭转角的变化率为

$$\varphi'=\frac{\mathrm{d}\varphi}{\mathrm{d}x}=\frac{T}{GI_{\mathrm{P}}} \tag{4-9}$$

其单位是 rad/m。

所以，圆轴扭转的刚度条件为

$$\varphi'_{\max}=\left(\frac{T}{GI_{\mathrm{P}}}\right)_{\max}\leqslant[\varphi'] \tag{4-10}$$

对于等截面圆轴，其刚度条件为

$$\varphi'_{max}=\frac{T_{max}}{GI_P}\leqslant[\varphi'] \tag{4-11}$$

式中，$[\varphi']$为许用单位长度扭转角。

另外，对于某些特定的杆件，会限制两个指定截面的相对扭转角，其刚度条件可以表达为

$$\varphi\leqslant[\varphi] \tag{4-12}$$

式中，$[\varphi]$为许用扭转角。

例 4-4 图 4-5 所示圆截面轴 AC，承受外力偶矩 M_A、M_B和 M_C的作用。试计算该轴的总扭转角φ_{AC}（截面 C 相对于截面 A 的扭转角），并校核轴的刚度。已知 M_A=180N·m，M_B=320N·m，M_C=140N·m，I_P=3.0×10^{5}mm^4，l=2m，G=80GPa，$[\varphi']$=0.5°/m。

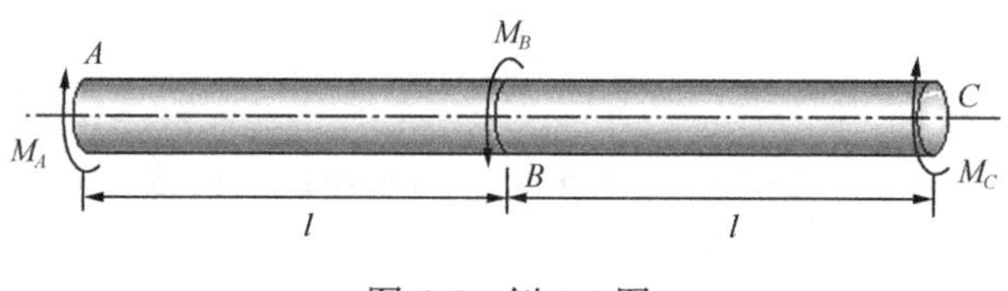

图 4-5 例 4-4 图

【解】（1）扭转变形分析。

利用截面法，得 AB 和 BC 段的扭矩分别为

$$T_{AB}=180\text{N·m} \qquad T_{BC}=-140\text{N·m}$$

则两段的扭转角分别为

$$\varphi_{AB}=\frac{T_{AB}l}{GI_P}=\frac{180\times2}{80\times10^9\times3.0\times10^5\times10^{-12}}=1.50\times10^{-2}\text{ rad}$$

$$\varphi_{BC}=\frac{T_{BC}l}{GI_P}=\frac{-140\times2}{80\times10^9\times3.0\times10^5\times10^{-12}}=-1.17\times10^{-2}\text{ rad}$$

则轴的总扭转角为

$$\varphi_{AC}=\varphi_{AB}+\varphi_{BC}=1.50\times10^{-2}+(-1.17\times10^{-2})=0.33\times10^{-2}\text{ rad}$$

（2）刚度校核。轴 AC 为等截面轴，而 AB 段的扭矩最大，所以，应校核该段轴的扭转刚度。

AB 段的扭转角变化率，即单位长度扭转角为

$$\varphi'=\frac{d\varphi}{dx}=\frac{T_{AB}}{GI_P}\frac{180}{\pi}=\frac{180}{80\times10^9\times3.0\times10^5\times10^{-12}}\times\frac{180}{\pi}=0.43^\circ/\text{m}<[\varphi']$$

可见，该轴满足刚度条件。

例 4-5 已知条件如例 3-6（见图 3-39），设圆轴 AB 和 BC 段的长度均为 1m，其切变模量为 G=80GPa，试求 A、C 两端面的相对扭转角。

【解】（1）分别计算该轴两段的变形。

B 截面相对于 A 截面的扭转角为

$$\varphi_{AB}=\frac{T_1l_{AB}}{GI_{PAB}}=\frac{22\times10^3\times1}{80\times10^9\times\dfrac{\pi\times0.12^4}{32}}=0.014\text{rad}$$

C 截面相对于 B 截面的扭转角为

$$\varphi_{BC}=\frac{T_2l_{BC}}{GI_{PBC}}=\frac{-14\times10^3\times1}{80\times10^9\times\dfrac{\pi\times0.1^4}{32}}=-0.018\text{rad}$$

（2）C 截面相对于 A 截面的扭转角为

$$\varphi_{AC} = \varphi_{AB} + \varphi_{BC} = 0.014 - 0.018 = -0.004\text{rad} = -0.229°$$

A、C 两端面的相对扭转角为 0.229°。

第三节　积分法求梁弯曲变形

当直梁发生平面弯曲时，梁的轴线从原来的直线变成一条连续、光滑的曲线，该曲线称为梁的**挠曲轴**或**挠曲线**（deflection curve）。对于细长梁，剪力对其变形的影响一般可忽略不计，而认为弯曲时各横截面仍保持平面，与弯曲后的梁轴正交。因此，梁的变形可用横截面形心的线位移与截面的角位移表示。

现有一悬臂梁，A 端固定，在自由端施加一向上的集中力，则梁将发生弯曲变形，如图 4-6 所示。横截面的形心在垂直于梁轴方向的线位移，称为**挠度**（deflection），用 w 表示。不同截面的挠度一般不同，且挠度是连续变化的，所以如果沿变形前的梁轴建立坐标轴 x，则挠度可以表示为

$$w = w(x) \tag{4-13}$$

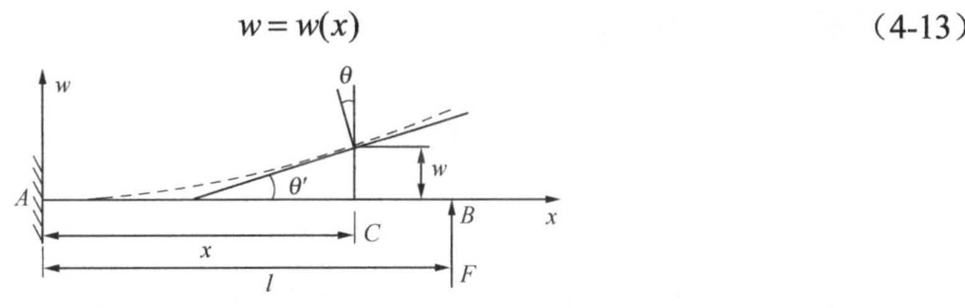

图 4-6　悬臂梁弯曲

当梁弯曲时，由于梁的长度保持不变，所以，截面形心沿梁的轴线方向也存在位移，但在小变形的条件下，挠曲线是一条很平坦的曲线，截面形心的轴向位移远小于其横向位移，因而可忽略不计。式（4-13）也代表挠曲线的解析表达式，称为**挠曲线方程**（deflection equation）。

根据平面假设，横截面在梁弯曲变形后，仍与梁轴垂直，则横截面会发生角位移，即绕中性轴转过一个角度，称为**转角**（slope of cross section），用 θ 表示。由图 4-6 所示的几何关系可知，横截面的转角 θ 与挠曲线在该截面处的切线与坐标轴 x 的夹角 θ' 相等，即

$$\theta = \theta'$$

由于梁的变形一般很小，这时转角 θ 也很小，于是有挠曲线与转角之间的近似关系为

$$\theta \approx \tan\theta = \tan\theta' = \frac{\mathrm{d}w}{\mathrm{d}x} = w' \tag{4-14}$$

式（4-14）表明，横截面的转角等于挠曲线在该截面处的斜率。可见，在忽略剪力影响的情况下，转角与挠度相互关联。

在图 4-6 所示坐标系（右手坐标系）中，挠度 w 向上为正，向下为负。转角 θ 规定为从 x 轴转向截面法线的夹角以逆时针为正，顺时针为负。

1．挠曲线近似微分方程

由第三章纯弯曲正应力的推导过程可知，在纯弯曲梁的情况下，梁的中性层曲率与梁的弯矩之间的关系为

$$\frac{1}{\rho}=\frac{M}{EI}$$

由于纯弯曲梁的弯矩为常数，对于等截面梁，弯曲刚度为常数时，曲率半径为常数，其挠曲线为一段圆弧。而当截面上同时存在剪力与弯矩即横力弯曲时，显然这两项内力对梁的变形均有影响。研究表明：当横力弯曲时，若梁的跨度远大于梁的高度，剪力对梁的变形影响可以忽略不计，上式仍可用来计算横力弯曲梁弯曲后的曲率，但由于弯矩不再是常量，上式变为

$$\frac{1}{\rho(x)}=\frac{M(x)}{EI}$$

即挠曲线上任意一点处的曲率与该点处横截面上的弯矩成正比，而与该截面的**抗弯刚度**（flexural rigidity）EI 成反比。

由高等数学可知，平面曲线 w=$w(x)$上任意一点的曲率为

$$\frac{1}{\rho(x)}=\pm\frac{\dfrac{\mathrm{d}^2w}{\mathrm{d}x^2}}{\left[1+\left(\dfrac{\mathrm{d}w}{\mathrm{d}x}\right)^2\right]^{3/2}}$$

将上述关系用于分析梁的变形，可得

$$\pm\frac{\dfrac{\mathrm{d}^2w}{\mathrm{d}x^2}}{\left[1+\left(\dfrac{\mathrm{d}w}{\mathrm{d}x}\right)^2\right]^{3/2}}=\frac{M(x)}{EI}$$

上式称为**挠曲线微分方程**，它是一个二阶非线性微分方程。

在工程实际问题中，梁的转角一般均很小，因此有$(\mathrm{d}w/\mathrm{d}x)^2\ll 1$，所以上式可简化为

$$\frac{\mathrm{d}^2w}{\mathrm{d}x^2}=\pm\frac{M(x)}{EI}$$

$\mathrm{d}^2w/\mathrm{d}x^2$ 与弯矩的关系如图 4-7 所示，坐标轴 w 以向上为正。当梁段承受正弯矩时，挠曲线为凹曲线，如图 4-7（a）所示，$\mathrm{d}^2w/\mathrm{d}x^2$ 为正。反之，当梁段承受负弯矩时，挠曲线为凸曲线，如图 4-7（b）所示，$\mathrm{d}^2w/\mathrm{d}x^2$ 为负。可见，$\mathrm{d}^2w/\mathrm{d}x^2$ 与弯矩 M 的符号一致。因此上式的右端应取正号，即

$$\frac{\mathrm{d}^2w}{\mathrm{d}x^2}=\frac{M(x)}{EI} \tag{4-15}$$

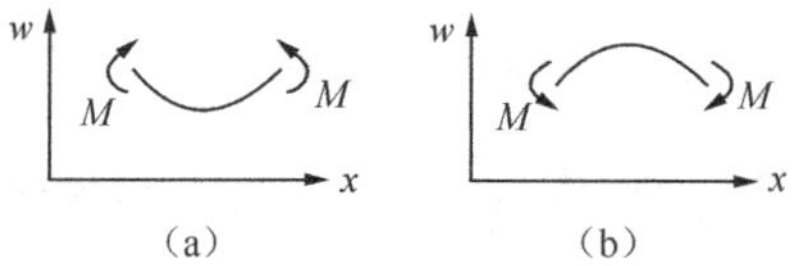

图 4-7 弯矩与梁弯曲变形的对应关系

式(4-15)称为**挠曲线近似微分方程**（approximately differential equation of the deflection curve），简称为挠曲线微分方程。其中“近似”有两层含义：一是忽略剪力对弯曲变形的影响，二是 $1+(\mathrm{d}w/\mathrm{d}x)^2\approx 1$。

2．用积分法求梁的弯曲变形

将上述挠曲线近似微分方程相继积分两次，依次得

$$\begin{cases} \theta = \dfrac{\mathrm{d}w}{\mathrm{d}x} = \displaystyle\int \frac{M(x)}{EI}\mathrm{d}x + C \\ w = \displaystyle\int \left(\int \frac{M(x)}{EI}\mathrm{d}x \right)\mathrm{d}x + Cx + D \end{cases} \tag{4-16}$$

式中，C、D 为积分常数。

上述积分常数可利用梁上某些截面的**边界条件、光滑连续条件**来确定。梁截面的已知位移条件或位移约束条件，称为梁的**边界条件**（boundary conditions）。当弯矩方程需要分段建立，或抗弯刚度沿梁轴变化，以致其表达式需要分段建立时，挠曲线近似微分方程也需要分段建立，而在各段的积分中，将分别包含两个积分常数。为了确定这些积分常数，除应利用位移边界条件外，还应利用分段处挠曲线的连续（挠度相等）、光滑（转角相等）条件。即在相邻段的交接处，相邻两截面应具有相同的挠度和转角，称为梁位移的**光滑、连续条件**（continuity conditions）。

积分常数确定后，即得到梁的挠曲线方程和转角方程，由此可以求出任意一截面的挠度与转角。

对于分段数为 n 的静定梁，求解时将包含 $2n$ 个积分常数，但由于存在 $n-1$ 个分界面，所以将提供 2（$n-1$）个连续条件，再加上两个位移边界条件，共 $2n$ 个约束条件，恰好可用来确定 $2n$ 个积分常数。

由此可见，梁的位移不仅与弯矩及梁的抗弯刚度有关，而且与梁位移的边界条件及连续条件有关。

例 4-6　抗弯刚度为 EI 的等直悬臂梁受均布载荷 q 作用，如图 4-8 所示，试求该梁的转角方程和挠曲线方程，并求自由端的转角 θ_B 和挠度 w_B。

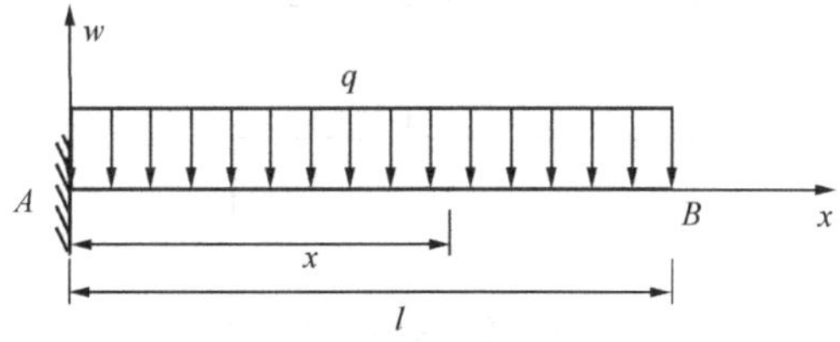

图 4-8　例 4-6 图

【解】　（1）列出弯矩方程。

$$M(x) = -\frac{q}{2}(l-x)^2$$

（2）列出挠曲线近似微分方程并积分。

$$EIw'' = M(x) = -\frac{q}{2}(l-x)^2$$

积分

$$EI\theta = EIw' = \int M(x)\mathrm{d}x = \frac{q}{6}(l-x)^3 + C \tag{a}$$

$$EIw = \int (\int M(x)\mathrm{d}x)\mathrm{d}x = -\frac{q}{24}(l-x)^4 + Cx + D \tag{b}$$

式中，C、D 为积分常数。

（3）确定积分常数。

边界条件为　$\theta_A=\theta|_{x=0}=0$　　$w_A=w|_{x=0}=0$

将以上边界条件分别代入式（a）和式（b）得

$$\frac{q}{6}l^3+C=0 \qquad -\frac{q}{24}l^4+D=0$$

求得　$C=-\frac{q}{6}l^3$　　$D=\frac{q}{24}l^4$

（4）将 C、D 代入式（a）、式（b）并整理得转角方程和挠曲线方程：

$$\theta(x)=\frac{1}{EI}\left[\frac{q}{6}(l-x)^3-\frac{q}{6}l^3\right] \tag{c}$$

$$w(x)=\frac{1}{EI}\left[-\frac{q}{24}(l-x)^4-\frac{q}{6}l^3x+\frac{q}{24}l^4\right] \tag{d}$$

（5）求 θ_B 和 w_B。

将 $x=l$ 代入式（c）、式（d）得

$$\theta_B=-\frac{ql^3}{6EI}\ (\curvearrowright) \qquad w_B=-\frac{ql^4}{8EI}\ (\downarrow)$$

计算结果均为负，说明 θ_B 顺时针转动，w_B 方向向下。

例 4-7　图 4-9 所示为一简支梁，梁的 C 截面处作用一集中力 F，设 EI 为常数。试求梁的转角方程和挠曲线方程，并求 θ_{max} 和 w_{max}。

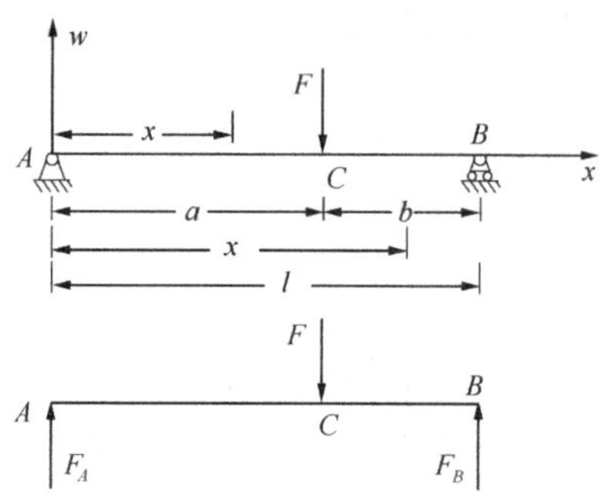

图 4-9　例 4-7 图

【解】　（1）求支反力并列出弯矩方程。

由平衡方程可得支反力为

$$F_A=\frac{b}{l}F \qquad F_B=\frac{a}{l}F$$

弯矩方程为

AC 段　$M_1(x)=F_Ax=\frac{b}{l}Fx$　$(0\leqslant x\leqslant a)$

CB 段　$M_2(x)=F_Ax-F(x-a)=\frac{b}{l}Fx-F(x-a)$　$(a\leqslant x\leqslant l)$

（2）列出挠曲线近似微分方程并积分。

由于弯矩方程在 C 处分段，所以应对 AC 段及 CB 段分别计算。

AC 段（$0\leqslant x\leqslant a$）　　$EIw_1''=M_1(x)=\dfrac{bF}{l}x$

积分

$$EI\theta_1=\frac{bF}{2l}x^2+C_1 \quad \text{(a)}$$

$$EIw_1=\frac{bF}{6l}x^3+C_1x+D_1 \quad \text{(b)}$$

CB 段（$a\leqslant x\leqslant l$）　　$EIw_2''=M_2(x)=\dfrac{bF}{l}x-F(x-a)$

积分

$$EI\theta_2=\frac{bF}{2l}x^2-\frac{F}{2}(x-a)^2+C_2 \quad \text{(c)}$$

$$EIw_2=\frac{bF}{6l}x^3-\frac{F}{6}(x-a)^3+C_2x+D_2 \quad \text{(d)}$$

（3）确定积分常数。有四个积分常数 C_1、D_1、C_2、D_2，应找出四个边界条件。在 A、B 支座处，梁的挠度为零，在 C 处是连续和光滑的，因此在其左、右两侧挠度和转角应相等，即

边界条件为　　$w_1\big|_{x=0}=0$　　$w_2\big|_{x=l}=0$

C 处的光滑条件为　　$\theta_1\big|_{x=a}=\theta_2\big|_{x=a}$

C 处的连续条件为　　$w_1\big|_{x=a}=w_2\big|_{x=a}$

将式（a）～式（d）代入边界条件及连续光滑条件可求得

$$C_1=C_2=\frac{bF}{6l}(b^2-l^2),\quad D_1=D_2=0$$

则转角方程和挠曲线方程分别为

$$\theta=\begin{cases}\dfrac{Fb}{6EIl}(3x^2+b^2-l^2) & (0\leqslant x\leqslant a) \quad \text{(e)}\\[2ex] \dfrac{Fb}{6EIl}\left[3x^2+b^2-l^2-\dfrac{3l}{b}(x-a)^2\right] & (a\leqslant x\leqslant l) \quad \text{(f)}\end{cases}$$

$$w=\begin{cases}\dfrac{Fb}{6EIl}[x^3+(b^2-l^2)x] & (0\leqslant x\leqslant a) \quad \text{(g)}\\[2ex] \dfrac{Fb}{6EIl}\left[x^3+(b^2-l^2)x-\dfrac{l}{b}(x-a)^3\right] & (a\leqslant x\leqslant l) \quad \text{(h)}\end{cases}$$

（4）确定θ_{max}和 w_{max}。

最大转角：A、B 两端的截面转角为

$$\theta_A=-\frac{Fab(l+b)}{6EIl}$$

$$\theta_B=\frac{Fab(l+a)}{6EIl}$$

若 $a>b$，则$\theta_B>\theta_A$，可以断定θ_B为最大转角。

最大挠度：由上面计算可知 A 截面的转角θ_A为负，可以求得 C 截面的转角为

$$\theta_C=\frac{Fab}{3EIl}(a-b)$$

如果 $a>b$，则$\theta_C>0$，可见从截面 A 到截面 C，转角由负到正，而挠曲线为光滑连续曲线，则$\theta=0°$ 的截面必然在 AC 段内。令式（e）等于零，可得

$$3x_0^2+b^2-l^2=0$$

$$x_0 = \sqrt{\frac{l^2 - b^2}{3}}$$

x_0即为挠度最大值的截面的位置，将x_0代入式（g），可求得最大挠度为

$$w_{\max} = -\frac{Fb}{9\sqrt{3}EIl}\sqrt{(l^2 - b^2)^3}$$

当集中力 F 作用于跨度中点时，显然最大挠度发生在跨度中点，这也可由挠曲线的对称性直接看出。

另一种极端情况是集中力无限靠近于杆端支座，如靠近右端支座，此时 $b^2 \ll l^2$，所以有

$$x_0 = \frac{l}{\sqrt{3}} = 0.577l$$

最大挠度为

$$w_{\max} = -\frac{Fbl^2}{9\sqrt{3}EI}$$

可见即使在这种情况下，发生最大挠度的截面仍然在跨度中点附近。也就是说，挠度为最大值的截面总是靠近跨度中点，所以可以用跨度中点的挠度近似代替最大挠度。可以通过式（g）令 $x=l/2$，求得跨中的挠度为

$$w_{\frac{l}{2}} = -\frac{Fb}{48EI}(3l^2 - 4b^2)$$

在极端情况下，集中力无限靠近 B 端，则

$$w_{\frac{l}{2}} \approx -\frac{Fb}{48EI}3l^2 = -\frac{Fbl^2}{16EI}$$

这时用 $w_{\frac{l}{2}}$ 代替 $w_{\max}$ 所引起的误差为

$$\frac{w_{\max} - w_{\frac{l}{2}}}{w_{\max}} \times 100\% = 2.65\%$$

可见在简支梁中，只要挠曲线上无拐点，可用跨度中点挠度来代替其最大挠度，并且不会引起太大的误差。

第四节　叠加法求梁弯曲变形

由例 4-7 可见，用积分法求梁弯曲变形，在弯矩方程分段较多时，由于每段均出现两个积分常数，运算较为烦琐，所以工程中发展出许多简化的计算方法，叠加法便是其中的一种。

1. 载荷叠加法

在线弹性、小变形的前提下，挠曲线近似微分方程为线性微分方程，而弯矩又与载荷成线性齐次关系，因此，当梁上同时作用几个载荷时，挠曲线近似微分方程的解，必等于各载荷单独作用时挠曲线近似微分方程的解的线性组合，而由此求得的挠度与转角也一定与载荷成线性齐次关系。

变形与载荷成线性关系，即任意一载荷使杆件产生的变形均与其他载荷无关。当梁上同时作用几个载荷时，如果梁的变形很小，而且应力不超过材料的比例极限，即可利用叠加法计算梁的位移。只要分别求出杆件上每个载荷单独作用产生的变形，然后将其相加，便可得到这些载荷

共同作用时杆件的变形。这就是求杆件变形的载荷叠加法。

如图 4-10 所示的梁，若载荷 q、F 及 M_e 单独作用时，B 截面的挠度分别为$(w_B)_q$、$(w_B)_F$ 和 $(w_B)_{M_e}$，则所有载荷共同作用时该截面的挠度为

$$w_B=(w_B)_q+(w_B)_F+(w_B)_{M_e} \tag{4-17}$$

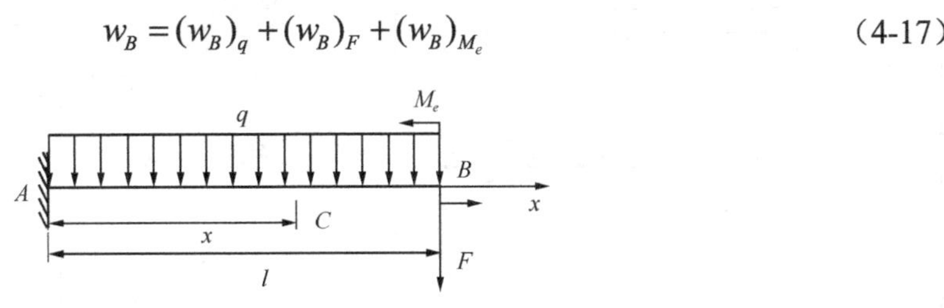

图 4-10　受复杂载荷作用的梁

在用叠加法求梁的弯曲变形时，首先应知道梁在简单载荷作用下的变形，表 4-2 列出了几种常见简单梁受简单载荷的变形，其中梁长为 l，抗弯刚度为 EI。

表 4-2　梁在简单载荷作用下的变形

序　号	梁 的 简 图	挠曲线方程	挠度与转角
1		$w=\dfrac{Fx^2}{6EI}(x-3l)$	$w_B=-\dfrac{Fl^3}{3EI}$　$\theta_B=-\dfrac{Fl^2}{2EI}$
2		$w=-\dfrac{qx^2}{24EI}(x^2-4lx+6l^2)$	$w_B=-\dfrac{ql^4}{8EI}$　$\theta_B=-\dfrac{ql^3}{6EI}$
3		$w=-\dfrac{M_e x^2}{2EI}$	$w_B=-\dfrac{M_e l^2}{2EI}$　$\theta_B=-\dfrac{M_e l}{EI}$
4		$w=-\dfrac{Fx}{48EI}(3l^2-4x^2)$ $(0\leqslant x\leqslant \dfrac{l}{2})$	$w_C=-\dfrac{Fl^3}{48EI}$ $\theta_A=-\theta_B=-\dfrac{Fl^2}{16EI}$
5		$w=-\dfrac{Fbx}{6EIl}(l^2-x^2-b^2)$ $(0\leqslant x\leqslant a)$ $w=-\dfrac{Fb}{6EIl}[\dfrac{l}{b}(x-a)^3+(l^2-b^2)x-x^3]$ $(a\leqslant x\leqslant l)$	$w_{max}=-\dfrac{Fb(l^2-b^2)^{3/2}}{9\sqrt{3}EIl}$ （在 $x=\sqrt{\dfrac{l^2-b^2}{3}}$ 处） $\theta_A=-\dfrac{Fab(l+b)}{6EIl}$　$\theta_B=\dfrac{Fab(l+a)}{6EIl}$ $w_{\frac{l}{2}}=-\dfrac{Fb(3l^2-4b^2)}{48EI}$

续表

序　号	梁 的 简 图	挠曲线方程	挠度与转角
6	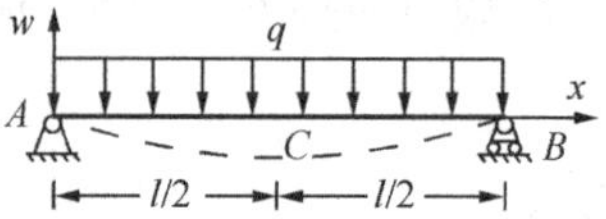	$w=-\dfrac{qx}{24EI}(l^3-2lx^2+x^3)$	$w_C=-\dfrac{5ql^4}{384EI}$　$\theta_A=-\theta_B=-\dfrac{ql^3}{24EI}$
7	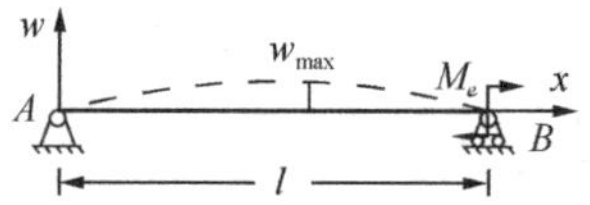	$w=\dfrac{M_e x}{6EIl}(l^2-x^2)$	$w_{max}=\dfrac{M_e l^2}{9\sqrt{3}EI}$　（在 $x=\dfrac{l}{\sqrt{3}}$ 处） $\theta_A=\dfrac{M_e l}{6EI}$　$\theta_B=-\dfrac{M_e l}{3EI}$　$w_{\frac{l}{2}}=\dfrac{M_e l^2}{16EI}$
8	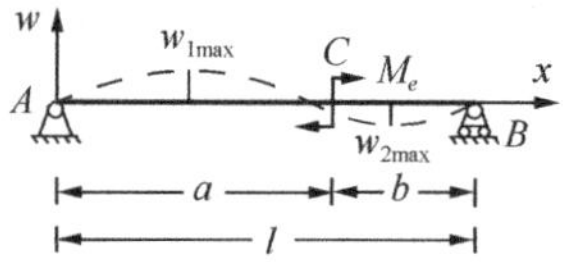	$w=\dfrac{M_e x}{6EIl}(l^2-3b^2-x^2)$ $(0\leqslant x\leqslant a)$ $w=\dfrac{M_e(l-x)}{6EIl}(3a^2-2lx+x^2)$ $(a\leqslant x\leqslant l)$	$w_{1max}=\dfrac{M_e(l^2-3b^2)^{3/2}}{9\sqrt{3}EIl}$ （在 $x=\sqrt{\dfrac{l^2-3b^2}{3}}$ 处） $w_{2max}=-\dfrac{M_e(l^2-3a^2)^{3/2}}{9\sqrt{3}EIl}$ （在距 B 端 $\bar{x}=\sqrt{\dfrac{l^2-3a^2}{3}}$ 处） $\theta_A=\dfrac{M_e(l^2-3b^2)}{6EIl}$　$\theta_B=\dfrac{M_e(l^2-3a^2)}{6EIl}$ $\theta_C=\dfrac{M_e(l^2-3a^2-3b^2)}{6EIl}$

2．逐段分析叠加法

在计算有些梁的变形时，虽然载荷是比较简单的，但是梁需要分段分析，不能再利用前述载荷叠加法。例如，计算图4-11（a）所示梁截面 C 的挠度 w_C，可将该梁看作由简支梁 AB 与固定在横截面 B 的悬臂梁 BC 组成，当简支梁 AB 与悬臂梁 BC 变形时，均在截面 C 引起挠度，两挠度的代数和即为该截面的总挠度 w_C。

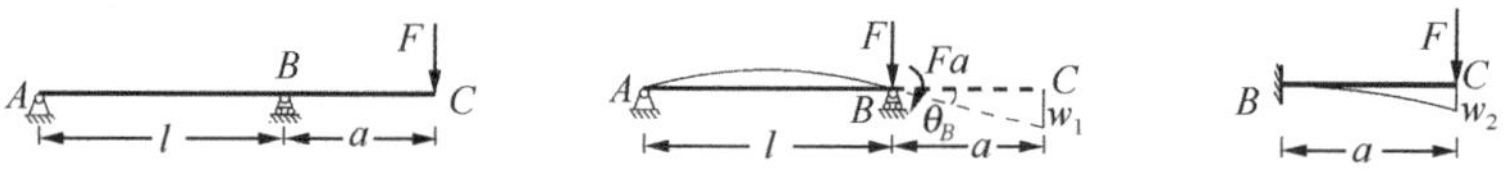

（a）　　（b）　　（c）

图4-11　受集中力作用的外伸梁

为了分析简支梁 AB 的变形，将载荷 F 平移到截面 B，得到作用在该截面的集中力 F 与集中力偶矩 Fa，如图4-11（b）所示，于是截面 B 的转角为

$$\theta_B=\frac{Fal}{3EI}\quad(\curvearrowright)$$

并由此得到截面 C 的相应挠度为

$$w_1=\theta_B a=\frac{Fa^2 l}{3EI}\quad(\downarrow)$$

在载荷 F 作用下，如图4-11（c）所示，悬臂梁 BC 的端点 C 的挠度为

$$w_2=\frac{Fa^3}{3EI}\quad(\downarrow)$$

则截面 C 的总挠度为

$$w_C = w_1 + w_2 = \frac{Fa^2}{3EI}(l+a) \quad (\downarrow)$$

上述分析方法的要点是，首先分别计算各梁段的变形在需求位移处引起的位移，然后计算其总和（代数和或矢量和），即得到需求的位移。在分析各梁段的变形在需求位移处引起的位移时，除所研究的梁段发生变形外，其余各段均视为刚体。

上述两种方法前者为分解载荷，后者为分解梁；前者的理论基础是力作用的独立性原理，而后者的依据则是梁段局部变形与梁总体位移间的几何关系。但是，由于在实际求解时常将两种方法联合应用，所以习惯上将二者统称为**叠加法**（superposition method）。

例 4-8　求图 4-12（a）所示梁挠曲线方程，并求梁中点挠度及最大转角。已知 $M=\frac{ql^2}{2}$，梁的抗弯刚度为 EI。

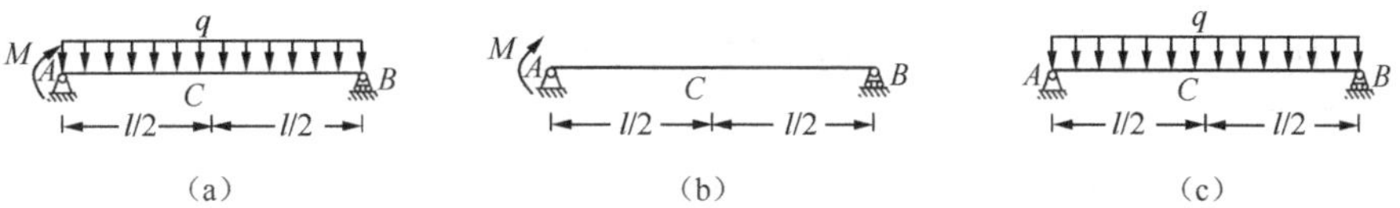

(a)　(b)　(c)

图 4-12　例 4-8 图

【解】　梁承受集中力偶和均布载荷作用，首先将载荷简化，将图 4-12（a）所示的梁分解为如图 4-12（b）、（c）所示的简支梁，一个受集中力偶作用，一个受均布载荷作用。

（1）求挠曲线方程。查表 4-2 可知，在 M 与 q 单独作用下梁挠曲线方程分别为

$$w_M(x) = -\frac{M_e(l-x)}{6EIl}[l^2-(l-x)^2] = -\frac{M_e}{6EIl}x(l-x)(2l-x)$$

$$w_q(x) = -\frac{qx}{24EI}(l^3-2lx^2+x^3)$$

根据叠加原理，梁在两个载荷作用下的挠曲线方程为

$$w(x) = w_M(x) + w_q(x) = -\frac{M_e}{6EIl}x(l-x)(2l-x) - \frac{qx}{24EI}(l^3-2lx^2+x^3)$$

即

$$w(x) = -\frac{qx}{24EIl}(5l^3-6l^2x+x^3)$$

（2）求最大转角。图 4-12（b）所示梁截面 A 的转角比截面 B 的转角大，图 4-12（c）所示梁截面 A 和截面 B 的转角相同。显然图 4-12（b）、（c）所示两种情况下，A、B 截面对应的转角方向一致，所以截面 A 的转角最大，查表 4-2 可求得梁的最大转角为

$$\theta_{\max} = \theta_A = (\theta_A)_M + (\theta_A)_q = -\frac{Ml}{3EI} - \frac{ql^3}{24EI} = -\frac{5ql^3}{24EI} \quad (\circlearrowright)$$

（3）求中点挠度。查表 4-2 求得梁中点的挠度为

$$w_C = (w_C)_M + (w_C)_q = -\frac{Ml^2}{16EI} - \frac{5ql^4}{384EI} = -\frac{17ql^4}{384EI} \quad (\downarrow)$$

例 4-9　图 4-13（a）所示悬臂梁，同时承受集中力 F 和均布载荷 q 作用，且 $F=qa$，试求横截面 C 的挠度。设抗弯刚度 EI 为常数。

【解】　当均布载荷 q 单独作用时，如图 4-13（b）所示，横截面 B 的转角与挠度为

$$(\theta_B)_q=\frac{qa^3}{6EI}\ (\curvearrowright),\quad (w_B)_q=\frac{qa^4}{8EI}\ (\downarrow)$$

则由于均布载荷的作用，引起截面 C 的挠度为

$$(w_C)_q=(w_B)_q+(\theta_B)_q a=\frac{qa^4}{8EI}+\frac{qa^3}{6EI}a=\frac{7qa^4}{24EI}\ (\downarrow)$$

当载荷 F 单独作用时，如图 4-13（c）所示，横截面 C 的挠度为

$$(w_C)_F=\frac{F(2a)^3}{3EI}=\frac{8qa^4}{3EI}\ (\uparrow)$$

根据叠加原理，截面 C 的挠度为

$$w_C=(w_C)_q+(w_C)_F=-\frac{7qa^4}{24EI}+\frac{8qa^4}{3EI}=\frac{19qa^4}{8EI}\ (\uparrow)$$

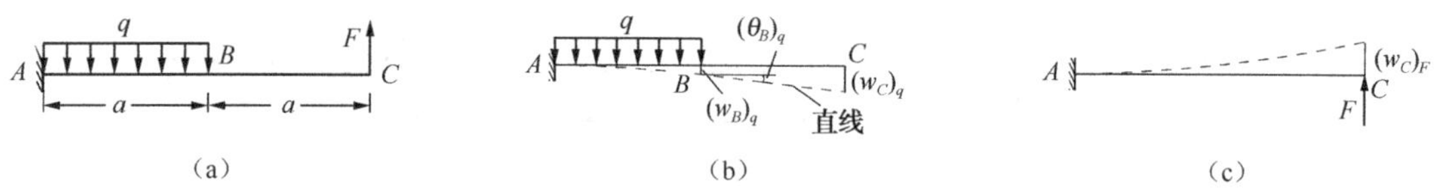

图 4-13　例 4-9 图

例 4-10　变截面梁如图 4-14 所示，试求跨中点 C 的挠度。

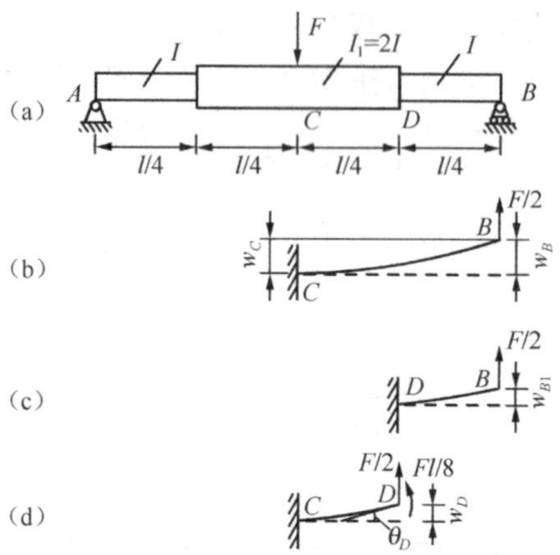

图 4-14　例 4-10 图

【解】 AB 梁因各段刚度不同，若用积分法，则按截面的惯性矩及弯矩方程的不同，应分四段建立不同的挠曲线微分方程。积分后还得确定八个积分常数，比较麻烦，因此可用叠加法计算。

由于 AB 梁的支撑、截面惯性矩和载荷都是对称的，其变形也必然是对称的，所以，跨中点 C 截面的转角为零，挠曲线在 C 点的切线是水平的，这样，就可以把变截面梁的 CB 部分看作悬臂梁，如图 4-14（b）所示，自由端 B 在载荷 $F/2$ 作用下的挠度 w_B 也就在数值上等于原来 AB 梁跨中点的挠度 w_C。

w_B 用叠加法求解。将 CB 梁从 D 截面假想截开，得到 DB 和 CD 两段悬臂梁，如图 4-14（c）、（d）所示。D 截面上的弯曲内力为 $F_S=\dfrac{F}{2}$，$M=\dfrac{Fl}{8}$。对惯性矩为 I 的 DB 段悬臂梁查表可得

$$w_{B1}=\frac{\frac{F}{2}\left(\frac{l}{4}\right)^3}{3EI}=\frac{Fl^3}{384EI}$$

对于惯性矩为 I_1 的悬臂梁 CD，查表可以求出 D 截面由于弯矩和剪力引起的转角和挠度为

$$\theta_D=\frac{\frac{Fl}{8}\times\frac{l}{4}}{EI_1}+\frac{\frac{F}{2}\times\left(\frac{l}{4}\right)^2}{2EI_1}=\frac{3Fl^2}{64EI_1}=\frac{3Fl^2}{128EI}$$

$$w_D=\frac{\frac{Fl}{8}\times\left(\frac{l}{4}\right)^2}{2EI_1}+\frac{\frac{F}{2}\times\left(\frac{l}{4}\right)^3}{3EI_1}=\frac{5Fl^3}{768EI_1}=\frac{5Fl^3}{1536EI}$$

B 截面由于 θ_D 和 w_D 而引起的挠度为

$$w_{B2}=w_D+\theta_D\times\frac{l}{4}=\frac{5Fl^3}{1536EI}+\frac{3Fl^2}{128EI}\times\frac{l}{4}=\frac{7Fl^3}{768EI}$$

叠加 w_{B1} 和 w_{B2} 即可求得 AB 梁跨中点 C 的挠度为

$$w_C=w_B=w_{B1}+w_{B2}=\frac{Fl^3}{384EI}+\frac{7Fl^3}{768EI}=\frac{3Fl^3}{256EI}$$

第五节　提高梁弯曲刚度的措施

从挠曲线的近似微分方程及其积分可以看出，弯曲变形与弯矩大小、跨度长短、横截面的惯性矩和材料的弹性模量等有关。所以应从以上各方面因素入手减小梁的弯曲变形。

1．改善结构形式以减小弯矩数值

弯矩是引起弯曲变形的主要因素，减小了弯矩也就减小了弯曲变形，而通过改变结构形式是实现减小弯矩的简单有效的方法。

如图 4-15 所示的轴，应尽可能地使齿轮和皮带轮靠近支座，以降低皮带轮张力引起的弯矩。

从前面的一些例题也可以看出，在集中力作用下，挠度与跨度的三次方成正比，如果将梁的跨度缩短，则挠度的减小即刚度提高是非常显著的。所以在机械加工中，对镗刀杆的长度有一定限制，以保证镗孔的精度。在有些结构的跨度不能减小的情况下，也可以采取增加支撑的方式提高梁的刚度。如在镗刀杆的端部增加尾架来减小镗刀杆的变形，如图 4-16 所示。在很多结构中为了增强构件的刚度，往往通过增加支撑的方式提高其刚度，这样就使原来的静定结构变为静不定结构。例如，在各种建筑结构中，经常使用静不定梁，同时改善了梁的强度和刚度。

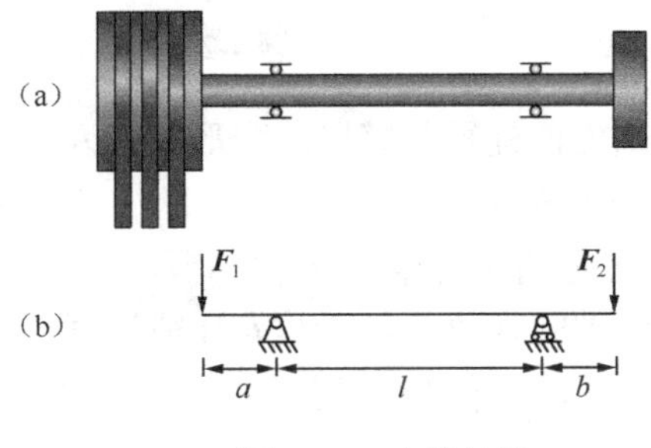

图 4-15　皮带轮轴

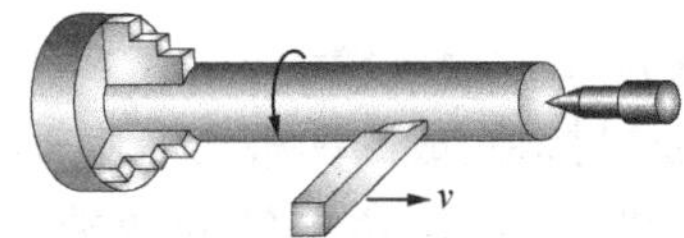

图 4-16　镗刀杆

2．选择合理的截面形状

即使在相同的面积情况下，不同的截面形状其惯性矩也是不相同的，所以选取合理的截面形状，增大截面的惯性矩的数值，也就减小了弯曲变形，增加了梁的刚度。例如，工字形、箱形、槽形、T形截面都可以在用较少的材料情况下，最大限度提高梁的刚度。

另外，弯曲变形还与材料的弹性模量有关。对于弹性模量不同的材料，弹性模量越大弯曲变形越小。而各种钢材的弹性模量大致是相同的，所以使用高强度钢材并不能明显提高弯曲刚度，反而增加了成本。

总结与讨论

本章主要介绍了杆件的变形与刚度分析。介绍了关于杆件变形的相关概念，分别讲解了拉压杆件、圆轴扭转及细长梁弯曲时的变形及其计算方法，重点介绍了梁的弯曲变形，以及积分法与叠加法两种计算方法。

（1）在弹性小变形的假设条件下，不论杆件是什么变形，杆件或结构的变形或位移，均与载荷成线性关系。即杆件变形的计算公式有相似之处，都满足胡克定律。

（2）积分法求弯曲变形是求解梁弯曲变形的基本方法，在用积分法求解梁的弯曲变形时，边界条件和连续条件的确定显得非常重要。叠加法是建立在积分法的基础上的，在求解指定截面的位移时，叠加法较积分法有优势。

习题A

4-1．试建立如题4-1图所示风机电动机轴的力学模型。

4-2．桥式起重机的主梁，经常设计成两端外伸的外伸梁，而不是简支梁，如题4-2图所示。试解释其理由。

题4-1图

题4-2图

4-3．空心圆杆受轴向拉伸时，受力在弹性范围内，外径与壁厚的变形关系为（　　）。

A．外径和壁厚都增大　　B．外径和壁厚都减小

C．外径减小，壁厚增大　　D．外径增大，壁厚减小

4-4．同种材料制成的两根实心圆轴，第一根圆轴的直径 d_1 和长度 l_1 分别是第二根圆轴直径 d_2 和长度 l_2 的 2 倍，两根轴的两端承受相等的扭转力偶矩作用，则两端相对扭转角之比 $\varphi_1/\varphi_2=$__________。

4-5．在题图 4-5 所示的结构中，A 为主动轮，B、C 为从动轮，且 B、C 的输出功率相等。使用时发现圆轴内的相对转角偏大，为改善这一状况，可采取的措施有（　　）。

A．将 A 和 B 的位置互换　　B．将 A 和 C 的位置互换

C．加大圆轴直径　　D．将圆轴的材料由低碳钢换为优质钢

E．缩短圆轴长度　　F．在适当的位置增加一个轴承支承

4-6．如题图 4-6 所示长钢条平放在刚性平台边沿，自重使其部分抬离平台，设其弹性模量为 E，轴惯性矩为 I，在钢条刚好离开平台处 A 的弯矩为________，转角为________，a 与 b 的关系为________，自由端 C 的挠度值为________。

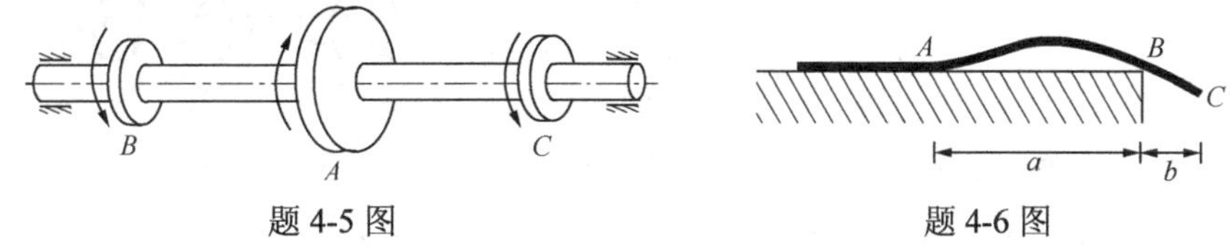

题 4-5 图　　题 4-6 图

4-7．某根梁的挠曲线方程为 $w=\dfrac{qx^2}{24EI}(x^2-4lx+6l^2)$，那么这个梁在 $x=0$ 处的剪力 $F_S(0)=$________，在 $x=\dfrac{l}{2}$ 处的弯矩 $M\left(\dfrac{l}{2}\right)=$________。

习题 B

4-8．如题 4-8 图所示阶梯杆，已知 $A_1=800\text{mm}^2$，$A_2=400\text{mm}^2$，弹性模量 $E=200\text{GPa}$。试求杆的总变形。

4-9．如题 4-9 图所示，杆长为 l，横截面面积为 A，材料单位体积的重量为 γ，弹性模量为 E，试求在自重和力 F 作用下杆的总伸长。

4-10．如题 4-10 图所示，设横梁 AB 为刚杆，斜杆 CD 为直径 $d=20\text{mm}$ 的圆杆，许用应力 $[\sigma]=160\text{MPa}$，$E=200\text{GPa}$，试求许可载荷和 B 点的铅垂位移。

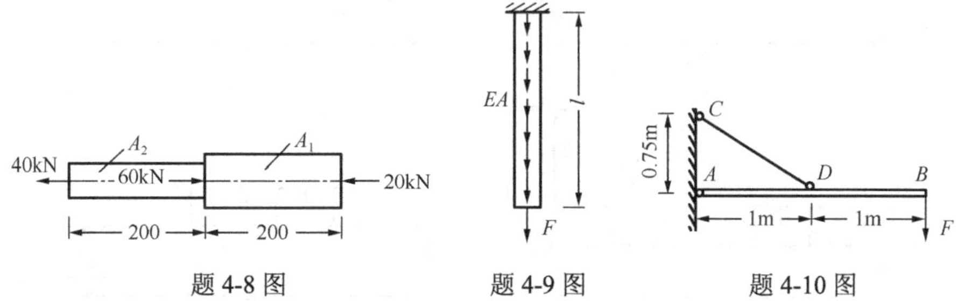

题 4-8 图　　题 4-9 图　　题 4-10 图

4-11．题 4-11 图所示支架承受载荷 F，杆 1、2 由同一材料制成，弹性模量为 E，其横截面面积均为 A，试求节点 A 的位移。

4-12．如题 4-12 图所示，在板状试样（b=30mm，h=4mm）表面，沿纵向及横向粘贴两片应变片，试验时每增加 3kN 力，测得纵向应变增加 120×10^{-6}，横向应变减小 38×10^{-6}，试求材料的弹性模量和泊松比。

4-13．已知条件如题 3-20，若材料的剪切弹性模量 $G=80\text{GPa}$，许用单位长度扭转角 $[\varphi']=2^\circ/\text{m}$，试求两端面的相对扭转角，并校核该轴的刚度。

4-14．如题 4-14 图所示，传动轴的转速 $n=500\mathrm{r/min}$，主动轮 1 输入功率 $N_1=368\mathrm{kW}$，从动轮 2 和 3 分别输出功率 $N_2=147\mathrm{kW}$，$N_3=221\mathrm{kW}$，若 $[\varphi']=1^\circ/\mathrm{m}$，$G=80\mathrm{GPa}$。试根据其刚度条件确定 AB 段的直径 d_1 和 BC 段的直径 d_2。

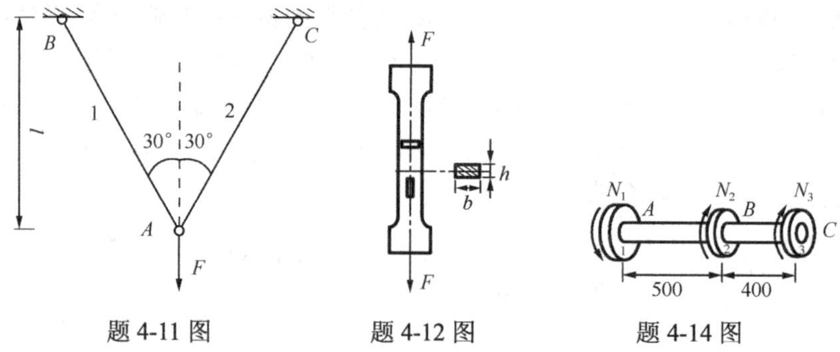

题 4-11 图　　题 4-12 图　　题 4-14 图

4-15．根据载荷及支撑情况，画出题 4-15 图所示各梁挠曲线的大致形状。

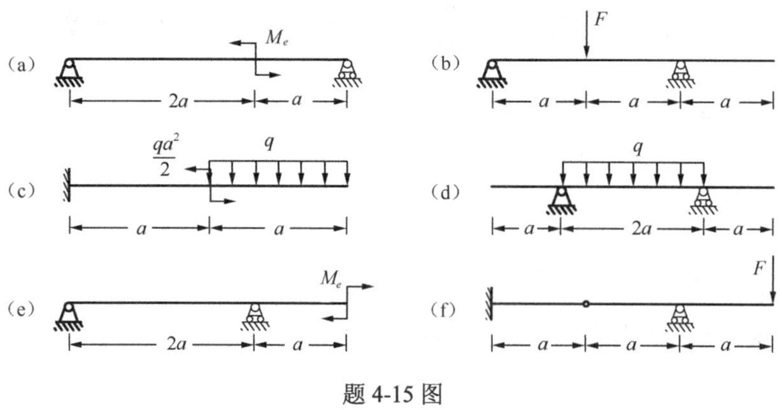

题 4-15 图

4-16．写出题 4-16 图所示各梁的边界条件。题 4-16 图（d）中的弹簧刚度为 k。

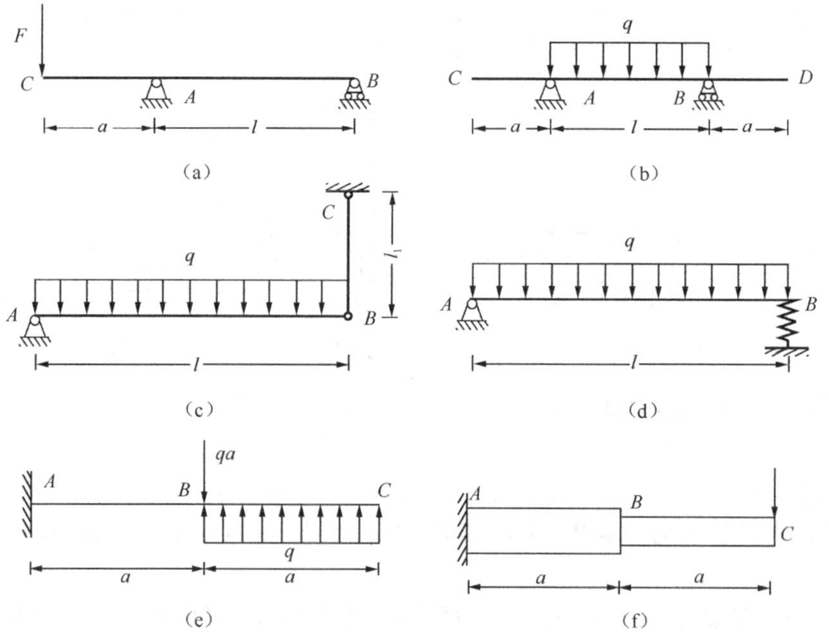

题 4-16 图

4-17．用积分法求题 4-17 图所示各梁的挠曲线方程。设 EI 为常量。

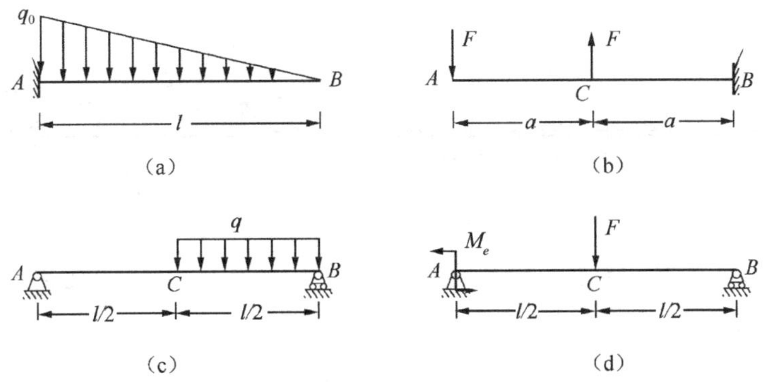

题 4-17 图

4-18．用叠加法求题 4-18 图所示各梁截面 A 的转角和截面 B 的挠度。

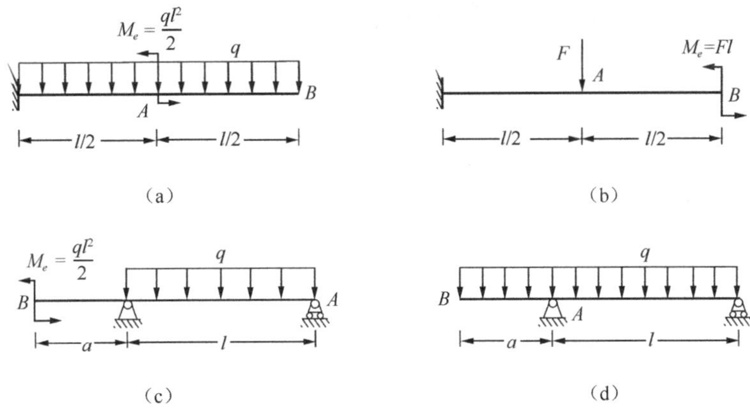

题 4-18 图

4-19．如题 4-19 图所示小车在梁上缓慢地移动。（1）试求当梁中间截面挠度为最大时小车的位置；（2）试确定梁中间截面挠度的最大值。

4-20．如题 4-20 图所示，一等截面直梁的 EI 已知，梁下面有一曲面，方程为 $y=-Ax^3$ 。欲使梁变形后刚好与该曲面密合（曲面不受力），梁上需加什么载荷？大小、方向如何？作用在何处？

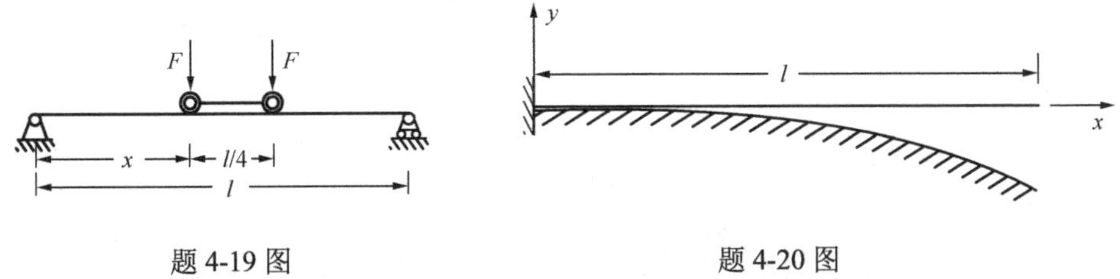

题 4-19 图　　题 4-20 图

4-21．如题 4-21 图所示，桥式起重机的最大载荷为 $F=20\text{kN}$ 。起重机大梁为 32a 工字钢，$E=210\text{GPa}$ ，$l=8.76\text{m}$ ，许用刚度为 $[f]=l/500$ 。校核大梁的刚度。

4-22．如题 4-22 图所示，水平直角拐 AC 与 AB 轴刚性连接，A 处为一轴承，允许 AB 轴的端截面在轴承内自由转动，但不能上下移动。已知 $F=60\text{N}$ ，$E=210\text{GPa}$ ，$G=0.4E$ 。试求截面 C 的垂直位移。

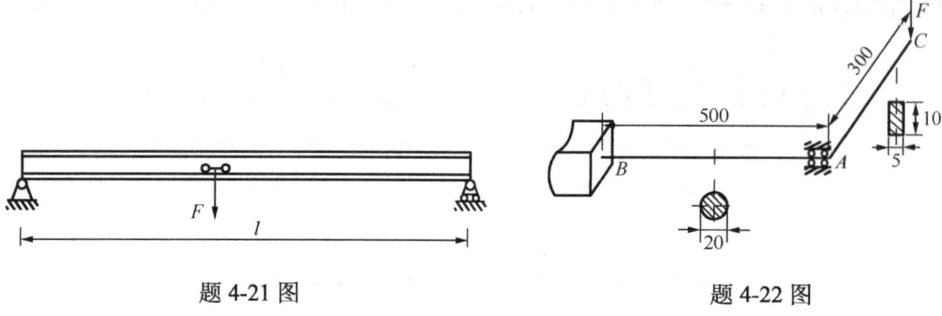

题 4-21 图

题 4-22 图

第五章 能 量 法

第一节 概述

前面已经讨论过在简单结构中杆件受拉伸（压缩）、扭转、弯曲的位移计算，但是对于复杂结构中的杆件或者在组合变形下的杆件而言，前面的方法就显得非常烦琐。比较简便的方法是利用变形能的概念来求解弹性结构中的位移。在固体力学中，把与功和应变能的概念有关的理论和方法统称为**能量法**（energy methods）。

弹性体受外力作用而发生变形时，力的作用点沿力作用方向发生位移，于是外力在弹性体变形过程中做了功；同时，弹性体因变形而在体内积蓄了能量，称为**应变能**（strain energy）。在弹性范围内，若外力从零开始非常缓慢地增加到最终值，则可认为弹性体在变形过程中始终处于平衡状态而没有动能，机械能也没有损失。根据能量守恒定律，存储在物体中的应变能 U 等于外力在弹性体变形过程中所做的功 W，即

$$U=W \tag{5-1}$$

应变能是弹性体变形状态的函数，在弹性体变形满足弹性和小变形条件下，弹性体最终变形形状只与外力的最终数值有关，与外力的作用过程无关，弹性体的弹性应变能和外力在弹性体变形过程中所做的功，也只与外力最终的数值有关，与外力的作用过程无关。

应用这个概念，可先研究线性弹性体的应变能，再根据能量守恒定律计算线性弹性体上需求点的位移。

第二节 外力功与杆件的弹性变形能

1．轴向拉伸（压缩）时的应变能

等截面直杆上端固定（如图 5-1（a）所示），下端作用的拉力从零开始缓慢地增加至最终值 F，杆件的变形量相应地从零缓慢增加至 Δl。在弹性范围内，拉力 F 与伸长 Δl 的关系成正比（如图 5-1（b）所示）。若拉力继续增加一个 $\mathrm{d}F$，杆件的变形会相应产生一个增量 $\mathrm{d}(\Delta l)$，已经作用于杆件上的拉力 F 在位移 $\mathrm{d}(\Delta l)$ 做的功为

$$\mathrm{d}W = F\mathrm{d}(\Delta l) \tag{5-2}$$

在图 5-1（b）中可以看出，$\mathrm{d}W$ 等于阴影部分的微面积。拉力从零开始缓慢地增加至最终值 F 的过程可看为一系列 $\mathrm{d}F$ 的积累，所以拉力从零增加至 F 所做的总功 W 等于一系列微面积的总和，也就是 $F-\Delta l$ 曲线下面的面积，即

$$W = \int \mathrm{d}W = \int_0^{\Delta l} F\mathrm{d}(\Delta l) = \frac{1}{2}F\Delta l \tag{5-3}$$

拉力 F 所做的功以应变能的形式存储在弹性体内，所以按式（5-1），应变能为

$$U = W = \frac{1}{2}F\Delta l \tag{5-4}$$

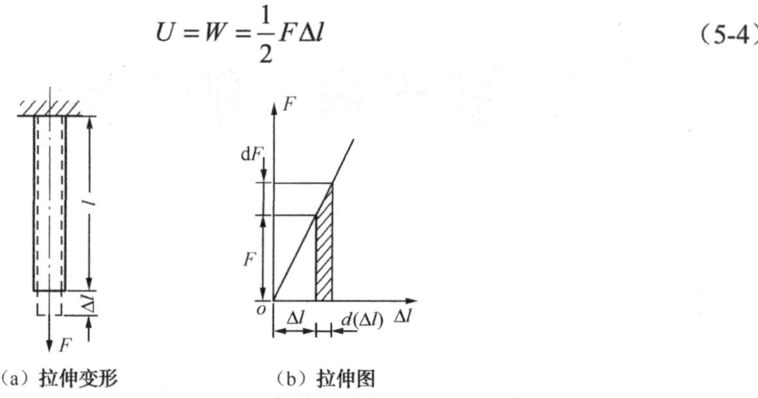

（a）拉伸变形　　（b）拉伸图

图 5-1　轴向拉伸杆件

由胡克定律 $\Delta l = \dfrac{F_N F l}{EA}$，则应变能 U 可用内力的形式表述为

$$U = \frac{1}{2}F_N \Delta l = \frac{F_N^{\ 2} l}{2EA} \tag{5-5}$$

若轴力 F_N 沿轴线变化，或杆件为变截面杆，则可先计算长为 dx 段内的应变能

$$dU = \frac{F_N^{\ 2}(x)dx}{2EA(x)}$$

然后再沿整个杆长进行积分，即得轴向拉伸（压缩）时整个杆件的应变能

$$U = \int_l dU = \int_l \frac{F_N^{\ 2}(x)dx}{2EA(x)} \tag{5-6}$$

综上所述，杆件轴向拉伸（压缩）变形时的应变能等于杆的内力在杆变形过程中所做的功。这一结果具有普遍性，可以推广到杆件其他变形时的应变能计算。

2．扭转时的应变能

等直圆轴一端固定，另一端受到的外力偶矩 M_e 从零缓慢增加至最终值，其扭矩也由零缓慢增加至 T（如图 5-2（a）所示）。在线弹性范围内，扭转角 φ 与扭转力偶矩 M_e 成正比关系（如图 5-2（b）所示），所以扭转外力偶矩所做的功为

$$W = \frac{1}{2}M_e \varphi \tag{5-7}$$

在图 5-2（a）所示情况下，各横截面的扭矩 T 都等于外力偶矩 M_e，即 $T=M_e$，$\varphi = \dfrac{Tl}{GI_P}$，由式（5-1）可得，扭转的应变能为

$$U = W = \frac{1}{2}M_e \varphi = \frac{T^2 l}{2GI_P} \tag{5-8}$$

与轴向拉压类似，若扭矩 T 沿轴线变化，或杆件为变截面杆，则可先计算长为 dx 段内的应变能

$$dU = \frac{T^2(x)dx}{2GI_P(x)}$$

与式（5-6）类似，整个轴上的应变能表达式为

$$U=\int_{l}\mathrm{d}U=\int_{l}\frac{T^{2}(x)\mathrm{d}x}{2GI_{\mathrm{P}}(x)} \tag{5-9}$$

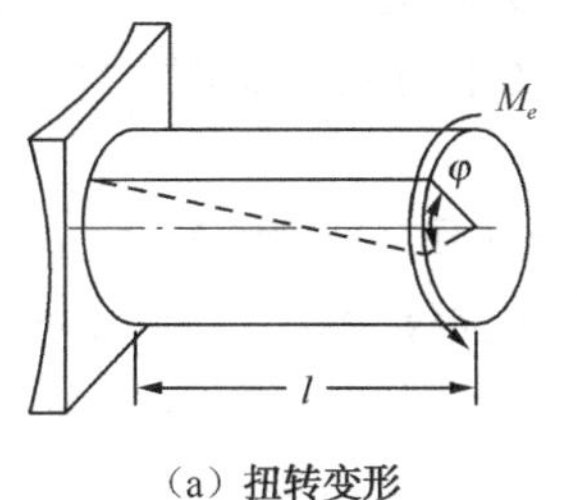

（a）扭转变形

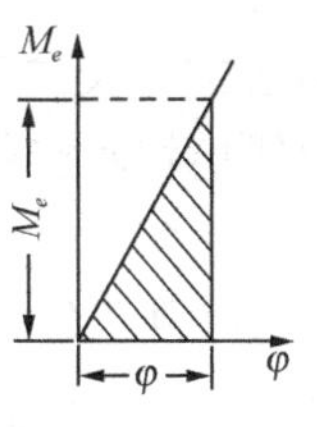

（b）扭转图

图 5-2　扭转杆件

3．弯曲时的应变能

图 5-3（a）所示为一等截面的直梁，在弯曲外力偶矩 M_e 作用下，处于纯弯曲状态。应用第四章的计算弯曲变形的方法，可以求得两端的相对转角为

$$\theta=\frac{M_{e}l}{EI}$$

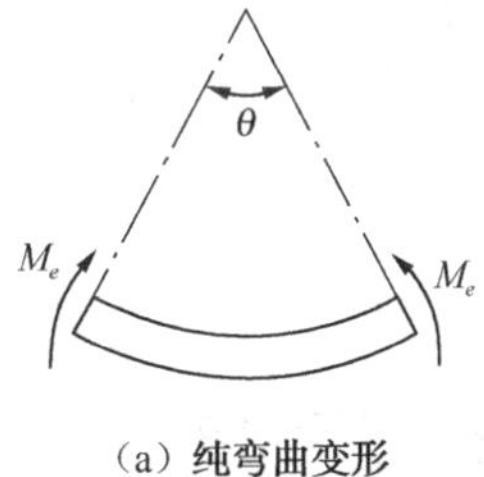

（a）纯弯曲变形

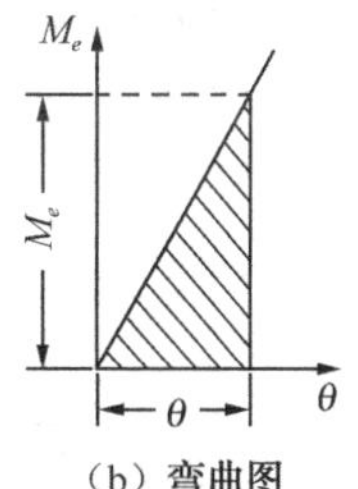

（b）弯曲图

图 5-3　弯曲杆件

在线弹性范围内，θ 与弯曲力偶矩 M_e 成正比关系（如图 5-3（b）所示），同理可求出弯曲力偶矩 M_e 所做的功为

$$W=\frac{1}{2}M_{e}\theta \tag{5-10}$$

由式（5-1）可知，纯弯曲状态下，梁的弯曲应变能为

$$U=W=\frac{1}{2}M_{e}\theta=\frac{M_{e}^{2}l}{2EI} \tag{5-11}$$

横力弯曲时，梁的内力除了弯矩外还有剪力。在计算应变能时，除了要考虑弯曲应变能外，还应该计算剪切应变能，但是在一般情况下，梁的跨度都远大于其高度，剪切应变能与弯曲应变能相比一般都很小，可以忽略不计，所以只需计算弯曲应变能。

与式（5-6）、式（5-9）类似，梁弯曲应变能的一般表达式为

$$U=\int_{l}\frac{M^{2}(x)\mathrm{d}x}{2EI(x)} \tag{5-12}$$

以上分别讨论了杆件在几种基本变形下的应变能，它等于在变形过程中外力所做的功，综合式（5-4）、式（5-7）、式（5-10），可统一写成

$$U = W = \frac{1}{2}F\delta \tag{5-13}$$

式中，F 应理解为广义力，在轴向拉伸（压缩）时为拉力（压力），在扭转和弯曲时为力偶矩；δ 则应理解为与 F 相对应的广义位移，在轴向拉伸（压缩）时为与拉力（压力）对应的线位移，在扭转和弯曲时为与力偶矩相对应的角位移。

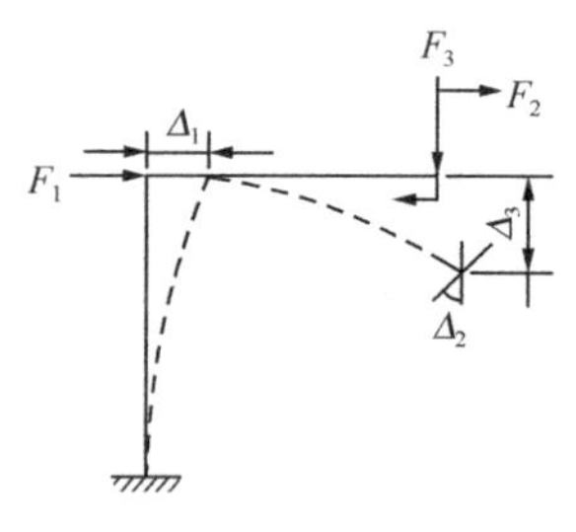

图 5-4 平面刚架

当杆件或者结构上作用着一组广义力 F_i（$i=1,2,\cdots,n$）时，与广义力 F_i 相对应的广义位移为 δ_i（$i=1,2,\cdots,n$），在线弹性范围内的外力所做的功为

$$W = \sum_{i=1}^{n}\frac{1}{2}F_i\delta_i \tag{5-14}$$

这个关系称为克拉贝依隆原理。

例如，图 5-4 所示平面刚架，外力做功为

$$W = \frac{1}{2}F_1\varDelta_1 + \frac{1}{2}F_2\varDelta_2 + \frac{1}{2}F_3\varDelta_3$$

4．组合变形时的应变能

当杆发生轴向拉（压）、扭转和弯曲的组合变形时，杆件的横截面上可能同时受轴力 $F_N(x)$、扭矩 $T(x)$、弯矩 $M(x)$、剪力 $F_S(x)$的作用，取杆中长为 dx 的微段（如图 5-5 所示）。计算杆件的应变能时应该考虑四种内力所做的功。因为轴力 $F_N(x)$、扭矩 $T(x)$、弯矩 $M(x)$、剪力 $F_S(x)$各自所产生的变形分别正交且很微小，所以这四种内力只在本身所引起的位移上做功而互不影响。故每一种内力所做的功可以分别按式（5-6）、式（5-9）、式（5-12）计算，忽略剪切应变能的影响，微段上的应变能为

$$dU = \frac{F_N^{\ 2}(x)dx}{2EA} + \frac{T^2(x)dx}{2GI_P} + \frac{M^2(x)dx}{2EI}$$

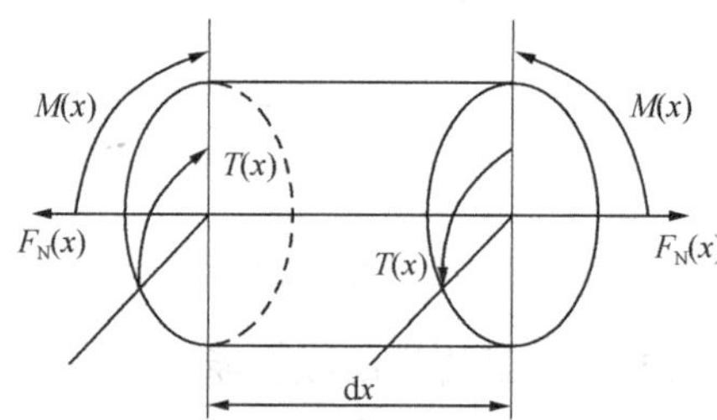

图 5-5 组合变形时微段内力分析

整个杆件上的应变能可以通过积分求得

$$U = \int_l \frac{F_N^{\ 2}(x)dx}{2EA} + \int_l \frac{T^2(x)dx}{2GI_P} + \int_l \frac{M^2(x)dx}{2EI} \tag{5-15}$$

例 5-1 轴线为半圆形的平面曲杆如图 5-6（a）所示，作用于自由端的集中力 P 垂直于轴线所在的平面。试求 P 力作用点的垂直位移。

【解】 设任意横截面 $m—n$ 的位置由圆心角 φ 来确定。由曲杆的俯视图（如图 5-6（b）所示）可以看出，截面 $m—n$ 上的弯矩和扭矩分别为

$$M = PR\sin\varphi$$

$$T = PR(1-\cos\varphi)$$

对于横截面尺寸远小于半径 R 的曲杆，应变能计算可借用直杆公式。这样，微段 $R\mathrm{d}\varphi$ 内的应变能为

$$\mathrm{d}U = \frac{M^2 R\mathrm{d}\varphi}{2EI} + \frac{T^2 R\mathrm{d}\varphi}{2GI_{\mathrm{P}}} = \frac{P^2R^3\sin^2\varphi\mathrm{d}\varphi}{2EI} + \frac{P^2R^3(1-\cos\varphi)^2\mathrm{d}\varphi}{2GI_{\mathrm{P}}}$$

积分求得整个曲杆的应变能为

$$U = \int_0^{\pi}\frac{P^2R^3\sin^2\varphi\mathrm{d}\varphi}{2EI} + \int_0^{\pi}\frac{P^2R^3(1-\cos\varphi)^2\mathrm{d}\varphi}{2GI_{\mathrm{P}}} = \frac{P^2R^3\pi}{4EI} + \frac{3P^2R^3\pi}{4GI_{\mathrm{P}}}$$

若 P 力作用点沿 P 方向的位移为 δ_A，在变形过程中，集中力 P 所做的功应为

$$W = \frac{1}{2}P\delta_A$$

由 $U=W$，得

$$\frac{1}{2}P\delta_A = \frac{P^2R^3\pi}{4EI} + \frac{3P^2R^3\pi}{4GI_{\mathrm{P}}}$$

所以

$$\delta_A = \frac{PR^3\pi}{2EI} + \frac{3PR^3\pi}{2GI_{\mathrm{P}}}$$

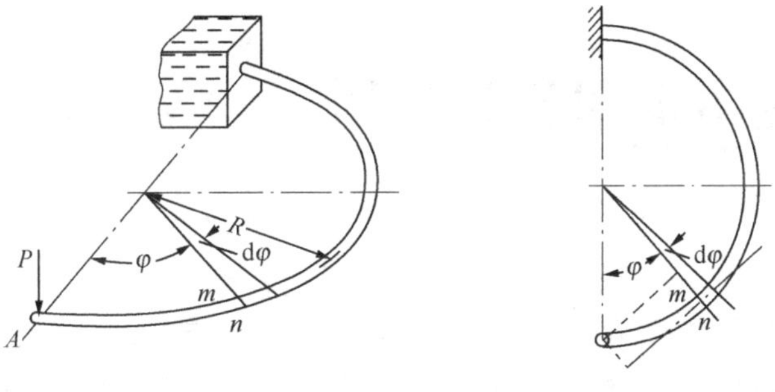

（a）　　（b）

图 5-6　例 5-1 图

例 5-2　螺旋密圈弹簧自然长度为 L，直径为 D，簧丝直径为 d，如图 5-7 所示，在自由端受到轴向拉力 P 作用。试求弹簧的伸长量 δ。

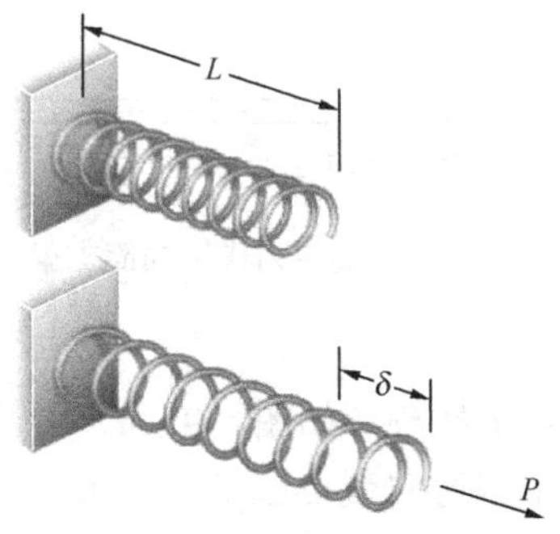

图 5-7　例 5-2 图

【解】　（1）外力做功分析。

试验表明，在弹性范围内，拉力 P 与伸长量 δ 成正比，即 $P=k\delta$，k 为弹劲系数。当拉力 P 从零增加至最终值时，它所做的功为

$$W = \frac{1}{2}P\delta$$

（2）应变能分析。

由例 3-8 可知，弹簧簧丝发生的变形包括扭转和剪切，当 d/D 远小于 1 /10 时，剪切应变能可忽略不计，于是，由式（5-8）可得弹簧所存储的扭转应变能为

$$U=\frac{T^2 l}{2GI_{\rm P}}$$

假设弹簧圈数为 n，则 $l=n\pi D$，将 $I_{\rm P}=\frac{\pi d^4}{32}$ 及 $T=\frac{PD}{2}$ 代入上式，则

$$U=\frac{4P^2D^3n}{Gd^4}$$

（3）变形分析。

由能量守恒定律式（5-1），可知 $W=U$，即

$$\frac{4P^2D^3n}{Gd^4}=\frac{1}{2}P\delta$$

$$\delta=\frac{8PD^3n}{Gd^4} \qquad k=\frac{Gd^4}{8nD^3}$$

第三节 莫尔定理及其应用

利用能量守恒定理，可以推导出弯曲梁中指定截面处挠度或转角的单位载荷法，然后将其推广应用于杆件其他变形情况，以及杆系结构变形的位移计算。

简支梁受集中力 F_1 和 F_2 作用（如图 5-8 所示），达到平衡时，F_1 和 F_2 作用处的挠度分别为 f_1 和 f_2，梁内产生的弯矩函数为 $M(x)$，A 点的挠度为 w。如果忽略剪切应变能，根据能量守恒定律，此时梁内所存储的弯曲应变能应等于外力 F_1 和 F_2 所做的功，即

$$U=\int_0^l \frac{M^2(x)\mathrm{d}x}{2EI(x)}=\frac{1}{2}F_1 f_1+\frac{1}{2}F_2 f_2 \tag{5-16}$$

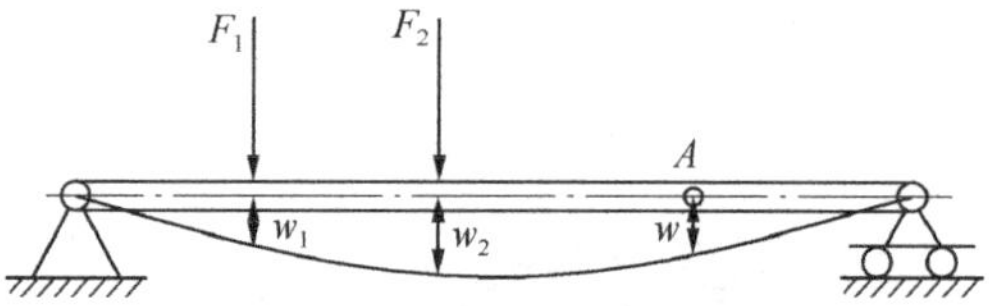

图 5-8 受集中力作用的简支梁

下面来计算 A 点的挠度 w。

首先，假想在 A 处作用一个单位力 F_0（如图 5-9（a）所示），这时 A 点的挠度为 w_0，同时在梁内产生的弯矩函数为 $M'(x)$。依据弯曲变形应变能的求法，可得此时梁存储的弯曲应变能为

$$U'=\int_l \frac{M'^2(x)\mathrm{d}x}{2EI(x)}=\frac{1}{2}F_0 w_0 \tag{5-17}$$

若在单位力 F_0 作用之后，再施加前面的集中力 F_1 和 F_2（如图 5-9（b）所示），依据叠加原理，这时梁内产生的弯矩函数为在单位力 F_0 引起的弯矩 $M'(x)$的基础上，再增加由集中力 F_1 和 F_2 单独作用而产生的 $M(x)$。而梁的最终弯矩函数为 $M'(x)+M(x)$。而此时外力做功，除了 F_1 和 F_2 会在其相应位移 w_1 和 w_2 上做功外，同时单位力 F_0 会在位移 w_0 基础上继续在增加的位移 w 上做功，此时梁内存储的弯曲应变能为

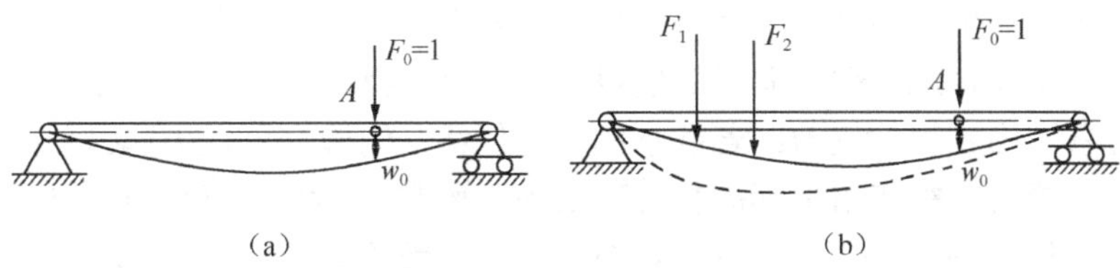

图 5-9　分步加载单位集中力和原集中力

$$U=\int_l \frac{(M'(x)+M(x))^2\mathrm{d}x}{2EI(x)}=\frac{1}{2}F_0\cdot w_0+\frac{1}{2}F_1\cdot w_1+\frac{1}{2}F_2\cdot w_2+F_0\cdot w \tag{5-18}$$

从式（5-18）减去式（5-17）和式（5-16），可得

$$\int_0^l \frac{M'(x)M(x)\mathrm{d}x}{EI(x)}=F_0\cdot w \tag{5-19}$$

由于单位力 F_0=1，式（5-19）改写为

$$w=\int_0^l \frac{M'(x)M(x)\mathrm{d}x}{EI(x)} \tag{5-20}$$

式（5-20）给出了计算一般弯曲梁内任意一点挠度的计算方法，由于计算中采用了施加一个单位载荷的方法，所以称为单位载荷法。式（5-20）也可以求梁的转角，只须将作用在 A 点处的单位载荷由单位力改为单位力偶即可。

单位载荷法可推广到杆的其他变形情况，对于杆件轴向拉压变形情况的公式为

$$\varDelta=\int_l \frac{F'_\mathrm{N}(x)F_\mathrm{N}(x)\mathrm{d}x}{EA(x)} \tag{5-21}$$

式中，$F'_\mathrm{N}(x)$ 为单位力引起的轴力；$F_\mathrm{N}(x)$ 为载荷引起的轴力；计算得到的 $\varDelta$ 为单位力作用点沿单位力方向的位移。

对于桁架结构，杆件只发生轴向拉、压变形，且各杆的 $F'_{\mathrm{N}i}$ 和 $F_{\mathrm{N}i}$ 为常数，所以其计算公式为

$$\varDelta=\sum_{i=1}^{n}\frac{F'_{\mathrm{N}i}F_{\mathrm{N}i}l_i}{EA_i} \tag{5-22}$$

对于杆件扭转变形情况的公式为

$$\varDelta=\int_l \frac{T'(x)T(x)dx}{GI_\mathrm{P}(x)} \tag{5-23}$$

式中，$T'(x)$为单位力偶引起的扭矩；$T(x)$为载荷引起的内力；计算得到的 $\varDelta$ 为单位力偶作用处，杆截面沿单位力偶作用方向的扭转角。

式（5-20）、式（5-22）、式（5-23）统称为莫尔定理，其中积分表达式称为莫尔积分。

若杆系中的每个杆件的变形为轴向拉、压、扭转和弯曲的组合变形，则莫尔积分改为

$$\varDelta=\sum_{i=1}^{n}\left(\int_{l_i}\frac{F'_\mathrm{N}(x)F_\mathrm{N}(x)\mathrm{d}x}{EA}+\int_{l_i}\frac{T'(x)T(x)\mathrm{d}x}{GI_\mathrm{P}}+\int_{l_i}\frac{M'(x)M(x)\mathrm{d}x}{EI}\right) \tag{5-24}$$

式中，n 为杆系的件数；l_i 为各杆件的长度；计算得到的位移 $\varDelta$ 可以是线位移，也可以是角位移，它取决于所加的单位载荷是单位力还是单位力偶。

以上各式中，如果求得的 $\varDelta$ 为正，表示所求的位移方向与所加的单位载荷的方向一致，反之相反。

单位载荷法是计算杆件和杆系变形的通用方法，主要用于求解变截面杆件和复杂杆系及刚架结构中指定点沿指定方向的位移。其求解基本步骤和要点如下。

（1）计算在外载荷引起的杆件中的内力函数：$F_N(x)$、$T(x)$和 $M(x)$。

（2）在结构中去除所有原外载荷，在结构欲求位移的点处，沿欲求位移方向施加单位载荷。若欲求的是线位移，则施加单位力；若欲求的为角位移，则施加单位力偶。

（3）计算单位载荷单独作用引起的杆件中的内力函数 $F_N'(x)$、$T'(x)$ 和 $M'(x)$ 。

（4）遍及整个结构分段积分计算莫尔积分求出位移数值 Δ 。

（5）根据 Δ 的符号判断结构位移的实际方向。

例 5-3 图 5-10（a）所示外伸梁，其抗弯刚度为 EI。用单位载荷法求 C 点的挠度和转角。

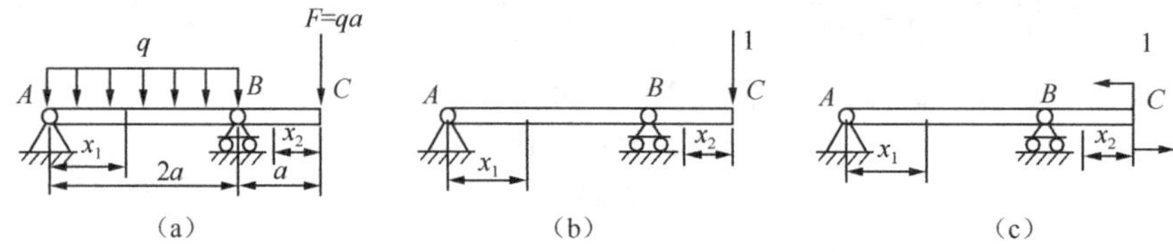

图 5-10 例 5-3 图

【解】 首先计算 C 截面的挠度。为此在 C 截面作用垂直向下的单位力。按图 5-10（a）所示计算梁内各段在原载荷作用下的弯矩 $M(x)$，按图 5-10（b）所示计算在单位力单独作用下的弯矩 $M'(x)$ 。

AB 段：$M(x_1)=\dfrac{qa}{2}x_1-\dfrac{qx_1^2}{2}$，$M'(x_1)=-\dfrac{x_1}{2}$ （$0\leqslant x_1\leqslant 2a$）

BC 段：$M(x_2)=-qax_2$，$M'(x_2)=-x_2$ （$0\leqslant x_2\leqslant a$）

使用莫尔定理：

$$w_C=\int_l\frac{M(x)M'(x)}{EI}\mathrm{d}x$$
$$=\frac{1}{EI}\left[\int_0^{2a}\left(\frac{qa}{2}x_1-\frac{qx_1^2}{2}\right)\left(-\frac{x_1}{2}\right)\mathrm{d}x_1+\int_0^a(-qax_2)(-x_2)\mathrm{d}x_2\right]$$
$$=\frac{2qa^4}{3EI}\quad(\downarrow)$$

下面来求 C 截面转角，按图 5-10（c）所示计算在单位力偶矩单独作用下的弯矩 $M'(x)$ 。

AB 段：$M'(x_1)=\dfrac{x_1}{2a}$ （$0\leqslant x_1\leqslant 2a$）

BC 段：$M'(x_2)=1$ （$0\leqslant x_2\leqslant a$）

使用莫尔定理：

$$\theta_C=\int_l\frac{M(x)M'(x)}{EI}\mathrm{d}x$$
$$=\frac{1}{EI}\left[\int_0^{2a}\left(\frac{qa}{2}x-\frac{qx^2}{2}\right)\left(\frac{x}{2a}\right)\mathrm{d}x+\int_0^a(-qax)(1)\mathrm{d}x\right]=-\frac{5qa^3}{6EI}$$

式中，负号表示 θ_C 的方向与所加单位力偶矩的方向相反。

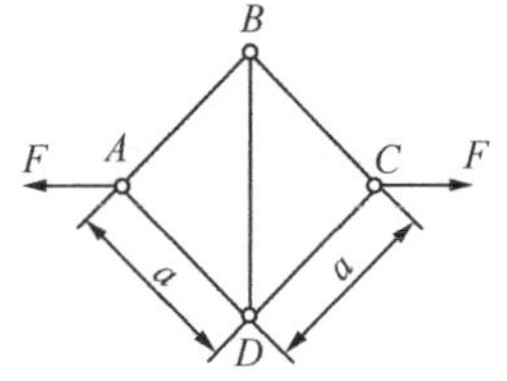

图 5-11 例 5-4 图

例 5-4 如图 5-11 所示正方形桁架，各杆的抗拉刚度均为 EA，求 A、C 两点间的位移。

【解】 先求载荷 F 在各杆件中引起的轴力，可得长度为 a 的杆件中的轴力均为$\dfrac{\sqrt{2}}{2}F$；长度为$\sqrt{2}a$的竖杆中的轴力为$-F$。

为了求A、C两点间的相对位移，可在A、C两点加上与F方向相同的一对单位力，同理可得长度为a的杆件中的轴力均为$\dfrac{\sqrt{2}}{2}$；长度为$\sqrt{2}a$的竖杆中的轴力为-1。

使用莫尔定理可得，A、C两点间的相对位移为

$$\delta_{AC}=\sum_{i=1}^{n}\frac{F'_{Ni}F_{Ni}l_i}{EA_i}=4\times\frac{Fa}{EA}\left(\frac{\sqrt{2}}{2}\right)^2+\frac{F}{EA}(\sqrt{2}a)$$
$$=(2+\sqrt{2})\frac{Fa}{EA}$$

请思考如何求B、D两点间的位移。

例 5-5　图 5-12（a）所示刚架，在刚结点B承受载荷F作用，在自由端承受集中力偶M=Fa作用。各段的弯曲刚度如图 5-12（a）所示，若不计轴力和剪力对位移的影响，试计算横截面A的铅垂位移$\varDelta_A$和横截面B的转角θ_B。

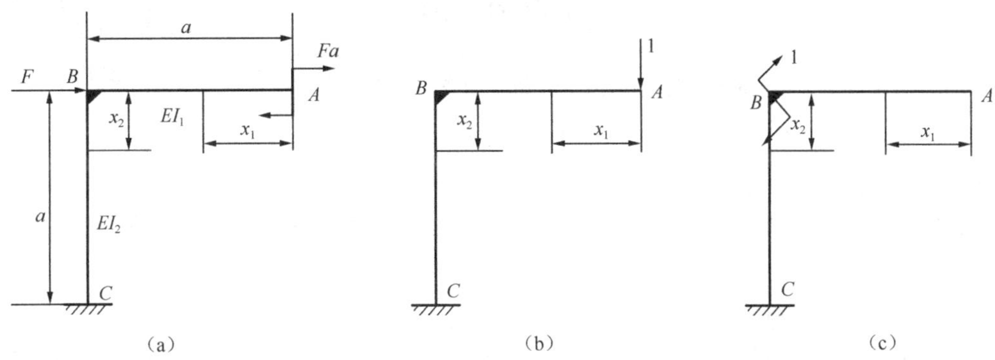

图 5-12　例 5-5 图

【解】 首先计算截面A的铅垂位移$\varDelta_A$。在截面A处增加一个单位力，如图 5-12（b）所示，于是刚架各段内的弯矩方程如下。

AB段：$M(x_1)=-Fa$，$M'(x_1)=-x_1$　　$(0\leqslant x_1\leqslant a)$

BC段：$M(x_2)=-Fa-Fx_2$，$M'(x_2)=-a$　　$(0\leqslant x_2\leqslant a)$

利用莫尔积分，得

$$\varDelta_A=\int_0^a\frac{M(x_1)M'(x_1)}{EI_1}\mathrm{d}x_1+\int_0^a\frac{M(x_2)M'(x_2)}{EI_2}\mathrm{d}x_2$$
$$=\frac{1}{EI_1}\int_0^a(-Fa)(-x_1)\mathrm{d}x_1+\frac{1}{EI_2}\int_0^a(-Fa-Fx_2)(-a)\mathrm{d}x_2$$
$$=\frac{Fa^3}{2EI_1}+\frac{3Fa^3}{2EI_2}$$

下面计算截面B的转角θ_B，在截面B处增加一个单位力偶，如图 5-12（c）所示，于是刚架各段内的弯矩方程如下。

AB段：$M(x_1)=-Fa$，$M'(x_1)=0$　　$(0\leqslant x_1\leqslant a)$

BC段：$M(x_2)=-Fa-Fx_2$，$M'(x_2)=-1$　　$(0\leqslant x_2\leqslant a)$

利用莫尔积分，可得

$$\begin{aligned}\theta_B &= \int_0^a \frac{M(x_1)M'(x_1)}{EI_1}\mathrm{d}x_1 + \int_0^a \frac{M(x_2)M'(x_2)}{EI_2}\mathrm{d}x_2 \\ &= \frac{1}{EI_1}\int_0^a (-Fa)\cdot 0\mathrm{d}x_1 + \frac{1}{EI_2}\int_0^a (-Fa - Fx_2)(-1)\mathrm{d}x_2 \\ &= \frac{3Fa^2}{2EI_2}\end{aligned}$$

第四节　图形互乘法

用单位载荷法计算等直杆或由某些直杆组成的杆系的变形时，当载荷内力图比较简单，如 $M(x)$和 $M'(x)$ 至少有一个是线性函数时，莫尔积分的计算可大大简化。下面以等直梁弯曲变形为例来说明简化后的计算方法。

对于等直梁，如果只考虑弯曲变形，莫尔积分为式（5-19）：

$$\Delta = \int_l \frac{M(x)M'(x)}{EI}\mathrm{d}x$$

如果 EI 为常量，将其提到积分号外，只需要计算下式

$$\int_l M(x)M'(x)\mathrm{d}x \tag{a}$$

设梁在载荷作用下的弯矩为 $M(x)$，如图 5-13（a）所示。在单位载荷作用下的弯矩图 $M'(x)$ 为一条直线，取该直线与轴的交点为坐标原点，如图 5-13（b）所示，则其方程为

$$M'(x) = x\tan\alpha$$

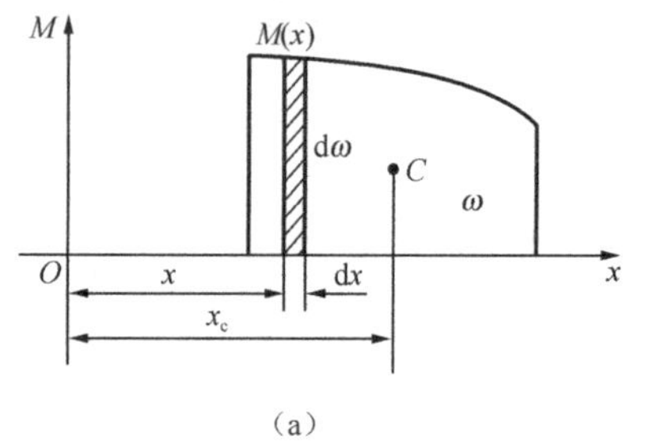

（a）

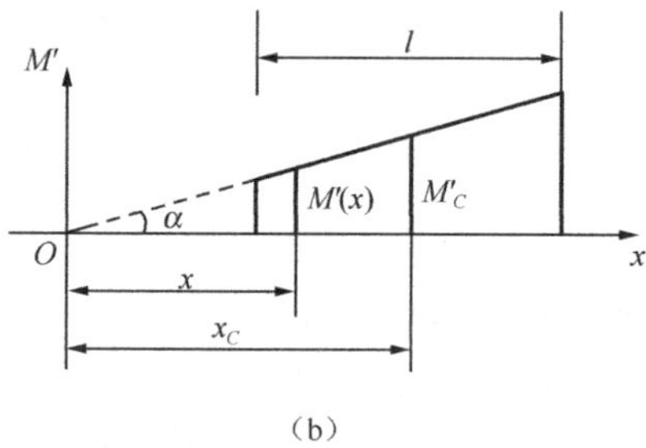

（b）

图 5-13　图乘法

于是式（a）化为

$$\int_l M(x)M'(x)\mathrm{d}x = \tan\alpha\int_l xM(x)\mathrm{d}x \tag{b}$$

式中，$M(x)\mathrm{d}x$ 为 $M(x)$图上阴影部分的微分面积；$\int_l xM(x)\mathrm{d}x$ 为 $M(x)$图面积对 y 轴的静矩。若用 x_C 表示 $M(x)$图形心 C 到 M 轴的距离，用 ω 表示 $M(x)$图的面积，则有

$$\int_l xM(x)\mathrm{d}x = \omega x_C$$

$$\int_l M(x)M'(x)\mathrm{d}x = \tan\alpha\int_l xM(x)\mathrm{d}x = \omega x_C\tan\alpha \tag{c}$$

又因为 $x_C\tan\alpha$ 实际为 $M'(x)$ 图中与 $M(x)$图形心 C 所对应的纵坐标值 M'_C，则式（a）可化为

$$\int_l M(x)M'(x)\mathrm{d}x = \omega M'_C \tag{d}$$

这样，式（5-20）最终可以利用下式计算

$$\Delta=\int_l \frac{M(x)M'(x)}{EI}\mathrm{d}x=\frac{\omega M'_C}{EI} \tag{5-25}$$

以上对积分的简化运算称为**图乘法**。此方法显然也可用于式（5-22）、式（5-23）的计算。

在使用式（5-25）进行计算时，需要注意的是：$M(x)$图的面积及M'_C的值均有正、负之分，若$M(x)$和M'_C位于x轴同侧，乘积$\omega M'_C$为正，反之为负；若$M'(x)$图为一条折线，应以转折点为界将$M'(x)$图分段，分别计算各段的$\omega_i M'_{Ci}$，然后求其总和，此时式（5-25）可改写为

$$\Delta=\sum_{i=1}^{n}\frac{\omega_i M'_{Ci}}{EI} \tag{5-26}$$

若杆件受力情况复杂，可利用叠加原理，求出各种载荷单独作用下的弯矩图，分别利用图乘法，然后求其总和。

应用图乘法时，要计算$M(x)$图的面积和形心位置x_C。表5-1中列出了几种常见图形的面积和形心位置的计算公式。其中，抛物线的顶点处的切线与基线平行或重合。

表 5-1 常用图形的面积和形心位置

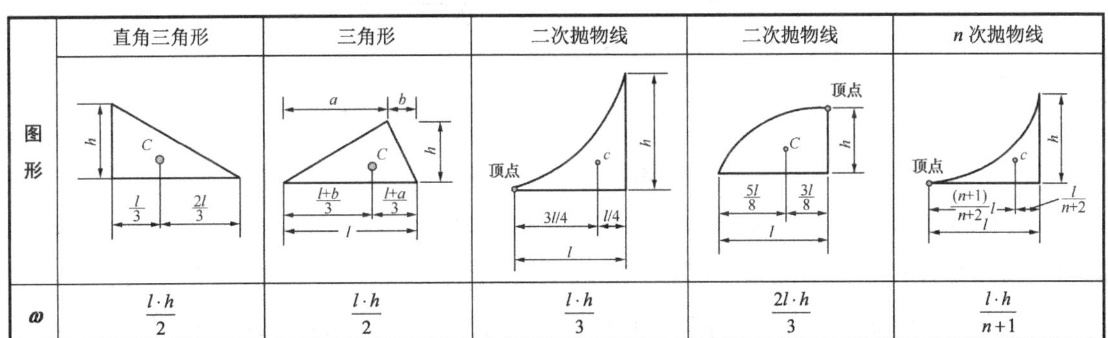

	直角三角形	三角形	二次抛物线	二次抛物线	n 次抛物线
图形	h；C；$\frac{l}{3}$，$\frac{2l}{3}$	a，b，h；C；$\frac{l+b}{3}$，$\frac{l+a}{3}$，l	顶点；h；c；$3l/4$，$l/4$，l	顶点；h；C；$\frac{5l}{8}$，$\frac{3l}{8}$，l	顶点；h；c；$\frac{(n+1)}{n+2}l$，$\frac{l}{n+2}$，l
ω	$\frac{l\cdot h}{2}$	$\frac{l\cdot h}{2}$	$\frac{l\cdot h}{3}$	$\frac{2l\cdot h}{3}$	$\frac{l\cdot h}{n+1}$

例 5-6 一简支梁受均布载荷作用，其EI为常数。试求中点C的挠度w_C。

【解】 简支梁在均布载荷作用下，其弯矩图$M(x)$为二次抛物线图（如图5-14（b）所示），在中点C作用一单位力的弯矩图$M'(x)$为一折线图（如图5-14（d）所示），这时应以转折点为界，分段使用图乘法。查表5-1，可以求得AC、CB两段内的弯矩图$M(x)$的面积ω_1和ω_2分别为

$$\omega_1=\omega_2=\frac{2}{3}\times\frac{ql^2}{8}\times\frac{l}{2}=\frac{ql^3}{24}$$

ω_1和ω_2的形心在$M'(x)$图5-14（d）中对应的M'_{C1}和M'_{C2}分别为

$$M'_{C1}=M'_{C2}=\frac{5}{8}\times\frac{l}{4}=\frac{5l}{32}$$

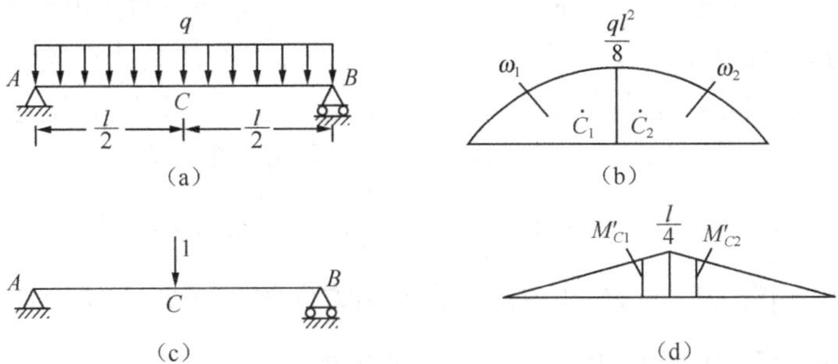

图 5-14 例 5-6 图

利用式（5-25）可得

$$w_C=\frac{\omega_1 M'_{C1}}{EI}+\frac{\omega_2 M'_{C2}}{EI}=\frac{2}{EI}\times\frac{ql^3}{24}\times\frac{5l}{32}=\frac{5ql^4}{384EI}$$

例 5-7　求图 5-15（a）中外伸梁中 A 点的挠度 w_A。

【解】 按照图乘法的一般步骤，先画出在原载荷作用下的弯矩图 $M(x)$，但是在本例中，弯矩图 $M(x)$不是表 5-1 中的标准形式，其面积不易求出。因此利用叠加原理，将原载荷分解成图 5-15（b）、（d）所示两个载荷的叠加。相应的弯矩图分别如图 5-15（c）、（e）所示。然后在 A 点处施加单位力如图 5-15（f）所示，相应的弯矩图 $M'(x)$ 如图 5-15（g）所示。

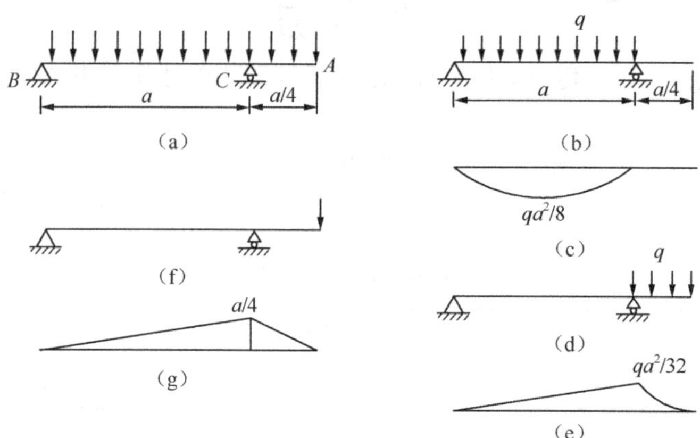

图 5-15　例 5-7 图

w_A 应为图 5-15（c）和图 5-15（g）相乘，再加上图 5-15（e）和图 5-15（g）相乘。注意，图 5-15（c）和图 5-15（g）相乘时，由于在 x 轴异侧，其乘积为负。由式（5-26）可得

$$w_A=\sum_{i=1}^{n}\frac{\omega_i M'_{Ci}}{EI}=\frac{1}{EI}\left[-\left(\frac{2}{3}\cdot\frac{qa^2}{8}\cdot a\right)\cdot\frac{1}{2}\cdot\frac{a}{4}+\left(\frac{1}{2}\cdot\frac{qa^2}{32}\cdot a\right)\cdot\frac{2}{3}\cdot\frac{a}{4}+\left(\frac{1}{3}\cdot\frac{qa^2}{32}\cdot\frac{a}{4}\right)\cdot\frac{3}{4}\cdot\frac{a}{4}\right]$$

$$=-\frac{15qa^4}{2048EI}$$

结果为负号，说明位移方向与所加单位力方向相反。

第五节　互等定理

在本章第一节中曾提到，应变能是弹性体变形状态的函数，在弹性体变形满足弹性和小变形条件下，弹性体最终变形形状只与外力的最终数值有关，与外力的作用过程无关，弹性体的弹性应变能和外力在弹性体变形过程中所做的功，只与外力最终的数值有关，与外力的作用过程无关。由此可以导出功的互等定理和位移互等定理，它们在结构分析中有重要应用。

设结构上先作用力 P_1 和 P_2，引起力作用点沿力作用方向的位移 δ_1 和 δ_2（如图 5-16（a）所示），依据式（5-14），P_1 和 P_2 所做的功为 $\frac{1}{2}P_1\delta_1+\frac{1}{2}P_2\delta_2$。然后再在结构上作用力 P_3 和 P_4（如图 5-16（b）所示），引起 P_3 和 P_4 作用点沿力作用方向的位移 δ_3 和 δ_4，P_3 和 P_4 所做的功为 $\frac{1}{2}P_3\delta_3+\frac{1}{2}P_4\delta_4$，在此过程中 P_1 和 P_2 保持不变，它们的作用点沿其作用方向的位移增加了 δ'_1 和

δ_2'，于是在施加 P_3 和 P_4 过程中，P_1 和 P_2 二次做功为 $P_1\delta_1' + P_2\delta_2'$。所以先施加 P_1 和 P_2，后施加 P_3 和 P_4，结构应变能为

$$U_1 = \frac{1}{2}P_1\delta_1 + \frac{1}{2}P_2\delta_2 + \frac{1}{2}P_3\delta_3 + \frac{1}{2}P_4\delta_4 + P_1\delta_1' + P_2\delta_2' \quad \text{(a)}$$

如果在结构上先施加 P_3 和 P_4，后施加 P_1 和 P_2，同理可得结构应变能为

$$U_2 = \frac{1}{2}P_1\delta_1 + \frac{1}{2}P_2\delta_2 + \frac{1}{2}P_3\delta_3 + \frac{1}{2}P_4\delta_4 + P_3\delta_3' + P_4\delta_4' \quad \text{(b)}$$

式中，δ_3' 和 δ_4' 为 P_1 和 P_2 作用过程中，P_3 和 P_4 的作用点沿其作用方向上位移的增量。

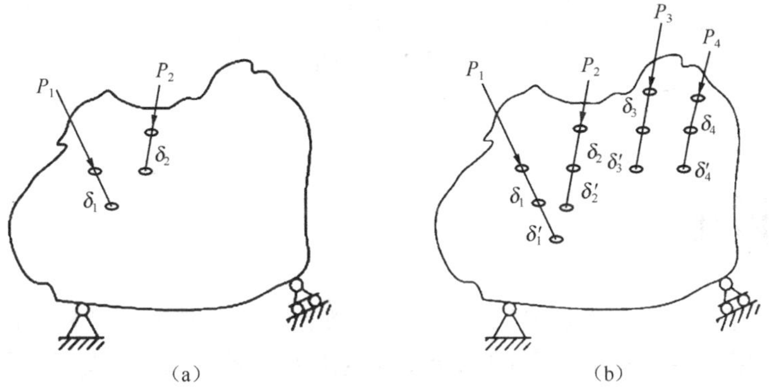

图 5-16　互等定理

由于结构应变能只与 P_1、P_2、P_3 和 P_4 的最终值有关，与其作用的过程无关，故由 $U_1=U_2$ 可得

$$P_1\delta_1' + P_2\delta_2' = P_3\delta_3' + P_4\delta_4' \quad \text{(c)}$$

式（c）称为功的互等定理：第一组力（P_1、P_2）在第二组力（P_3、P_4）引起的位移上所做的功等于第二组力在第一组力引起的位移上所做的功。

若每组力只有一个，如 $P_2=P_4=0$，由式（c）则得

$$P_1\delta_1' = P_3\delta_3' \quad \text{(d)}$$

又如果 P_1 和 P_3 在数值上相等，即 $P_1=P_3$，由式（d）得

$$\delta_1' = \delta_3' \quad \text{(e)}$$

式（e）称为位移互等定理：力 P_3 引起力 P_1 的作用点沿其力作用方向的位移，在数值上等于力 P_1 引起力 P_3 的作用点沿其力作用方向的位移。

显然，功的互等定理中，可以推广至任意多个力的情况。两个互等定理中的力可以是广义力。例如，把力换成力偶矩，位移则换成角位移，结论依然成立。值得注意的是，定理中所说的位移，是弹性体由于变形而引起的位移，而非刚性位移。

例 5-8　如图 5-17（a）所示的矩形板，其轴向抗拉刚度为 EA，泊松比为 μ，求板在图示的一对力 F 作用下的轴向变形量 ΔL。

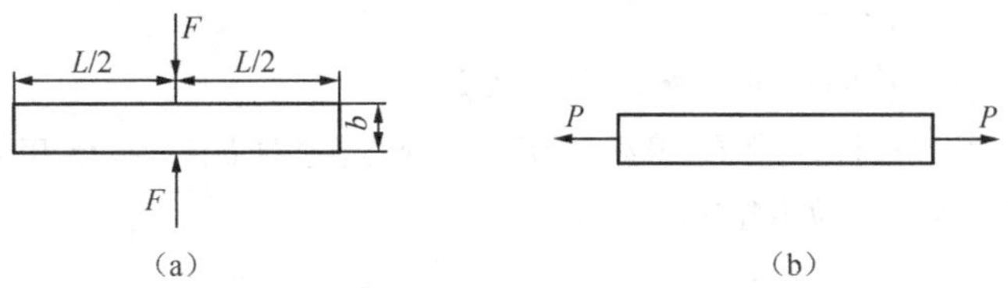

图 5-17　例 5-8 图

【解】 图 5-17（a）中所示的轴向位移显然是由泊松效应引起的，由于 L 比 b 大得多，所以不能沿轴向利用截面法来求解内力和变形。现把图 5-17（a）中所示的一对力 F 当作第一组力，为了求轴向变形量 ΔL，增加图 5-17（b），这样可以把图 5-17（b）中所示的一对力 P 当作第二组力。应用互等定理，第一组力 F 在图 5-17（b）中由第二组力 P 引起 F 作用点沿 F 作用方向位移 Δb 上所做的功，等于第二组力 P 在图 5-17（a）中由第一组力 F 引起 P 作用点沿 P 作用方向位移 ΔL 上所做的功，即

$$F \cdot \Delta b = P \cdot \Delta L$$

容易求得

$$\Delta b = \frac{Pl}{EA} \cdot \mu$$

因此可得

$$\Delta L = \frac{F\Delta b}{P} = \frac{Fl\mu}{EA}$$

总结与讨论

本章主要讨论了如何利用能量方法来求杆件的变形，主要内容涉及杆件在各种变形下应变能的计算，然后利用功能原理来求杆件的变形，并且详细讨论了求杆件变形的通用方法——莫尔定理，以及其几何求解方法图乘法的应用。最后给出了结构分析中非常重要的互等定理。

在应变能的计算中，特别要注意力是广义力，与其相对应的是广义位移，同时力是渐加的。两个以上载荷引起同一种基本变形的变形能，不等于各载荷引起的应变能的简单叠加，但当杆件发生两种或两种以上基本变形时，杆件的总应变能等于各基本变形的应变能的和。在计算组合变形的应变能时，一般情况下，轴向拉压和剪切变形引起的应变能可以忽略不计。

在利用莫尔定理求解时，必须要施加与所求位移一致的单位力。在杆件各段中，原载荷作用下的内力 $M(x)$与单位力作用下的内力 $M'(x)$ 坐标系需要保持一致。

在应用功的互等定理与位移互等定理时，应注意力是广义力，位移是广义位移。这样，在功的互等定理公式的两边可以是不同类的力和位移，如一边是力和线位移的乘积，另一边是力偶和角位移的乘积。相应地，位移互等定理公式的两边，一边是线位移，另一边可以是线位移，也可以是角位移。同时，功的互等定理与位移互等定理的两边，也可以是同一点的不同类的力和位移。

习题 A

5-1．什么是线弹性体？什么是应变能？广义力和广义位移的关系是什么？

5-2．用莫尔定理求位移时，如果求出的结果为正，说明所求位移方向与单位载荷作用方向相同；反之，则相反。为什么？

5-3．图乘法能不能计算曲杆的位移？为什么？

5-4．题 5-4 图所示等直杆，当 P_1 单独作用时，应变能为 U_1；当 P_2 单独作用时，应变能为 U_2；若 P_1 和 P_2 共同作用，其应变能是 U，则（　　）。

A．$U > U_1 + U_2$　　B．$U = U_1 + U_2$　　C．$U < U_1 + U_2$

5-5．题 5-5 图所示轴的抗扭刚度为 GI_P，其应变能 U 等于______。

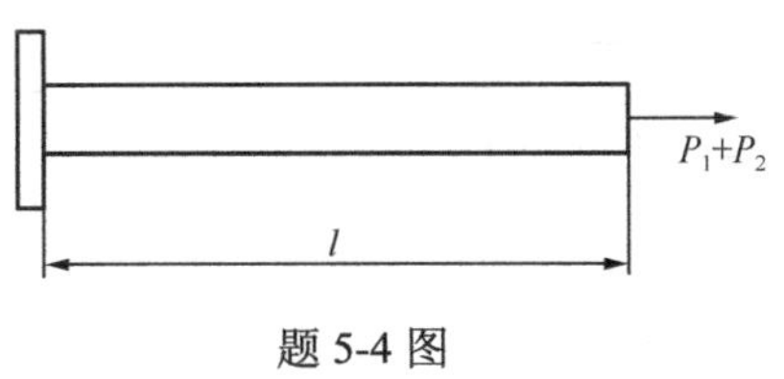

题 5-4 图

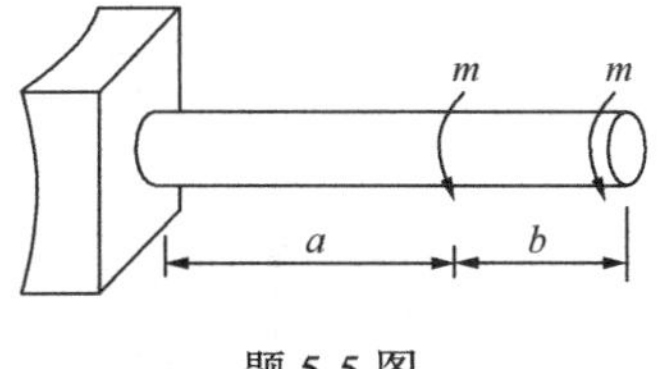

题 5-5 图

5-6．一简支梁在 P 和 m 分别作用下的挠度和转角如题 5-6 图所示。若在 P 和 m 共同作用下，梁的应变能 U 为（　　）。

A．$U=\dfrac{1}{2}Pv_{11}+\dfrac{1}{2}m\theta_{22}$

B．$U=\dfrac{1}{2}Pv_{11}+\dfrac{1}{2}Pv_{12}+\dfrac{1}{2}m\theta_{22}$

C．$U=\dfrac{1}{2}Pv_{11}+\dfrac{1}{2}m\theta_{21}+\dfrac{1}{2}m\theta_{22}$

D．$U=\dfrac{1}{2}Pv_{11}+Pv_{12}+\dfrac{1}{2}m\theta_{22}$

E．$U=\dfrac{1}{2}Pv_{11}+m\theta_{21}+\dfrac{1}{2}m\theta_{22}$

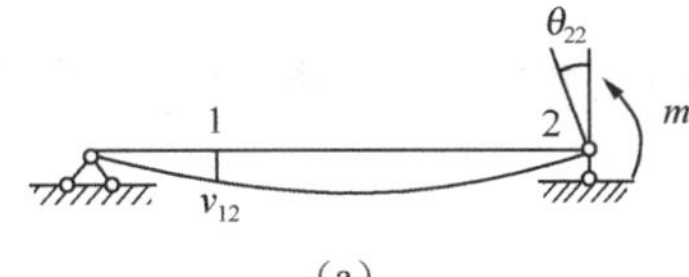

（a）

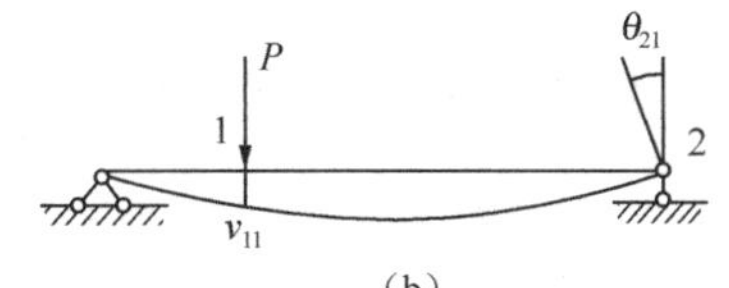

（b）

题 5-6 图

5-7．圆弧曲杆受力如题 5-7 图所示，欲使 B 点的总位移沿着 F 力的方向，必须满足的条件是______。

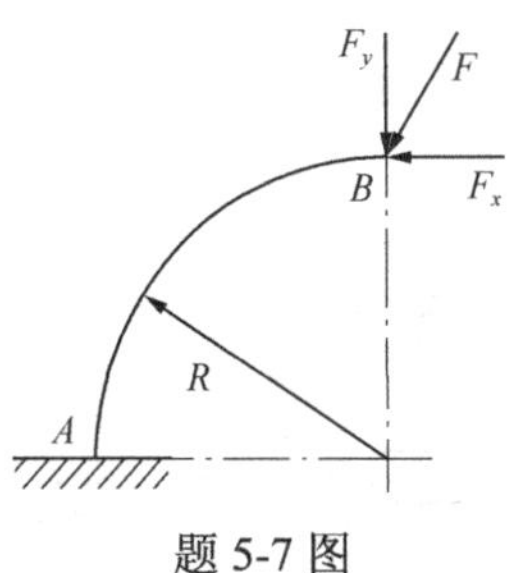

题 5-7 图

5-8．一简支梁分别承受两种形式的单位力，其变形情况如题 5-8 图所示，由位移互等定理可得（　　）。

A．$f_C=\theta'_A$　　B．$f_C=\theta'_A+\theta'_B$　　C．$f'_C=\theta_A$　　D．$f'_C=\theta_A+\theta_B$

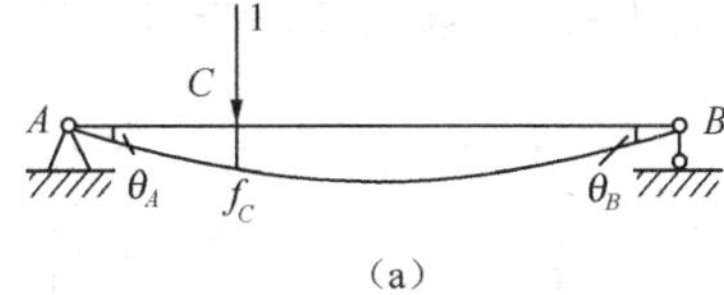

（a）

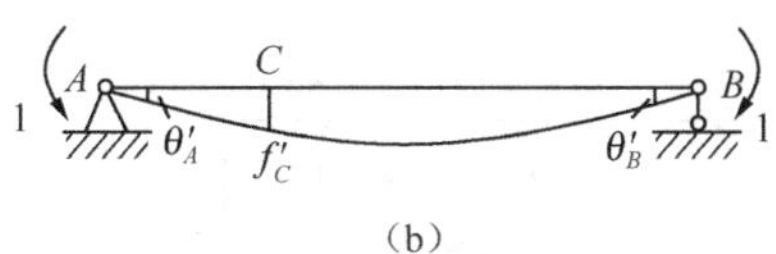

（b）

题 5-8 图

5-9．题 5-9 图所示各杆的抗拉（压）刚度均是 EA，在中点都受到大小相等的集中力 P 作用，杆应变能分别用 U_a、U_b、U_c 表示。试定性分析 U_a、U_b、U_c 的关系为（　　）。

A．$U_a=U_b=U_c$　　B．$U_a>U_b>U_c$　　C．$U_a>U_c>U_b$　　D．$U_a<U_c<U_b$

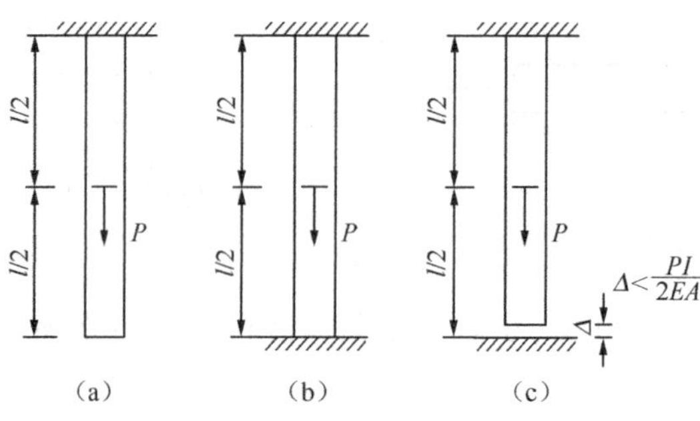

题 5-9 图

习题 B

5-10．求题 5-10 图所示桁架结构在力 F 作用下的应变能。已知桁架各杆的抗拉刚度 EA 均相同。

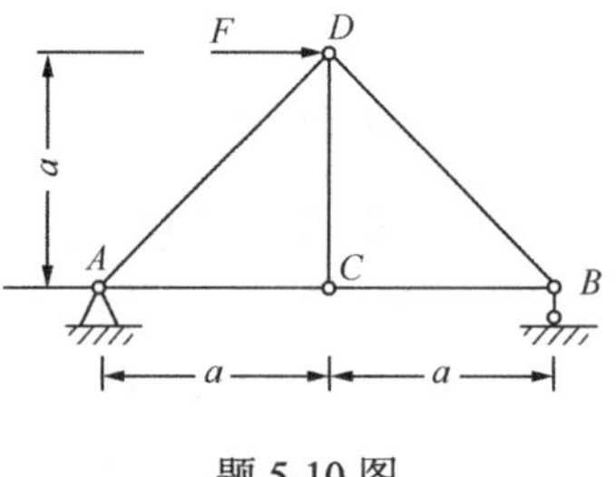

题 5-10 图

5-11．试求题 5-11 图所示各杆的应变能。

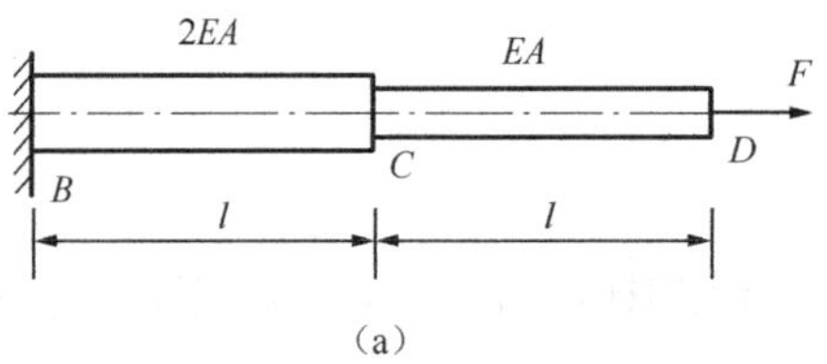

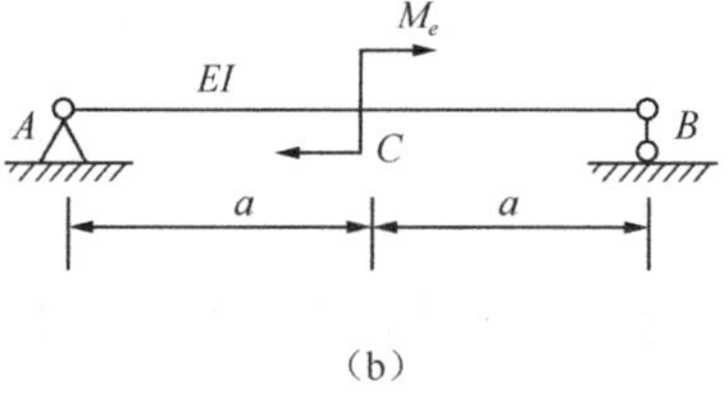

题 5-11 图

5-12．已知题 5-12 图所示桁架各杆的抗拉刚度为 EA，试求点 A 的垂直位移。

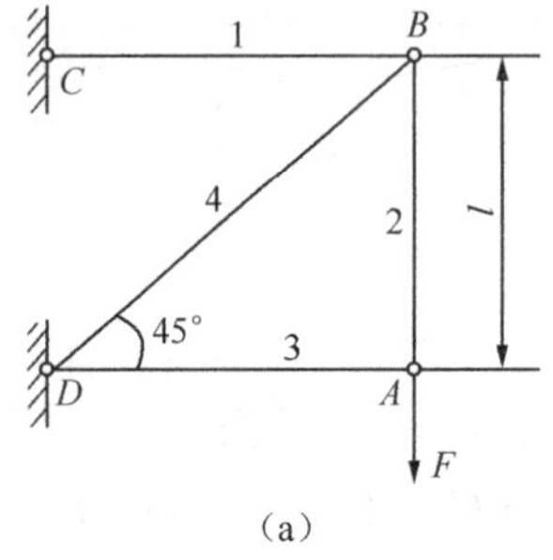

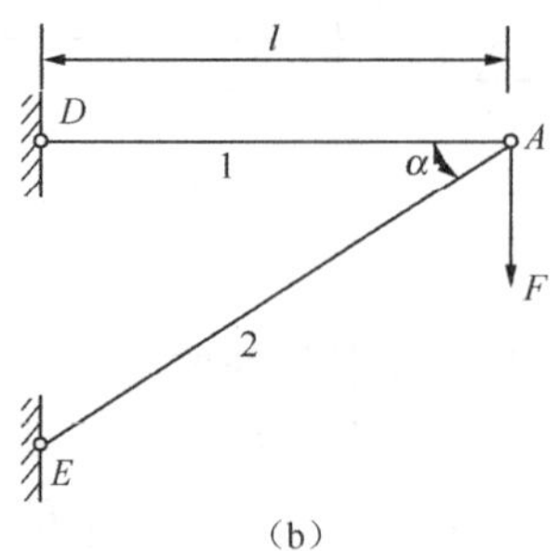

题 5-12 图

5-13．已知题 5-13 图所示刚架的抗弯刚度和抗扭刚度分别为 EI 和 GI_P，试用单位载荷法求点 A 的垂直位移。

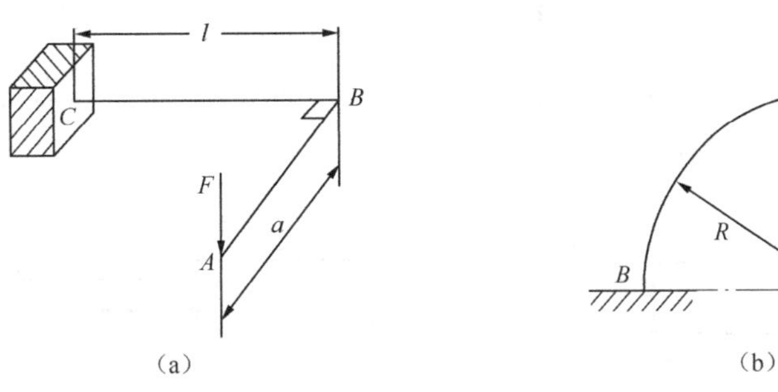

题 5-13 图

5-14．已知题 5-14 图所示各刚架的抗弯刚度为 EI，试求 A 截面的挠度和转角。

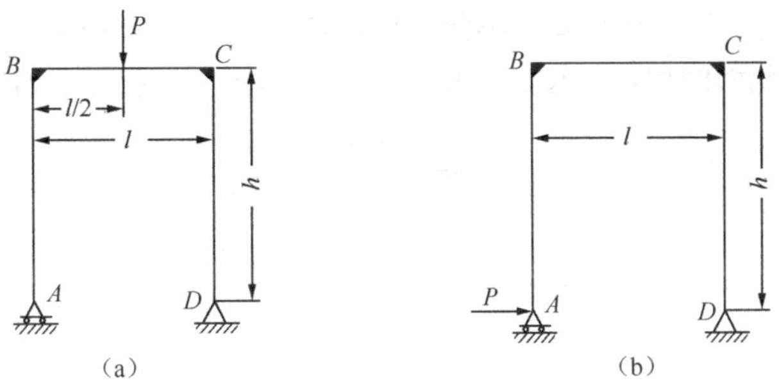

题 5-14 图

5-15．已知题 5-15 图所示各梁的抗弯刚度为 EI，试用单位载荷法求（a)、（b）中 A 截面的挠度和转角以及（c）中 A 截面两端的相对转角。

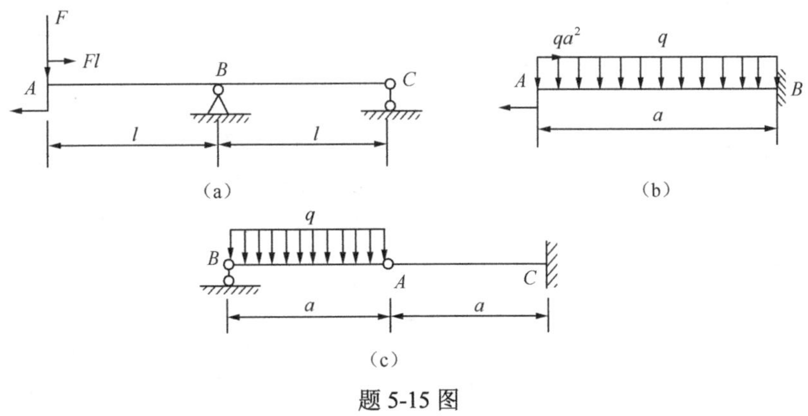

题 5-15 图

5-16．试以位移互等定理求题 5-16 图所示 B 点的挠度。

5-17．试用图乘法解题 5-15。

5-18．试用图乘法解题 5-16。

5-19．试求题 5-19 图所示桁架结构的 C、D 两点的相对位移。

5-20．试求题 5-20 图所示各变截面梁 A 截面的转角和 B 截面的挠度。

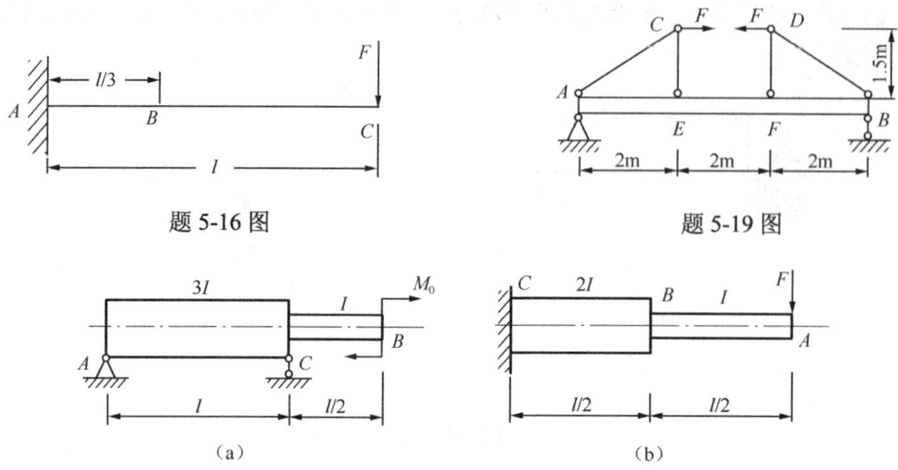

题 5-16 图

题 5-19 图

(a)

(b)

题 5-20 图

5-21．题 5-21 图所示为一平面圆弧小曲率杆，在 A、B 截面作用有垂直于杆平面方向的一对力 F，试求 A、B 两截面的相对位移。已知抗弯刚度和抗扭刚度分别为 EI 和 GI_P。

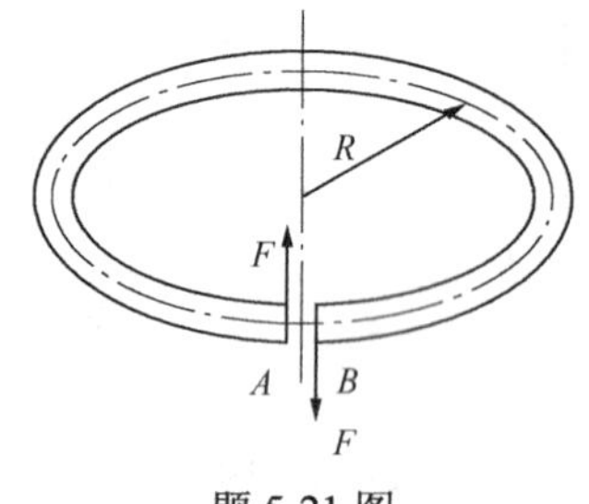

题 5-21 图

第六章　复杂应力状态分析及强度理论

第一节　应力状态分析实例

1．应力状态的概念

通过受力构件内一点的所有不同方位截面上应力一般是不同的，通过一点的所有不同方位截面上应力的全部情况称为该点处的**应力状态**（stress state）。为了研究一点的应力状态，包围受力构件内的某点截取一个单元体。因为单元体三个方向的尺寸均为无穷小，所以可以认为：单元体每个面上的应力都是均匀分布的，且单元体相互平行面上的应力都是相等的，这样的单元体的应力状态可以代表一点的应力状态。一般来说，各个面上既有正应力，又有切应力（如图 6-1（a）所示）。下面根据单元体各面上的应力情况，介绍应力状态的几个基本概念。

（1）**主平面**（principal plane）：如果单元体的某个面上只有正应力，而无切应力，则此平面称为主平面。

（2）**主应力**（principal stress）：主平面上的正应力称为主应力。

（3）**主单元体**：若单元体三个相互垂直的面皆为主平面，则这样的单元体称为主单元体（如图 6-1（b）所示）。可以证明：从受力构件某点处，以不同方位截取的诸单元体中，至少存在一个单元体为主单元体。主单元体三个主平面上的主应力按代数值的大小排列，即为$\sigma_1 \geqslant \sigma_2 \geqslant \sigma_3$。

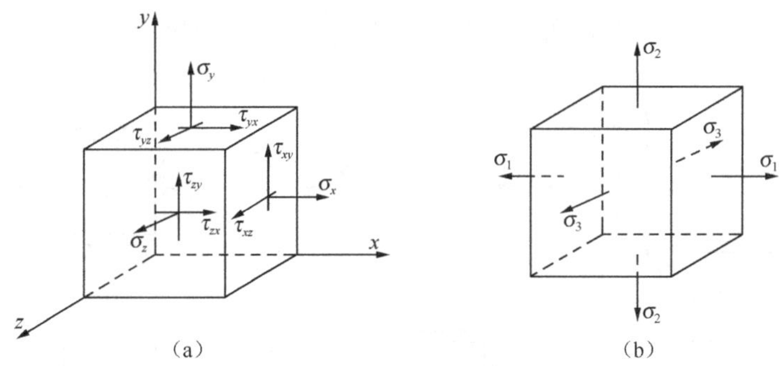

图 6-1　单元体和主单元体

（4）应力状态的分类：若在一个点的三个主应力中，只有一个主应力不等于零，则这样的应力状态称为**单向应力状态**。若三个主应力中有两个不等于零，则称为**二向应力状态或平面应力状态**。若三个主应力皆不为零，则称为**三向应力状态或空间应力状态**。单向应力状态也称为简单应力状态。二向和三向应力状态统称为**复杂应力状态。**

2．应力状态分析实例

（1）直杆轴向拉（压）的应力状态。直杆轴向拉伸时（如图 6-2（a）所示），围绕 *A* 点以纵横六个截面截取单元体（如图 6-2（b）所示），单元体的左、右两侧面是杆件横截面的一部分，单元体的上、下、前、后四个面都是平行于轴线的纵向面，面上皆无任何应力。杆内任意一点 A 的应力状态如图 6-2（b）所示，其左、右面上的应力皆为 $\sigma = F/A$ 。根据主单元体的定义，此单元体为主单元体，且三个垂直面上的主应力分别为

$$\sigma_1 = F/A，\ \sigma_2 = 0，\ \sigma_3 = 0$$

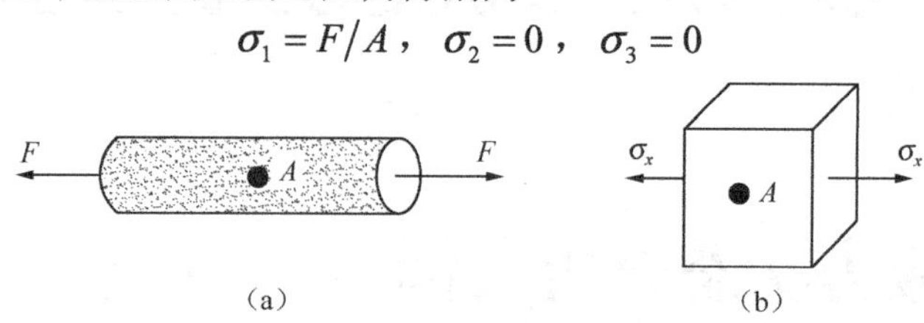

图 6-2　直杆轴向拉伸应力状态

（2）圆轴扭转时轴内任意一点 A 的应力状态。围绕圆轴上 A 点（如图 6-3（a）所示）仍以纵横截面截取单元体（如图 6-3（b）所示）。单元体的前、后两侧面为同轴圆柱面的一部分，上、下两侧面为直径面的一部分，左、右两侧面为横截面的一部分，横截面上正应力为零，而切应力为 $\tau = T/W_t$ 。由切应力互等定理可知，在单元体的上、下两面上有切应力。由此可见，圆轴受扭时，A 点的应力状态为纯剪切应力状态。

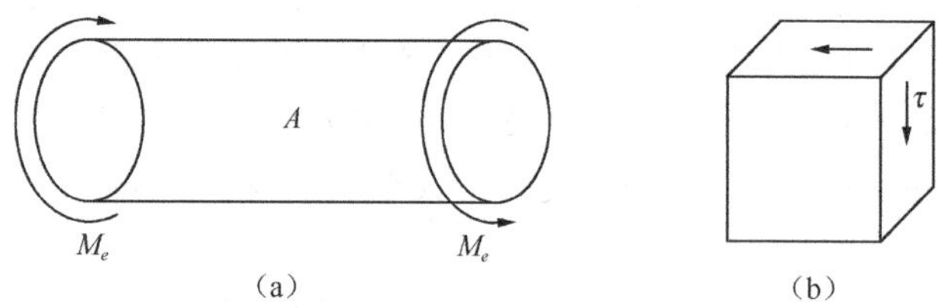

图 6-3　圆轴扭转应力状态

（3）梁弯曲时内部任一点 A 的应力状态。围绕梁内某一点以纵横六个截面截取单元体（如图 6-4 所示），单元体的左、右两侧面是杆件横截面的一部分，单元体的上、下、前、后四个面都是平行于轴线的纵向面。根据梁横截面上弯曲正应力和切应力的分布规律，1～5 点的应力状态如图 6-4 所示。

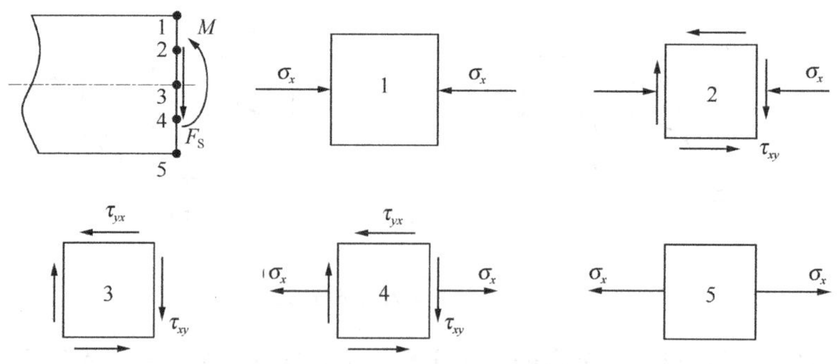

图 6-4　梁弯曲时应力状态

例 6-1　工程中的圆筒形容器（如图 6-5（a）所示）的壁厚 t 远小于它的直径 D 时（如 $t<D/20$），称为薄壁圆筒。若封闭的薄壁圆筒承受的内压力为 p，试分析容器壁上某点的应力状态。

【解】　（1）横截面上轴向正应力分析。用截面 $n—n$ 假想将容器截开，取右半段进行研究（如图 6-5（c）所示）。沿容器轴线作用于容器底部的总压力为 F。

$$F = p\frac{\pi D^2}{4}$$

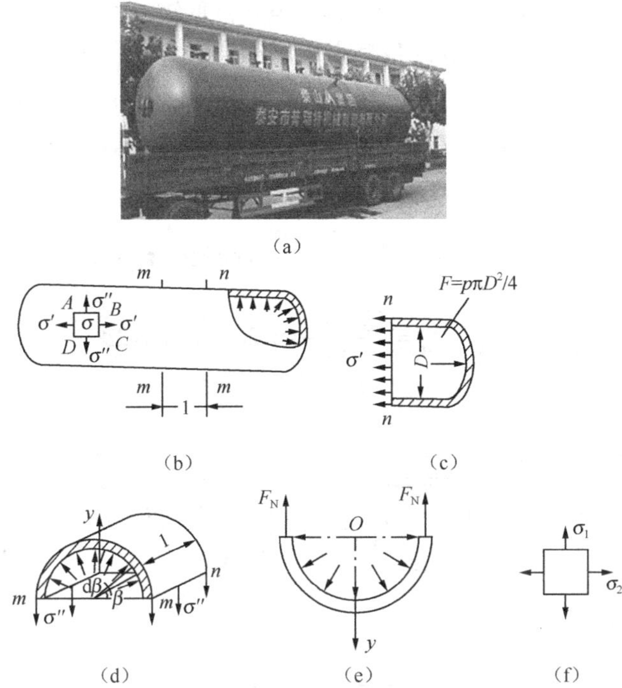

图 6-5　薄壁圆筒受内压应力状态

横截面上轴向正应力 σ' 为　　$\sigma'=\dfrac{F}{\pi Dt}=\dfrac{pD}{4t}$

(2)过轴线的纵截面上环向正应力分析。用相距为 1 的两个横截面 $m—m$ 和 $n—n$ 截出一段，并用过轴线的纵截面将该段容器截开，取出如图 6-5（d）所示的一部分。

$$F=\int_0^{\pi}p\frac{D}{2}\sin\beta\mathrm{d}\beta=pD$$

由 y 方向的静力平衡条件，应有　　$2F_{\mathrm{N}}=F$

环向正应力 σ'' 为　　$\sigma''=\dfrac{F_{\mathrm{N}}}{A}=\dfrac{pD}{2t}$

因为容器纵截面和横截面上都没有切应力，所以这两个平面均为主平面，都是主应力。

$$\sigma_1=\sigma''=\frac{F_{\mathrm{N}}}{A}=\frac{pD}{2t}\qquad\sigma_2=\sigma'=\frac{F}{\pi Dt}=\frac{pD}{4t}\qquad\sigma_3=-p\approx0$$

第二节　平面应力状态分析

应力状态分析的目的是要找出受力构件上某点处的主单元体，求出相应的三个主应力的大小和确定主平面的方位，为工程中较为复杂变形情况下构件的强度计算建立理论基础。工程上许多受力构件的危险点在构件外表面，大都处于平面应力状态。

1. 解析法

图 6-6（a）中前、后面上无应力，这两个面为主平面，该单元体如图 6-6（b）所示。下面采用截面法求解任意一倾斜面上的应力。假设沿斜截面 $e—f$ 将单元体截开，留下左边部分的单

体元 eaf 作为研究对象，假设切应力对单元体内任意一点取矩，顺时针转为正，由 x 轴转到外法线 n，逆时针转向时　为正。隔离体 eaf 保持平衡。根据平衡方程 $\sum F_n=0$ 和 $\sum F_t=0$，则有

$$\sigma_\alpha \mathrm{d}A+(\tau_{xy}\mathrm{d}A\cos\alpha)\sin\alpha-(\sigma_x\mathrm{d}A\cos\alpha)\cos\alpha+(\tau_{yx}\mathrm{d}A\sin\alpha)\cos\alpha-(\sigma_y\mathrm{d}A\sin\alpha)\sin\alpha=0$$

$$\tau_\alpha \mathrm{d}A-(\tau_{xy}\mathrm{d}A\cos\alpha)\cos\alpha-(\sigma_x\mathrm{d}A\cos\alpha)\sin\alpha+(\sigma_y\mathrm{d}A\sin\alpha)\cos\alpha+(\tau_{yx}\mathrm{d}A\sin\alpha)\sin\alpha=0$$

考虑到三角关系，简化两个平衡方程，得

$$\sigma_\alpha=\frac{\sigma_x+\sigma_y}{2}+\frac{\sigma_x-\sigma_y}{2}\cos 2\alpha-\tau_{xy}\sin 2\alpha \tag{6-1}$$

$$\tau_\alpha=\frac{\sigma_x-\sigma_y}{2}\sin 2\alpha+\tau_{xy}\cos 2\alpha \tag{6-2}$$

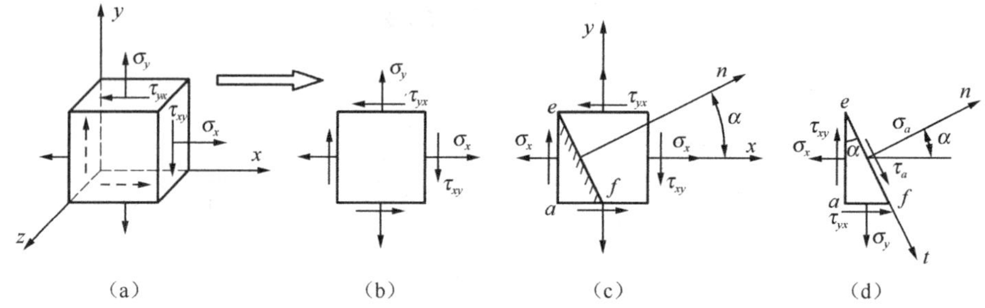

图 6-6　平面应力状态应力分析

求正应力的极值，可将式（6-1）对 α 取导数，并令 $\frac{\mathrm{d}\sigma_\alpha}{\mathrm{d}\alpha}=0$，得

$$\frac{\sigma_x-\sigma_y}{2}\sin 2\alpha+\tau_{xy}\cos 2\alpha=0 \tag{6-3}$$

比较式（6-2）与式（6-3）可知，正应力极值所在的平面就是切应力等于零的平面，即主平面。也就是说，平面应力状态下最大和最小正应力就是主应力。

由式（6-3）可得主平面的方位

$$\tan 2\alpha_0=-\frac{2\tau_{xy}}{\sigma_x-\sigma_y} \tag{6-4}$$

式（6-4）有两个解，即 α_0 和 $\alpha_0\pm90°$。在它们所确定的两个互相垂直的平面上，正应力取得极值。由式（6-4）求出 $\sin2\alpha_0$ 和 $\cos2\alpha_0$，代入式（6-1），求得最大或最小正应力为

$$\left.\begin{matrix}\sigma_{\max}\\ \sigma_{\min}\end{matrix}\right\}=\frac{\sigma_x+\sigma_y}{2}\pm\sqrt{\left(\frac{\sigma_x-\sigma_y}{2}\right)^2+\tau_{xy}^2} \tag{6-5}$$

若 σ_x 为 σ_x、σ_y 两个正应力中代数值较大的一个，即 $\sigma_x>\sigma_y$，则最大主应力 σ_1 的方向与 σ_x 的方向靠近；反之，若 $\sigma_x<\sigma_y$，则最大主应力 σ_1 的方向与 σ_y 的方向靠近。

为了求得切应力的极值及其所在平面的方位，令下式成立：

$$\frac{\mathrm{d}\tau_\alpha}{\mathrm{d}\alpha}=(\sigma_x-\sigma_y)\cos 2\alpha-2\tau_{xy}\sin 2\alpha=0$$

由此可得

$$\tan 2\alpha_1=\frac{\sigma_x-\sigma_y}{2\tau_{xy}} \tag{6-6}$$

由式（6-6）也可以解出两个角度值 α_1 和 $\alpha_1+90°$，从而可以确定两个相互垂直的平面，在这两个平面上分别作用着最大或最小切应力。

$$\left.\begin{matrix}\tau_{max}\\ \tau_{min}\end{matrix}\right\}=\pm\sqrt{\left(\frac{\sigma_x-\sigma_y}{2}\right)^2+\tau_{xy}^2} \tag{6-7}$$

由式（6-4）和式（6-6），可以得到 $\tan 2\alpha_0 \cdot \tan 2\alpha_1 = -1$。

所以有
$$\alpha_1=\alpha_0+\frac{\pi}{4}$$

即最大和最小切应力所在的平面的外法线与主平面的外法线之间的夹角为45°。

2．图解法（应力圆）

二向应力状态下，斜截面上的应力由式（6-1）和式（6-2）来确定。将两式等号两边平方，然后再相加，得

$$\left(\sigma_\alpha-\frac{\sigma_x+\sigma_y}{2}\right)^2+\tau_\alpha^2=\left(\frac{\sigma_x-\sigma_y}{2}\right)^2+\tau_{xy}^2$$

上式中，σ_x、σ_y 和 τ_{xy} 皆为已知量，若建立一个坐标系：横坐标轴为 σ 轴，纵坐标轴为 τ 轴，则上式是一个以 σ_α 和 τ_α 为变量的圆方程。圆心的横坐标为 $\frac{1}{2}(\sigma_x+\sigma_y)$，纵坐标为零，圆的半径为 $\sqrt{\left(\frac{\sigma_x-\sigma_y}{2}\right)^2+\tau_{xy}^2}$。这个圆称为应力圆，也称为莫尔（Mohr）圆。这种应力分析方法是1895年德国的O.Mohr建议采用的。因为应力圆方程是从式（6-1）和式（6-2）导出的，所以，单元体某斜截面上的应力 σ_α、τ_α 和圆周上的一个点是一一对应关系（如图6-7所示）。

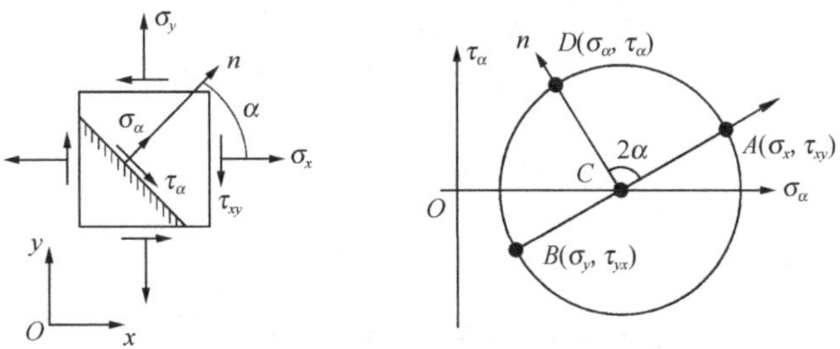

图6-7　应力圆

例6-2　简支梁上 A 点应力状态如图6-8所示。已知截面上 A 点的弯曲正应力和切应力分别为 σ=−70MPa，τ=50MPa。试确定 A 点的主应力及主平面的方位。

【解】把从 A 点处截取的单元体放大，如图6-8（a）所示，σ_x=−70MPa，σ_y=0，σ_{xy}=50MPa。

$$\tan 2\alpha_0=-\frac{2\tau_{xy}}{\sigma_x-\sigma_y}=-\frac{2\times 50}{(-70)-0}=1.429\text{，}\quad \alpha_0=\begin{cases}27.5^\circ\\ -62.5^\circ\end{cases}$$

因为 $\sigma_x<\sigma_y$，所以 α_0=27.5°与 σ_{min} 对应，可得

$$\begin{cases}\sigma_{max}\\ \sigma_{min}\end{cases}=\frac{\sigma_x+\sigma_y}{2}\pm\sqrt{(\frac{\sigma_x-\sigma_y}{2})^2+\tau_{xy}^2}=\begin{cases}26\text{MPa}\\ -96\text{MPa}\end{cases}$$

主应力　　σ_1=26MPa，σ_2=0，σ_3=−96MPa

主单元体的方位如图6-8（b）所示。

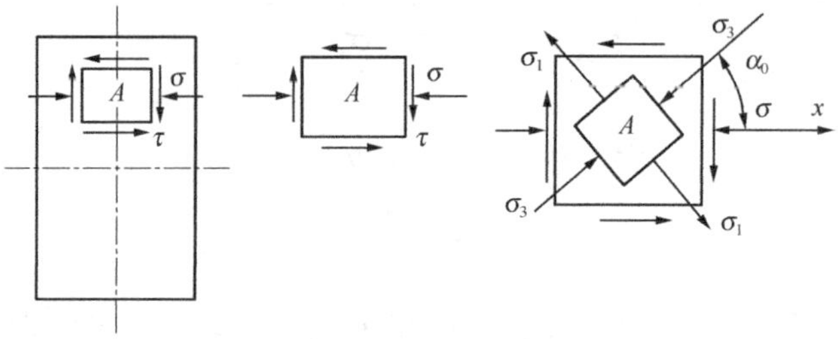

(a)　　(b)

图6-8　例6-2图

例6-3　试求纯剪切应力状态（如图6-9（a）所示）的主应力及主平面方位。

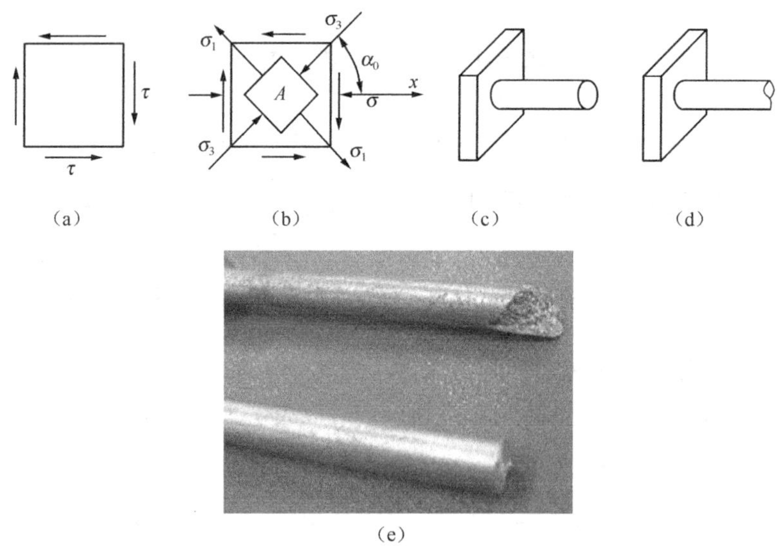

(a)　(b)　(c)　(d)

(e)

图6-9　例6-3图

【解】（1）求主平面方位。

$$\tan 2\alpha_0 = -\frac{2\tau_{xy}}{\sigma_x - \sigma_y} = -\infty，\quad \alpha_0 = \begin{cases} 45^\circ \\ -45^\circ \end{cases}$$

因为$\sigma_x = \sigma_y$且$\sigma_{xy} > 0$，所以$\sigma_0 = -45^\circ$与$\sigma_{\max}$对应（如图6-9（b）所示）。

（2）求主应力。

$$\left\{\begin{matrix} \sigma_{\max} \\ \sigma_{\min} \end{matrix}\right. = \frac{\sigma_x + \sigma_y}{2} \pm \sqrt{\left(\frac{\sigma_x - \sigma_y}{2}\right)^2 + \tau_{xy}^2} = \pm\tau$$

$$\sigma_1 = \tau，\quad \sigma_2 = 0，\quad \sigma_3 = -\tau$$

在圆杆的扭转试验中，对于剪切强度低于拉伸强度的材料（如低碳钢），破坏是从杆的最外层沿横截面发生剪断产生的（如图6-9（c）所示）；而对于拉伸强度低于剪切强度的材料（如铸铁），其破坏是由杆的最外层沿杆轴线约成45°倾角的螺旋形曲面发生拉断而产生的（如图6-9（d）所示）。图6-9（e）所示上、下破坏后的试件分别为铸铁和低碳钢。

第三节　三向应力状态简介

本节讨论在三个主应力已知的情况下，利用应力圆确定单元体内任意一点的最大正应力和切应力。

1．三向应力状态的应力圆

首先研究与其中一个主平面（如图 6-10（b）所示主应力 σ_3 所在的平面）垂直的斜截面上的应力。用截面法沿求应力的截面将单元体截为两部分，取左下部分为研究对象。主应力 σ_3 所在的两平面上是一对自相平衡的力，因而该斜面上的应力与 σ_3 无关，只由主应力 σ_1 和 σ_2 决定。与 σ_3 平行的斜截面上的应力可由 σ_1 和 σ_2 作出的应力圆上的点来表示，为通过 σ_1 和 σ_2 两点的应力圆。同理，可作另外两个应力圆。

$$\left(\sigma-\frac{\sigma_1+\sigma_2}{2}\right)^2+\tau^2=\left(\frac{\sigma_1-\sigma_2}{2}\right)^2$$

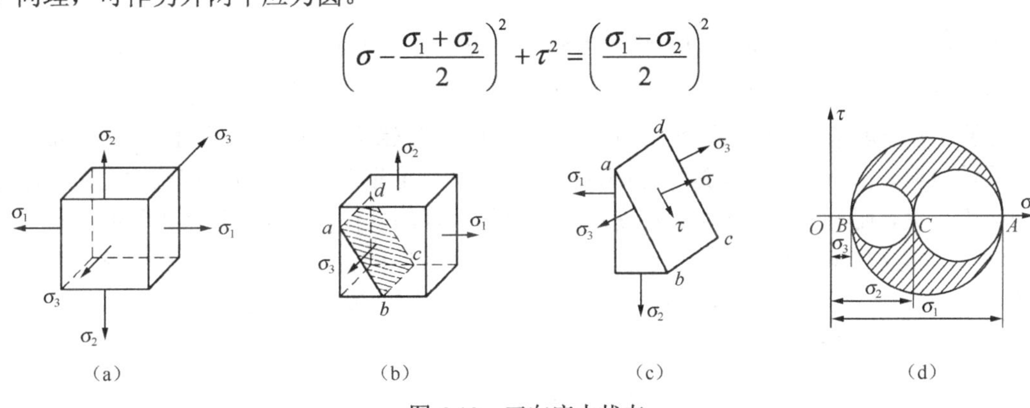

图 6-10　三向应力状态

可以证明，其他任意斜截面上的应力必然在图 6-10（d）中的阴影线的部分之内。

2．正应力和切应力的极值

在图 6-10（d）中画阴影线的部分内，横坐标的极大值为 A 点，极小值为 B 点，因此，单元体正应力的极值为

$$\sigma_{\max}=\sigma_1,\quad \sigma_{\min}=\sigma_3 \tag{6-8}$$

切应力的极值为由 σ_1 和 σ_3 所确定的应力圆半径，即

$$\tau_{\max}=\frac{\sigma_1-\sigma_3}{2} \tag{6-9}$$

例 6-4　求图 6-11 所示单元体的主应力和最大切应力。

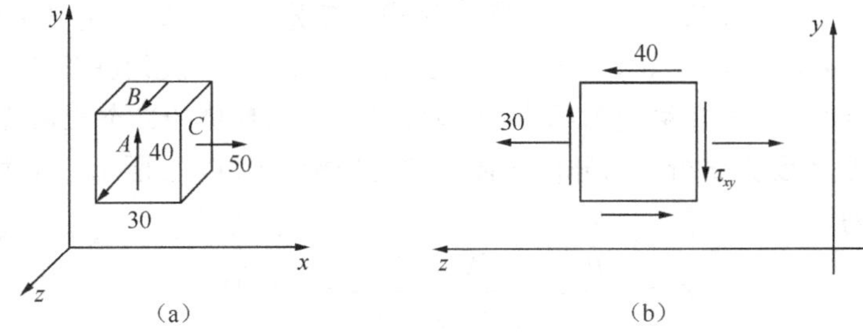

图 6-11　例 6-4 图

【解】 单元体各面上的应力分析。图 6-11（a）所示的单元体不是主单元体，但左、右两个侧面是主平面，σ_x=50MPa 是主应力。因为三个主应力的方向相互垂直，所以另外两个主平面必然与 x 轴平行。利用二向应力状态分析的解析法求得另外两个主应力。

$$\left.\begin{matrix}\sigma_{\max}\\ \sigma_{\min}\end{matrix}\right\}=\frac{\sigma_x+\sigma_y}{2}\pm\sqrt{\left(\frac{\sigma_x-\sigma_y}{2}\right)^2+\tau_{xy}^2}=\frac{30+0}{2}\pm\sqrt{\left(\frac{30-0}{2}\right)^2+40^2}=\begin{cases}57.7\text{MPa}\\ -27.7\text{MPa}\end{cases}$$

根据主应力按代数值大小排列的规定，有

$$\sigma_1=57.7\text{MPa},\quad \sigma_2=50\text{MPa},\quad \sigma_3=-27.7\text{MPa}$$

最大切应力
$$\tau_{\max}=\frac{\sigma_1-\sigma_3}{2}=\frac{57.7+27.7}{2}=42.7\text{MPa}$$

第四节　广义胡克定律

一般情况下，描述一点处的应力状态需要 9 个应力分量（如图 6-1 所示）。根据切应力互等定理，τ_{xy} 和 τ_{yx}、τ_{yz} 和 τ_{zy}、τ_{zx} 和 τ_{xz} 分别在数值上相等。所以，9 个应力分量中，只有 6 个是独立的。对于这种一般情况，可以看作三组单向应力状态和三组纯剪切状态的组合。可以证明，对于各向同性材料，在小变形及线弹性范围内，线应变只与正应力有关，而与切应力无关；切应变只与切应力有关，而与正应力无关，且满足应用叠加原理的条件。所以，可以利用单向应力状态和纯剪切应力状态的胡克定律，分别求出各应力分量相对应的应变，然后再进行叠加，得到复杂应力状态应力-应变关系，即广义胡克定律。x、y 和 z 方向的线应变及在 xy、yz 和 zx 三个面内的切应变表达式分别为

$$\begin{cases}\varepsilon_x=\dfrac{1}{E}\left[\sigma_x-\mu(\sigma_y+\sigma_z)\right]\\ \varepsilon_y=\dfrac{1}{E}\left[\sigma_y-\mu(\sigma_z+\sigma_x)\right]\\ \varepsilon_z=\dfrac{1}{E}\left[\sigma_z-\mu(\sigma_x+\sigma_y)\right]\end{cases}\quad \text{和}\quad \begin{cases}\gamma_{xy}=\dfrac{1}{G}\tau_{xy}\\ \gamma_{yz}=\dfrac{1}{G}\tau_{yz}\\ \gamma_{zx}=\dfrac{1}{G}\tau_{zx}\end{cases}\tag{6-10}$$

对于平面应力状态，广义胡克定律为

$$\varepsilon_x=\frac{1}{E}(\sigma_x-\mu\sigma_y),\quad \varepsilon_y=\frac{1}{E}(\sigma_y-\mu\sigma_x),\quad \varepsilon_z=\frac{-\mu}{E}(\sigma_y+\sigma_x),\quad \gamma_{xy}=\frac{\tau_{xy}}{G}\tag{6-11}$$

主单元体时的广义胡克定律为

$$\varepsilon_1=\frac{1}{E}[\sigma_1-\mu(\sigma_2+\sigma_3)],\quad \varepsilon_2=\frac{1}{E}[\sigma_2-\mu(\sigma_3+\sigma_1)],\quad \varepsilon_3=\frac{1}{E}[\sigma_3-\mu(\sigma_1+\sigma_2)]\tag{6-12}$$

例 6-5　在一体积较大的钢块上开一个贯穿的槽，其宽度和深度都是 10mm，在槽内紧密无隙地嵌入一铝质正方体块（如图 6-12 所示），边长为 10mm。假设钢块不变形，铝的弹性模量 E=70GPa，泊松比μ=0.33。当铝块受到压力 P=6kN 时，试求铝块的三个主应力及相应的变形。

【解】（1）铝块的受力分析。为分析方便，建立坐标如图 6-12 所示，在力 P 作用下，铝块内水平面上的应力为

$$\sigma_y=-\frac{P}{A}=-\frac{6\times10^3}{10\times10\times10^{-6}}=-60\text{MPa}$$

由于钢块不变形，它阻止了铝块在 x 方向的膨胀，所以 $\varepsilon_x=0$。铝块外法线为 z 的平面是自

由表面，所以$\sigma_z=0$。若不考虑钢槽与铝块之间的摩擦，从铝块中沿平行于三个坐标平面截取的单元体，各面上没有切应力。所以，这样截取的单元体是主单元体（如图 6-12（b）所示）。

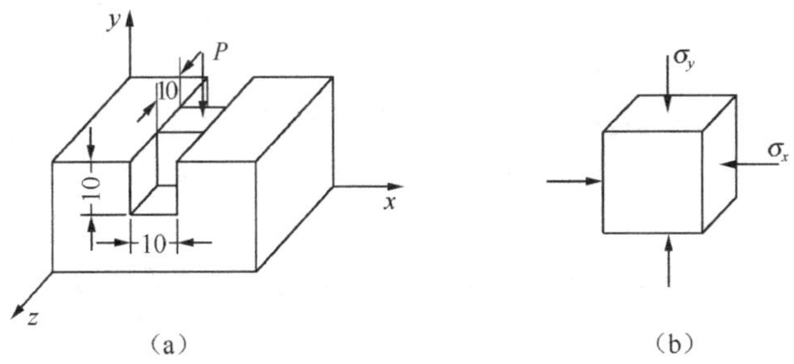

图 6-12　例 6-5 图

（2）求主应力及主应变。根据上述分析，图 6-12（b）所示单元体的已知条件为

$$\sigma_y=-60\,\text{MPa}，\ \sigma_z=0，\ \varepsilon_x=0$$

由式（6-10）可知，$\sigma_x=-19.8\,\text{MPa}$，$\varepsilon_y=-7.65\times10^{-4}$，$\varepsilon_z=3.76\times10^{-4}$

所以

$$\sigma_1=\sigma_z=0，\ \sigma_2=\sigma_x=-19.8\,\text{MPa}，\ \sigma_3=\sigma_y=-60\,\text{MPa}$$

$$\varepsilon_1=\varepsilon_z=3.76\times10^{-4}，\ \varepsilon_2=\varepsilon_x=0，\ \varepsilon_3=\varepsilon_y=-7.65\times10^{-4}$$

铝块三个方向的变形分别为

$$\Delta l_x=0$$

$$\Delta l_y=\varepsilon_3 l=-7.65\times10^{-4}\times10=-7.65\times10^{-3}\,\text{mm}$$

$$\Delta l_z=\varepsilon_1 l=3.76\times10^{-4}\times10=3.76\times10^{-3}\,\text{mm}$$

第五节　复杂应力状态的应变能密度

对于轴向拉伸的杆件，在弹性范围内，当外载荷从零开始增加到 F，变形为Δl，则外力做功为$W=\frac{1}{2}F\Delta l$。根据能量守恒定律，外力所做功全部转化为存储于杆件中的能量，这种能量称为弹性应变能，简称应变能，记为 U，即$U=W=\frac{1}{2}F\Delta l$。因为变形均匀，单位体积的应变能即应变能密度为

$$v_\varepsilon=\frac{U}{V}=\frac{U}{Al}=\frac{P\Delta l}{2Al}=\frac{1}{2}\sigma\varepsilon=\frac{\sigma^2}{2E} \tag{6-13}$$

对于复杂应力状态下的主单元体，选择一个便于计算应变能密度的加力次序，假定三个主应力同时从零按某一个比例增加至最终值，在线弹性情况下，每一主应力与相应的主应变仍保持线性关系，因而与每一主应力相应的应变能密度仍可按$v_\varepsilon=\frac{1}{2}\sigma\varepsilon$计算，且每个主应力都与另外两个主应变方向垂直，所以复杂应力状态下的应变能密度为

$$v_\varepsilon=\frac{1}{2}\sigma_1\varepsilon_1+\frac{1}{2}\sigma_2\varepsilon_2+\frac{1}{2}\sigma_3\varepsilon_3=\frac{1}{2E}\left[\sigma_1^2+\sigma_2^2+\sigma_3^3-2\mu(\sigma_1\sigma_2+\sigma_2\sigma_3+\sigma_3\sigma_1)\right] \tag{6-14}$$

对图 6-13（a）所示的主单元体，可以证明单位体积变化（体积应变θ）与主应变或主应力的关系如下：

$$\theta = \frac{V_1 - V}{V} = \varepsilon_1 + \varepsilon_2 + \varepsilon_3 = \frac{\sigma_m}{K} \tag{6-15}$$

式中，$\sigma_m=(\sigma_1+\sigma_2+\sigma_3)/3$；$K = \dfrac{E}{3(1-2\mu)}$。

一般情况下，物体的变形同时包括体积改变和形状改变，在图 6-13（b）中只有体积改变，没有形状改变。而图 6-13（c）所示单元体只有形状改变，因为体积应变$\theta=0$，所以没有体积改变。因此，总应变能密度包含两个互相独立的部分，分别称为体积改变能密度 v_v 和畸变能密度 v_d。Bridgeman 的静水压力试验已经证明，与 v_v 相关的能量是弹性可恢复的，而与 v_d 相关的能量可能引起材料屈服。

对应于图 6-13（c）的畸变能密度 v_d 为

$$v_d = \frac{1+\mu}{6E}\left[(\sigma_1-\sigma_2)^2+(\sigma_2-\sigma_3)^2+(\sigma_3-\sigma_1)^2\right] \tag{6-16}$$

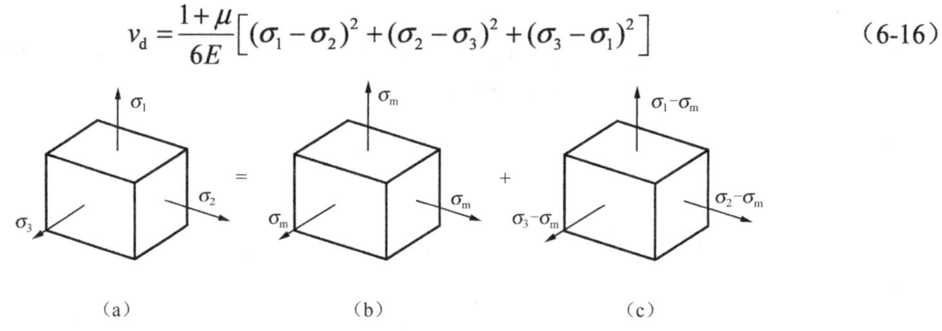

图 6-13　应变能密度计算

第六节　强度理论

基本变形时构件的强度条件是以直接实验为依据的，而在复杂应力状态下，由试验来确定失效状态，建立强度条件，则必须对各种应力比值一一进行实验，然后建立强度条件。因此这种方法是行不通的。为了解决这类问题，应以失效的形式分析，提出材料失效原因的假说，从而建立强度条件。大量的材料失效实验结果和工程构件强度失效的实例表明，材料之所以按某种方式失效（屈服或断裂），是由于应力、应变和应变能密度等因素中的某一因素引起的。按照这类假说，无论单向还是复杂应力状态，造成失效的原因是相同的，通常这类假说称为**强度理论**。

强度失效的形式主要有两种，即屈服或断裂。常用的强度理论也分成两类共四种：一类解释断裂失效，其中有最大拉应力理论和最大拉应变理论；另一类解释屈服失效，其中有最大切应力理论和畸变能理论。

1．第一强度理论（最大拉应力理论）

这一理论是根据早期使用的脆性材料（如天然石料、砖和铸铁等）易于拉断而提出的，最早是由伽利略（G. Galileo）于 1638 年提出的，历经兰金（W.J.M. Rankine）等人修正为最大拉应力理论。这一理论认为：不论材料处于什么应力状态，引起材料发生脆性断裂的原因是最大拉应力（$\sigma_{max}=\sigma_1>0$）达到了某个极限值σ^0）。

根据这一理论，可利用单向拉伸实验结果建立复杂应力状态下的强度计算准则。如果在单向拉伸的情况下，横截面上的拉应力达到σ^0时，材料发生断裂，那么，在复杂应力状态下，当单元体内的最大拉应力（$\sigma_{max}=\sigma_1$）同样增大到σ^0时，也会发生脆性断裂，即断裂准则为

$$\sigma_1=\sigma^0$$

根据这一强度理论建立的强度条件为

$$\sigma_1\leqslant[\sigma] \tag{6-17}$$

式中，σ_1为第一主应力，且必须是拉应力。

铸铁等脆性材料在轴向拉伸时的断裂破坏产生于拉应力最大的横截面上。脆性材料的扭转破坏，也是沿拉应力最大的 45° 斜截面发生断裂。这些都与第一强度理论相符。但是，这个理论没有考虑另外两个较小主应力σ_1和σ_2的影响，对没有拉应力的应力状态也无法应用。

2．第二强度理论（最大拉应变理论）

这一理论最早是由马里奥特（E. Mariotte）在 1682 年提出的，当时称为最大线应变理论，后经圣维南（St. Venant）等人于 19 世纪修正为最大拉应变理论。

这一理论认为：不论材料处在什么应力状态，引起脆性断裂的原因是由于最大拉应变（$\varepsilon_{max}=\varepsilon_1>0$）达到了某个极限值（$\varepsilon^0$）。

在单向拉伸时，断裂时轴线方向的线应变（最大伸长线应变）$\varepsilon^0=\sigma_b/E$。根据这一强度理论可以预测：在复杂应力状态下，当单元体的最大伸长线应变（$\varepsilon_{max}=\varepsilon_1$）也增大到$\varepsilon^0$时，材料就发生脆性断裂。于是，这一理论的断裂准则为$\varepsilon_1=\varepsilon^0=\dfrac{\sigma_b}{E}$。

对于复杂应力状态，ε_1可由广义胡克定律式求得

$$\varepsilon_1=\frac{1}{E}\left[\sigma_1-\mu\left(\sigma_2+\sigma_3\right)\right]$$

于是，这一理论的强度条件为

$$\sigma_1-\mu(\sigma_2+\sigma_3)\leqslant[\sigma] \tag{6-18}$$

第二强度理论也存在某些缺陷。例如，对受压试件在压力的垂直方向再加压力，使其成为二向压缩。按照这一理论，其强度应与单向受压时不同。但混凝土、花岗石和沙石的试验资料表明，两种情况下，这些材料的强度并无明显的差别。另外，按照这一理论，铸铁在二向拉伸时应比单向拉伸安全，而试验结果并不能证实这一点。

3．第三强度理论（最大切应力理论）

这一理论认为：不论材料处于什么应力状态，材料发生屈服的原因是由于最大的切应力（τ_{max}）达到了某个极限值（τ^0）。根据这一理论，在单向应力状态下引起材料屈服的原因是 45° 斜截面上的最大切应力（$\tau_{max}=\sigma/2$）达到了极限数值$\tau^0=\dfrac{1}{2}\sigma_s$，即此时$\tau_{max}=\dfrac{\sigma_s}{2}=\tau^0$。因此，当复杂应力状态下的最大切应力达到此极限值时，也发生屈服，即

$$\tau_{max}=\frac{\sigma_1-\sigma_3}{2}=\tau^0=\frac{\sigma_s}{2}$$

$$\sigma_1-\sigma_3=\sigma_s$$

所以，这一强度理论的强度条件为

$$\sigma_1-\sigma_3\leqslant[\sigma] \tag{6-19}$$

对于图 6-14 所示的单元体，该理论的强度条件用相当应力σ_{r3}表示，可以简化为

$$\sigma_{r3}=\sqrt{\sigma^2+4\tau^2}\leqslant[\sigma] \tag{6-20}$$

这一理论是由库仑（C.A. Coullmb）在 1773 年提出的，并应用于土的破坏条件。1864 年，法国的特雷斯卡（Tresca）研究了韧性金属挤过刚性模子的试验现象，进一步发展了该理论，现在一般称为 Tresca 屈服准则。这一理论较为满意地解释了塑性材料出现塑性变形的现象，且形式简单、概念明确，在机械工程中得到了广泛的应用。但是，这一理论忽略了中间主应力σ_2的影响，按这一理论计算的结果与实验相比，是偏于安全的。

4．第四强度理论（畸变能理论）

这一理论认为：不论材料处在什么应力状态，材料发生屈服的原因是由于畸变能密度达到了某个极限值。

单向拉伸时的畸变能密度为

$$v_{\mathrm{d}}=\frac{1+\mu}{3E}\sigma_1^2$$

当工作应力达到σ_{s}时，材料发生屈服，此时的畸变能密度为$v_{\mathrm{d}}{}^0=\dfrac{1+\mu}{3E}\sigma_{\mathrm{s}}^2$。那么，按照这一理论，复杂应力状态的畸变能密度$v_{\mathrm{d}}$达到这一极限值$\dfrac{1+\mu}{3E}\sigma_{\mathrm{s}}^2$时，材料也发生屈服，即

$$v_{\mathrm{d}}=\frac{1+\mu}{6E}\left[(\sigma_1-\sigma_2)^2+(\sigma_2-\sigma_3)^2+(\sigma_3-\sigma_1)^2\right]=\frac{1+\mu}{3E}\sigma_{\mathrm{s}}^2$$

$$\sqrt{\frac{1}{2}[(\sigma_1-\sigma_2)^2+(\sigma_2-\sigma_3)^2+(\sigma_3-\sigma_1)^2]}=\sigma_{\mathrm{s}}$$

因此，这一理论的强度条件为

$$\sqrt{\frac{1}{2}[(\sigma_1-\sigma_2)^2+(\sigma_2-\sigma_3)^2+(\sigma_3-\sigma_1)^2]}\leqslant[\sigma] \tag{6-21}$$

对于图 6-14 所示的单元体，该理论的强度条件用相当应力σ_{r4}表示，可以简化为

$$\sigma_{\mathrm{r4}}=\sqrt{\sigma^2+3\tau^2}\leqslant[\sigma] \tag{6-22}$$

根据几种材料（钢、铜、铝）的薄管试验资料，在平面应力状态下，试验数据点更接近畸变能理论的椭圆曲线，表明畸变能理论比第三强度理论更符合实验结果。在纯剪切下，按第三强度理论和第四强度理论的计算结果差别最大，如图 6-15 所示。这时，由第三强度理论的屈服条件得出的结果比第四强度理论的计算结果大 15%。

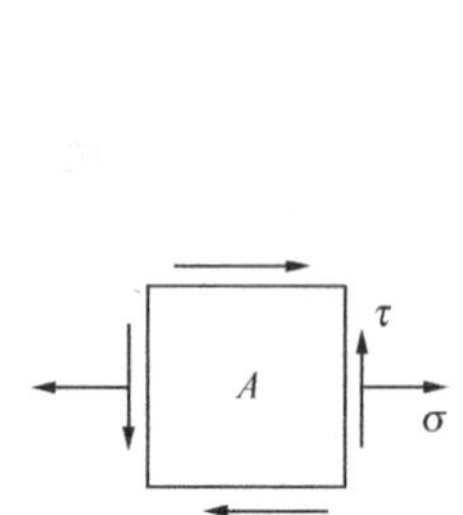

图 6-14　单元体应力状态

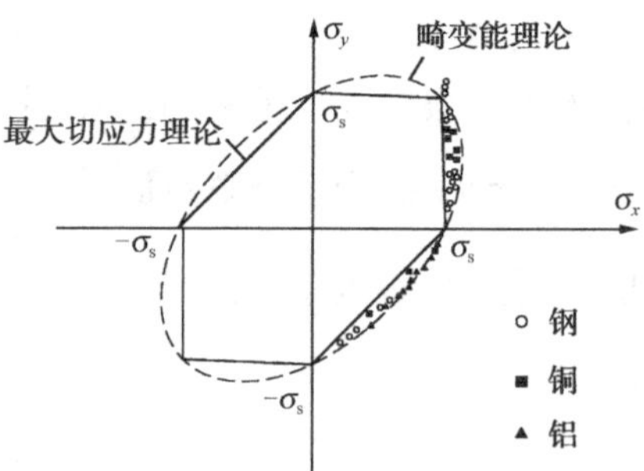

图 6-15　第三、第四强度理论比较

综合上述讨论，四个强度理论的强度条件可以写成统一的形式：

$$\sigma_{\mathrm{r}}\leqslant[\sigma] \tag{6-23}$$

式中，σ_{r}为相当应力，是复杂应力状态的应力与单向应力状态应力的相等（等效）值。四个强

度理论的相当应力分别为

$$\left.\begin{aligned}&\sigma_{r1}=\sigma_1\\&\sigma_{r2}=\sigma_1-\mu(\sigma_2+\sigma_3)\\&\sigma_{r3}=\sigma_1-\sigma_3\\&\sigma_{r4}=\sqrt{\frac{1}{2}\left[(\sigma_1-\sigma_2)^2+(\sigma_2-\sigma_3)^2+(\sigma_3-\sigma_1)^2\right]}\end{aligned}\right\}\tag{6-24}$$

相当应力σ_r是危险点的三个主应力按一定形式的组合，并非是真实的应力。

例 6-6　如图 6-16 所示为从某铸铁构件内的危险点取出的单元体，各面上的应力分量如图所示。已知铸铁材料的泊松比ν=0.25，许用拉应力$[\sigma_t]$=30MPa，许用压应力$[\sigma_c]$=90MPa。试按第一和第二强度理论校核其强度。

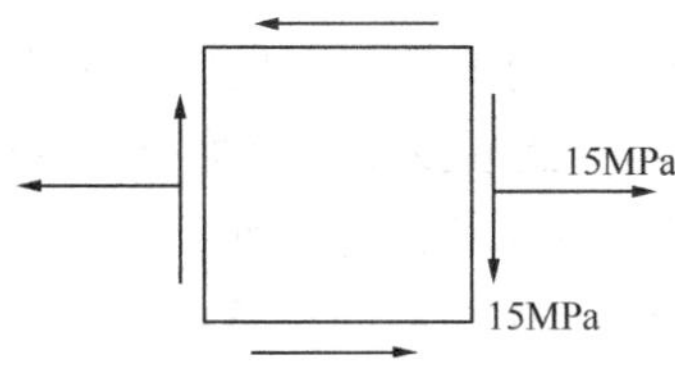

图 6-16　例 6-6 图

【解】　已知条件：$\sigma_x=15\text{MPa}$，$\sigma_y=0$，$\tau_{xy}=15\text{MPa}$，求主应力

$$\left.\begin{matrix}\sigma_{max}\\\sigma_{min}\end{matrix}\right\}=\frac{\sigma_x+\sigma_y}{2}\pm\sqrt{\left(\frac{\sigma_x-\sigma_y}{2}\right)^2+\tau_{xy}^2}=\frac{15+0}{2}\pm\sqrt{\left(\frac{15-0}{2}\right)^2+15^2}=\begin{cases}24.27\text{MPa}\\-9.27\text{MPa}\end{cases}$$

根据主应力按代数值大小排列的规定，有

$$\sigma_1=24.27\text{MPa}，\quad\sigma_2=0，\quad\sigma_3=-9.27\text{MPa}$$

第一强度理论：因为

$$\sigma_{r1}=\sigma_1=24.27\text{MPa}，\quad\sigma_t=30\text{MPa}，\text{即}\ \sigma_{r1}<[\sigma_t]$$

所以符合第一强度理论的强度条件，构件不会破坏，即安全。

第二强度理论：因为

$$\sigma_{r2}=\sigma_1-\nu(\sigma_2+\sigma_3)=24.27-0.25\times(0-9.27)=26.59\text{MPa}$$

$$\sigma_t=30\text{MPa}，\text{即}\ \sigma_{r2}<[\sigma_t]$$

所以符合第二强度理论的强度条件，构件不会破坏，即安全。

例 6-7　如图 6-17 所示薄壁圆筒受最大内压时，测得外表面某点$\varepsilon_x=1.88\times10^{-4}$，$\varepsilon_y=7.37\times10^{-4}$，已知$E$=210GPa，$[\sigma]$=170MPa，泊松比$\mu$=0.3，试用第三强度理论校核其强度。

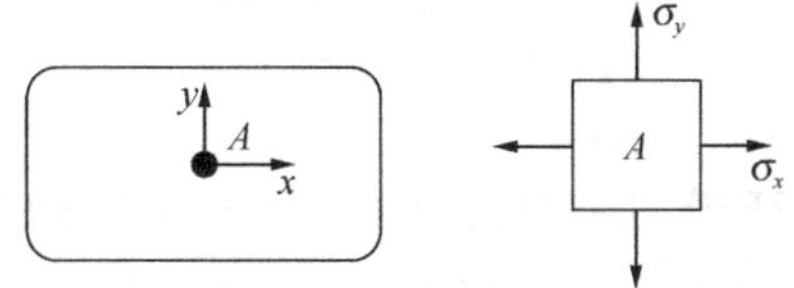

图 6-17　例 6-7 图

【解】　由广义胡克定律可得

$$\sigma_x=\frac{E}{1-\mu^2}(\varepsilon_x+\mu\varepsilon_y)=\frac{2.1}{1-0.3^2}\times(1.88+0.3\times7.37)\times10^7=94.4\text{MPa}$$

$$\sigma_y=\frac{E}{1-\mu^2}(\varepsilon_y+\mu\varepsilon_x)=\frac{2.1}{1-0.3^2}\times(7.37+0.3\times1.88)\times10^7=183.1\text{MPa}$$

所以主应力为 σ_1=183.1MPa，σ_2=94.4MPa，σ_3=0

由第三强度理论可得 $\sigma_{r3}=\sigma_1-\sigma_3$=183.1MPa>[$\sigma$]

所以，此容器不满足第三强度理论，不安全。

若使用第四强度理论，有

$$\sigma_{r4}=\sqrt{\frac{1}{2}\left[(\sigma_1-\sigma_2)^2+(\sigma_2-\sigma_3)^2+(\sigma_3-\sigma_1)^2\right]}$$

$$=\sqrt{\frac{1}{2}\left[(183.1-94.4)^2+(94.4-0)^2+(0-183.1)^2\right]}=158.6\text{ MPa}<[\sigma]$$

所以，此容器满足第四强度理论，安全。

例 6-8 如图 6-18（a）所示为两端简支的工字钢梁承受载荷。已知其材料为 Q235，钢的许用应力为[σ]=170MPa，[τ]=100MPa。试按强度条件选择工字钢的型号。

【解】 作钢梁的内力图，如图 6-18（b）、（c）所示，可知 C、D 为危险截面。

（1）按正应力强度条件选择截面，取 C 截面计算：

$$F_{SC左}=F_{S\max}=200\text{kN}\qquad M_C=M_{\max}=84\text{kN·m}$$

$$\sigma_{\max}=\frac{M_{\max}}{W_z}\leqslant[\sigma]\qquad W_z=\frac{M_{\max}}{[\sigma]}=\frac{84\times10^3}{170\times10^6}=494\times10^{-6}\text{m}^3$$

选用 28a 号工字钢，其截面的 W_z=508cm^3。

（2）按切应力强度条件进行校核。

对于 28a 号工字钢的截面，查表得

$$I_z=7110\times10^{-8}\text{m}^4,\quad d=8.5\times10^{-3}\text{m},\quad \frac{I_z}{S^*}=24.6\times10^{-2}\text{m}$$

最大切应力为

$$\tau_{\max}=\frac{F_{S\max}\cdot S^*_{z\max}}{I_zd}=\frac{F_{S\max}}{\frac{I}{S}d}=95.6\text{MPa}$$

（3）腹板与翼缘交界处 A 点（如图 6-18（d）所示）的强度校核。

$$\sigma_A=\frac{M_{\max}\cdot y_A}{I_z}=149.2\text{MPa}$$

$$S_A^*=122\times13.7\times(126.3+\frac{13.7}{2})=223\times10^{-6}\text{m}^3$$

$$\tau_A=\frac{F_{S\max}S_A^*}{I_z\cdot d}=73.8\text{MPa}$$

A 点的应力状态如图 6-18（e）所示。

由于材料是 Q235 钢，所以在平面应力状态下，应按第四强度理论来进行强度校核。

$$\sigma_{r4}=\sqrt{\sigma^2+3\tau^2}=\sqrt{149.2^2+3\times73.8^2}=197\text{MPa}$$

$$\frac{\sigma_{r4}-[\sigma]}{[\sigma]}\times100\%=15.9\%$$

所以应另选较大的工字钢。

若选用 28b 号工字钢，算得 σ_{r4}=173.2MPa，比[σ]大 1.88%，可选用 28b 号工字钢。

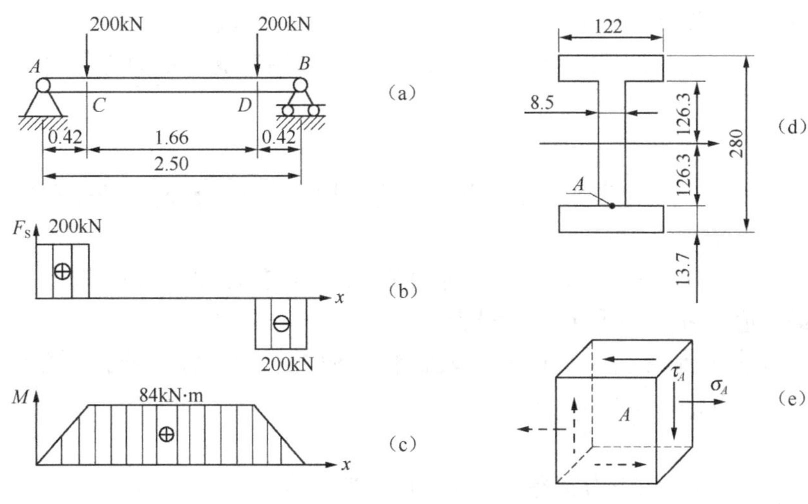

图 6-18　例 6-8 图

第七节　扭转与其他变形的组合

在机械工程中，很多构件不只发生一种变形，如机器中的传动轴、曲柄轴等都属于弯曲与扭转的组合变形，钻头、飞机螺旋桨轴都属于扭转和拉伸、压缩的组合变形。下面将以圆截面杆弯扭组合变形为例来讨论这类组合变形时的强度计算。

1．外力的简化

为了研究图 6-19（a）中 *AB* 轴的强度问题，将载荷 *F* 向圆轴的 *B* 截面形心处简化。根据力的平移定理，简化的结果是轴在自由端 *B* 处受到一个集中力 *F* 和一个力偶矩 *m*=*Fa*（如图 6-19（b）所示）的作用，横向力 *F* 和外力偶矩 *m* 分别使轴 *AB* 产生弯曲变形和扭转变形。

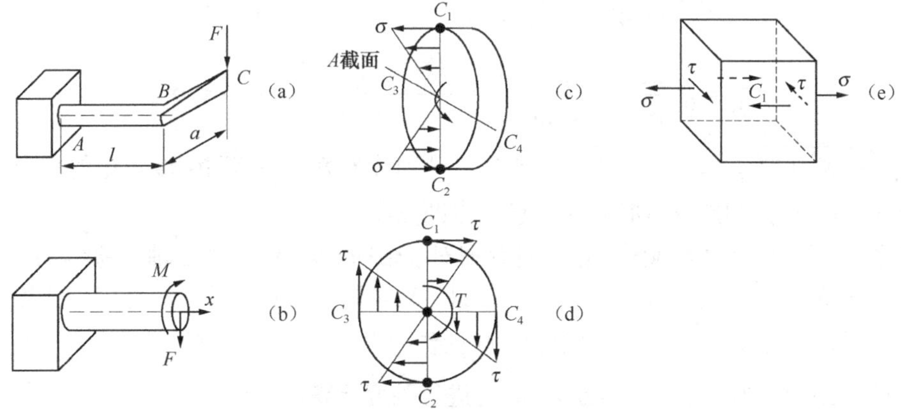

图 6-19　弯扭组合变形分析

2．内力分析

对于任意的 *n*—*n* 截面，其内力分别为弯矩、剪力和扭矩。横截面上的弯曲切应力一般较小，

所以剪力忽略不计。由图 6-19（b）可看出，在固定端 A 截面处，弯矩的绝对值最大，其值为 $|M_{max}|=Fl$。扭矩值在整个 AB 轴上皆为常数 $T=Fa$。所以固定端 A 截面为危险截面。

3．应力分析

在危险截面 A 处，与弯矩和扭矩对应的正应力与切应力在横截面上的分布如图 6-19（c）、（d）所示。由应力分布情况可见，在 A 截面的最上点 C_1 和最下点 C_2，弯曲正应力分别达到最大值，因扭转切应力 τ 在该截面圆周边界上都达到最大值，即在 C_1 和 C_2 点，弯曲正应力和扭转切应力同时达到最大值，所以 C_1 和 C_2 点是危险点。

在危险截面 A 上，围绕 C_1（或 C_2）点截取单元体如图 6-19（e）所示，该单元体处于二向应力状态，其中 $\sigma=\dfrac{M_{max}}{W}$，$\tau=\dfrac{T}{W_t}$。

对于图 6-19（e）所示的应力状态，单元体的主应力为

$$\left.\begin{matrix}\sigma_1\\ \sigma_3\end{matrix}\right\}=\frac{\sigma}{2}\pm\sqrt{\left(\frac{\sigma}{2}\right)^2+\tau^2}\text{，}\quad \sigma_2=0$$

4．强度条件

由于 C_1（或 C_2）处于二向应力状态，所以需要采用强度理论进行强度计算。工程实际中，承受弯扭组合的构件常为塑性材料，所以应采用第三或第四强度理论。对于图 6-19（e）所示的应力状态，相应的强度条件分别为

$$\sigma_{r3}=\sqrt{\sigma^2+4\tau^2}\leqslant[\sigma] \tag{6-25}$$

$$\sigma_{r4}=\sqrt{\sigma^2+3\tau^2}\leqslant[\sigma] \tag{6-26}$$

对于圆形截面，$W_t=\dfrac{\pi d^3}{16}$，$W=\dfrac{\pi d^3}{32}$，所以 $W_t=2W$。采用第三、第四强度理论，圆轴弯曲和扭转组合变形的强度条件分别为

$$\sigma_{r3}=\sqrt{\left(\frac{M}{W}\right)^2+4\left(\frac{T}{2W}\right)^2}=\frac{\sqrt{M^2+T^2}}{W}=\frac{M_{r3}}{W}\leqslant[\sigma] \tag{6-27}$$

$$\sigma_{r4}=\sqrt{\left(\frac{M}{W}\right)^2+3\left(\frac{T}{2W}\right)^2}=\frac{\sqrt{M^2+0.75T^2}}{W}=\frac{M_{r4}}{W}\leqslant[\sigma] \tag{6-28}$$

式中，$M_{r3}=\sqrt{M^2+T^2}$，$M_{r4}=\sqrt{M^2+0.75T^2}$，分别称为第三和第四强度理论的相当弯矩。

在进行弯扭组合的强度计算时，应注意以下两点：

（1）工程实际中，圆轴横截面上常同时存在对 y 轴的弯矩 M_y 和对 z 轴的弯矩 M_z，即为两个平面弯曲和扭转的组合。因为过圆形截面形心的任意一轴皆为对称轴，这时可先计算 M_y 和 M_z 的矢量和 M，即 $M=\sqrt{M_y^2+M_z^2}$。合成弯矩 M 的作用平面仍是纵向对称面，所以可将合成弯矩和扭矩一同代入式（6-27）或式（6-28），即可进行强度计算。

（2）式（6-27）或式（6-28）仅适用于圆轴的弯扭组合。若为非圆截面杆（如矩形截面杆）的弯扭组合，或圆轴除了承受弯扭组合外，还要承受轴向拉（压）的作用，这时找出危险截面的危险点后，应先计算该点的正应力和扭转切应力，然后代入式（6-25）或式（6-26）进行强度计算。

例 6-9 如图 6-20（a）所示空心圆杆，内径 d=24mm，外径 D=30mm，F_1=600N，B 轮的直

径为 400mm，D 轮的直径为 600mm，$[\sigma]$=100MPa，试用第三强度理论校核此杆的强度。

【解】（1）外力分析。将每个轮上的外力向该轴的截面形心简化（如图 6-20（b）所示），分析可知该轴发生弯曲、扭转组合变形。

$$\sum m_x = 0 \quad F_2\sin80^\circ \times 0.3 = F_1 \times 0.2 \qquad F_2 = 406.2\text{N}$$

$$F_{2y} = F_2 \times \sin80^\circ = 400\text{N} \qquad F_{2z} = F_2 \times \cos80^\circ = 70.5\text{N}$$

式中，F_{2y}、F_1 和支反力使梁在 xy 面内弯曲，F_{2z} 和支反力使梁在 xz 面内弯曲，扭矩 T 只有 BD 段存在，$T = F_1 \times 0.2 = 120\,\text{N}\cdot\text{m}$。

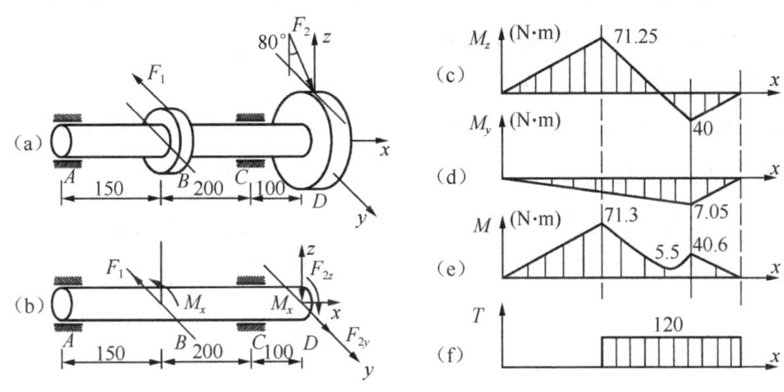

图 6-20　例 6-9 图

（2）内力分析。在两个互相垂直平面 xy、xz 内的弯矩图如图 6-20（c）、（d）所示。

对每个截面来说，都有各自的弯矩作用平面，但圆轴的截面系数对所有形心轴都是相同的，所以可将两个平面内的弯矩合在一起，用矢量和 $M = \sqrt{M_y^2 + M_z^2}$ 表示，并将合成弯矩图 M 绘在纸平面内，而不会影响计算结果。可以证明，在截面 B、C 之间合成弯矩图是一条没有极大值的曲线。由合成弯矩图可见，B 截面的合成弯矩值最大。因为在 BD 段，扭矩 T 为常数，所以 B 截面为危险截面，该截面的弯矩值、扭矩值分别为

$$M_{\max} = 71.3\,\text{N}\cdot\text{m}，\ T = 120\,\text{N}\cdot\text{m}$$

（3）用第三强度理论校核此杆的强度。

$$\sigma_{r3} = \frac{\sqrt{M_{\max}^2 + T^2}}{W} = \frac{32\sqrt{71.3^2 + 120^2}}{3.14 \times 0.03^3 (1 - 0.8^4)} = 97.5\text{MPa} < [\sigma]$$

所以强度满足。

例 6-10　直径为 d=0.1m 的圆杆受力如图 6-21（a）所示，T=7kN·m，F=50kN，为铸铁构件，$[\sigma]$=40MPa，试用第一强度理论校核杆的强度。

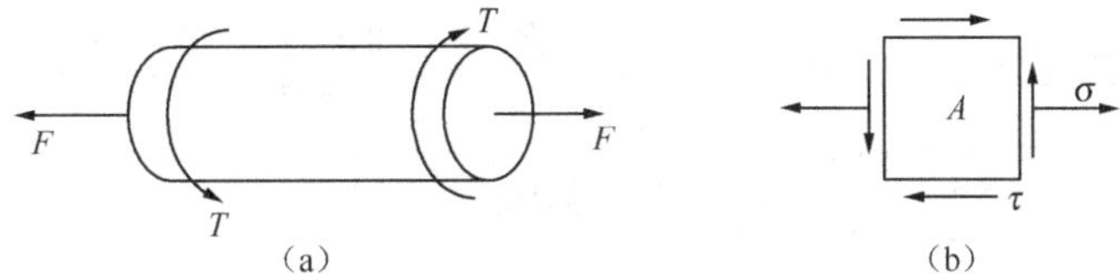

图 6-21　例 6-10 图

【解】该杆发生拉伸、扭转组合变形。危险点 A 的应力状态如图 6-21（b）所示。

$$\tau=\frac{T}{W_t}=\frac{16\times7\times10^3}{\pi\times0.1^3}=35.7\text{MPa}\text{，}\sigma=\frac{F}{A}=\frac{4\times50\times10^3}{\pi\times0.1^2}=6.37\text{MPa}$$

$$\left.\begin{array}{l}\sigma_{\max}\\\sigma_{\min}\end{array}\right\}=\frac{\sigma}{2}\pm\sqrt{\left(\frac{\sigma}{2}\right)^2+\tau^2}=\frac{6.37}{2}\pm\sqrt{\left(\frac{6.37}{2}\right)^2+35.7^2}=\begin{cases}40.02\text{MPa}\\-32.65\text{MPa}\end{cases}$$

所以　　$\sigma_1=40.02\,\text{MPa}$，$\sigma_2=0\,\text{MPa}$，$\sigma_3=-32.65\,\text{MPa}$

由第一强度理论可得　　$\sigma_1=40.02\,\text{MPa}\approx[\sigma]$

所以该杆强度满足。

例 6-11　如图 6-22（a）所示，$ABCD$ 为水平面内的刚架结构，在 B、D 两点处受到铅垂方向力的作用，F_1=0.5kN，F_2=1kN，$[\sigma]$=160MPa。

（1）用第三强度理论计算 AB 的直径。

（2）若 AB 杆的直径 d = 40mm 并在 B 端加一水平力 F_3 = 20kN，校核 AB 杆的强度。

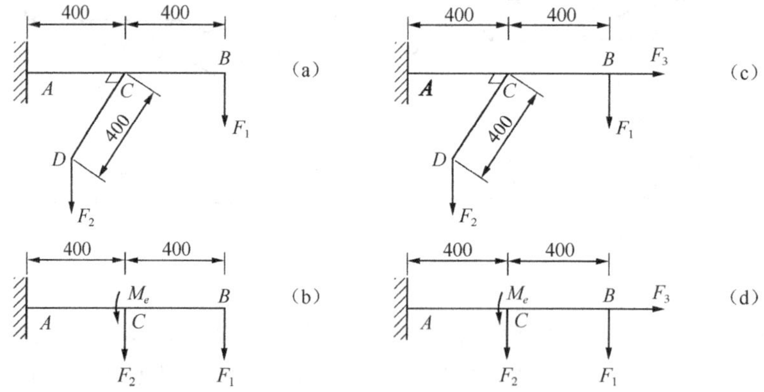

图 6-22　例 6-11 图

【解】（1）将 F_2 向 AB 杆的轴线简化得 F_2 =1kN，M_e= 0.4 kN·m，AB 为弯扭组合变形（如图 6-22（b）所示）。

$$M_{\max}=0.8F_1+0.4F_2=0.8\,\text{kN}\cdot\text{m}\text{，}T_{\max}=0.4\,\text{kN}\cdot\text{m}$$

$$\sigma_{r3}=\frac{\sqrt{M_{\max}^2+T_{\max}^2}}{W}=\frac{\sqrt{0.8^2+0.4^2}\times10^3}{\frac{\pi d^3}{32}}\leqslant160\times10^6$$

所以 d=38.5mm。

（2）在 B 端加拉力 F_3（如图 6-22（c）所示），AB 为弯曲、扭转与拉伸组合变形，固定端截面是危险截面。

$$M_{\max}=0.8F_1+0.4F_2=0.8\,\text{kN}\cdot\text{m}\text{，}T_{\max}=0.4\,\text{kN}\cdot\text{m}\text{，}F_N=F_3=20\text{kN}$$

固定端截面最大的正应力为　$\sigma_{\max}=\frac{M_{\max}}{W}+\frac{F_N}{A}=\frac{800\times32}{\pi\times0.04^3}+\frac{20\times10^3\times4}{\pi\times0.04^2}=143\text{MPa}$

最大切应力为　$\tau_{\max}=\frac{T_{\max}}{W_t}=\frac{400\times16}{\pi\times0.04^3}=31.8\text{MPa}$

由第三强度理论可知　$\sigma_{r3}=\sqrt{\sigma^2+4\tau^2}=157\text{MPa}<[\sigma]$

所以强度满足。

总结与讨论

本章介绍了应力状态、主应力及其相关概念，重点分析了平面应力状态的主应力和主方向；利用叠加法得到了广义胡克定律；在基本变形直接试验得到的强度条件基础上，介绍了复杂应力状态下四种常用的强度理论，分析了圆轴在扭转和其他变形组合时的强度设计。

（1）应力状态的概念需要深入理解，平面应力状态的主应力和主方向计算是本章的一个重点内容，三向应力状态一定要掌握最终的结论。

（2）在复杂应力状态下，应力和应变的关系为广义胡克定律，特别需要注意一个方向的线应变不仅与该方向的正应力有关，还与另外两个与它垂直方向的正应力有关。

（3）四种常用的强度理论解释了复杂应力状态下材料的失效机理，这部分内容是本章的难点也是重点。需要熟练掌握基本变形的应力分布，以及应力状态分析的方法，但最基本的要求是会应用圆轴弯曲与扭转组合变形强度设计的公式。

习题 A

6-1．试表示题 6-1 图所示已知单元体危险点的应力状态。

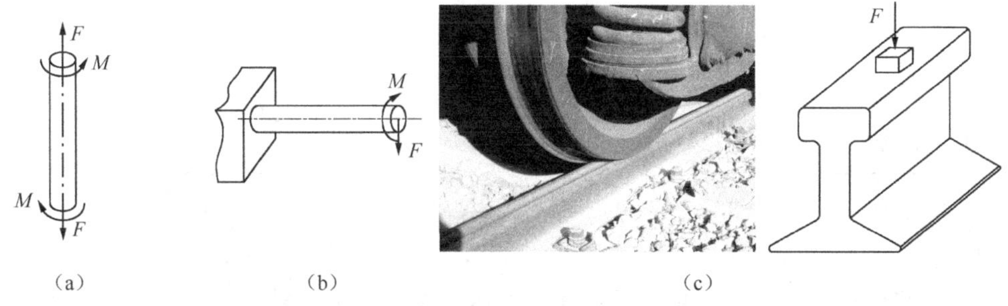

题 6-1 图

6-2．题 6-2 图所示等直杆分别在自由状态和刚体约束中（不考虑杆与刚体之间的摩擦）承受轴向压力，则（　　）。

A．a 点应力状态相同　　B．a 点轴向压力相同

C．a 点轴向线应变相等　　D．a 点的比能相等

6-3．两单元体应力状态如题 6-3 图所示，设σ与τ 相等，按第四强度理论比较两者的危险程度，则（　　）。

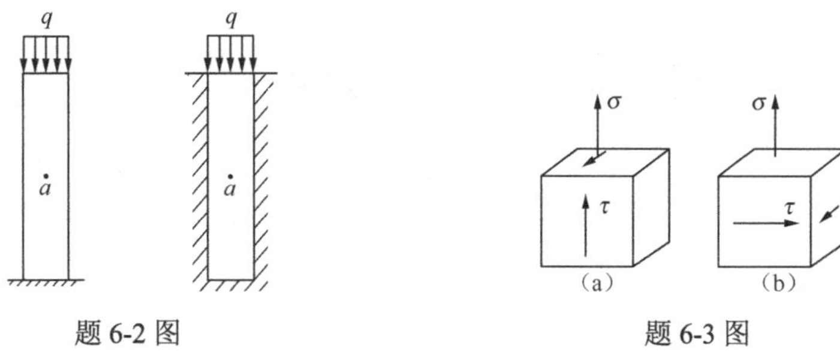

题 6-2 图　　题 6-3 图

A．(a) 比 (b) 危险　　B．(b) 比 (a) 危险

C．两者危险程度相同　　D．无法比较

6-4．水管在冬天常有冻裂现象，根据作用与反作用原理，水管壁与管内所结冰之间的相互作用力应该相等。试问为什么不是冰被压碎而是水管被冻裂？

6-5．将沸水倒入厚玻璃杯里，玻璃杯内、外壁的受力情况如何？若因此而发生破裂，试问破裂是从内壁开始还是从外壁开始的？为什么？

6-6．压力机的机架由铸铁制成，机架立柱的横截面有如题6-6图所示的三种设计方案。你认为哪一种合适？为什么？

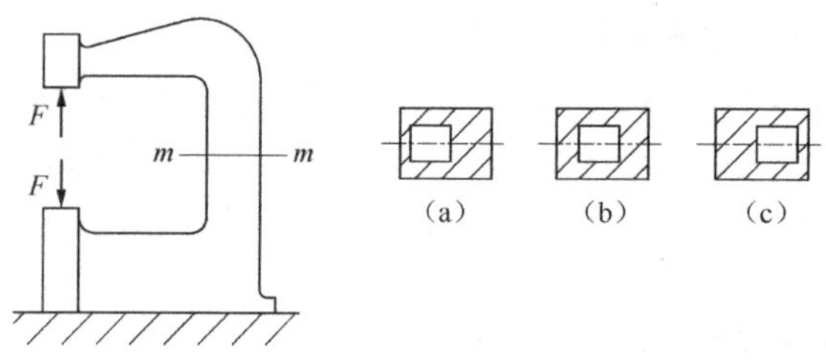

题6-6图

6-7．从人体的生物力学结构上分析双肩背包和单肩挎包时脊柱受力的不同，并说明前者优于后者的原因。

6-8．拉（压）、弯曲、扭转组合变形的圆杆内危险点的应力为$\sigma_N=\dfrac{F_N}{A}$，$\sigma_W=\dfrac{M}{W}$，$\tau=\dfrac{T}{W_t}$。按第三强度理论建立强度条件为（　　）。

A. $\dfrac{F_N}{A}+\sqrt{\left(\dfrac{M}{W}\right)^2+4\left(\dfrac{T}{W_t}\right)^2}\leqslant[\sigma]$　　B. $\dfrac{F_N}{A}+\dfrac{\sqrt{M^2+T^2}}{W}\leqslant[\sigma]$

C. $\sqrt{\left(\dfrac{F_N}{A}+\dfrac{M}{W}\right)^2+4\left(\dfrac{T}{W_t}\right)^2}\leqslant[\sigma]$　　D. $\sqrt{\left(\dfrac{F_N}{A}\right)^2+\left(\dfrac{M}{W}\right)^2+4\left(\dfrac{T}{W_t}\right)^2}\leqslant[\sigma]$

6-9．飞机的单轮起落架的折轴如题6-9图所示，试指出危险截面位置，分析其上的内力分量、危险点的应力状态。

6-10. 某工人在修理机器时发现一受拉的矩形截面杆在一侧有一条小裂纹，为了防止裂纹扩展，有人建议在裂纹尖端处钻一个光滑小圆孔（如题6-10图（a）所示），还有人认为除在上述位置钻孔外，还应当在其对称位置再钻一个同样大小的圆孔（如题6-10图（b）所示），试问哪种做法好？为什么？

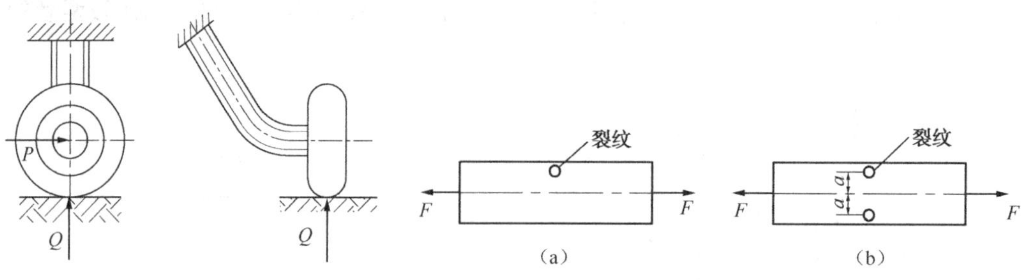

题6-9图　　题6-10图

习题 B

6-11．各单元体如题 6-11 图所示。试求：（1）主应力的数值；（2）在单元体上绘出主平面的位置及主应力的方向。

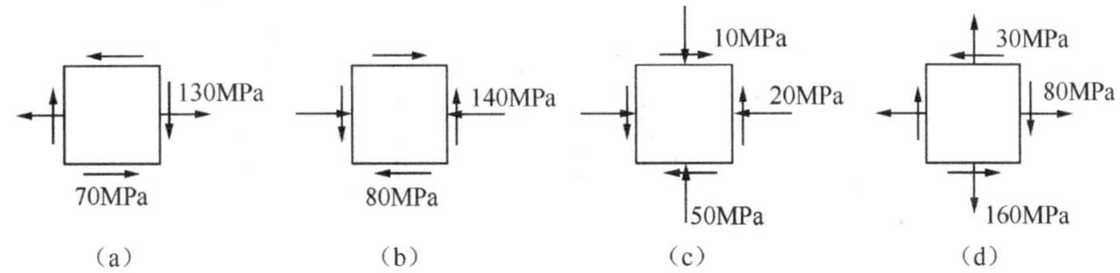

题 6-11 图

6-12．一拉杆由两段杆沿 m—n 面胶合而成。由于实用的原因，题 6-12 图中的 α 角限于 0°～60°范围内。作为“假定计算”，对胶合缝做强度计算时可把其上的正应力和切应力分别与相应的许用应力比较。现设胶合缝的许用切应力$[\tau]$为许用拉应力$[\sigma]$的 3/4，且这一拉杆的强度由胶合缝的强度控制。为了使杆能承受最大的力 F，试问 α 角的值应取多大？

6-13．薄壁圆筒的扭转-拉伸示意图如题 6-13 图所示。若 F=20kN，M_e=600 N·m，且内径 d=50mm，壁厚 δ =2mm，试求：（1）A 点在指定斜截面上的应力；（2）A 点的主应力的大小及方向（用单元体表示）。

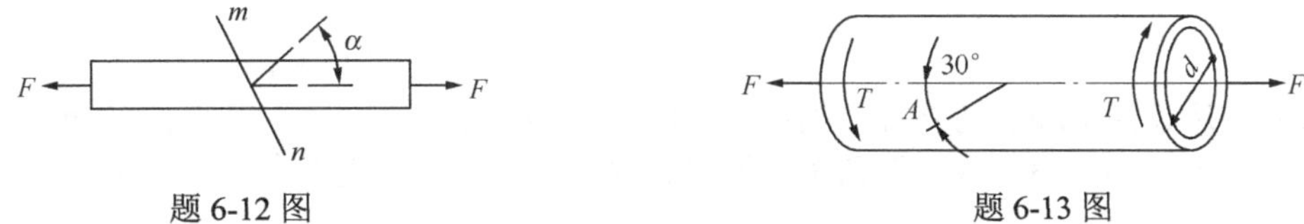

题 6-12 图　　题 6-13 图

6-14．如题 6-14 图所示，锅炉直径 D=1m，壁厚 δ =10mm，内受蒸汽压力 p=3MPa，试求：（1）壁内各主应力和最大切应力；（2）斜截面 ab 上的正应力及切应力。

6-15．在通过一点的两个平面上，应力如题 6-15 图所示，单位为 MPa。试求主应力的数值和主平面的位置。

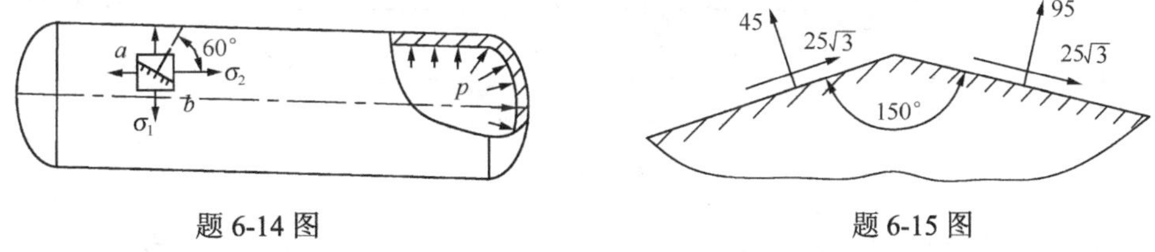

题 6-14 图　　题 6-15 图

6-16．板条如题 6-16 图所示，尖角的侧面均为自由表面，且 0<θ<π 。试证明尖角端点 A 的主应力皆为零，即 A 为零应力状态。

6-17．试求题 6-17 图中各应力状态的主应力及最大切应力（应力单位为 MPa）。

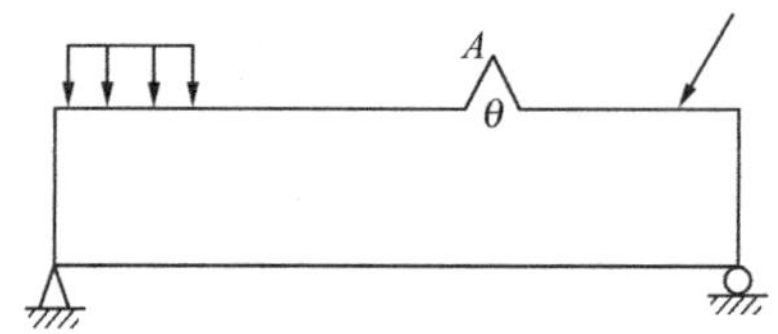

题 6-16 图

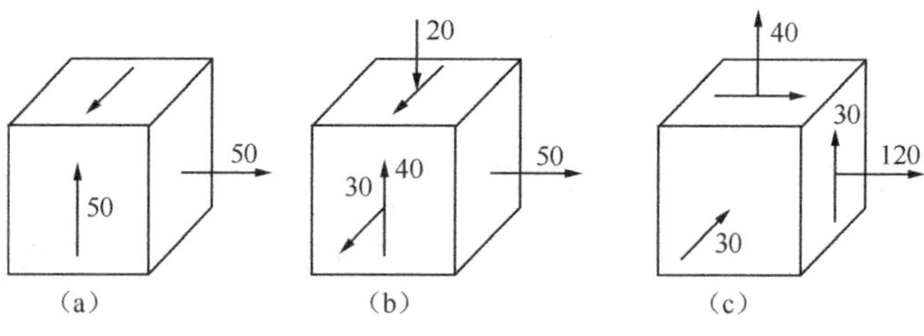

题 6-17 图

6-18．取弹性模量 E=200Gpa，泊松比μ=0.3，试求题 6-17 图中各应力状态的应变能密度 v_ε 和畸变能密度 v_d。

6-19．用电阻应变仪测得题 6-19 图所示空心钢轴表面某点处与母线成 45° 角方向上的线应变 $\varepsilon=2.0\times10^{-4}$，$E$=210GPa，$\mu$=0.3，已知该轴转速为 120r/min，试求轴所传递的功率。

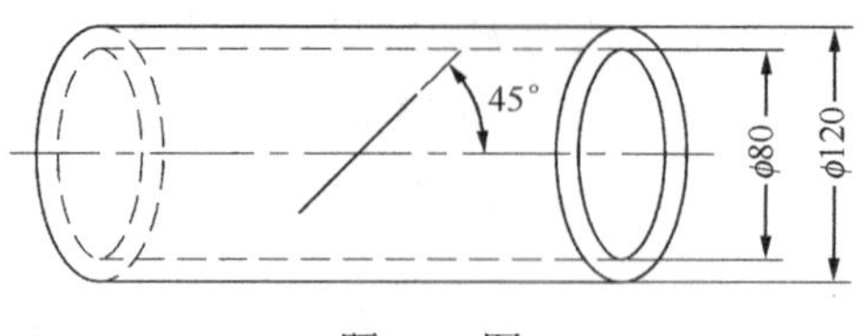

题 6-19 图

6-20．有一边长为 10mm 的立方体铝块，在其上方受 F=5kN 的压力作用（均匀分布于面上），已知材料的泊松比 μ=0.33。试在下列情形下求铝块内任意一点的主应力。

（1）如题 6-20 图（a）所示，x、z 方向无约束；

（2）置于刚性块槽内，两侧面与槽壁间无间隙，如题 6-20 图（b）所示；

（3）置于刚性块方槽内，四侧与槽壁间无间隙，如题 6-20 图（c）所示。

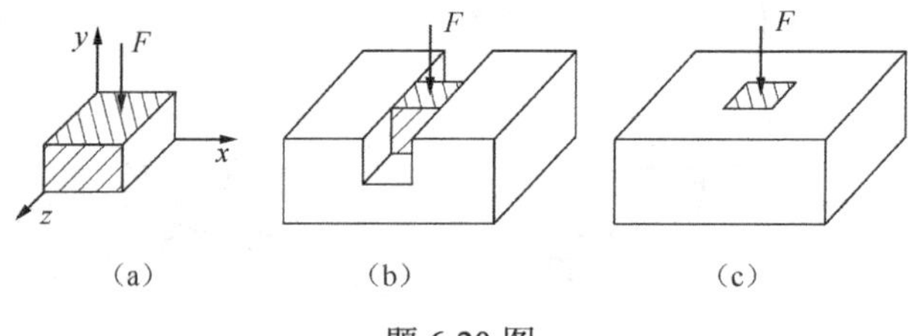

题 6-20 图

6-21．应用广义胡克定律证明弹性常数 E、G、μ 之间的关系：$G=\dfrac{E}{2(1+\mu)}$。

6-22．火炮发射时受到火药气体作用可简化为如题 6-22 图所示厚壁圆筒受内压的问题，其危险点在内壁处。假设主应力为 σ_t=550MPa，σ_r=−350MPa，另一个主应力垂直于图面是拉应力，其数值为 420MPa。试按第三和第四强度理论计算其相当应力。

6-23．题 6-23 图所示两端封闭的铸铁薄壁圆筒，其外径 $D=200\text{mm}$，壁厚 $t=15\text{mm}$，承受

内压力 $p=4\text{MPa}$，且在两端受轴向压力 $P=200\text{kN}$ 的作用。材料的许用拉应力和许用压应力分别为 $[\sigma_t]=30\text{MPa}$，$[\sigma_c]=120\text{MPa}$，泊松比 $\mu=0.25$。试用第二强度理论校核薄壁圆筒的强度。

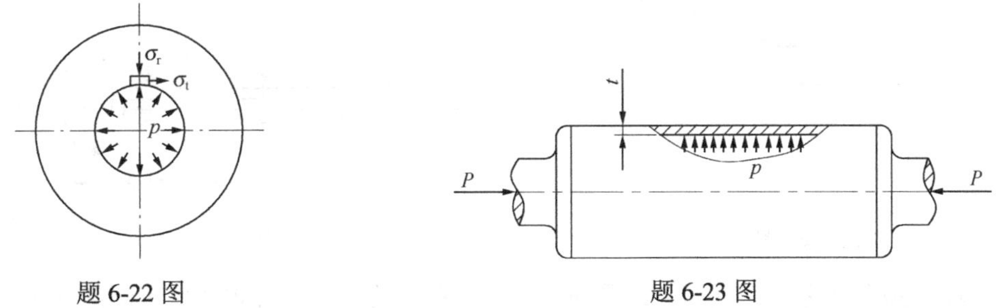

题 6-22 图　　　　题 6-23 图

6-24．钢制圆柱形薄壁圆筒，直径为 800mm，壁厚 $t=4\text{mm}$，$[\sigma]$=120MPa，试用第三和第四强度理论确定可承受的内压力 p。

6-25．如题 6-25 图所示，混凝土短圆柱的直径是 50mm，极限应力是 28MPa，试用第一强度理论校核在题 6-25 图所示受载状态下是否失效。

6-26．手摇绞车如题 6-26 图所示，轴的直径 d=30mm，材料为 Q235 钢，$[\sigma]$=80MPa，试按第三强度理论求绞车的最大起重重量。

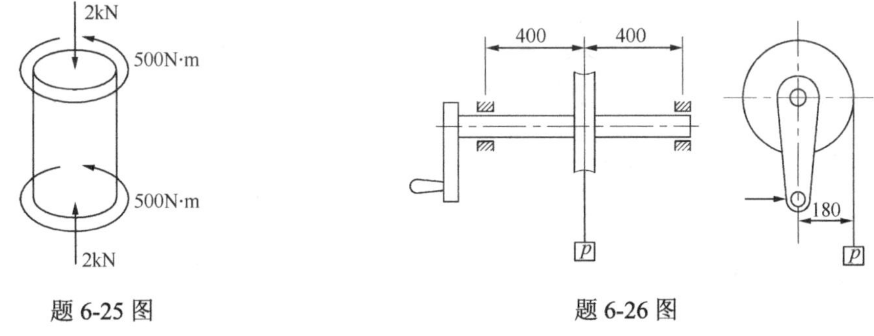

题 6-25 图　　　　题 6-26 图

6-27．题 6-27 图所示电动机的功率为 9kW，转速为 715r/min，皮带轮的直径 D=250mm，主轴外伸部分长度 l=120mm，主轴的直径 d=40mm，$[\sigma]$=60MPa，试按第三强度理论校核轴的强度。

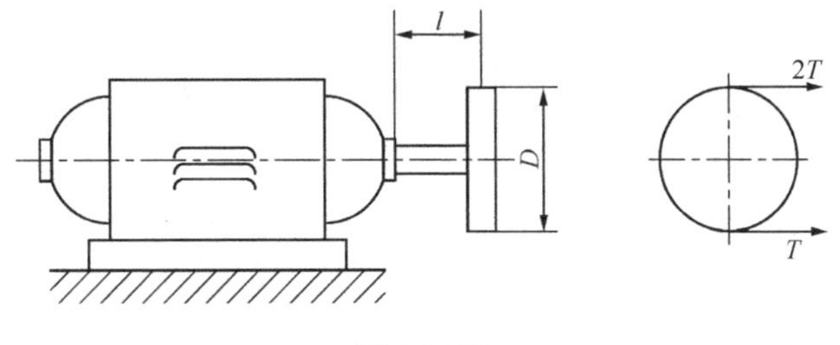

题 6-27 图

6-28．如题 6-28 图所示，铁道路标的圆信号板安装在外径 D=60mm 的空心圆柱上，若信号圆板上所受的最大风压 p=3kPa，材料的$[\sigma]$=60MPa，试按第三强度理论选择空心圆柱的壁厚。

6-29．题 6-29 图所示传动轴，传递的功率为 10kW，转速为 100r/min，A 轮上的皮带是水平的，B 轮上的皮带是铅垂的。若两轮的直径均为 500mm，且 $F_1>F_2$，F_2=2kN，$[\sigma]$=60MPa，试用第三强度理论设计轴的直径。

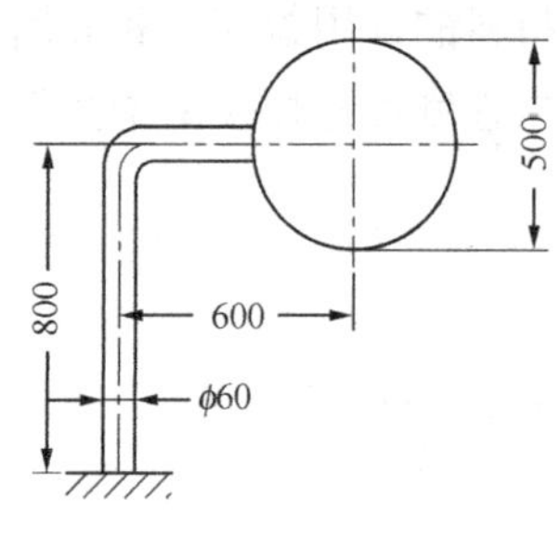

题 6-28 图

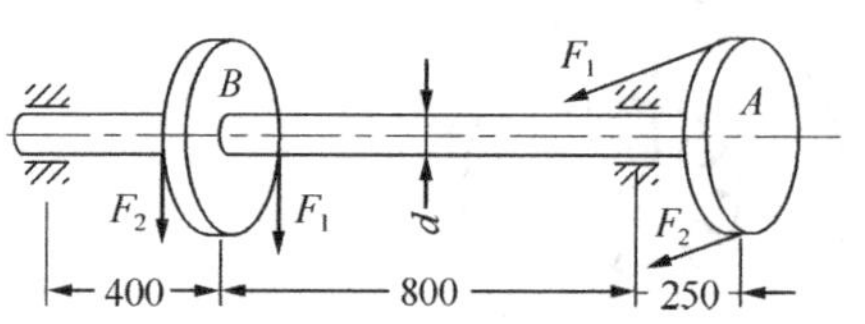

题 6-29 图

6-30．题 6-30 图所示圆截面等直杆受横向力 F 和扭转力偶矩 m_0 的作用。由实验测得杆表面 A 点处沿轴线方向的线应变 $\varepsilon_0=4\times10^{-4}$，杆表面 B 点处沿与轴线成−45° 角方向的线应变 $\varepsilon_{-45}=4\times10^{-4}$，并知杆的抗弯截面模量 W=6000mm^3，弹性模量 E=200GPa，泊松比 $\mu=0.25$，许用应力 $[\sigma]$=140MPa，试按第三强度理论校核杆的强度。

6-31．实心圆轴受轴向拉力 F、弯曲力偶矩 M 及扭转力偶矩 T 的作用，如题 6-31 图所示，试从第四强度理论的原始条件出发，推导出此轴危险点的相当应力 σ_{r4} 的表达式。该杆的横截面面积 A、弯曲截面系数 W 已知。

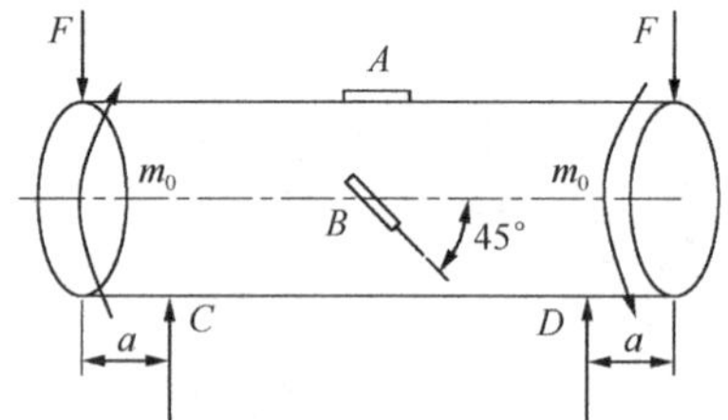

题 6-30 图

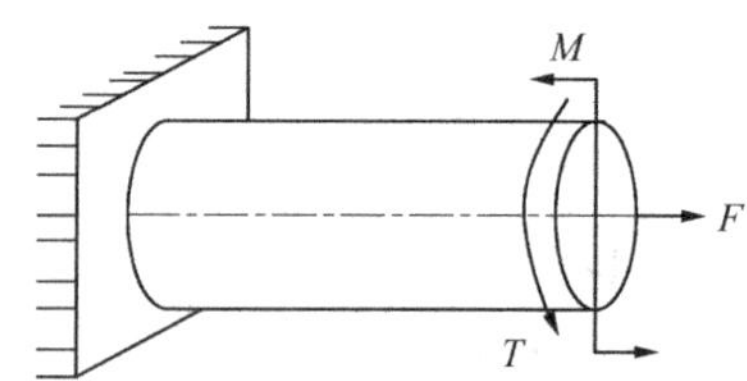

题 6-31 图

第七章 受压杆件的稳定性设计

第一节 压杆稳定的概念

在第三章讨论杆件轴向拉伸和压缩的强度计算中，对于受压杆件，当最大压应力达到极限应力（屈服极限或强度极限）时，会发生强度失效（出现塑性变形或破裂）。只要其最大压应力小于或等于许用应力，即满足强度条件，杆件就能安全正常工作。然而在实际工程中，当一些细长杆件受压时，杆件可能发生突然弯曲，进而产生很大的弯曲变形并导致最后破坏，而杆件的工作应力却远低于屈服极限或强度极限。显然，此时杆件的失效不是由于强度不够而引起的，而是与杆件在一定压力作用下突然弯曲，不能保持其原有的直线平衡形态有关。通常把构件在外力作用下保持其原有平衡形态的能力称为构件的**稳定性**（stability）。受压直杆在压力作用下保持其直线平衡形态的能力称为压杆的稳定性。可见，细长压杆的失效是由于杆件丧失稳定性而引起的，属于**稳定性失效**（failure by lost stability）。

在工程实际中有许多受压杆件。例如，汽车起重机起重臂的支撑杆（如图 7-1 所示），在起吊重物时，该支撑杆就受到压力作用。再如，建筑工地上使用的脚手架（如图 7-2 所示），可以简化为桁架结构，其中大部分竖杆要承受压力作用。同样，机床丝杠、起重螺旋（千斤顶）、各种受压杆件在压力作用下都有可能存在丧失稳定性而失效的问题。

图 7-1 起重机

图 7-2 脚手架

1．稳定平衡的概念

深入研究构件的平衡状态，不难发现其平衡状态可能是稳定的，也可能是不稳定的。当载荷小于一定的数值，处于平衡的构件，受到一微小的干扰力后，构件会偏离原平衡位置，而干扰力解除以后，又能恢复到原平衡状态，这种平衡称为稳定平衡。当载荷大于一定的数值，处于平衡状态的构件受到干扰后，偏离原平衡位置，而在干扰力去除后，却不能回到原平衡状态，这种平衡称为不稳定平衡。介于稳定平衡和不稳定平衡之间的临界状态则称为随遇平衡。三种平衡状态如图 7-3 所示。

图 7-3　平衡形态

当压杆处于不稳定平衡状态时，在任意微小的外界扰动下，都会转变为其他形式的平衡状态，这种过程称为**屈曲**（buckling）或**失稳**（lost stability）。很多情形下，屈曲将导致构件失效，这种失效称为**屈曲失效**（failure by buckling）。由于屈曲失效往往具有突发性，常常会产生灾难性后果，所以工程设计中需要认真加以考虑。

在 20 世纪初，享有盛誉的美国桥梁学家库泊（Theodore Cooper）在加拿大离魁北克城 14.4km 的圣劳伦斯河上建造长 548m 的魁北克大桥（Quebec Bridge）。不幸的是，1907 年 8 月 29 日，该桥发生稳定性破坏（如图 7-4 所示）。灾变发生在当日收工前 15 分钟，造成 85 位工人死亡，原因是在施工中悬臂桁架西侧的下弦杆有两节失稳，这成为 20 世纪十大工程惨剧之一。1922 年华盛顿镍克尔卜克尔剧院，在一场特大暴风雪中，由于屋顶结构中一根梁丧失稳定，引起柱和其他结构发生移动，导致建筑物倒塌，死亡 98 人。1983 年 10 月 4 日，北京的中国社会科学院科研楼工地的钢管脚手架整体失稳坍塌，造成 5 人死亡，7 人受伤。2000 年 10 月 25 日上午 10 时，南京电视台演播中心由于脚手架失稳造成屋顶模板倒塌，造成 6 人死亡，34 人受伤。这些都是工程结构失稳的典型例子。因此，结构设计除了需保证足够的强度和刚度外，还需要保证结构具有足够的稳定性。

图 7-4　魁北克大桥

2．临界压力的概念

现以图 7-5（a）所示一端固定一端自由的细长压杆来说明压杆的稳定性。若压杆为中心受压的理想直杆，即假设：杆是绝对直杆，无初曲率；压力与杆的轴线重合，无偏心；材料绝对均匀。那么在压力的作用下，无论压力有多大，也没有理由往旁边弯曲。

当压力很小时，压杆能够保持平衡状态，此时加一微小侧向干扰力，杆发生轻微弯曲，在新的位置重新处于平衡状态，如图 7-5（b）所示。若解除干扰力，则压杆重新回到原直线平衡状态，如图 7-5（c）所示，因此，压杆原直线平衡状态是稳定的平衡状态。当压力逐渐增加到某一极限值时，压杆仍保持其直线平衡状态，在受到一侧向干扰力后，杆发生微小弯曲，但去掉干扰力后，杆不能回到原直线平衡状态，而是在微小弯曲曲线状态下保持平衡，如图 7-5（d）所示，则压杆原平衡状态是随遇平衡状态。当压力逐渐增加超出某一极限值时，压杆仍保持其直线平衡状态，在受到一侧向干扰力后，杆件离开直线平衡状态后，就会一直弯曲直至杆件破坏，如图 7-5（e）所示，则压杆原平衡状态是不稳定平衡状态。

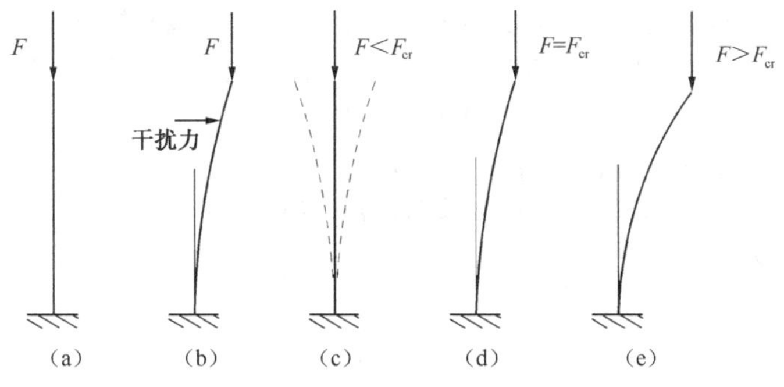

图 7-5　不同载荷作用下压杆的平衡形态

上述由稳定平衡过渡到不稳定平衡的压力的临界值称为**临界压力**（或**临界载荷**）(critical load)，用 F_{cr} 表示。显然，研究压杆稳定问题的关键是确定压杆的临界压力值。

除压杆外，还有一些其他构件也存在稳定问题。例如，圆柱形薄壳外部受到均匀压力时，壁内应力为压应力，如果外压达到临界值，薄壳将会失去原有圆柱形平衡状态而丧失稳定，如图 7-6 所示。同样，板条或窄梁在最大抗弯刚度平面内弯曲时，载荷过大也会发生突然的侧弯现象，如图 7-7 所示。薄壁圆筒在过大的扭矩作用下发生的局部皱折，也属于失稳问题。本章只讨论压杆的稳定问题，有关其他的稳定问题可参考有关专著。

图 7-6　圆柱形薄壳　　　　图 7-7　窄梁

第二节　细长压杆的临界压力

1. 两端铰支细长压杆的临界压力

如图 7-8 所示是两端约束为球铰支座的细长压杆，压杆轴线为直线，受到与轴线重合的压力作用。当压力达到临界力时，压杆将由稳定平衡状态转变为不稳定平衡状态。显然，使压杆保持在微小弯曲状态下平衡的最小压力即为临界压力。假设杆件在压力作用下发生微小弯曲变形，设杆件的弯曲刚度为 EI。

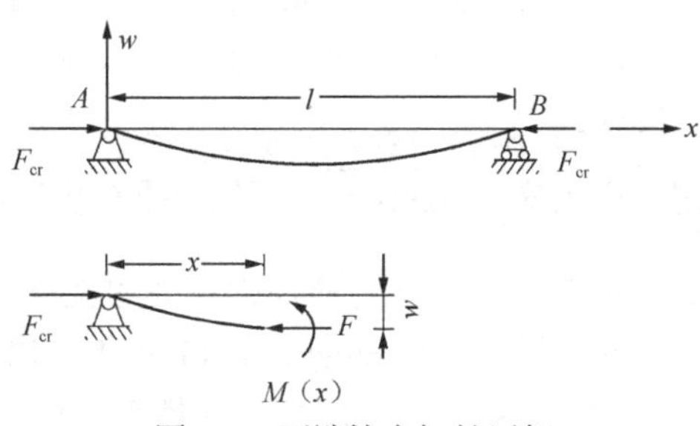

图 7-8　两端铰支细长压杆

选取如图 7-8 所示坐标系 xAw，设距原点为 x 距离的任意截面的挠度为 w，弯矩 M 的大小为 Fw。若压力 F 取绝对值，则 w 为负时，M 为正，即 M 与 w 的符号相反，于是有

$$M(x) = -Fw$$

将其代入挠曲线近似微分方程，得

$$EIw'' = M(x) = -Fw$$

为了求解方便，令

$$k^2 = \frac{F}{EI}$$

则有

$$w'' + k^2 w = 0$$

该微分方程的通解为

$$w = C\cos kx + D\sin kx$$

式中，C、D 为积分常数，可通过边界条件来确定。

压杆两端约束为球铰支座，其边界条件为

$$x = 0 \text{ 时，} \quad w = 0$$

$$x = l \text{ 时，} \quad w = 0$$

将边界条件代入通解式，可解得

$$C=0$$

$$D\sin kl=0$$

则可得

$$D=0 \text{ 或 } \sin kl=0$$

如果 $D=0$，则有 $w\equiv0$，即压杆各截面的挠度均为零，杆仍然保持直线状态，这与压杆处于微弯状态的假设前提相矛盾。因此 $D\neq0$，则只有

$$\sin kl=0$$

满足上式的 kl 值为 $kl=n\pi \quad (n=0,1,2,3,\cdots)$

所以

$$k = \frac{n\pi}{l}$$

于是，杆件所受的压力为

$$F = k^2 EI = \frac{n^2\pi^2 EI}{l^2} \qquad (n=0,1,2,3,\cdots)$$

由上式可以看出，使压杆保持曲线形状平衡的压力值，在理论上是多值的。但实际上，只有使杆件保持微小弯曲的最小压力才是临界压力。显然只有取 $n=1$ 才有实际意义，于是可得临界压力为

$$F_{cr} = \frac{\pi^2 EI}{l^2} \tag{7-1}$$

式（7-1）即为两端铰支细长压杆的临界压力表达式。式中，E 为弹性模量；EI 为弯曲刚度；l 为压杆长度。EI 应取最小值，在材料给定的情况下，惯性矩 I 应取最小值，这是因为杆件总是在抗弯能力最小的纵向平面内失稳。

当 $n=1$ 时，相应的挠曲线方程为 $w = D\sin\dfrac{\pi x}{l}$。可见，压杆由直线状态的平衡过渡到曲线状态的平衡以后，轴线变成了半个正弦曲线。D 为杆件中点处的挠度。

临界压力表达式是由瑞士科学家欧拉（L. Euler）于 1744 年提出的，所以也称为两端铰支细长压杆的**欧拉公式**。欧拉早在 18 世纪就对理想压杆在弹性范围内的稳定性进行了研究。但是，同其他科学问题一样，压杆稳定性的研究和发展与生产力发展的水平密切相关。欧拉公式面世

后，在相当长的时间里之所以未被认识和重视，就是因为当时在工程与生活建造中使用的木桩、石柱都不是细长的。到 1788 年，熟铁轧制的型材开始生产，然后出现了钢结构。有了金属结构，细长杆才逐渐成为重要议题。特别是到了 19 世纪，随着铁路建设和发展而来的铁路金属桥梁的大量建造，促使人们对压杆稳定问题进行深入研究。

2．其他支承形式下的临界压力

从上面的推导过程可以看出，杆件压弯后的挠曲线形式与杆件两端的支撑形式密切相关，积分常数是通过边界条件来确定的，不同的边界条件得到不同的结果。压杆两端的支座除铰支外，还有其他情况。工程上较常见的杆端支撑形式主要有四种，如图 7-9 所示。各种支撑情况下压杆的临界压力公式，可以按照两端铰支形式的方式进行推导，但也可以把各种支撑形式的弹性曲线与两端铰支形式下的弹性曲线进行类比来获得临界压力公式。

例如，千斤顶的丝杆如图 7-10 所示，下端可简化为固定端，上端可简化为自由端。这样就可以简化为下端固定、上端自由的细长压杆，如图 7-9（b）所示。假设在临界压力作用下以微小弯曲的形状保持平衡，由于固定端截面不发生转动，可以看出，其弯曲曲线与一长为 $2l$ 的两端铰支压杆的挠曲线的上半段是相符合的。也就是说，如果把挠曲线对称向下延伸一倍，就相当于如图 7-9（a）所示的两端铰支细长压杆的挠曲线。所以，一端固定而另一端自由、长度为 l 的细长压杆的临界压力，等于两端铰支、长度为 $2l$ 的细长压杆的临界压力，即

$$F_{cr}=\frac{\pi^2 EI}{(2l)^2} \tag{7-2}$$

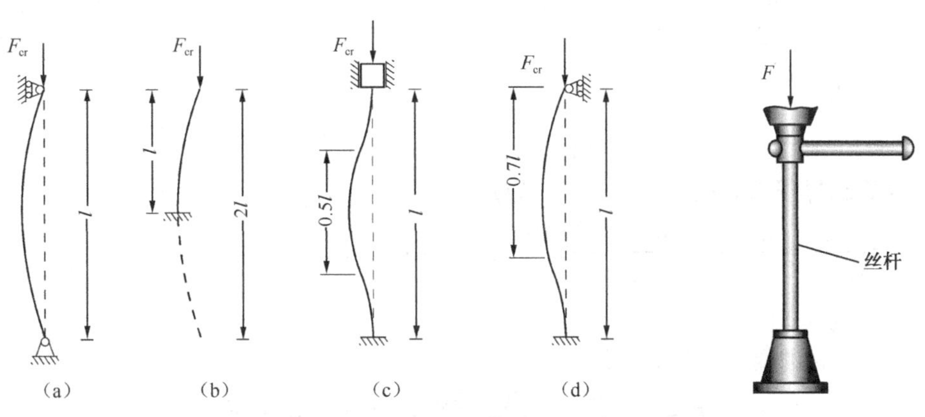

图 7-9　不同支撑形式的细长压杆　　图 7-10　千斤顶

对于图 7-9（c）所示两端固定的压杆，失稳后的挠曲线形状关于杆件的中间截面对称，根据杆件弯曲变形的特点，可知距离上下端点四分之一杆长处的两点为挠曲线的拐点，其弯矩为零，相当于铰链。所以两端固定长为 l 的压杆的临界压力与一长为 $0.5l$ 的两端铰支压杆的临界压力相等，则有

$$F_{cr}=\frac{\pi^2 EI}{\left(\frac{l}{2}\right)^2} \tag{7-3}$$

而图 7-9（d）所示一端固定、一端铰支的压杆，根据杆件失稳后的挠曲线形状的特点，可知距离下端点约 $0.3l$ 杆长处为挠曲线的拐点，其弯矩为零，相当于铰链，其临界压力为

$$F_{cr}=\frac{\pi^2 EI}{(0.7l)^2} \tag{7-4}$$

根据以上讨论，可将不同杆端约束细长压杆的临界压力公式统一写成

$$F_{cr}=\frac{\pi^2 EI}{(\mu l)^2} \tag{7-5}$$

式（7-5）为欧拉公式的普遍形式。式中，μ称为**长度系数**（coefficient of length），它表示杆端约束对临界压力的影响，不同的杆端约束形式有不同的长度系数，显然杆端的约束越强，长度系数越小。几种支撑情况的μ值见表7-1。μl表示把压杆折算成相当于两端铰支压杆时的长度，称为**相当长度**（effective length）。

表7-1　压杆长度系数

支撑情况	一端固定 一端自由	两端铰支	一端固定 一端铰支	两端固定
μ	2	1	0.7	0.5

例7-1　如图7-11所示细长压杆，一端固定，另一端自由。已知其弹性模量E=10GPa，长度l=2m。试求在如下两种情况下压杆的临界压力：

① h=160mm，b=90mm；　② h=b=120mm。

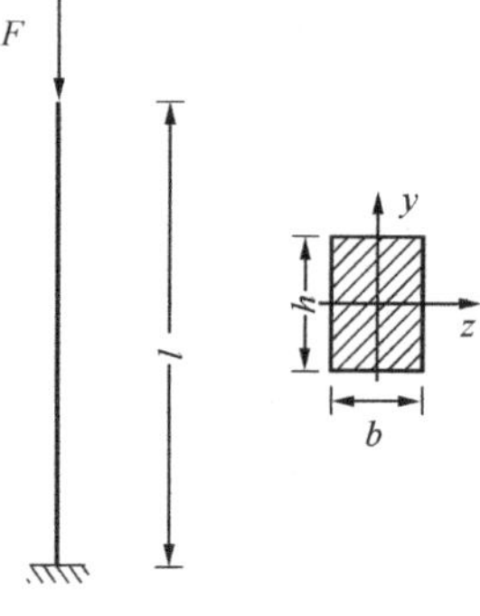

图7-11　例7-1图

【解】（1）计算情况①下的临界压力。

截面对y、z轴的惯性矩分别为

$$I_y=\frac{hb^3}{12}=\frac{160\times 90^3}{12}=9.72\times 10^6\,\text{mm}^4$$

$$I_z=\frac{bh^3}{12}=\frac{90\times 160^3}{12}=3.072\times 10^7\,\text{mm}^4$$

由于$I_y<I_z$，所以压杆必然绕y轴弯曲失稳，应将I_y代入式（7-2）计算临界压力。根据杆端约束，取μ=2，即

$$F_{cr}=\frac{\pi^2 EI}{(\mu l)^2}=\frac{\pi^2\times 10\times 10^9\times 9.72\times 10^6\times 10^{-12}}{(2\times 2)^2}=60\,\text{kN}$$

（2）计算情况②下的临界压力。

截面对y、z轴的惯性矩相等，均为

$$I_y=I_z=\frac{hb^3}{12}=\frac{120\times 120^3}{12}=1.728\times 10^7\,\text{mm}^4$$

$$F_{cr}=\frac{\pi^2 EI}{(\mu l)^2}=\frac{\pi^2\times 10\times 10^9\times 1.728\times 10^7\times 10^{-12}}{(2\times 2)^2}=106.5\,\text{kN}$$

由计算结果来看，两种压杆的材料用量相同，但情况②的临界压力是情况①的1.78倍。很显然，为杆件选择合理截面形状是提高杆件稳定性的措施之一。

第三节　临界应力总图

1．压杆的临界应力

当杆件压力达到临界压力时，将临界压力F_{cr}除以压杆的横截面面积A，即可得到临界压力

下的应力，称为**临界应力**（critical stress），用σ_{cr}表示，即

$$\sigma_{cr}=\frac{F_{cr}}{A}=\frac{\pi^2 EI}{(\mu l)^2 A}$$

将 $I=Ai^2$ 代入临界应力公式中，则有

$$\sigma_{cr}=\frac{\pi^2 E}{\left(\frac{\mu l}{i}\right)^2}$$

令

$$\lambda=\frac{\mu l}{i} \tag{7-6}$$

于是，临界应力σ_{cr}可以写成如下形式：

$$\sigma_{cr}=\frac{\pi^2 E}{\lambda^2} \tag{7-7}$$

式中，λ是与压杆的长度、约束情况、截面形状和尺寸有关的系数，称为压杆的**柔度**或**长细比**（slenderness radio），这是一个无量纲的量，集中反映了杆长、约束情况、截面形状和尺寸等因素对临界应力的影响。

式（7-7）与式（7-5）相比，两者并无本质区别。因此，式（7-7）也称为欧拉公式。

2．欧拉公式的适用范围

由临界应力的计算公式可知，随着柔度的减小，临界应力增大。当柔度很小接近于零时，临界应力会趋于无穷大，这显然是不符合实际情况的。因此，欧拉公式并不能适用于所有压杆的临界应力的计算。下面来讨论欧拉公式的适用范围。

欧拉公式是利用压杆微弯时的挠曲线近似微分方程推导出来的，而挠曲线近似微分方程又是建立在材料服从胡克定律的基础上的。因此，只有当临界应力不超过材料的比例极限时，欧拉公式才能成立，故有

$$\sigma_{cr}=\frac{\pi^2 E}{\lambda^2}\leqslant\sigma_p$$

即

$$\lambda\geqslant\sqrt{\frac{\pi^2 E}{\sigma_p}}$$

令

$$\lambda_p=\sqrt{\frac{\pi^2 E}{\sigma_p}} \tag{7-8}$$

式中，λ_p 是当临界应力等于比例极限时所对应的柔度值，常称为**极限柔度**，是欧拉公式适用的最小柔度值。因此，欧拉公式的适用范围可以表达为

$$\lambda\geqslant\lambda_p \tag{7-9}$$

通常将柔度λ大于或等于极限柔度λ_p的压杆称为**大柔度杆**或**细长杆**。因此，只有大柔度杆才能使用欧拉公式计算其临界压力和临界应力。

由式（7-8）可以看出，极限柔度与材料的比例极限和弹性模量有关。不同材料的极限柔度λ_p数值也不同。

3．临界应力总图与经验公式

工程实际中的压杆，柔度λ往往会小于极限柔度λ_p，由于其临界应力已经超过了材料的比例

极限，所以欧拉公式不再适用。临界应力超过比例极限的压杆稳定问题，属于非线性弹性失稳问题，对于这类问题，也有理论分析结果，但在实际应用中经常采用建立在实验或实际工程经验基础上的经验公式。常用的经验公式有直线公式和抛物线公式。

1）直线公式

直线公式是把临界应力σ_{cr}与柔度λ表示成如下的线性关系：

$$\sigma_{cr}=a-b\lambda \tag{7-10}$$

式中，a、b 是与材料性质有关的系数。例如，Q235 钢，a=304MPa，b=1.12MPa。表 7-2 列出一些材料的 a、b 值。

表 7-2 几种常见材料的直线公式系数 a、b 及柔度λ_p、λ_s

材　料	a（MPa）	b（MPa）	λ_p	λ_s
Q235 钢	304	1.12	100	61.4
优质碳钢 σ_s=306MPa	460	2.57	100	60
硅钢 σ_s=353MPa	577	3.74	100	60
铬钼钢	980	5.3	55	40
硬铝	372	2.14	50	
铸铁	332	1.45	80	
木材	39	0.2	50	

如果压杆的柔度很小，属于短粗杆。试验结果表明，当压力达到材料的屈服极限σ_s（或强度极限σ_b）时，压杆由于强度不够而失效，不会出现失稳。因此，对于这种情况，应按强度问题处理，其临界应力为屈服极限σ_s（或强度极限σ_b），即

$$\sigma_{cr}=\sigma_s\ （或\sigma_{cr}=\sigma_b） \tag{7-11}$$

显然使用直线公式的最大应力为σ_s，于是有

$$\sigma_{cr}=a-b\lambda\leqslant\sigma_s$$

即

$$\lambda\geqslant\frac{a-\sigma_s}{b}$$

令

$$\lambda_s=\frac{a-\sigma_s}{b} \tag{7-12}$$

将$\lambda_s\leqslant\lambda\leqslant\lambda_p$ 的压杆称为**中柔度压杆**，即直线公式适用于中柔度压杆；而将$\lambda\leqslant\lambda_s$ 的压杆称为**小柔度压杆**。

如果以柔度λ作为横坐标，以临界应力σ_{cr} 作为纵坐标，建立平面直角坐标系，则式（7-7）、式（7-10）及式（7-11）可表示成如图 7-12 所示的曲线。

图 7-12 所示为临界应力σ_{cr} 随压杆的柔度λ的变化情况，称为压杆的**临界应力总图**（figures of critical stresses）。临界应力总图是压杆设计的重要依据。

2）抛物线公式

对于柔度$\lambda<\lambda_p$ 的杆件，除了上述直线公式外，还有抛物线公式。抛物线公式是把临界应力

σ_{cr}与柔度λ表示成如下的二次抛物线形式（见图 7-13）：

$$\sigma_{cr}=a_1-b_1\lambda^2 \tag{7-13}$$

式中，a_1、b_1是与材料性质有关的系数，可查阅有关设计手册获得。

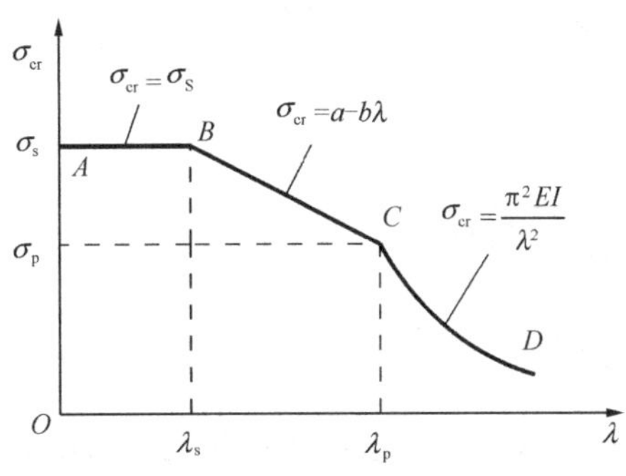

图 7-12 临界应力总图（直线公式）

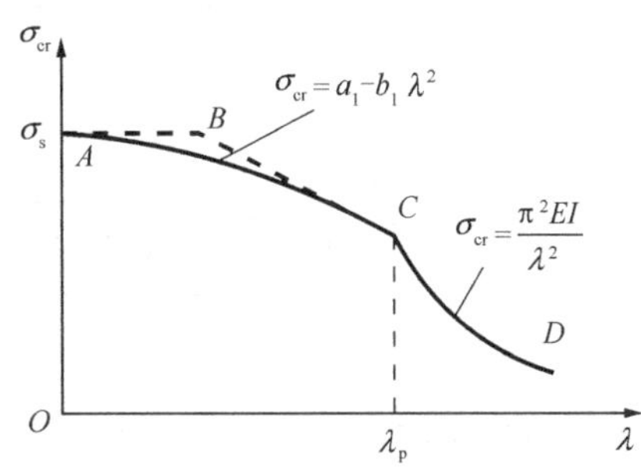

图 7-13 临界应力总图（抛物线公式）

不论是用直线公式还是用抛物线公式，求得临界应力σ_{cr}后，再乘以压杆的横截面面积 A，即得压杆的临界压力 F_{cr}：

$$F_{cr}=\sigma_{cr}A \tag{7-14}$$

需要特别注意的是，在稳定计算中，无论是欧拉公式还是经验公式，均是以杆件的整体变形为基础的，局部的削弱（如螺钉孔等）对杆件整体变形影响很小。因此，在计算临界压力和临界应力时，可不考虑局部削弱，均采用未经削弱的横截面面积和惯性矩进行计算。至于强度问题，则应考虑局部削弱的影响，使用削弱以后的横截面面积来计算应力。

第四节 压杆的稳定性设计

前面的分析表明，临界压力是压杆不发生失稳的最大压力。因此，临界压力即为稳定问题的极限压力（临界应力即为稳定问题的极限应力）。为保证压杆不致发生失稳现象，必须使压杆实际承受的压力低于临界压力。但要使压杆安全可靠地工作，必须使压杆具有一定的安全储备，即考虑稳定的安全系数 n_{st}，所以压杆的**稳定性设计准则**（criterion of design for stability）为

$$F\leqslant\frac{F_{cr}}{n_{st}}\quad\left(\sigma\leqslant\frac{\sigma_{cr}}{n_{st}}\right) \tag{7-15}$$

或者

$$n=\frac{F_{cr}}{F}\geqslant n_{st}\quad\left(n=\frac{\sigma_{cr}}{\sigma}\geqslant n_{st}\right) \tag{7-16}$$

式中，n 为压杆的工作安全系数。

式（7-16）说明，压杆的工作安全系数应该大于或等于规定的稳定安全系数。该方法一般称为**安全系数法**。

一般情况下，稳定安全系数均高于强度安全系数。这是因为对压杆来说，一些难以避免的因素如杆的初曲率、压力不对中、材料不均匀以及支座的缺陷等将严重影响压杆的稳定性。而这些因素对强度问题的影响就不像对稳定问题那样严重。关于稳定安全系数，可查阅有关设计手册

和规范获得。

例 7-2　如图 7-14 所示为一曲柄滑块机构的连杆（正视图和俯视图）。已知连杆材料为 Q235 钢，连杆承受轴向压力为 100kN，稳定安全系数 $n_{st}=3$，试校核连杆的稳定性。

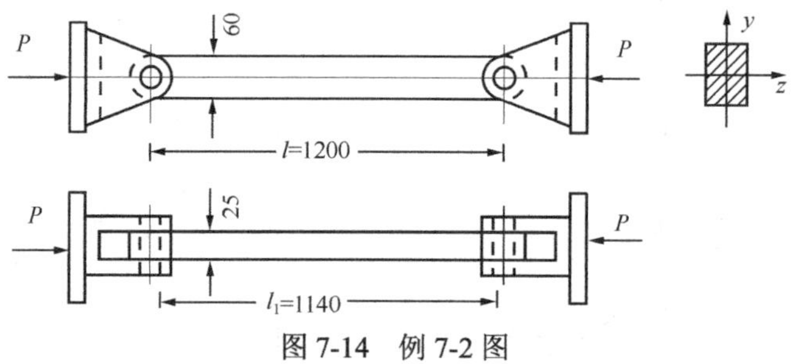

图 7-14　例 7-2 图

【解】（1）柔度计算。由于连杆在不同平面内的约束条件、惯性矩不相同，所以必须计算两个方向的柔度。

如果连杆在 xy 平面内失稳，连杆两端可视为铰支座，长度系数 $\mu=1$。此时中性轴为 z 轴，惯性半径为

$$i_z=\sqrt{\frac{I_z}{A}}=\sqrt{\frac{bh^3}{12bh}}=\frac{h}{2\sqrt{3}}=\frac{60}{2\sqrt{3}}=17.32\text{ mm}$$

柔度为
$$\lambda_z=\frac{\mu l}{i_z}=\frac{1\times1200}{17.32}=69.3$$

如果连杆在 xz 平面内失稳，连杆两端可视为固定端，长度系数 $\mu=0.5$。此时中性轴为 y 轴，惯性半径为

$$i_y=\sqrt{\frac{I_y}{A}}=\sqrt{\frac{hb^3}{12bh}}=\frac{b}{2\sqrt{3}}=\frac{25}{2\sqrt{3}}=7.22\text{ mm}$$

柔度为
$$\lambda_y=\frac{\mu l_1}{i_y}=\frac{0.5\times1140}{7.22}=78.9$$

由于 $\lambda_y>\lambda_z$，所以压杆在 xy 平面内的稳定性大于在 xz 平面内的稳定性。应以 λ_y 计算临界压力和临界应力。

（2）临界压力计算。对于 Q235 钢制成的压杆，其极限柔度 $\lambda_p=100$，$\lambda_s=61.6$，$\lambda_s<\lambda<\lambda_p$，压杆为中柔度杆，用经验公式计算临界应力：

$$\sigma_{cr}=a-b\lambda_y$$

查表可得 a=304MPa，b=1.12MPa，代入上式有

$$\sigma_{cr}=304-1.12\times78.9=216\text{MPa}$$

临界压力为
$$F_{cr}=\sigma_{cr}A=216\times10^6\times60\times25\times10^{-6}=324\text{ kN}$$

（3）稳定性校核。由式（7-15），有

$$n=\frac{F_{cr}}{F}=\frac{324}{100}=3.24>n_{st}=3$$

故满足稳定条件。

（4）讨论。由于 $\lambda_y\neq\lambda_z$，连杆在两个平面内的稳定性不相等。欲使连杆在 xy 和 xz 两平面内的稳定性相等，则必须有 $\lambda_y=\lambda_z$，即

$$\frac{0.5l_1}{\sqrt{\dfrac{I_y}{A}}}=\frac{l}{\sqrt{\dfrac{I_z}{A}}}$$

于是有
$$\frac{I_z}{I_y}=4\frac{l^2}{l_1^2}$$

本例中，由于 l_1 与 l 大致相等，所以　$I_z \approx 4I_y$

上式表明，欲使连杆在两个平面内的稳定性相等，在设计截面时，应保持 $I_z \approx 4I_y$。对于本例中的矩形截面，则需有
$$\frac{bh^3}{12}\approx 4\frac{hb^3}{12}$$

即
$$h \approx 2b$$

此时，可保证连杆在两个平面内的稳定性相等。

例 7-3　图 7-15 中所示压杆，其直径均为 d，材料都是 Q235 钢，但二者长度和约束条件各不相同。两杆长度分别为 5m 和 9m。

（1）分析哪一根杆的临界应力较大？

（2）计算 d=160mm，E=206GPa 时，两杆的临界载荷。

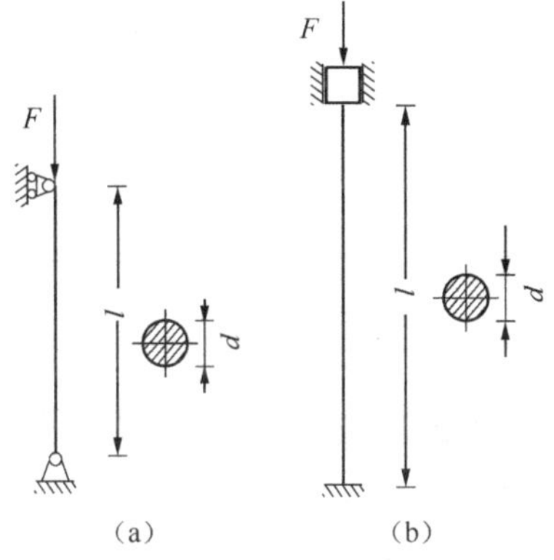

图 7-15　例 7-3 图

【解】　（1）计算柔度。

因为 $\lambda=\dfrac{\mu l}{i}$，其中 $i=\sqrt{\dfrac{I}{A}}$，而二者均为圆截面且直径相同，故有

$$i=\sqrt{\frac{I}{A}}=\sqrt{\frac{\pi d^4/64}{\pi d^2/4}}=\frac{d}{4}$$

因为二者约束条件和杆长都不相同，所以柔度也不一定相同。

对于图 7-15（a）所示两端铰支的压杆，μ=1，l=5m，可得

$$\lambda_a=\frac{\mu l}{i}=\frac{1\times 5}{\dfrac{d}{4}}=\frac{20}{d}$$

对于图 7-15（b）所示两端固定的压杆，μ=0.5，l=9m，可得

$$\lambda_b=\frac{\mu l}{i}=\frac{0.5\times 9}{\dfrac{d}{4}}=\frac{18}{d}$$

由临界应力的计算公式，可知本例中两端铰支压杆的临界应力小于两端固定压杆的临界应力。

（2）计算各杆的临界载荷。

对于两端铰支的压杆

$$\lambda_a=\frac{\mu l}{i}=\frac{1\times 5}{\dfrac{d}{4}}=\frac{20}{d}=\frac{20}{0.16}=125>\lambda_p=100$$

属于大柔度杆，利用欧拉公式

$$F_{acr}=\sigma_{cr}A=\frac{\pi^2 E}{\lambda^2}A=\frac{\pi^2\times 206\times 10^9}{125^2}\times\frac{\pi\times 0.16^2}{4}=2616\ \text{kN}$$

对于两端固定的压杆

$$\lambda_b = \frac{\mu l}{i} = \frac{0.5\times 9}{\frac{d}{4}} = \frac{18}{d} = \frac{18}{0.16} = 112.5 > \lambda_p = 100$$

也属于大柔度杆，利用欧拉公式

$$F_{bcr} = \sigma_{cr} A = \frac{\pi^2 E}{\lambda^2} A = \frac{\pi^2 \times 206\times 10^9}{112.5^2} \times \frac{\pi \times 0.16^2}{4} = 3230\,\text{kN}$$

例 7-4 如图 7-16 所示的结构中，梁 AB 为 No.14 普通热轧工字钢，CD 为圆截面直杆，其直径为 d=20mm，二者的材料均为 Q235 钢。结构受力如图所示，A、C、D 三处均为球铰约束。已知 F=25kN，l_1=1.25m，l_2=0.55m，σ_s=235MPa，强度安全因数 n_s=1.45，稳定安全因数 n_{st}=1.8。试校核此结构是否安全。

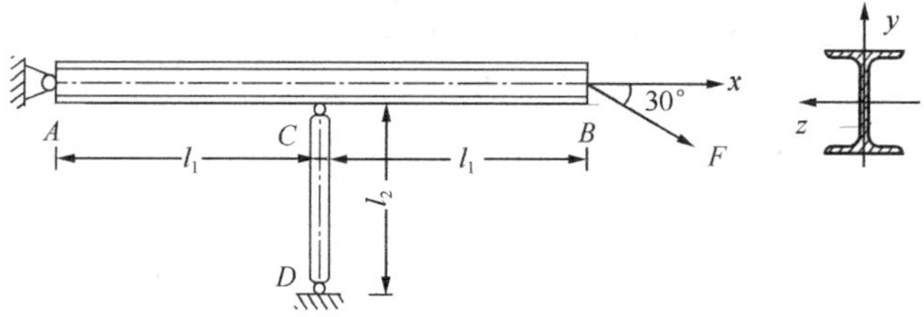

图 7-16 例 7-4 图

【解】在给定的结构中共有两个构件：梁 AB，承受拉伸与弯曲的组合作用，属于强度问题；杆 CD，承受压力作用，属于稳定问题。现分别校核如下。

（1）大梁 AB 的强度校核。

大梁 AB 在截面 C 处弯矩最大，该处横截面为危险截面，该截面的弯矩和轴力分别为

$$M_C = (F\sin 30^\circ) l_1 = 25\times 10^3 \times 0.5 \times 1.25 = 15.63\times 10^3\ \text{N}\cdot\text{m} = 15.63\ \text{kN}\cdot\text{m}$$

$$F_N = F\cos 30^\circ = 25\times 10^3 \times \cos 30^\circ = 21.65\,\text{kN}$$

由型钢表查得 No.14 普通热轧工字钢的参数为 W_z=102cm^3，A=21.5cm^2。

由此得到

$$\sigma_{max} = \frac{M_C}{W_z} + \frac{F_N}{A} = \frac{15.63\times 10^3}{102\times 10^{-6}} + \frac{21.65\times 10^3}{21.5\times 10^{-4}} = 163.2\times 10^6\,\text{Pa} = 163.2\text{MPa}$$

Q235 钢的许用应力为 $$[\sigma] = \frac{\sigma_s}{n_s} = \frac{235}{1.45} = 162\,\text{MPa}$$

σ_{max} 略大于$[\sigma]$，但并没有超出许用应力的 5%，工程上仍认为是安全的。

（2）压杆 CD 的稳定校核。

由平衡方程求得压杆 CD 的轴向压力为

$$F_{NCD} = 2F\sin 30^\circ = F = 25\text{kN}$$

因为是圆截面杆，故惯性半径

$$i = \sqrt{\frac{I}{A}} = \frac{d}{4} = 5\,\text{mm}$$

又因为两端为球铰约束，μ=1，所以

$$\lambda = \frac{\mu l}{i} = \frac{1\times 0.55}{5\times 10^{-3}} = 110 > \lambda_p = 100$$

这表明，压杆 CD 为细长杆，采用欧拉公式计算其临界应力为

$$\sigma_{cr}=\frac{\pi^2 E}{\lambda^2}=\frac{\pi^2\times 206\times 10^9}{110^2}=168\text{MPa}$$

压杆 CD 的工作应力为

$$\sigma=\frac{F_{NCD}}{A}=\frac{25\times 10^3}{\dfrac{\pi\times 20^2\times 10^{-6}}{4}}=79.6\text{ MPa}$$

于是，压杆的工作安全因数为

$$n=\frac{\sigma_{cr}}{\sigma}=\frac{168}{79.6}=2.11>n_{st}=1.8$$

结果说明，压杆满足稳定性要求。

例 7-5　一压杆由两个等边角钢（140mm × 140mm × 12mm）组成（如图 7-17 所示），用直径 $d=25\text{mm}$ 的铆钉联结成一个整体。杆长 $l=3\text{m}$，两端铰支，承受轴向压力 $F=700\text{kN}$。压杆材料为 Q235 钢，许用应力 $[\sigma]=100\text{MPa}$，稳定安全系数 $n_{st}=2$。试校核压杆的稳定性及强度。

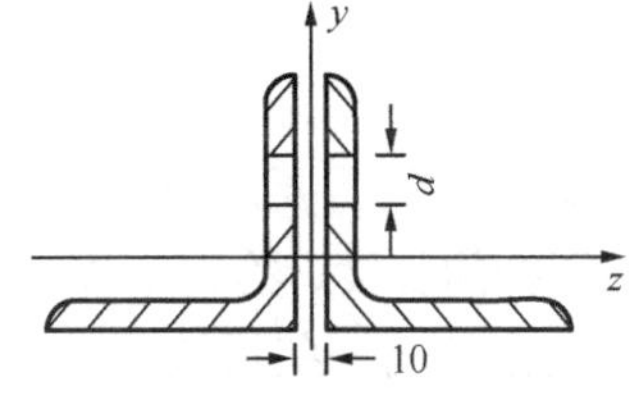

图 7-17　例 7-5 图

【解】　（1）柔度计算。由于截面为组合截面，所以必须分析截面对 y 和 z 轴的惯性矩。

查型钢表可得单根角钢截面几何性质为：$A=32.512\text{cm}^2$，$I_x=603.68\text{cm}^4$，$z_0=3.9\text{cm}$，$d_0=1.2\text{cm}$。于是组合截面轴惯性矩分别为

$$I_z=2I_x=2\times 603.68=1207.36\text{cm}^4=1.20736\times 10^7\text{ mm}^4$$

$$I_y=2\times[I_x+A\times(z_0+0.5)^2]=2\times[603.68+32.512\times(3.9+0.5)^2]$$
$$=2466.22\text{cm}^4=2.46622\times 10^7\text{ mm}^4$$

由于 $I_z<I_y$，因此截面将绕中性轴 z 轴转动，此时最小惯性半径为 i_z，则

$$i_{min}=i_z=\sqrt{\frac{I_z}{2A}}=\sqrt{\frac{1.20736\times 10^7}{2\times 32.512\times 10^2}}=43.1\text{mm}$$

最大柔度为

$$\lambda_{max}=\frac{\mu l}{i_{min}}=\frac{1\times 3000}{43.1}=69.6$$

材料的柔度极限为：λ_p=100，λ_s=61.6，即 $61.6<\lambda_{max}<100$，压杆为中柔度杆。

（2）稳定校核。由直线公式得临界应力为

$$\sigma_{cr}=304-1.12\times 69.6=226\text{MPa}$$

临界压力为

$$F_{cr}=226\times 10^6\times 2\times 32.512\times 10^{-4}=1470\text{ kN}$$

于是，杆件的工作安全系数为

$$n=\frac{F_{cr}}{F}=\frac{1470}{700}=2.1>n_{st}=2$$

故满足稳定条件。

（3）强度校核。由于有局部削弱，所以进行强度校核时，必须考虑削弱对强度的影响，削弱后的截面面积为

$$A' = 2\times(A - d\times d_0) = 2\times(32.512\times10^2 - 25\times12) = 5902.4\,\text{mm}^2$$

则截面上的应力为

$$\sigma = \frac{F}{A'} = \frac{700\times10^3}{5902.4\times10^{-6}} = 119\text{MPa} > [\sigma] = 100\ \text{MPa}$$

故不满足强度要求。

（4）讨论。由以上计算分析可见，压杆有局部削弱时，在满足稳定条件的同时，强度条件可能不满足。因此，有局部削弱时，在进行稳定校核的同时要进行强度校核。工程实际中，应尽量避免对压杆的局部削弱，以免引起强度不足。

第五节　提高压杆稳定性的措施

临界应力作为稳定问题的极限应力，其大小反映了压杆承载能力的高低。因此，要提高压杆的稳定性，就需要从决定临界应力的各种因素着手。根据前面的讨论，影响压杆稳定性的因素有：压杆的长度、约束条件、截面几何形状及尺寸、材料的性质等。下面将从四个方面讨论提高压杆稳定性的一些措施。

1．尽量减小压杆长度

对于细长杆，其临界载荷与杆长的平方成反比。由 $\lambda = \frac{\mu l}{i}$ 可知，减小压杆长度可降低压杆柔度，而降低柔度可提高临界应力。因此，在结构允许的情况下，尽可能地减小压杆的长度，可以有效而显著地提高压杆的承载能力。

如图 7-18 所示两种桁架结构，其中杆①、④都是压杆，但图 7-18（b）中的压杆的承载能力要远高于图 7-18（a）中的压杆。

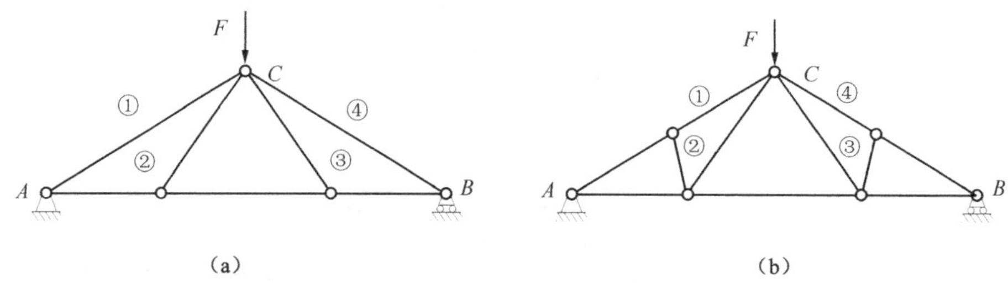

图 7-18　不同杆长的桁架

2．增强压杆的约束条件

杆件支撑的刚性越大，即加强压杆的约束，压杆的长度系数μ值越低，临界压力也就越大。如图 7-19（a）所示，两端铰支的细长杆，变成两端固定约束，如图 7-19（b）所示，其临界压力将显著增加。

两端铰支细长杆，其临界压力为 $F_{cr} = \frac{\pi^2 EI}{l^2}$，如果将铰支座改为固定端，则其临界压力 $F'_{cr} = \frac{\pi^2 EI}{(0.5l)^2} = 4\frac{\pi^2 EI}{l^2} = 4F_{cr}$。可见，临界压力提高了 3 倍，稳定性明显提高。

也可通过增加中间支撑的办法来达到提高其稳定性的目的。例如，若在两端铰支细长压杆的中间增加一个铰支座，如图 7-19（c）所示，则临界压力同样可以提高 3 倍，稳定性也能明显提高。一般说来，增强压杆的约束，使其不容易发生弯曲变形，可以提高压杆的稳定性。

3．选择合理的截面形状

由柔度计算公式 $\lambda = \frac{\mu l}{i}$ 可知，增大截面惯性半径 i 可降低柔度，进而提高临界应力，达到提高稳定性的目的。显然，增加截面面积可以提高惯性半径，但截面面积的增加势必会耗费更多材料。如果截面面积不变，而是尽可能地把材料放在离截面形心较远处，也可以提高惯性半径。例如，空心环形截面就比实心圆截面合理，如图 7-20 所示，因为若两者截面面积相等，环形截面惯性半径要比实心截面大得多。必须注意，不能为了取得较大的惯性半径，而无限制地增加环形截面的直径并减小其厚度，这会使其成为薄壁圆管而引起局部失稳，发生局部皱折的危险，反而对提高稳定性不利。

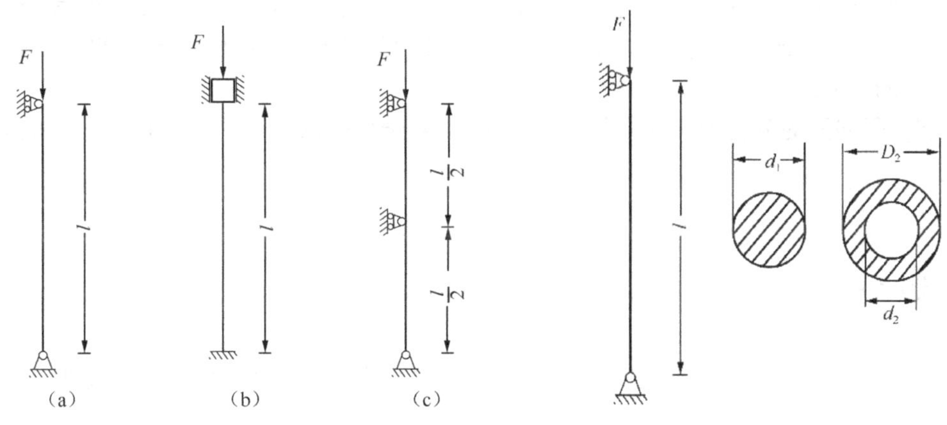

图 7-19　不同支撑的压杆　　图 7-20　不同截面的压杆

截面形状的合理性还表现为，压杆在任意一纵向平面内的柔度λ应该相等或接近相等。这样，在各个方向就具有相等或接近相等的稳定性。例如，圆截面、环形截面和正方形截面均能满足这一要求。如果压杆在不同纵向平面内，其相当长度并不相等，如图 7-14 所示的杆件，在 xy 和 xz 平面内的相当长度不相等，这时只要调整连杆截面对两个形心主惯性轴的惯性半径，使得柔度相等或接近相等，就可以达到提高稳定性的目的。

4．合理选择材料

对于大柔度压杆，其临界应力可由欧拉公式计算，由临界应力的计算公式 $\sigma_{cr} = \frac{\pi^2 E}{\lambda^2}$ 可知，临界应力与材料的弹性模量有关。由于各种钢材的弹性模量大致相等，所以对于大柔度压杆，选用优质钢材和选用普通低碳钢对于临界应力并无很大差别。对于中柔度压杆，无论是由经验公式还是理论公式，都说明临界应力与材料的强度有关。优质钢材在一定程度上可以提高临界应力的数值。至于小柔度压杆，就是强度问题，选用优质钢材，其优越性是显而易见的。

上述分析都从单一因素来考虑如何提高压杆的承载能力。实际上，最终目的就是要提高压杆的临界载荷。在实际问题中，必须综合考虑上述各因素，以达到提高压杆稳定性的目的。

总结与讨论

本章介绍了稳定性的概念，以及压杆稳定的计算方法。本章的主要知识点有：稳定性的概念、压杆稳定的分析与计算方法——安全系数法。

（1）稳定性的概念在理解上比较抽象，应明确稳定平衡、不稳定平衡和随遇平衡的概念和意义，理解两端铰支细长压杆的临界压力的概念。

（2）压杆的临界载荷的分析，与前面强度分析的方法不同，强度的极限载荷或极限应力一般是通过实验得到的，而压杆的临界载荷则是通过理论分析得到的。

（3）理解长度系数的意义，熟练掌握细长杆在常见的四种约束形式下的长度系数，长度系数随约束的增强而减小。

（4）明确压杆柔度、临界应力和临界应力总图的概念，明确欧拉公式的适用范围。在稳定问题的分析与计算中要熟练掌握大柔度、中柔度及小柔度三类杆件的判别方法，以及其临界载荷和稳定性的校核方法。

（5）在实际问题的分析中，能够根据实际情况，对结构采取适当的措施和方法，来提高压杆或结构的稳定性。

习题 A

7-1．题 7-1 图所示结构中的各个杆件分别发生哪种基本变形？立柱的边界条件应该怎样简化？

题 7-1 图

7-2．题 7-2 图所示的网架结构，我们在建立其力学模型时，怎样简化其中的受压杆件？其边界条件应该怎样简化？

7-3．题 7-3 图所示是在工业生产中常见的烟囱，试建立其力学模型。

7-4．题 7-4 图所示四个桁架的几何尺寸、圆杆的横截面直径、材料、加力点及加力方向均相同。关于四个桁架所能承受的最大外力 $F_{P\max}$ 有如下四种结论，试判断正确的是（　　）。

A．$F_{P\max}(a)=F_{P\max}(c)<F_{P\max}(b)=F_{P\max}(d)$

B．$F_{P\max}(a)=F_{P\max}(c)=F_{P\max}(b)=F_{P\max}(d)$

C. $F_{\text{Pmax}}(\text{a})=F_{\text{Pmax}}(\text{d})<F_{\text{Pmax}}(\text{b})=F_{\text{Pmax}}(\text{c})$

D. $F_{\text{Pmax}}(\text{a})=F_{\text{Pmax}}(\text{b})<F_{\text{Pmax}}(\text{c})=F_{\text{Pmax}}(\text{d})$

题 7-2 图

题 7-3 图

(a)　(b)　(c)　(d)

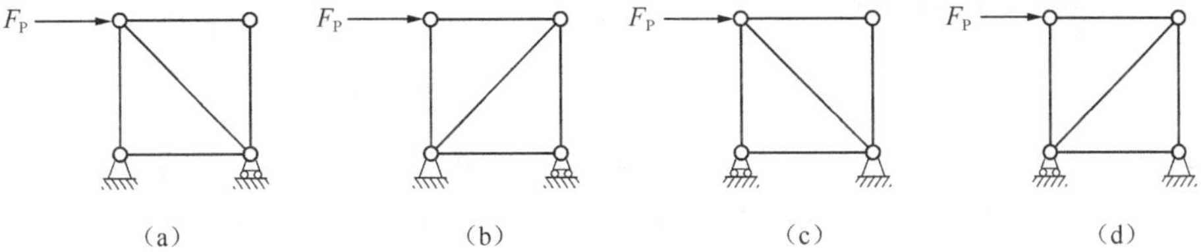

题 7-4 图

7-5. 题 7-5 图中四杆均为圆截面直杆，杆长相同，且均为轴向加载，关于四者临界载荷的大小有四种解答，试判断正确的是（　　）（其中弹簧的刚度较大）。

A. $F_{\text{cr}}(\text{a})<F_{\text{cr}}(\text{b})<F_{\text{cr}}(\text{c})<F_{\text{cr}}(\text{d})$　　B. $F_{\text{cr}}(\text{a})>F_{\text{cr}}(\text{b})>F_{\text{cr}}(\text{c})>F_{\text{cr}}(\text{d})$

C. $F_{\text{cr}}(\text{b})>F_{\text{cr}}(\text{c})>F_{\text{cr}}(\text{d})>F_{\text{cr}}(\text{a})$　　D. $F_{\text{cr}}(\text{b})>F_{\text{cr}}(\text{a})>F_{\text{cr}}(\text{c})>F_{\text{cr}}(\text{d})$

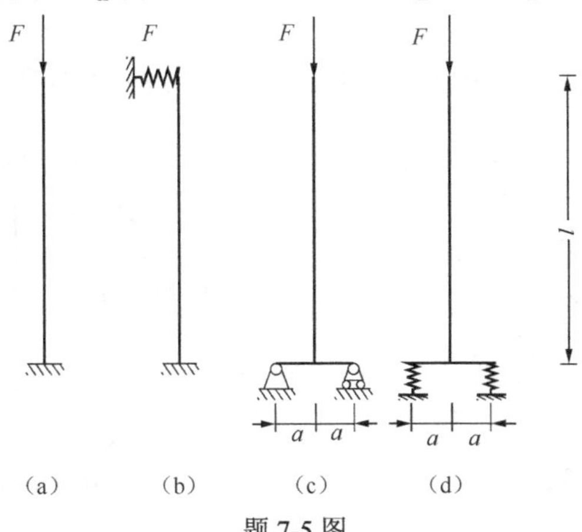

题 7-5 图

7-6. 一端固定、另一端由弹簧侧向支撑的细长压杆，如题 7-5 图（b）所示，可采用欧拉公式计算。试确定压杆的长度系数μ的取值范围为（　　）。

A. $\mu>2.0$　　B. $0.7<\mu<2.0$　　C. $\mu<0.5$　　D. $0.5<\mu<0.7$

7-7．题 7-7 图所示为正三角形截面压杆，其两端为球铰链约束，加载方向通过压杆轴线。当载荷超过临界值，压杆发生屈曲时，横截面将绕哪一根轴转动？现有四种答案，正确的是（　　）。

A．绕 y 轴　　　　B．绕通过形心 C 的任意轴

C．绕 z 轴　　　　D．绕 y 轴或 z 轴

习题 B

7-8．题 7-8 图所示压杆的截面为 d=10mm 的圆截面，两端铰支，杆长 l=200mm，材料的 σ_p=200MPa，a=304MPa，b=1.12MPa，σ_s=240MPa，E=210GPa。试求压杆的临界力。

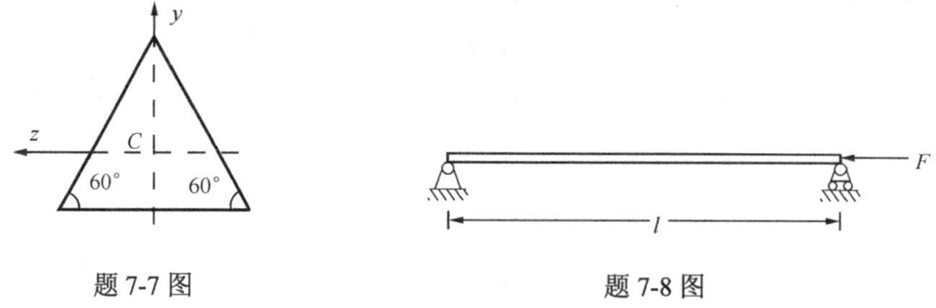

题 7-7 图　　　　题 7-8 图

7-9．题 7-9 图所示托架中杆 AB 的直径 d=40mm，长度 l=800mm。两端可视为球铰链约束，材料为 Q235 钢，σ_p=200MPa，a=304MPa，b=1.12MPa，E=210GPa。试求：

（1）托架的临界载荷；

（2）若已知工作载荷 F=70kN，并要求杆 AB 的稳定安全因数 n_{st}=2.0，校核托架是否安全；

（3）若横梁为 No.18 普通热轧工字钢，[σ]=160MPa，杆 AB 的稳定安全因数 n_{st}=2.0，则求托架的许可载荷。

7-10．题 7-10 图所示正方形桁架结构，由五根圆截面钢杆组成，连接处均为铰链，各杆直径均为 d=40mm，a=1m，材料均为 Q235 钢，E=210GPa，n_{st}=1.8。试求：

（1）结构的许可载荷；

（2）若外力的方向与（1）中相反，则许可载荷是否改变？若有改变应为多少？

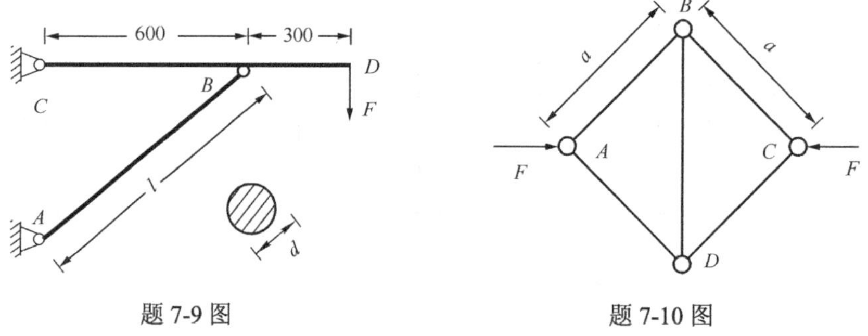

题 7-9 图　　　　题 7-10 图

7-11．题 7-11 图所示结构中，AB 杆及 AC 杆均为等截面钢杆，直径 d=40mm，l_{AB}=600mm，l_{AC}=1200mm，材料为 A3 钢，E=200GPa，σ_s=240MPa，λ_p=100，λ_s=57，a=304MPa，b=1.12MPa，若两杆的安全系数均取为 2，试求结构的最大许可载荷。

7-12．题 7-12 图所示结构中，AB 为圆形截面杆，直径 d=80mm，A 端为固定，B 端为球铰，

BC 为正方形截面杆，截面边长 a=70mm，C 端为球铰。AB 杆和 BC 杆可以各自独立发生变形，两杆的材料均为 A3 钢，E=210GPa。已知 l=3m，稳定安全系数 n_{st}=2.5。试求此结构的许可载荷。

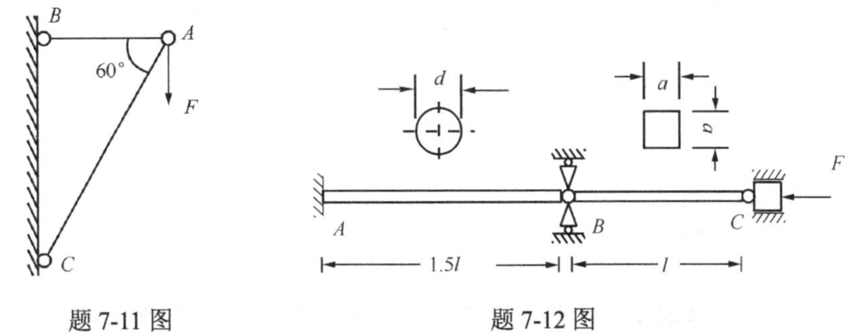

题 7-11 图　　题 7-12 图

7-13. 如题 7-13 图所示，钢柱长 l=7m，两端固定，材料是 A3 钢，规定的稳定安全系数 n_{st}=3，横截面由两个 10 号槽钢组成，试求当两槽钢靠紧和离开时钢柱的许可载荷。已知 E=200GPa。

7-14. 如题 7-14 图所示为由三根钢管构成的支架。钢管外径 D=30mm，内径 d=22mm，长度 l=2.5m，材料弹性模量 E=210GPa。各杆端均为铰接，取稳定安全系数 n_{st}=3，试求许可载荷。

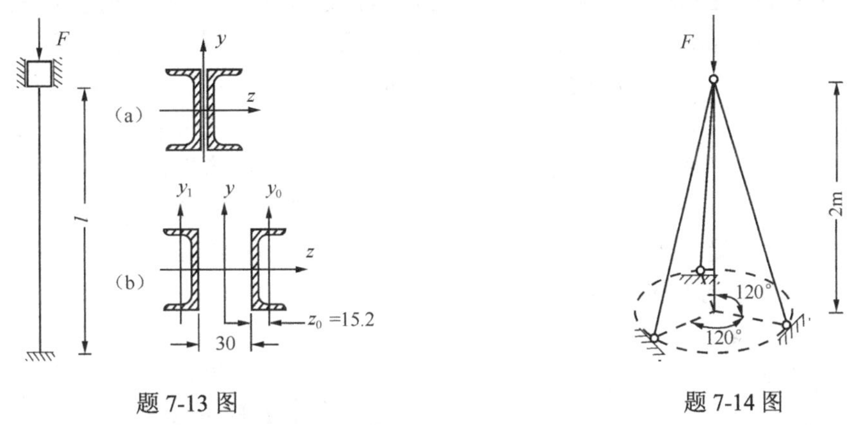

题 7-13 图　　题 7-14 图

7-15. 一简易吊车如题 7-15 图所示，最大载重量 G=20kN。已知 AB 杆的外径 D=50mm，材料为 A3 钢，材料弹性模量 E=210GPa，稳定安全系数 n_{st}=2，试设计 AB 杆的内径 d。

7-16. 某简易起重机如题 7-16 图所示，其压杆 BD 采用 20a 号槽钢，材料为 A3 钢，材料弹性模量 E=200GPa，起重机最大起重量 $F = 40\text{kN}$。若规定的稳定安全系数 $n_{st} = 5$，试校核 BD 杆的稳定性。

7-17. 由两根 22a 号槽钢组成的组合截面压杆，两端均为固定约束，已知压杆长度 $l = 20\text{m}$，压杆截面如题 7-17 图所示，压杆材料为 A3 钢，材料弹性模量 E=200GPa，试求当两槽钢间距 a 为多大时压杆的临界压力最大，并求出此时的临界压力。

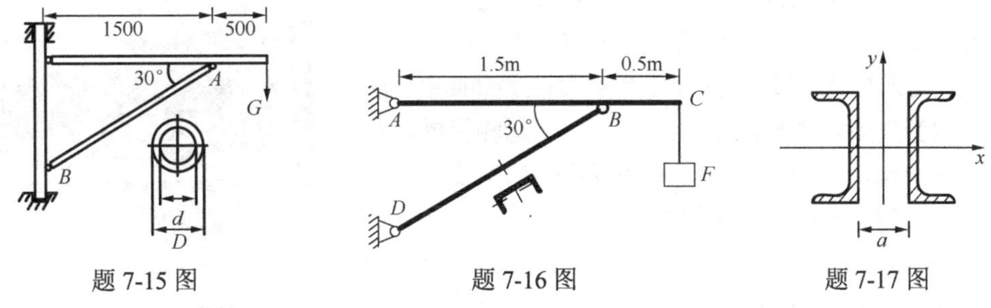

题 7-15 图　　题 7-16 图　　题 7-17 图

第八章　动载荷与交变应力

第一节　概述

前面各章讨论的都是**静载荷**（由零值缓慢增加到最终值）作用下构件的强度、刚度及位移计算问题。在实际工程问题中，常会遇到**动载荷**问题。所谓动载荷，是指随时间作急剧变化的载荷，以及作直线加速运动或转动的系统中构件的惯性力，如起重机以加速起吊重物时吊索（如图 8-1 所示）受到的惯性力，以及飞轮（如图 8-2 所示）作等速转动时轮缘上的惯性力等。应当特别注意：在动载荷作用下，材料的力学性能与静载荷作用时不同。实验结果表明，在静载荷作用下塑性较好的材料，在动载荷作用下也会发生脆性断裂。随着变形速度的提高，材料的屈服极限和强度极限都有所提高。但为方便计算，动载荷作用下构件的应力和变形计算，通常仍可采用静载荷下的计算公式，但需作相应的修正，以考虑动载荷的效应。在建立动载荷问题的强度条件时，仍用静载荷的许用应力。同时，在动载荷作用下材料的塑性则有所降低。但只要应力不超过比例极限，胡克定律仍然适用于动应力和动变形的计算，材料的弹性模量也与静载荷作用时相同。例如，作用于构件上的载荷随时间快速改变或由于构件运动而使构件内质点产生不可忽略的加速度，这时构件承受动载荷。本章讨论的动载荷限于以下两类问题：构件作变速运动时的应力与变形；冲击载荷下构件的应力与变形。

图 8-1　起重机吊索

图 8-2　飞轮

若构件内的应力随时间作交替变化，则称为**交变应力。**构件长期在交变应力作用下，虽然最大工作应力远低于材料的屈服极限，且无明显的塑性变形，却往往发生突然断裂。这种现象称为**疲劳失效**。对于矿山、冶金、动力、运输机械以及航空航天等工业部门，疲劳失效是零件或构件的主要失效形式。统计结果表明，在各种机械的断裂事故（如图 8-3 所示）中，80%以上是由于疲劳失效引起的。因此，对于承受各种交变应力的构件，疲劳分析在设计中占有重要的地位。

图 8-3　车轴疲劳断裂

第二节　构件受加速度作用时的动应力

一起重机绳索以加速度a提升一重为G的物体（如图8-4（a）所示），设绳索横截面面积为A，绳索单位体积的重量（容重）为γ，现求距绳索下端为x处的m—m截面上的应力。按照达朗伯原理，对于作加速运动的构件，如果将各部分的惯性力加到各部分上，则惯性力与原有外力组成平衡力系，这样，原动力学问题即可用静力学方法求解，此方法常称为**动静法**。

设重力加速度为g，则重物的惯性力为Ga/g，沿绳索轴线每单位长度上的惯性力为$\gamma Aa/g$，其方向与加速度a相反，将这些惯性力加到绳索上就得到一平衡系统（如图8-4（b）所示），用截面法不难求出m—m截面上的轴力F_{Nd}（如图8-4（c）所示）：

$$F_{Nd}=(1+a/g)(G+\gamma Ax) \quad \text{(a)}$$

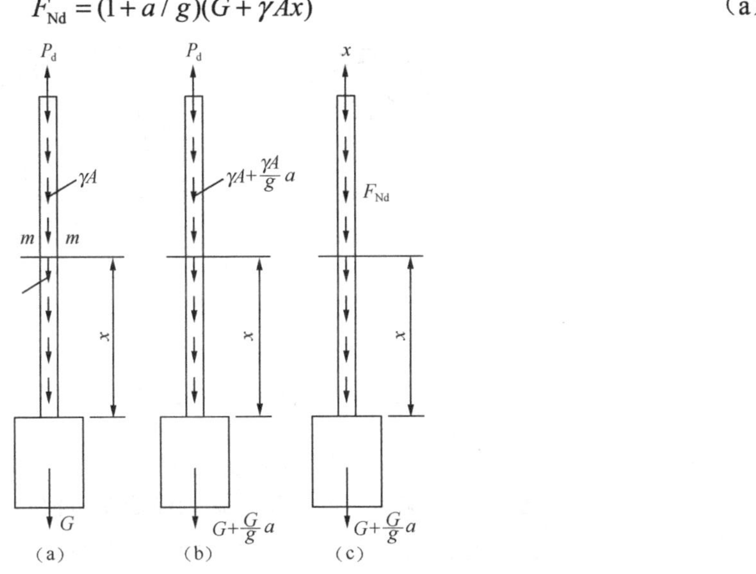

图8-4　绳索加速提升物体

在静止时绳索m—m截面上的轴力为$F_{Nst}=G+\gamma Ax$，再引入符号

$$k_d=1+\frac{a}{g} \quad \text{(b)}$$

则式（a）可改写为

$$F_{Nd}=k_dF_{Nst} \quad (8\text{-}1)$$

式中，k_d称为**动荷系数**；F_{Nst}为静载荷作用下的轴力。绳索中出现的动应力为

$$\sigma_d=F_{Nd}/A=k_dF_{Nst}/A=k_d\sigma_{st} \quad (8\text{-}2)$$

式中，σ_{st}为静载荷下绳索中的静应力。强度条件为

$$\sigma_d=k_d\sigma_{st}\leqslant[\sigma] \quad (8\text{-}3)$$

式（8-3）也可改写为

$$\sigma_{st}\leqslant\frac{[\sigma]}{k_d} \quad (8\text{-}4)$$

式中，$[\sigma]$为静载荷下材料的许用应力。式（8-4）表明动载荷问题可按静载荷处理，只需将许用应力$[\sigma]$降至原值的$1/k_d$。

当材料中的应力不超过比例极限时，载荷与变形成正比。因此，绳索在动载荷下的变形δ_d与静载荷下的变形δ_{st}之间有下述关系：

$$\delta_d = k_d \delta_{st} \tag{8-5}$$

由此可见，只要将静载荷下的应力、变形乘以k_d，即得动载荷下的应力与变形。

如图8-5（a）所示，将一半径为r的薄圆环置于水平面上，环的厚度为$t(t \ll r)$，宽为b（垂直于图面），环以等角速度ω绕O点转动，试求圆环中出现的动应力。沿圆环中线取一弧段ds（如图8-5（b）所示），此弧段的惯性力为$bt\mathrm{d}s(\gamma/g)(r\omega^2)$。此处$\gamma$为材料单位体积的容重，$r\omega^2$是圆环中线上任意一点的向心加速度。因为环很薄，所以可认为圆环上各点的向心加速度均相同。将此惯性力除以$b\mathrm{d}s$即得到沿环壁单位面积上的惯性力$p_i = t\gamma r\omega^2/g$。按照达朗伯原理，沿圆环中线加上均布的沿半径方向的惯性力p_i（如图8-5（b）所示）后，即可按静载荷方法计算圆环中的动应力。此情形与薄壁圆筒受内压相同，所以圆环的周向应力为

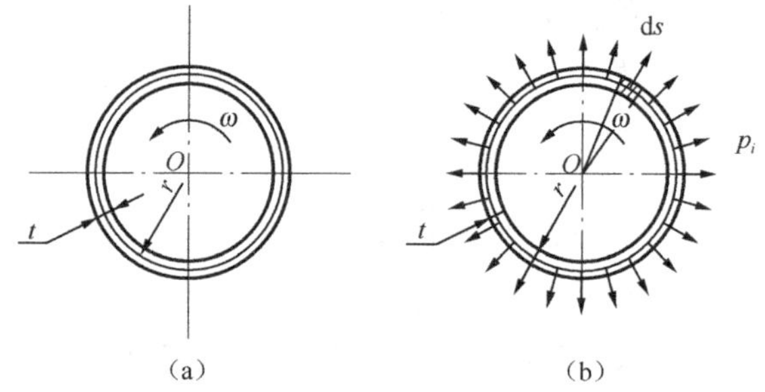

图8-5　薄圆环匀速转动

$$\sigma_\theta = \frac{p_i r}{t} = \left(\frac{t\gamma}{g} r\omega^2\right)\frac{r}{t} = \frac{\gamma(r\omega)^2}{g} = \frac{\gamma v^2}{g}$$

式中，$v=r\omega$，是圆环的切线速度。上式表明：σ_θ与v^2成正比，所以σ_θ的增长比ω的增长快。此外，因为σ_θ与环的横截面面积无关，所以增大环的横截面面积并不能降低周向应力。

例8-1　如图8-6所示为一机车的连杆AB，杆的截面面积为A，容重为γ。杆的两端以柱形铰与车轮连接，O_1、O_2为两车轮的轮心，$\overline{AO_1} = \overline{BO_2} = r$，连杆长为$l$，车轮以等速$v$前进。试求机车连杆中的最大弯曲正应力。

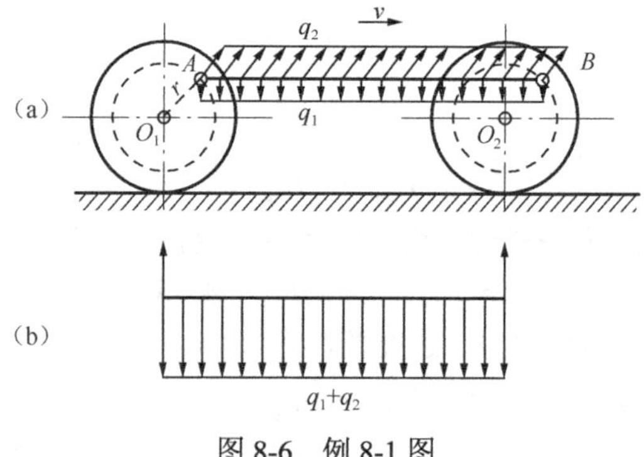

图8-6　例8-1图

【解】　当车轮以等速v前进时，连杆AB作平移运动，其上每点相对于机车作半径为r的等速圆周运动。因此，在同一瞬时，连杆上各点的速度与加速度均相同。因为牵连加速度为零，所以各点的加速度即向心加速度$a_n = r\omega^2$，此处$\omega = v/r$，在连杆每一点加上与向心加速度反向的

惯性力q_2后即可按静载荷处理（如图 8-6（a）所示）。此外，连杆的自重q_1的方向总是向下的，但作用于连杆上的惯性力q_2的方向与连杆位置有关。当连杆旋转到下面的最低位置时（如图 8-6（b）所示），q_1与q_2同矢向，此时连杆内出现最大弯曲应力。

连杆单位长度上的重量$q_1=\gamma A$，连杆单位长度上的惯性力$q_2=\gamma Ar\omega^2/g$。最大弯矩发生在杆的中点：

$$M_{\max}=\frac{ql^2}{8}=\frac{q_1+q_2}{8}l^2=\frac{\gamma A}{8}\left(1+\frac{r\omega^2}{g}\right)l^2$$

该值除以连杆的抗弯截面模量即得最大弯曲正应力。

例 8-2　如图 8-7（a）所示为一曲柄连杆机构，当曲柄OA以角速度ω绕O点作等速转动时，连杆的B端沿OB线作往复运动。试求曲柄转至与连杆成垂直位置的瞬时连杆中最大的弯曲正应力。

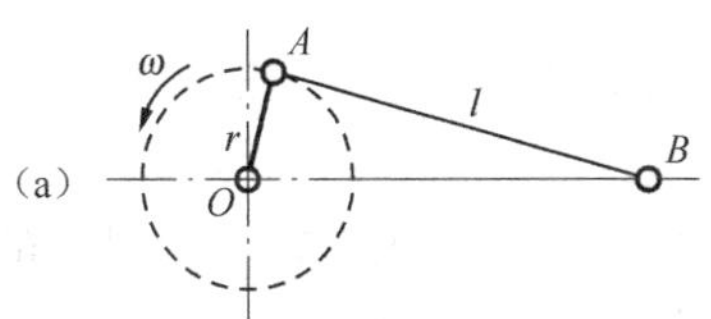

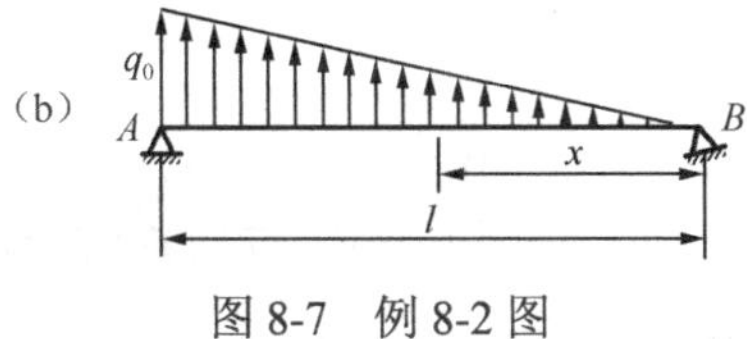

图 8-7　例 8-2 图

【解】 因为曲柄的A端绕O点作等速圆周运动，所以A点只有向心加速度$a_n=r\omega^2$。连杆B点只作往复运动，所以B点的加速度为水平方向，此加速度沿AB的正交方向分量较小，可将此加速度分量略去。于是可假设AB杆的惯性力为三角形分布，如图 8-7（b）所示，A处的分布载荷集度$q_0=\gamma Ar\omega^2/g$。式中，A为连杆横截面面积，γ为连杆的容重。最大弯矩发生在$x=l/\sqrt{3}$处，$M_{\max}=q_0l^2/9\sqrt{3}$，连杆内最大弯曲应力为

$$\sigma_{\max}=\frac{M_{\max}}{W}=\frac{q_0l^2}{9\sqrt{3}W}=\frac{\gamma Ar\omega^2l^2}{9\sqrt{3}Wg}$$

例 8-3　如图 8-8（a）所示为一钢制圆轴，右端有一圆盘，圆盘对x轴的转动惯量$I_x=500\text{kN}\cdot\text{mm}\cdot\text{s}^2$。轴的直径$d=100\text{mm}$，轴的转速$n=100\text{r}/\text{min}$。在使用制动器后，轴在$\Delta t=5\text{s}$内以匀减速停止转动。设轴的质量不计，试求制动过程中轴内的最大切应力。

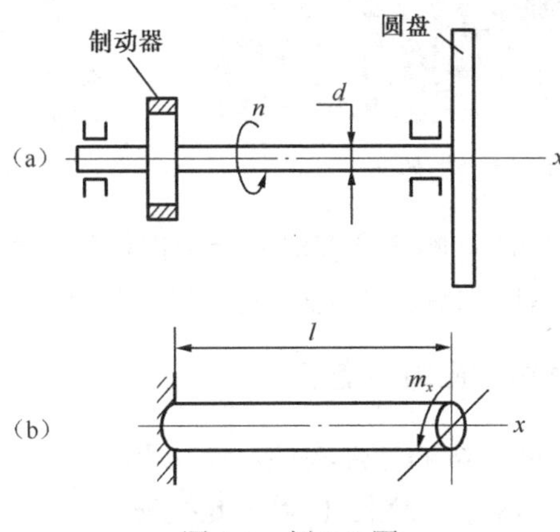

图 8-8　例 8-3 图

【解】　初角速$\omega_0=2\pi n/60=100\pi/30=10.5\text{s}^{-1}$，末角速$\omega=0$，角加速度

$$\varepsilon=\frac{\omega-\omega_0}{\Delta t}=\frac{0-10.5}{5}=-2.1\text{s}^{-2}$$

负号表示角加速度与角速度ω_0方向相反，轴作减速运动。

加于圆盘上的惯性力偶矩 $m_x=I_x\varepsilon=1050\text{N}\cdot\text{m}$

轴发生扭转变形，最大切应力 $\tau_{\max}=\dfrac{T}{W_t}=\dfrac{m_x}{W_t}=\dfrac{16m_x}{\pi d^3}=5.35\text{ MPa}$

第三节 构件受冲击时的动应力计算

当运动的物体碰撞到一静止的构件时，前者的运动将受阻而在瞬间停止运动，这时构件就受到了冲击作用，如冲锻工件（如图 8-9 所示）、打桩（如图 8-10 所示）、凿孔、调整转动飞轮的突然制动等都是冲击的实例。冲击问题的特点是：冲击物以一定的速度冲击到另一构件上，并在极短瞬间冲击物的速度急剧变化。冲击过程中的速度变化很难确定。要精确地分析冲击引起的应力与变形，应考虑冲击引起的物体内的弹塑性应力波、碰撞区情况以及冲击过程中的能量（如消耗于碰撞区的塑性变形能）损失，这些都是比较复杂的力学过程。工程中常采用粗略的简化计算方法给出冲击过程中的最大冲击载荷与相应的动应力和动变形，这种简化计算基于以下几个假设：

（1）受冲击构件的应力和变形均在线弹性范围之内，材料服从胡克定律。

（2）冲击过程中，冲击物的全部能量全部转化为受冲击构件的弹性应变能，不考虑其他能量损失。

（3）冲击物本身在冲击时不发生变形（视为刚体）。

图 8-9 冲锻工件

图 8-10 打桩

在进行冲击过程中受冲击物的动响应计算时，受冲击构件的质量有时比冲击构件的质量要小得多，可以忽略不计，但是有时二者的质量相近，就不可忽略。下面就两种情况分别讨论。

1. 不考虑受冲击构件质量时的应力和变形

如图 8-11 所示的梁代表一受冲击的弹性构件，设有重量为G的重物自高度h处自由下落冲击梁上 1 点。此处假设梁的质量小于冲击物的质量而可以略去。当重物下落即将与梁接触时，重物的速度$v_0=\sqrt{2gh}$，与梁接触以后重物即附着在梁上并向下移至最低点1′点。此时，重物的速度为零，梁达到最大弯曲变形，冲击点处的最大动变形为δ_d，梁承受的冲击载荷也达到最大值P_d。

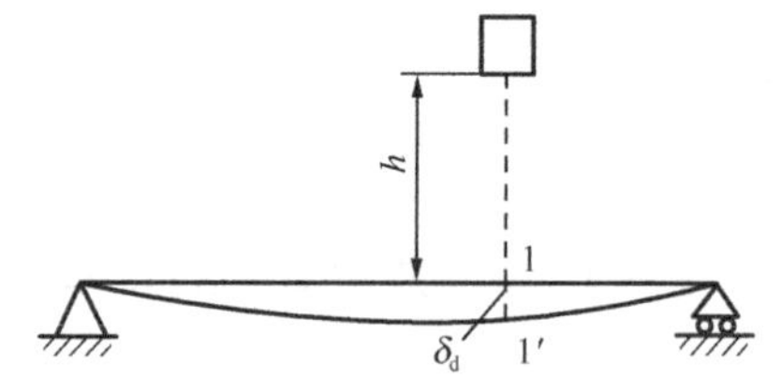

图 8-11 简支梁受重物冲击

根据能量守恒：在冲击过程中重物失去的总能量 E 应等于梁获得的弹性应变能 U，即 $E=U$。

重物即将与梁接触时具有的动能 $T_0=mv_0^2/2=Gh$。当重物下落至最低位置 1′ 点时，动能减少为零，势能减少 $G\delta_d$，所以它失去的总能量 $E=mv_0^2/2+G\delta_d=G(h+\delta_d)$。

将载荷 G 视为静载荷加于梁上的 1 点处产生的静变形（挠度）如设为 δ_{st}，根据载荷与变形成正比的关系可写出 $K=G/\delta_{st}=P_d/\delta_d$，其中 K 为弹性体刚度系数。梁获得的弯曲变形能为 $U=P_d\delta_d/2=K\delta_d^2/2=G\delta_d^2/(2\delta_{st})$，利用 $E=U$，得

$$\delta_d^2-2\delta_{st}\delta_d-2\delta_{st}h=0$$

由上式解出 δ_d 的两个根，并取其中大于零的根，即得

$$\delta_d=\delta_{st}\left(1+\sqrt{1+2h/\delta_{st}}\right)=\delta_{st}k_d \tag{a}$$

式中，k_d 为冲击动载荷系数，其值为

$$k_d=1+\sqrt{1+2h/\delta_{st}} \tag{8-6}$$

根据 $K=G/\delta_{st}=P_d/\delta_d$ 和式（a）可得 $P_d=k_dG$。在弹性范围内，G 作为静载荷产生的静应力 σ_{st} 和最大冲击力 P_d 产生的动应力 σ_d 之间有如下关系：

$$\sigma_d=k_d\sigma_{st} \tag{b}$$

由式（a）、式（b）可见：将 G 作为静力使构件产生的静应力 σ_{st} 和静变形 δ_{st} 乘以动载荷系数 k_d，即得动应力 σ_d 和动变形 δ_d。如果物体的重力 G 以突然施加的方式加于梁上，此时 $h=0$，由式（8-5）得 $k_d=2$，即突加载荷产生的动应力是静载荷的两倍。

对于有初速度的向下冲击、向上冲击、水平冲击的动荷系数，请读者自己推导。

例 8-4　如图 8-12 与图 8-13 所示分别表示不同支撑方式的钢梁，承受相同的重物冲击，已知弹簧刚度 $K=100\text{kN/m}$，$l=3\text{m}$，$h=0.05\text{m}$，$G=1\text{kN}$，钢梁的惯性矩 $I=3.40\times10^{-5}\text{m}^4$，抗弯截面模量 $W=3.09\times10^{-4}\text{m}^3$，弹性模量 $E=200\text{GPa}$。试比较两者的冲击应力。

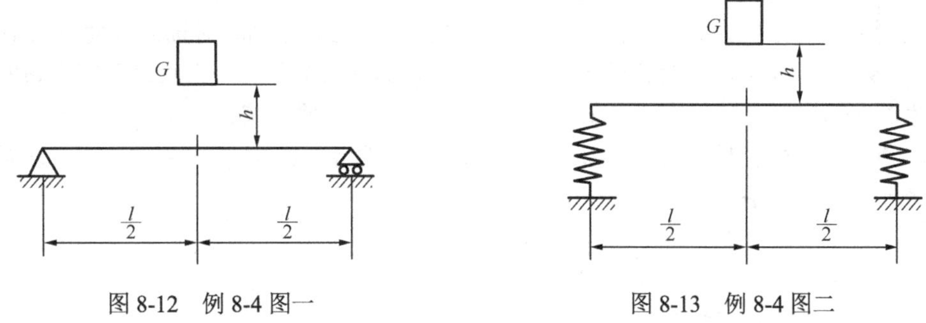

图 8-12　例 8-4 图一　　　图 8-13　例 8-4 图二

【解】　对于图 8-12，当把重物看作静载荷作用在梁跨中时，可以求出

$$\delta_{st}=\frac{Gl^3}{48EI}=\frac{1000\times3^3}{48\times200\times10^9\times3.40\times10^{-5}}=8.27\times10^{-5}\text{m}$$

由自由下落冲击的动载荷系数公式

$$k_d=1+\sqrt{1+2h/\delta_{st}}$$

代入相关数据可得：$k_d=1+\sqrt{1+\dfrac{2\times50}{8.27\times10^{-2}}}=1+\sqrt{1+1210}\approx\sqrt{1210}\approx34.8$

$$\sigma_{st}=\frac{Gl}{4W}=\frac{1000\times3}{4\times3.09\times10^{-4}}=2.43\text{MPa}$$

∴　$$\sigma_d=K_d\sigma_{st}=34.8\times2.43=84.5\text{MPa}$$

对于图 8-13，当把重物看作静载荷作用在梁跨中时，可以求出

$$\delta_{st}=\frac{Gl^3}{48EI}+\frac{G}{2K}=8.27\times10^{-5}+\frac{1000}{2\times100\times10^3}=5.08\times10^{-3}\,\text{m}$$

$$k_d=1+\sqrt{1+\frac{2\times50}{5.08}}=5.55$$

$$\therefore\qquad \sigma_d=5.55\times2.43=13.5\,\text{MPa}$$

由于图 8-13 采用了弹簧支座，减小了系统的刚度，所以使动荷系数减小，这是降低冲击应力的有效方法。受冲击构件的强度条件为$\sigma_{dmax}\leqslant[\sigma]$，$\sigma_{dmax}$为受冲击构件中最大的动应力。因为在冲击载荷下材料的塑性有所降低，所以对于承受冲击的构件除强度要求外，其冲击韧性也应符合工作要求。

例 8-5　例 8-3 中圆轴材料的剪切弹性模量$G=80\text{GPa}$，$l=2\text{m}$，其他数据见例 8-3。如果转动的圆轴被制动器突然刹住，停止转动，试求此时轴内产生的最大切应力。

【解】 因使用制动器后飞轮转速瞬时下降至零，轴受到扭转冲击。制动前飞轮具有的动能$E=I_x\omega_0^2/2$，制动时获得的应变能$U=T^2l/(2GI_P)$，令$E=U$，可解出

$$T=\omega_0\sqrt{GI_PI_x/l}$$

将已知数据$d=0.1\text{m}$，$I_x=0.5\text{kN}\cdot\text{m}\cdot\text{s}^2$，$\omega_0=10.5\text{s}^{-1}$，$G=80\text{GPa}$，$l=2\text{m}$代入上式得

$$T=10.5\sqrt{\frac{80\times10^9\left(\pi\times0.1^4/32\right)\times0.5\times10^6}{2}}=1.47\times10^2\,\text{kN}\cdot\text{m}$$

轴内产生的最大扭转切应力为

$$\tau_{d\max}=\frac{T}{W_t}=\frac{16\times1.47\times10^2}{\pi(0.1)^3}=749\,\text{MPa}$$

此切应力数值远超过一般钢材的剪切屈服极限。即使是紧急制动，由动到静总要经过一极短促的时间，所以实际应力比上述值小。不过由此例可看出紧急制动对轴的强度是极不利的。

例 8-6　如图 8-14 所示一钢索的下端悬挂重$G=50\text{kN}$的物体，其上端绕于可自由转动的滑轮上，物体以$v=1\text{m/s}$匀速下降，当钢索长度$l=20\text{m}$时，将滑轮突然制动。已知钢索材料的弹性模量$E=170\text{GPa}$，钢索横截面面积$A=500\times10^{-6}\text{m}^2$，重力加速度$g=9.8\text{m/s}^2$。试求动载荷系数$k_d$及钢索中的动应力$\sigma_d$。

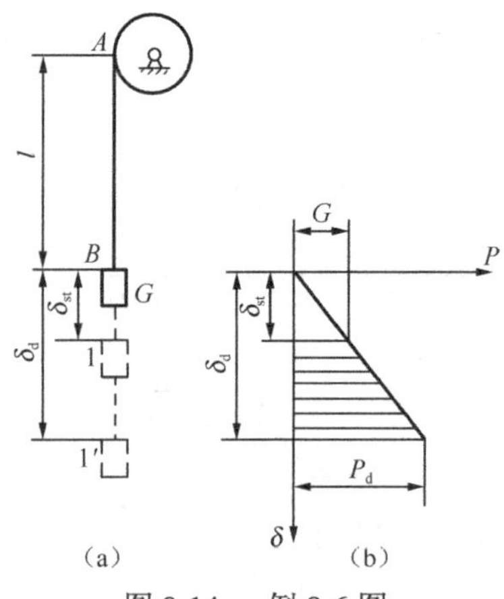

图 8-14　例 8-6 图

【解】 因为物体以匀速下降时绳索内承受静轴力 G，所以在受冲击前钢索内已存有一定的

应变能，本题只能从能量守恒定律出发来求解。

当钢索长度达 20m 而滑轮尚未制动时，钢索已有静变形 δ_{st}，物体处于位置1（如图 8-14（a）所示），这就是冲击开始时的位置。由于滑轮突然制动，钢索受到冲击产生最大动变形 δ_d 时重物达到终止位置$1'$。

在冲击过程中重物失去的动能为 $Gv^2/(2g)$，重物减少的势能为 $G(\delta_d-\delta_{st})$，所以能量减少 $E=G(\delta_d-\delta_{st})+Gv^2/(2g)$。在冲击过程中绳索中应变能的增加量为图 8-14（b）中阴影部分的梯形面积，即 $\Delta U=P_d\delta_d/2-G\delta_{st}/2$。利用 $E=\Delta U$ 得

$$\frac{1}{2}\frac{G}{g}v^2+G(\delta_d-\delta_{st})=\frac{1}{2}P_d\delta_d-\frac{1}{2}G\delta_{st}$$

考虑到在弹性范围内有 $P_d/G=\delta_d/\delta_{st}$，上式变为

$$\delta_d^2-2\delta_{st}\delta_d+\delta_{st}^2-\frac{v^2}{g}\delta_{st}=0$$

所以

$$\delta_d=\delta_{st}(1+\sqrt{v^2/(g\delta_{st})})=\delta_{st}k_d$$

所以动载荷系数为

$$k_d=1+\sqrt{\frac{v^2}{g\delta_{st}}}=1+\sqrt{\frac{v^2}{g}\frac{EA}{Gl}}=1+\sqrt{\frac{1^2}{9.8}\frac{170\times10^9\times500\times10^{-6}}{50\times10^3\times20}}=3.95$$

动应力为

$$\sigma_d=k_d\sigma_{st}=k_d\frac{G}{A}=3.95\times\frac{50\times10^3}{500\times10^{-6}}=395\text{MPa}$$

2．考虑受冲击杆件质量时的应力与变形

如果受冲击杆件的质量和冲击物的质量相比不是很小，则应考虑杆件本身的质量。这时可把整个杆件质量的一部分集中在受撞点，这部分质量称为相当质量。例如，图 8-15 所示的悬臂梁在自由端 B 受重物 $G=mg$ 的冲击，在 B 点放置杆件的相当质量为 m_1。

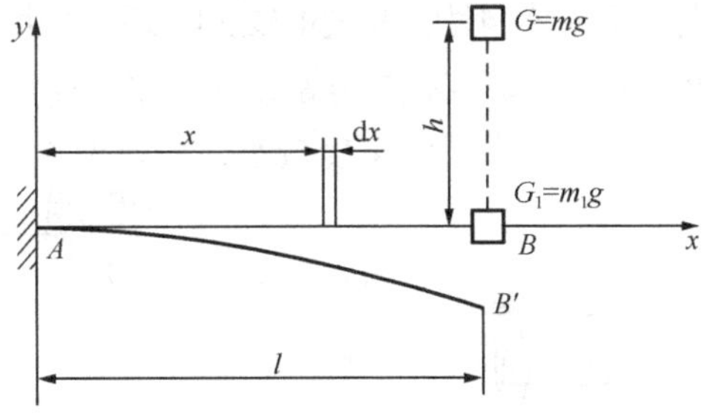

图 8-15　悬臂梁受自由落体冲击

认为质量 m 和 m_1 的碰撞是非弹性的，并且两个质量在冲击后以共同速度 v_1 运动。由动量守恒可知 $mv_0=(m+m_1)v_1$，所以 $v_1=v_0m/(m+m_1)$。此后即认为这两个质量以 v_1 速度冲击到一无质量的杆件上，因此冲击物的动能为

$$T_0'=\frac{1}{2}(m+m_1)v_1^2=\frac{m}{m+m_1}\frac{1}{2}mv_0^2=\frac{Gh}{1+m_1/m}$$

式中，$v_0=\sqrt{2gh}$ 是重物 G 即将与梁冲击时的速度。如果设想重物 G 自由下落高度 h_1 时具有动能 T_0'，则由 $Gh_1=T_0'$ 可知 $h_1=h/(1+m_1/m)$。以此 h_1 代替式（8-5）中的 h，即得到考虑受撞杆件质

量时的动载荷系数：

$$k_d = 1 + \sqrt{1 + \frac{2h}{\delta_{st}(1 + m_1 / m)}} \tag{8-7}$$

相当质量如何寻求？可以认为整个杆件和集中在受撞点的相当质量具有相同的动能。对于图 8-15，以在 B 点受有静力 P 时的挠曲线作为冲击时的动挠曲线。此静挠曲线为

$$w = \frac{Pl^3}{3EI}\left(\frac{x^3}{2l^3} - \frac{3}{2}\frac{x^2}{l^2}\right) = v_B\left(\frac{x^3}{2l^3} - \frac{3x^2}{2l^2}\right)$$

上式对时间 t 求导数，即

$$\frac{\mathrm{d}v}{\mathrm{d}t} = \frac{\mathrm{d}v_B}{\mathrm{d}t}\left(\frac{x^3}{2l^3} - \frac{3x^2}{2l^2}\right)$$

设梁单位长度的重量为γ，则 $\mathrm{d}x$ 段的动能是 $\dfrac{\gamma \mathrm{d}x}{2g}\left(\dfrac{\mathrm{d}v}{\mathrm{d}t}\right)^2$，于是

$$\int_0^l \frac{1}{2}\frac{\gamma}{g}\left(\frac{\mathrm{d}v}{\mathrm{d}t}\right)^2 \mathrm{d}x = \frac{\gamma}{2g}\left(\frac{\mathrm{d}v_B}{\mathrm{d}t}\right)^2 \int_0^l \left(\frac{x^3}{2l^3} - \frac{3x^2}{2l^2}\right)^2 \mathrm{d}x = \frac{1}{2} \times \frac{33}{140} \times \frac{\gamma l}{g}\left(\frac{\mathrm{d}v_B}{\mathrm{d}t}\right)^2 = \frac{1}{2}m_1\left(\frac{\mathrm{d}v_B}{\mathrm{d}t}\right)^2$$

对于如图 8-15 所示的悬臂梁，在自由端承受冲击时的相当质量是全梁质量的$33/140$。例如，简支梁在中点受冲击时，集中在梁中点的相当质量是全梁质量的$17/35$。如果直杆在杆端受轴向冲击，则集中在杆端的相当质量是直杆总质量的$1/3$。

3．减小冲击影响的措施

由式（8-6）可看出静变形δ_{st}越大，动载荷系数越小。在杆件承受冲击时应该采用降低刚度的办法来减缓冲击作用。这一点与承受静载荷时恰好相反，承受静载时要用增大构件的刚度来减小其变形。例如，柴油机的汽缸盖螺栓（见图 8-16），在汽缸点火爆发时受到冲击载荷，为降低动载荷系数，常将图 8-16（b）所示的螺栓改成图 8-16（c）所示的形状（把杆身直径减细）。也可按图 8-17（b）所示的形式把螺栓加长去代替图 8-17（a）所示的短螺栓。这两种办法都是使静变形δ_{st}变大。除了降低受冲构件本身刚度的办法之外，还常采用安装缓冲装置（各种弹簧）的方法以降低动荷系数。例如，汽车大梁并不直接安装在汽车的前后轴上，而是在梁轴之间安装钢板弹簧（如图 8-18 所示），因为钢板弹簧的刚度较小，所以使大梁受到的冲击降低。

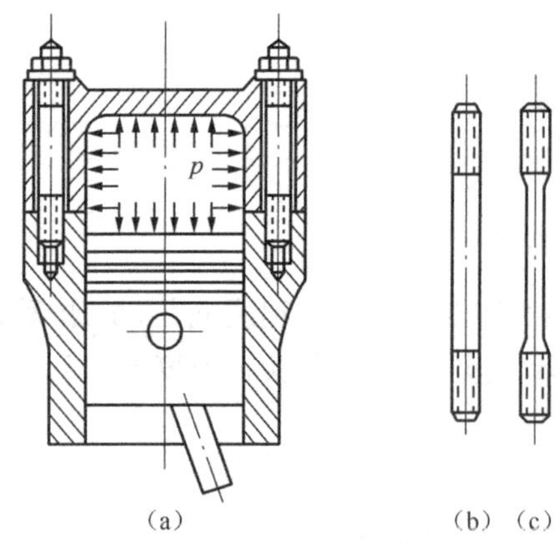

图 8-16　螺栓杆身直径减细

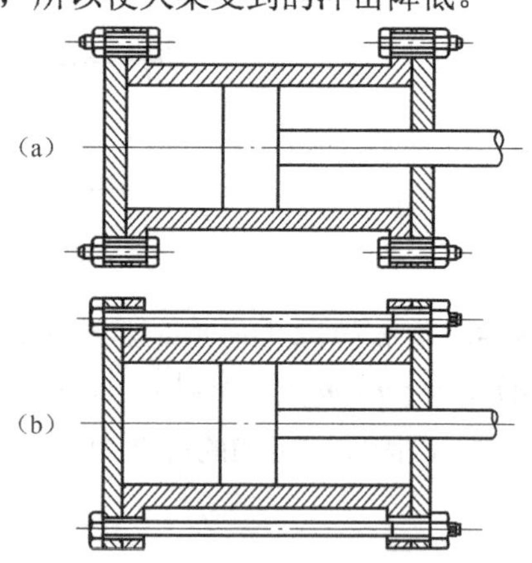

图 8-17　螺栓加长去代替短螺栓

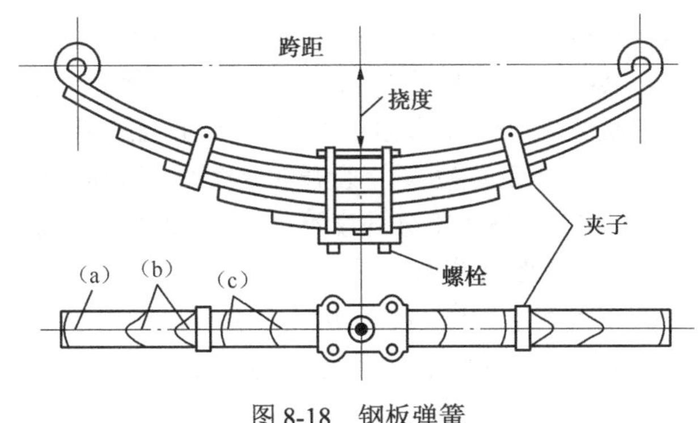

图 8-18　钢板弹簧

第四节　疲劳破坏及其特点

在工程中，有些构件内的应力随时间交替变化。例如，图 8-19 所示的机车车轴，承受由车厢传来的载荷。车辆在运行时车轴以角速度ω在旋转。图 8-20（a）所示为车轴中间段的某一截面，在时刻 t 截面上 A 点的转角 $\varphi=\omega t$，此时刻 A 点的应力 $\sigma = My/I = Pad\sin\omega t/I$，可知 A 点应力随时间 t 按正弦规律交替变化。这种随时间作周期性变化的应力称为**交变应力**。构件在交变应力作用下发生的破坏，习惯上称为**疲劳破坏**，其特点如下。

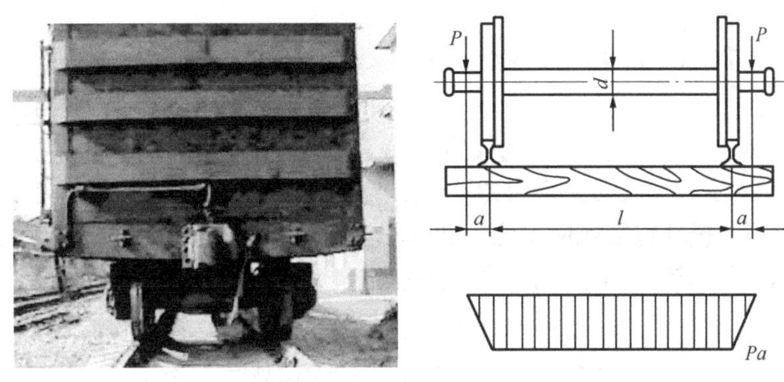

图 8-19　机车车轴

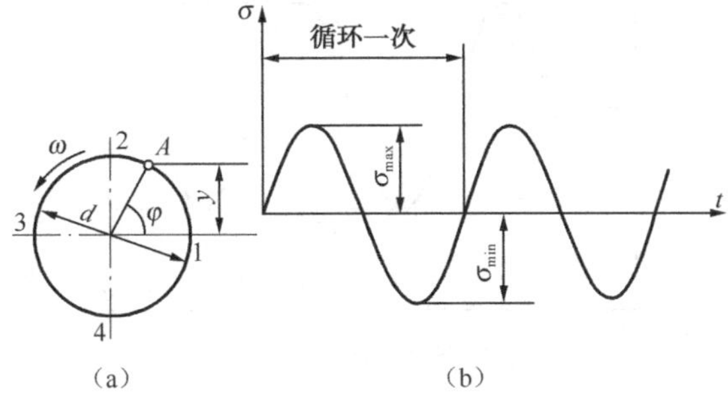

图 8-20　交变应力图

（1）金属承受的交变应力远小于其静载下的强度极限时，就有可能发生破坏。例如，45 号钢承受图 8-20（b）所示的弯曲交变应力，当 $\sigma_{max}=-\sigma_{min}\approx 260\text{MPa}$ 时大约经历10^7 次循环即断裂，而 45 号钢在静载下的强度极限却高达600MPa。

（2）即使是塑性材料，在疲劳破坏前也没有显著的塑性变形。

（3）金属疲劳破坏时，其断口上呈现两个区域，如图 8-21 所示。研究表明，如果金属内部存在着缺陷，疲劳裂缝首先发生在高应力区域的缺陷处（疲劳源或裂缝源），随着交变应力的继续，裂缝从疲劳源向纵深扩展；由于反复拉、压，裂开的两个面时而挤压时而分离，形成光滑区；随着裂缝扩展，截面被削弱较多，当残存部分强度不足时，就发生突然断裂，突然断裂区呈现粗糙颗粒状。这种突然断裂属于脆性断裂范围。

疲劳破坏在构件的破坏中占有很大比例，在历史上曾多次发生疲劳破坏的重大事故，尤其是高速运转的构件，像动力机械等，如图 8-22 所示就是圆轴弯曲疲劳断口形貌图。

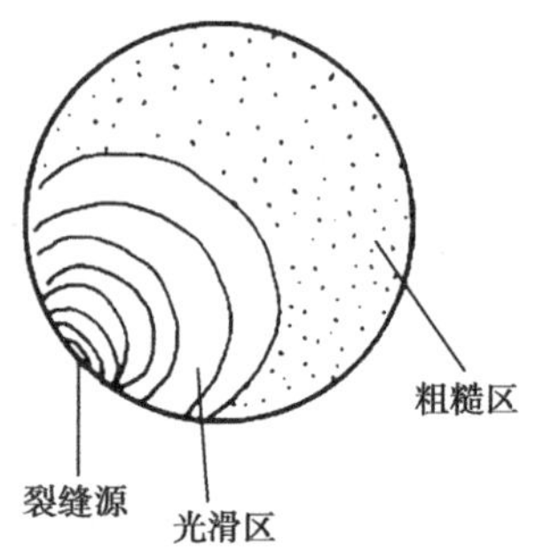

图 8-21　疲劳断口示意图

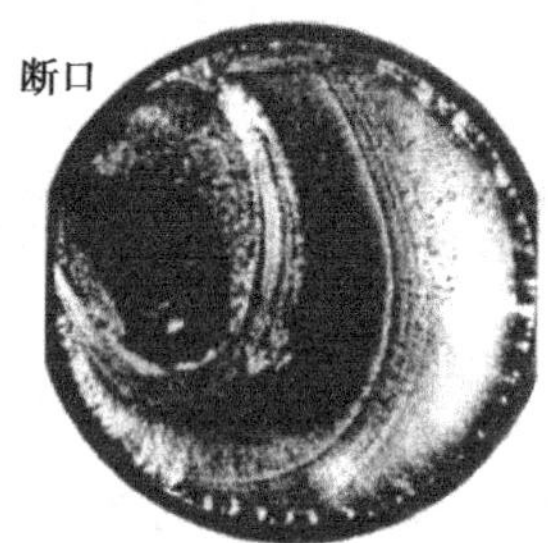

图 8-22　圆轴弯曲疲劳断口形貌图

第五节　材料的持久极限

构件在交变应力下工作，应力每重复变化一次，称为一个应力循环，重复变化的次数称为循环次数。如图 8-23 所示的一般的**交变应力**，σ_{max} 与 σ_{min} 数值不等。通常把最小应力和最大应力之比 r 称为交变应力的**循环特征**或**应力比**，即 $r=\sigma_{min}/\sigma_{max}$。最大应力与最小应力的代数平均值称为**平均应力** σ_m，最大应力与最小应力的代数差之半称为**应力幅度** σ_a，即

$$\sigma_m=(\sigma_{max}+\sigma_{min})/2=\sigma_{max}(1+r)/2 \quad \text{(a)}$$

$$\sigma_a=(\sigma_{max}-\sigma_{min})/2=\sigma_{max}(1-r)/2 \quad \text{(b)}$$

$$\sigma_{max}=\sigma_m+\sigma_a\text{，}\quad \sigma_{min}=\sigma_m-\sigma_a \quad \text{(c)}$$

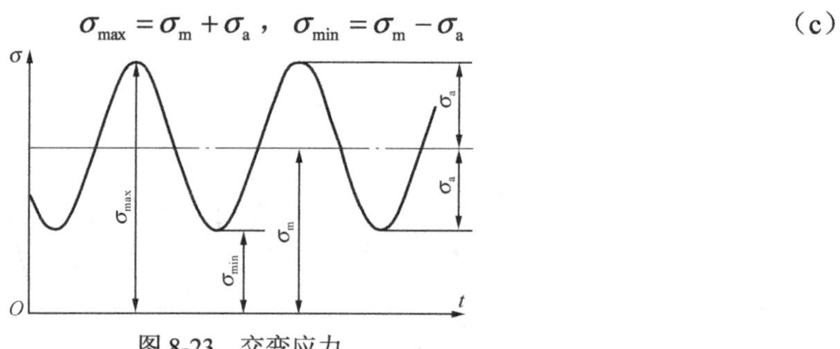

图 8-23　交变应力

这样，构件承受的交变应力可以通过最大应力和最小应力，即 σ_{max}、σ_{min} 来表示；也可以通过平均应力 σ_m 和应力幅度 σ_a 来表示。

对于图 8-20 所示的交变应力，$\sigma_{min}=-\sigma_{max}$，$r=-1$，这种交变应力称为**对称循环**，此情况下 $\sigma_m=0$。对于 $r\neq-1$ 的交变应力，统称为**非对称循环**。在非对称循环中比较常见的是 $\sigma_{min}=0$

的情况，此时$r=0$，$\sigma_m=\sigma_a=\sigma_{max}/2$，这种交变应力常称为**脉动循环**。如图 8-24 所示的单方向转动的啮合齿轮，齿轮根部的弯曲应力在转动一周中即经受一次脉动循环。当$\sigma_{min}=\sigma_{max}$时，即通常所说的静应力，此时$\sigma_a=0$，而应力比$r=+1$。所以静应力可看作交变应力的一种特例。

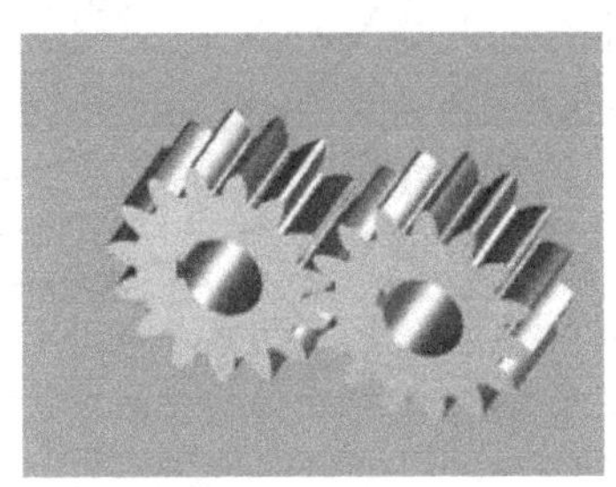

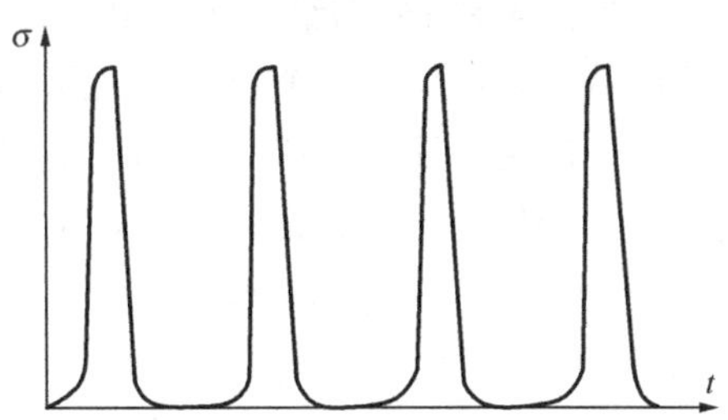

图 8-24　啮合齿轮的脉动循环

对照图 8-23 可知，在$\sigma_{max}\sim\sigma_{min}$范围内变动的交变应力可以看作静应力$\sigma_m$再叠加一个对称变化的应力幅度$\sigma_a$，即$\sigma_m\pm\sigma_a$。所以非对称循环的交变应力可看作在静应力$\sigma_m$（平均应力）上重叠一个数值等于应力幅度$\sigma_a$的对称循环。

金属材料在交变应力下的强度常用$\sigma-N$（应力–寿命）曲线或疲劳极限来衡量。在某一指定循环特征r下，用某种钢材制作出一组标准试件（其直径在 7～10mm，表面磨光，常称为光滑小试件），对这组试件分别在不同的σ_{max}下施加交变应力（须保持r不变），直到破坏，记下每根试件破坏前经受的循环次数N（常称为寿命）。以σ_{max}为纵坐标，以N为横坐标，在图 8-25 上画出若干点，连成一条曲线。该曲线即是在此特定的循环特征r下的$\sigma_{max}-N$曲线，简称为$\sigma-N$曲线（应力–寿命）曲线。从$\sigma-N$曲线可看出，表示材料的疲劳强度与表示材料的静强度明显不同。表示静强度只用强度极限即可。对材料的疲劳强度则不然，在指定r值下，必须同时指明σ_{max}及其对应的寿命N，即在一定的循环特征下，只有用两个量（σ_{max}，N）才能表示材料的疲劳强度。在一定的循环特征r下，随着寿命N的不同，破坏时的σ_{max}也不同。再有，在不同的循环特征下得到的$\sigma-N$曲线也不同。所以，要全面地反映材料在交变应力下疲劳的强度极限，必须作出不同r值下的$\sigma-N$曲线。

对于钢材来说，$\sigma-N$曲线有一条水平渐近线$\sigma_{max}=\sigma_r$（如图 8-25 所示）。这表明当$\sigma_{max}>\sigma_r$时，试件经受有限次循环就发生疲劳破坏；而当$\sigma_{max}<\sigma_r$时，试件则能经受无限次循环而不发生破坏。σ_r就称为此种材料在指定的循环特征r下的**疲劳极限**（或**持久极限**）。由$r=-1$时的$\sigma-N$曲线的渐近线可确定对称循环的疲劳极限σ_{-1}，由$r=0$时的$\sigma-N$曲线的渐近线可确定脉动循环的疲劳极限σ_0。对于钢材，在$\sigma-N$曲线上和$N=10^7$对应的点的纵坐标即与σ_r极为接近。这一次数称为循环基数N_0。就是说对于钢材，断裂前经受$N_0=10^7$次循环所对应的σ_{max}值即可认为是该特定r值的疲劳极限。

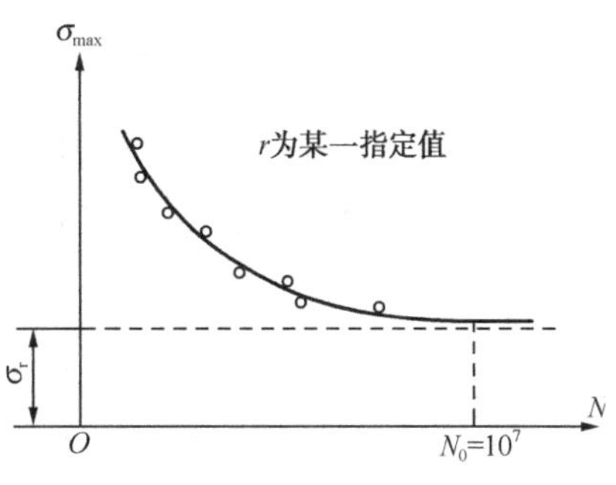

图 8-25　应力–寿命曲线

交变弯曲应力的疲劳极限用σ_r表示。交变拉、压应力或交变扭转应力的疲劳极限分别用σ_{rt}和τ_r来表示。

对于某一种材料，在一定的循环特征下，利用一组光滑小试件进行疲劳试验，可以得到一条

$\sigma - N$ 曲线。然后改换循环特征，再做疲劳试验，这样可得出不同 r 值下的 $\sigma - N$ 曲线族，如图 8-26 所示。在 $N_0 = 10^7$ 处作一条竖直线，与 $\sigma - N$ 曲线族的一系列交点 A、C、D、E 的纵坐标值分别给出在指定寿命 N_0 时各应力比 r 值的疲劳极限 σ_r。某一个 σ_r 即是循环特征 r 下，试件恰好经受 N_0 次循环而疲劳破坏的那一交变应力中的最大应力 σ_{max}。根据每一应力比 r 及其对应的 σ_{max} 值（即 σ_r 值），计算出 $\sigma_{min}(=r\sigma_{max})$。再由 σ_{max} 和 σ_{min} 计算平均应力 σ_m 和应力幅度 σ_a。以 σ_m、σ_a 为横、纵坐标在图 8-27 上画出若干点，连成曲线 $ACDEB$，此曲线称为该材料的疲劳极限图。

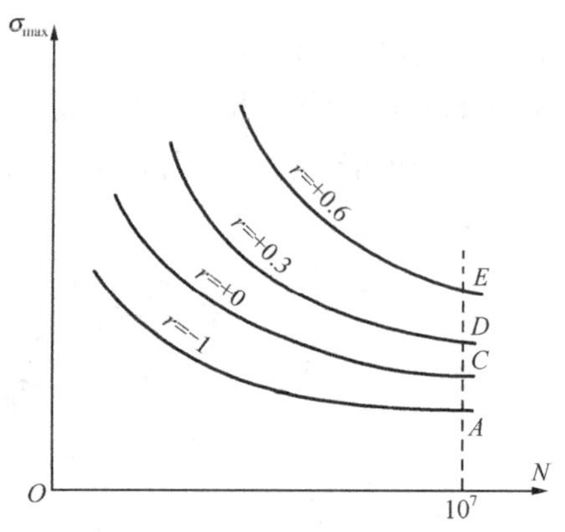

图 8-26 不同循环特征下的疲劳极限图

首先，曲线 $ACDEB$ 上的点都对应着材料的疲劳极限，其寿命均为 $N_0 = 10^7$ 次，此曲线内部的点所对应的交变应力并不引起疲劳破坏；而此曲线外部的点所对应的交变应力，在次数小于 10^7 时即能引起破坏。所以疲劳极限图 $ACDEB$ 是试件断裂前能否达到规定的循环基数 N_0 的一条分界线。

由本节的式（a）、式（b）可得 $\sigma_a / \sigma_m = (1-r)/(1+r)$。如果指定一个应力比 r，作出过原点且斜率为 $(1-r)/(1+r)$ 的一条直线，此直线与疲劳极限图交点的横、纵坐标之和即是此指定 r 值的疲劳极限。在图 8-27 纵轴上的点的 $\sigma_m = 0$，所以纵轴上的点对应对称循环 $r = -1$，A 点的纵坐标 OA 即为对称循环下材料的疲劳极限 σ_{-1}。横轴上的点的 $\sigma_a = 0$，所以横轴上对应静应力 $(r = +1)$，B 点的横坐标 OB 就是材料在静应力下的强度极限 σ_b。曲线上的 C 点对应着脉动循环下材料的疲劳极限 σ_0，所以 $OC' = C'C = \sigma_0 / 2$。

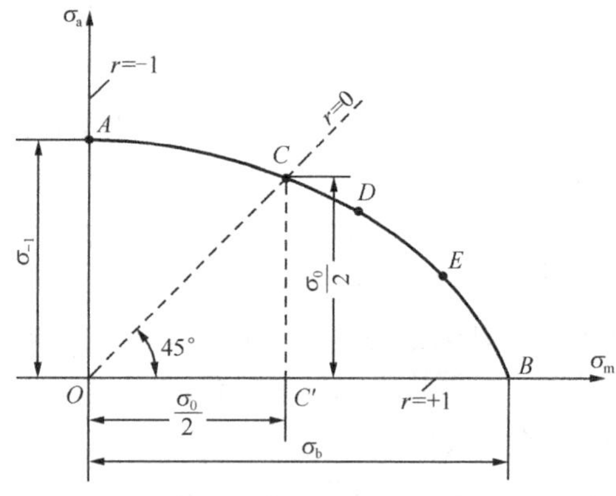

图 8-27 简化的疲劳极限图

第六节 影响构件持久极限的因素

前面讲述的疲劳极限均是根据光滑小试件测出的，称为材料的疲劳极限。这种材料的疲劳极限尚不能直接用于实际构件。实际构件的外形、尺寸以及表面加工情况都不同于标准的光滑小试件，而这些因素对于疲劳强度都有影响。

1．构件外形的影响

大部分机械零件的截面都是变化的，如零件上有螺纹（如图 8-28 所示）、键槽（如图 8-29 所示）、轴肩（如图 8-30 所示）等。

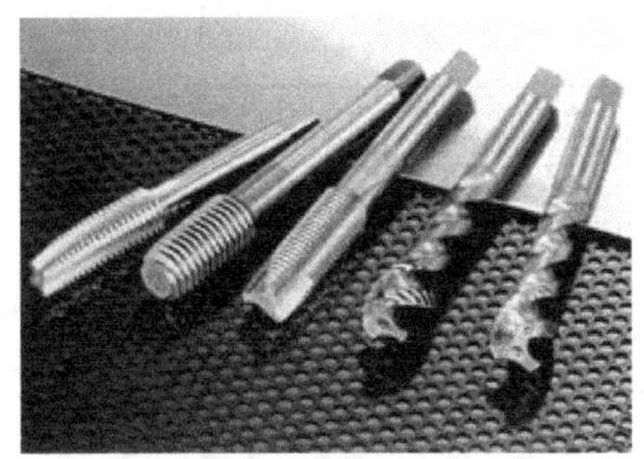

图 8-28　零件螺纹

图 8-29　零件键槽

图 8-30　零件轴肩

在构件截面的变化处出现应力集中，这将显著降低构件的疲劳极限。一般用有效应力集中系数 K 表示其降低的程度，即

$$K_\sigma = \frac{\sigma_{-1}}{\sigma_{-1,K}}，\quad K_\tau = \frac{\tau_{-1}}{\tau_{-1,K}}$$

式中，σ_{-1}、τ_{-1} 分别为弯曲、扭转时光滑试件对称循环的疲劳极限；$\sigma_{-1,K}$、$\tau_{-1,K}$ 分别为同尺寸而有应力集中因素试件的对称循环疲劳极限。工程上为了使用方便，把关于有效应力集中系数的实验数据整理成曲线或表格，如图 8-31 和图 8-32 所示分别为构件在弯曲和扭转时的有效应力集中系数。图 8-33 和图 8-34 所示分别为具有螺纹、键槽、横孔的构件在弯曲（拉伸）及扭转时的有效应力集中系数。

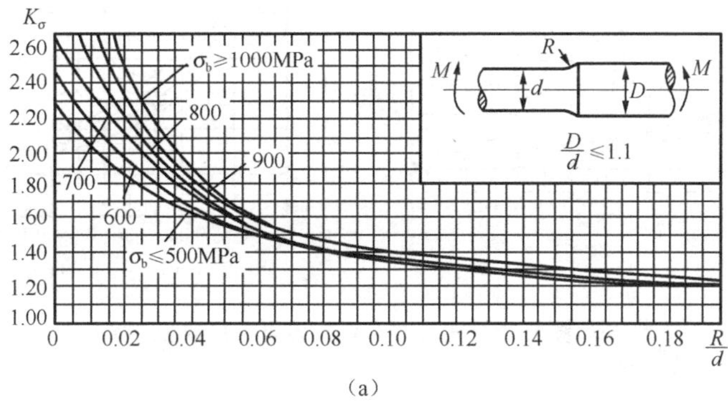

（a）

图 8-31　弯曲时有效应力集中系数

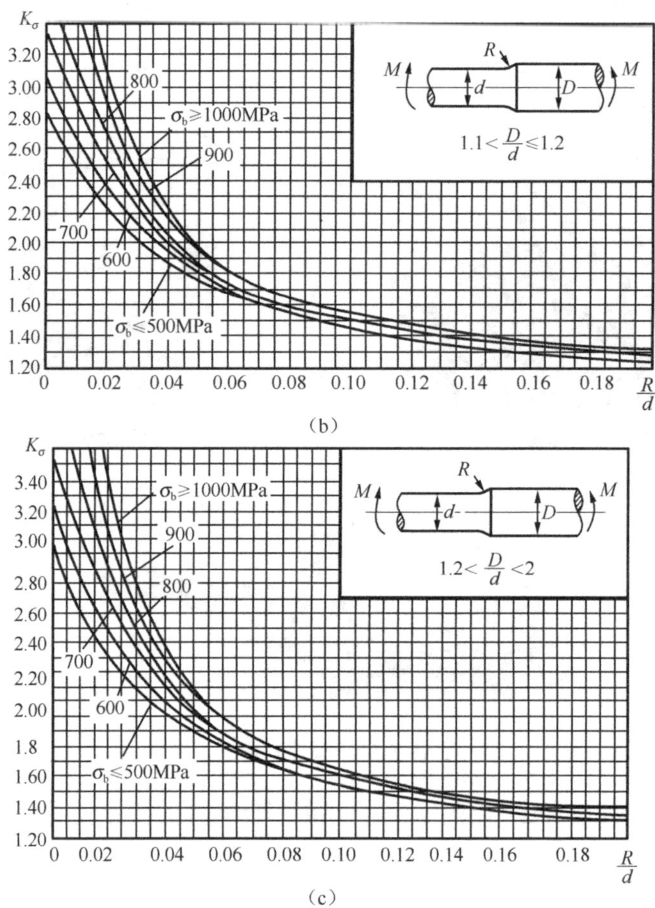

图 8-31　弯曲时有效应力集中系数（续）

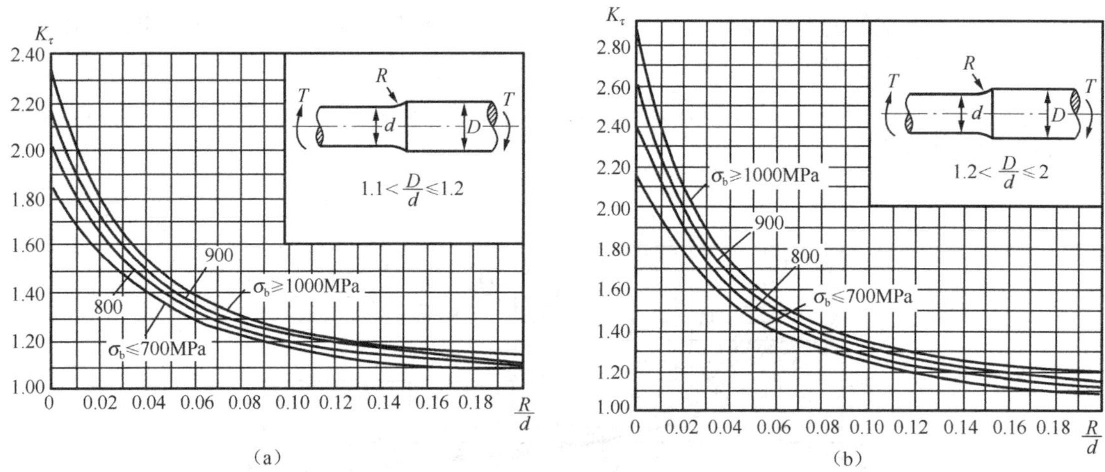

图 8-32　扭转时有效应力集中系数

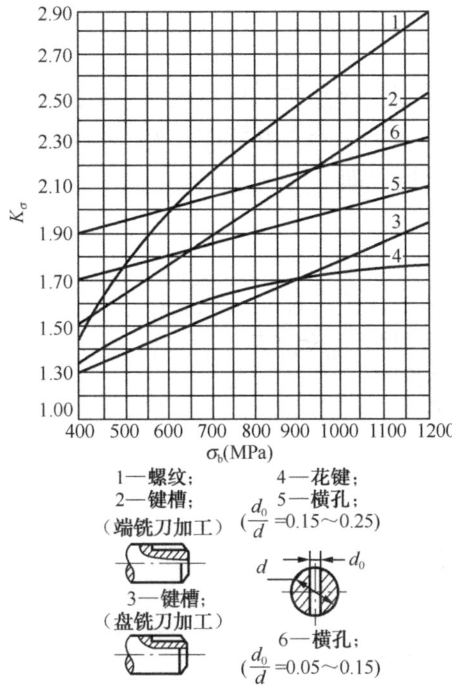

图 8-33　弯曲（拉伸）时，螺纹、键槽、横孔的有效应力集中系数 K_σ

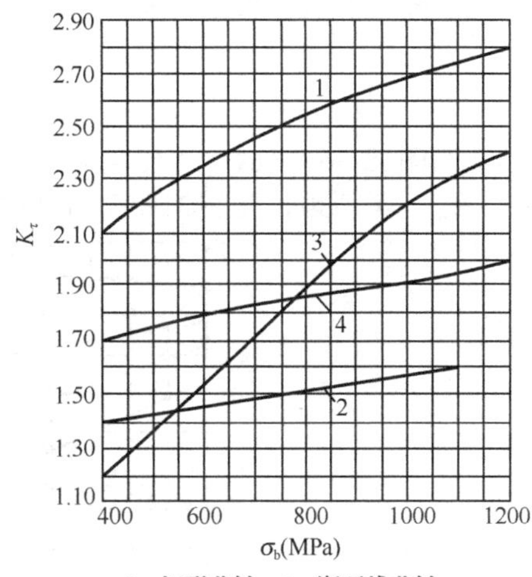

图 8-34　扭转时，螺纹、键槽、横孔的有效应力集中系数 K_τ

2．构件尺寸的影响

构件尺寸越大，材料包含的缺陷也相应增多，致使疲劳极限降低，其降低程度用尺寸系数 ε 表示，即

$$\varepsilon_\sigma=\frac{\sigma_{-1,\varepsilon}}{\sigma_{-1}}，\quad \varepsilon_\tau=\frac{\tau_{-1,\varepsilon}}{\tau_{-1}}$$

式中，σ_{-1}、τ_{-1} 分别为光滑小试件在弯曲、扭转时的疲劳极限；$\sigma_{-1,\varepsilon}$、$\tau_{-1,\varepsilon}$ 分别为光滑大尺寸试件在弯曲、扭转时的疲劳极限。图 8-35 所示为钢的尺寸系数随轴径 d 的变化曲线。

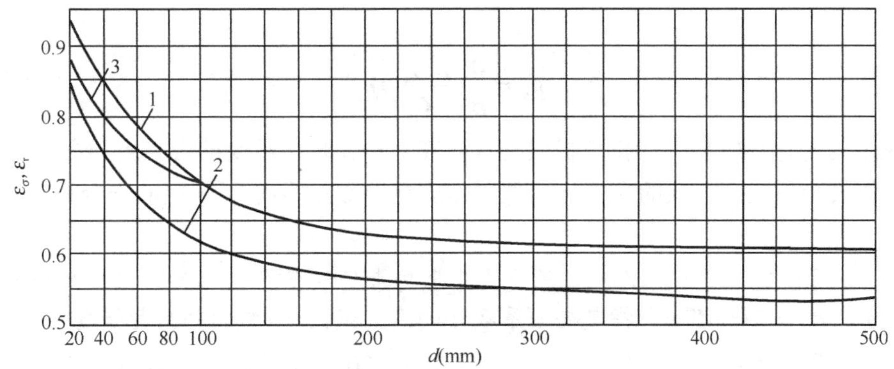

1—σ_b=500MPa 钢的ε_σ；2—σ_b=1200MPa 钢的ε_σ；3—各种钢的ε_τ

图 8-35　构件的尺寸系数

3．构件表面质量的影响

构件表面质量的加工情况也会使疲劳强度降低。这是因为加工精度在表面形成的切削痕迹也会呈现出不同程度的应力集中。表面加工的影响用表面加工系数β表示。β是指试件表面在不同加工情况下的疲劳极限与表面磨光时的疲劳极限之比，即

$$\beta_\sigma = \frac{\sigma_{-1,\beta}}{\sigma_{-1}}, \quad \beta_\tau = \frac{\tau_{-1,\beta}}{\tau_{-1}}$$

其值如图 8-36 所示。综合考虑上述三种因素，得到弯曲构件在对称循环下的疲劳极限为$\sigma_{-1}\beta\varepsilon_\sigma / K_\sigma$；类似地，扭转构件在对称循环下的疲劳极限为$\tau_{-1}\beta\varepsilon_\tau / K_\tau$。

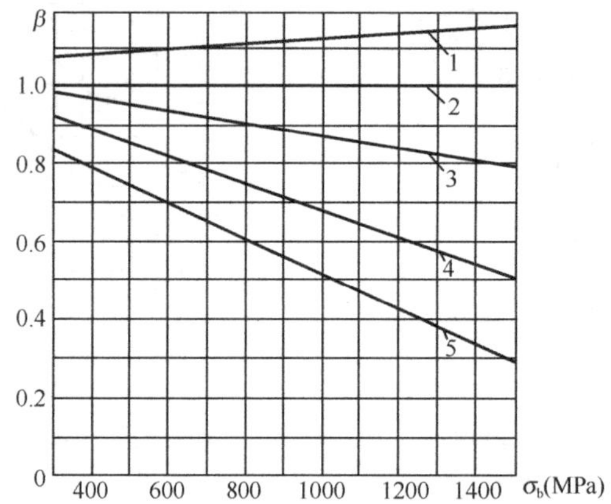

1—抛光0.05以上；2—磨削0.2～0.1；3—精车1.6～0.4；4—粗车12.5～3.2；5—未加工

图 8-36　构件的表面加工系数

第七节　构件疲劳强度计算

将本章第六节的疲劳极限除以规定的安全系数n，即得到对称循环时的许用应力$[\sigma_{-1}]$。疲劳强度条件是指构件所承受的对称循环中的最大应力$\sigma_{\max}$不超过$[\sigma_{-1}]$，即$\sigma_{\max} \leqslant \sigma_{-1}\beta\varepsilon_\sigma / (K_\sigma n)$，或

$$n_\sigma = \frac{\sigma_{-1}\beta\varepsilon_\sigma}{\sigma_{\max}K_\sigma} \geqslant n$$

式中，n_σ表示对称循环时构件的持久极限与构件在对称循环中承受的最大应力之比，所以n_σ即是构件的工作安全系数。上式的含义是构件工作安全系数n_σ不小于规定的安全系数n，就能保证疲劳强度。

例 8-7　如图 8-37 所示机车车轴，承受由车厢传来的载荷$P=80\text{kN}$，轴的材料为 45 号钢，$\sigma_b = 500\text{MPa}$，$\sigma_{-1} = 200\text{MPa}$，指定安全系数$n=1.5$。试校核Ⅰ截面的疲劳强度。

【解】 首先确定有效应力集中系数，由$r/d = 10/120 = 0.083$，$D/d = 140/120 = 1.17$，再由图 8-31（b）查出此时有效应力集中系数$K_\sigma = 1.55$，由图 8-35 查出尺寸系数$\varepsilon_d = 0.68$，由图 8-36 查出表面加工系数$\beta = 0.96$。

Ⅰ截面弯矩　　$M = 80\times10^3\times0.105 = 8400\text{N}\cdot\text{m}$，$W = \pi\times120^3/32\ \text{mm}^3$

$$\sigma_{\max}=\frac{32\times8400\times10^3}{\pi\times120^3}=49.5\ \text{MPa}$$

利用 $n_\sigma=\dfrac{\sigma_{-1}\beta\varepsilon_\sigma}{\sigma_{\max}K_\sigma}\geqslant n$，有

$$\frac{200\times0.96\times0.68}{49.5\times1.55}=1.70>n=1.5$$

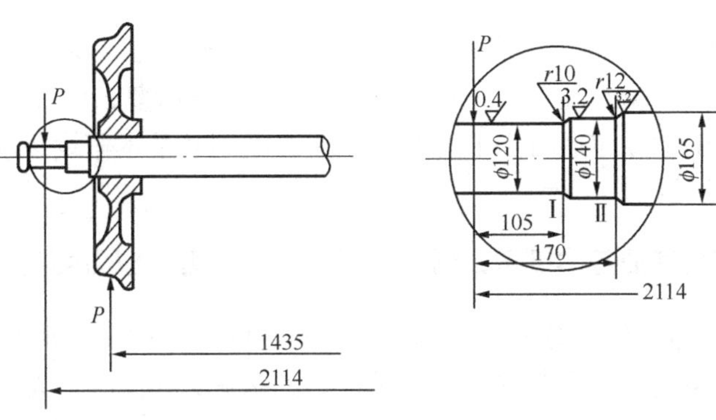

图 8-37　例 8-7 图

总结与讨论

1．本章研究简单动载荷问题

（1）构件作等加速度直线运动时的动应力分析；构件等角速转动时的动应力分析。
（2）冲击问题的简化计算。

2．本章基本概念

（1）动载荷、冲击载荷。
（2）动应力、冲击应力。
（3）动载荷系数、冲击载荷系数。

3．关于动载荷系数及冲击载荷系数

构件作等加速运动或等角速转动时的动载荷系数 $k_{\rm d}$ 为

$$k_{\rm d}=\frac{\sigma_{\rm d}}{\sigma_{\rm st}}$$

上式是动载荷系数的定义式，它给出了 $k_{\rm d}$ 的内涵和外延。$k_{\rm d}$ 的计算式，则要根据构件的具体运动方式，经分析推导而定。

构件受冲击时的冲击动载荷系数 $k_{\rm d}$ 为

$$k_{\rm d}=\frac{\sigma_{\rm d}}{\sigma_{\rm st}}=\frac{\Delta_{\rm d}}{\Delta_{\rm st}}$$

上式是冲击动载荷系数的定义式，其计算式要根据具体的冲击形式经分析推导而定。

$k_d = 1 + \sqrt{1 + 2h / \delta_{st}}$ 中的 δ_{st} 是指结构在冲击点沿着冲击方向的静变形，这一点应特别注意。

两个 k_d 中包含丰富的内容。它们不仅能给出动的量与静的量之间的相互关系，而且包含了影响动载荷和动应力的主要因素，从而为寻求降低动载荷对构件的不利影响的方法提供了思路和依据。

4．本章涉及的基本原理和基本方法

（1）动静法，其依据是达朗贝尔原理。这个方法把动载荷的问题转化为静载荷的问题。

（2）能量分析法，其依据是能量守恒原理。这个方法为分析复杂的冲击问题提供了简略的计算手段。在运用此法分析计算实际工程问题时，应注意回到其基本假设逐项进行考察与分析，否则有时将得出不合理的结果。

5．本章涉及疲劳强度的基本概念：循环特征、平均应力、应力幅度

本章研究了应力寿命曲线；分析了影响持久极限的因素为构件外形的影响、构件尺寸的影响、构件表面质量的影响；提出了提高抵抗疲劳能力的措施：降低应力集中的影响，即在轴类零件中根据结构尽可能使半径过渡缓和；提高构件表层的强度，即对于构件中最大应力所在的表面采用某些工艺措施。

习题 A

8-1．某构件内一点处的交变应力随时间变化的图线如题 8-1 图所示，则该交变应力的循环特征是________，最大应力是________，最小应力是________，平均应力是________，应力幅是________。

8-2．如题 8-2 图所示，重量为 Q 的物体自由落体冲击梁的 B 点（EI 及 W 为已知），则动载荷系数 k_d=________，梁的最大挠度 f_{max} =________，梁的最大正应力 σ_{max} =________。

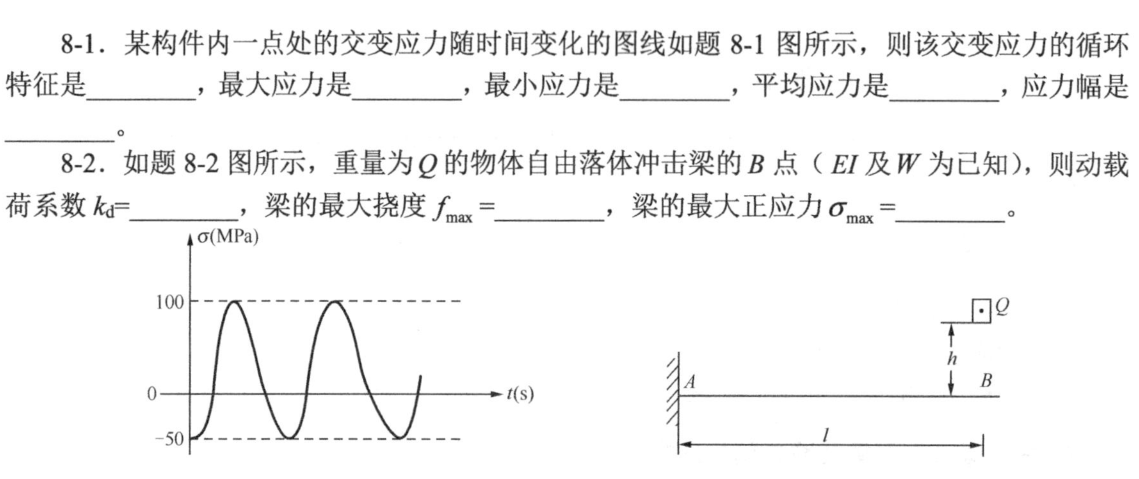

题 8-1 图　　　　题 8-2 图

8-3．如题 8-3 图所示，重量为 Q 的物体自高度 h 处落在梁上 D 截面处，梁上截面 C 处的动应力为 $\sigma_d = k_d \sigma_{st}$，其中 k_d=________，Δ_{st} 应取梁在静载荷作用下________的挠度。

8-4．如题 8-4 图所示，重量为 Q 的物体自高度 h 处下落在梁上截面 D 处，梁上截面 C 处的动应力为 $\sigma_d = k_d \sigma_{st}$，其中 $K_d = 1 + \sqrt{1 + \frac{2h}{\Delta_{st}}}$，则式中 Δ_{st} 应取静载荷作用下梁上________。

A．截面 C 的挠度　　B．截面 D 的挠度　　C．截面 E 的挠度　　D．最大挠度

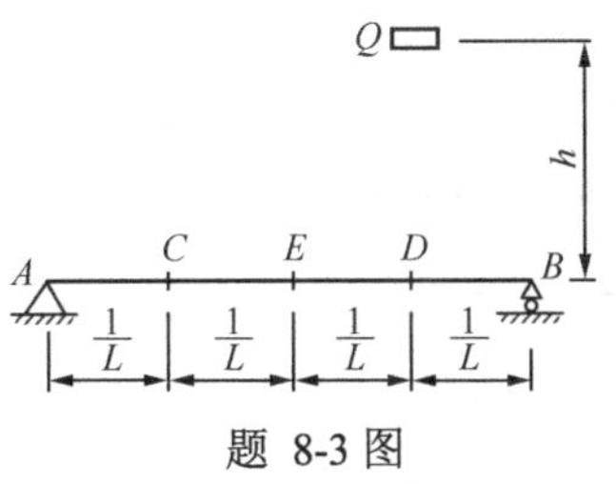

题 8-3 图

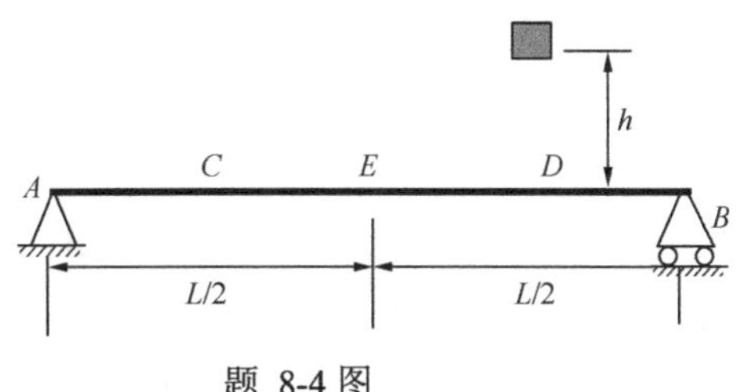

题 8-4 图

8-5．受水平冲击的刚架如题 8-5 图所示，欲求 C 点的铅垂位移，则动载荷系数表达式中的静位移 Δ_{st} 应是________。

A．C 点的铅直位移　　B．B 点的铅直位移

C．B 点的水平位移　　D．B 截面的转角

8-6．如题 8-6 图所示起重机吊起一根工字钢，已知工字钢匀速上升时吊索内和工字钢内的最大应力分别为 σ_1 和 σ_2，则当其以匀加速度 a 上升时，吊索内和工字钢内的最大应力应分别为________。

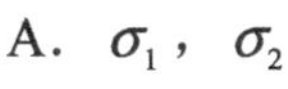

A．σ_1，σ_2　　B．$\left(1+\dfrac{a}{g}\right)\sigma_1$，$\left(1+\dfrac{a}{g}\right)\sigma_2$

C．σ_1，$\left(1+\dfrac{a}{g}\right)\sigma_2$　　D．$\left(1+\dfrac{a}{g}\right)\sigma_1$，$\sigma_2$

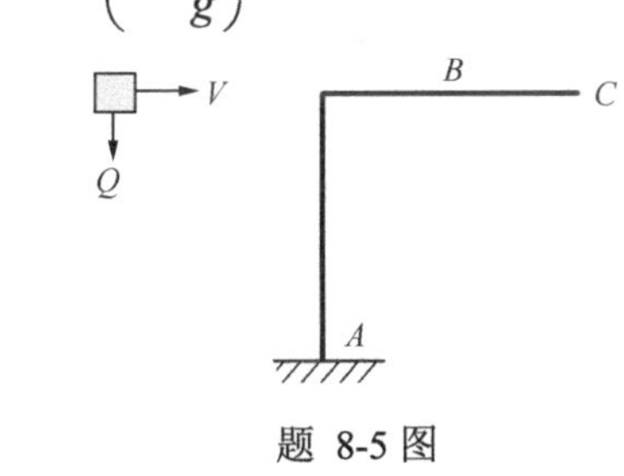

题 8-5 图

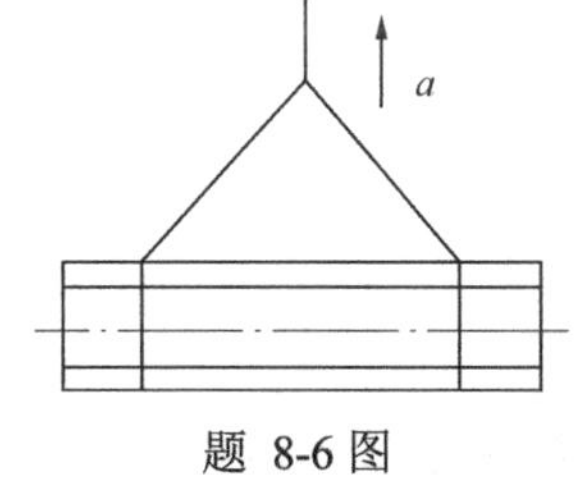

题 8-6 图

8-7．如题 8-7 图所示为梁受到重物 Q 的自由落体冲击。设梁 a、b 中的动载荷系数分别为 k_d^a 和 k_d^b，最大动应力分别为 σ_d^a 和 σ_d^b，若不计应力集中效应，则两梁的动载荷系数和最大动应力的关系为________。

A．$k_d^a < k_d^b$，$\sigma_d^a > \sigma_d^b$　　B．$k_d^a > k_d^b$，$\sigma_d^a < \sigma_d^b$

C．$k_d^a < k_d^b$，$\sigma_d^a < \sigma_d^b$　　D．$k_d^a > k_d^b$，$\sigma_d^a > \sigma_d^b$

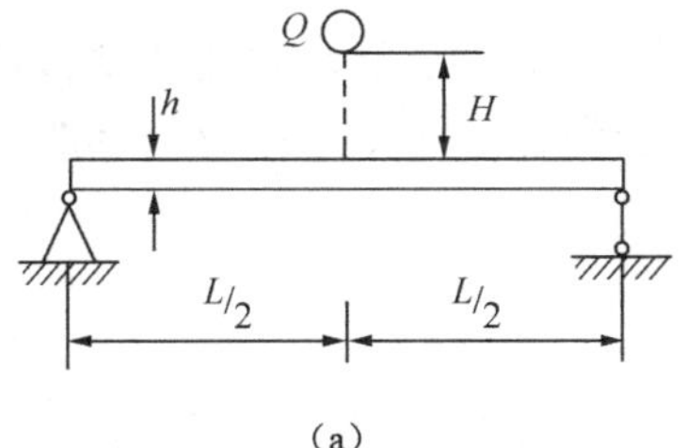

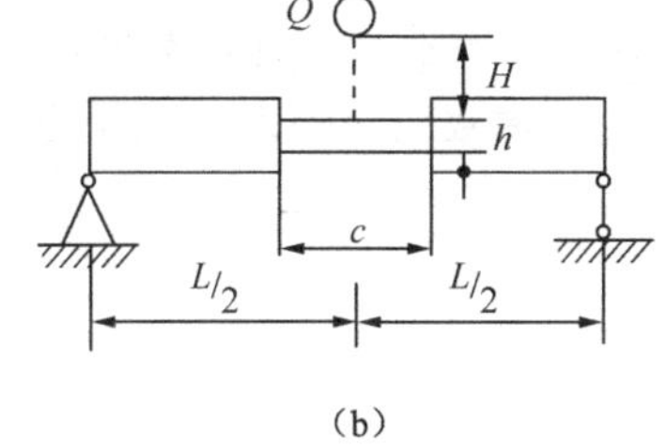

题 8-7 图

8-8．如题 8-8 图所示四根悬臂梁，受到重量为 Q 的重物由高度为 H 的自由落体冲击，其中________梁动载荷系数最大。

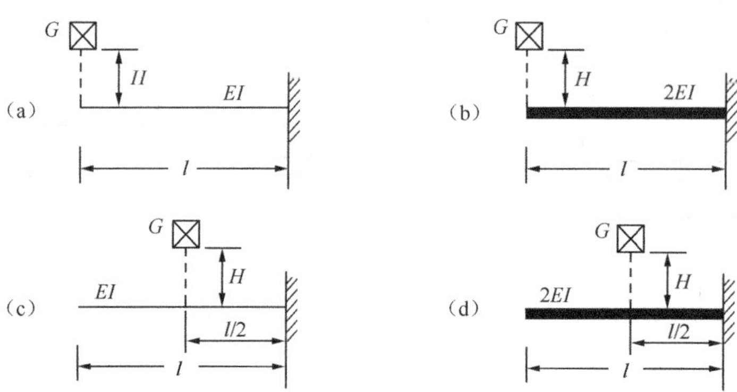

题 8-8 图

8-9. 如题 8-9 图所示的简支梁受自由落体冲击。今设计了三种不同的受冲击系统结构形式。题图（b）、（c）中的弹簧刚度 K 相同且均产生了压缩变形，则动载荷系数最大的是________。

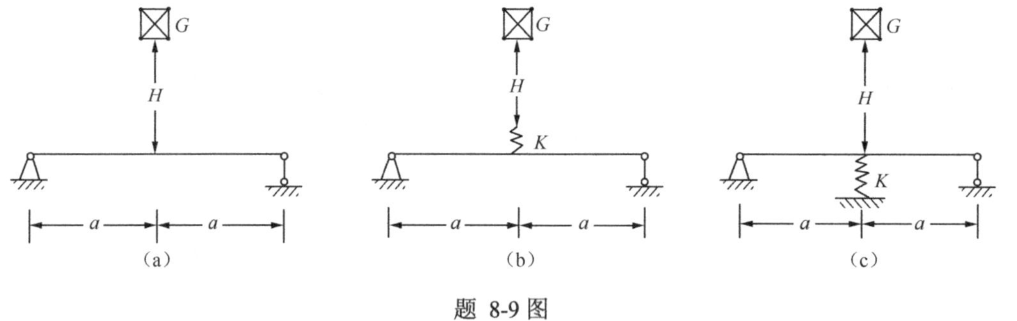

题 8-9 图

习题 B

8-10. 如题 8-10 图所示，一横截面面积为 A 的杆，置于滚柱上。在 P 力作用下，杆沿水平方向以匀加速度 a 向前运动，已知杆材料的容重为 γ，滚柱与杆之间的摩擦力忽略不计。试求距杆左端 x 处横截面上的轴力 F_{Nx}。

8-11. 如题 8-11 图所示，图中 CD 杆以匀角速度 ω 绕竖直轴转动，杆的横截面面积为 A，杆材料的容重为 γ。试求 CD 杆内产生的最大正应力，并画出 CD 杆的轴力图，由自重引起的弯曲应力很小，可略去。

8-12. 如题 8-12 图所示为一开口圆环，开口处间隙 $\Delta \approx 0$。当环以角速度 ω 转动时，Δ 将增大，设环的容重为 γ，横截面面积为 A，环的平均半径为 R，且 $R \gg t$，t 为环的厚度。试求 ω 和 Δ 的关系。

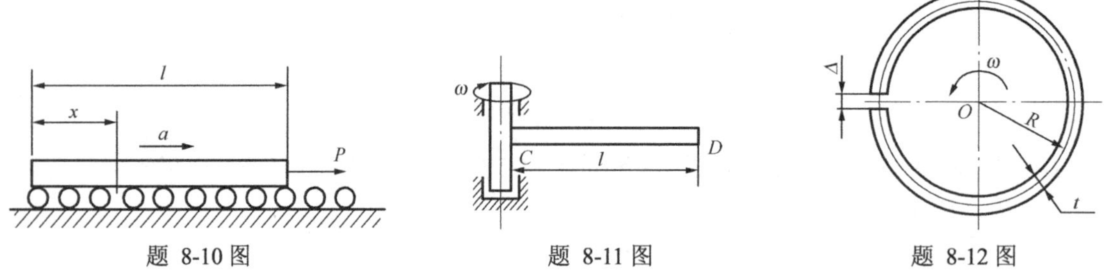

题 8-10 图　　题 8-11 图　　题 8-12 图

8-13．如题 8-13 图所示，图中一起重机绳索以匀加速度提升重量 $G=50\text{kN}$ 的物体，在最初 3s 内物体被提升 9m，绳索的容重 $\gamma=80\text{kN/m}^3$，许用应力 $[\sigma]=60\text{MPa}$，重力加速度 $g=9.8\text{m/s}^2$。试求绳索直径 d。

8-14．如题 8-14 图所示，图中一简支梁由两个 40 号工字钢组成，位于跨中的起重机以匀加速度提升重物 $G=50\text{kN}$，在第一秒内提升 2m，绳索的 $[\sigma]=70\text{MPa}$，梁的 $[\sigma]=100\text{MPa}$，不计自重，$g=9.8\text{m/s}^2$。试设计绳索直径 d 并校核梁的强度。

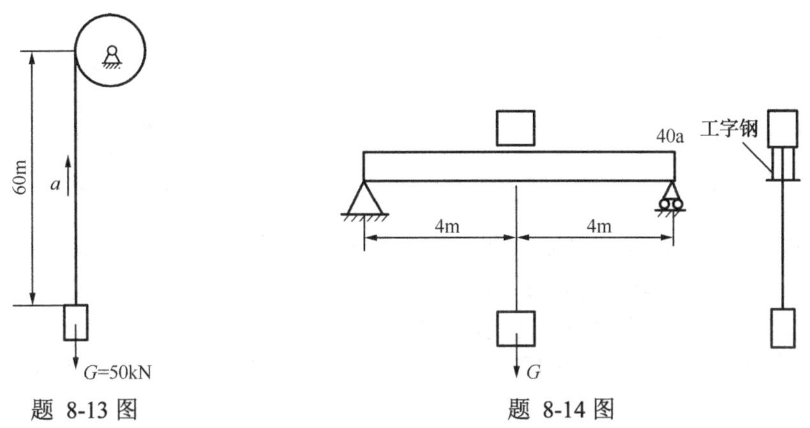

题 8-13 图　　题 8-14 图

8-15．如题 8-15 图所示，图为材料相同的两杆，一为等截面，一为变截面，已知 $E=200\text{GPa}$，$a=200\text{mm}$，$A=10\text{mm}^2$。重量 $G=10\text{N}$，从 $h=100\text{mm}$ 处自由下落。用近似公式 $k_\text{d}=\sqrt{2h/\delta_\text{st}}$ 求此两杆的冲击应力。

8-16．如题 8-16 图所示，两悬臂梁，一为等截面（正视图（a）和俯视图（b）），一为变截面（正视图（a）和俯视图（c）），已知 $E=200\text{GPa}$。重量 $G=50\text{N}$，从 $h=30\text{mm}$ 处自由下落。用近似公式 $k_\text{d}=\sqrt{2h/\delta_\text{st}}$ 求两杆的冲击应力。

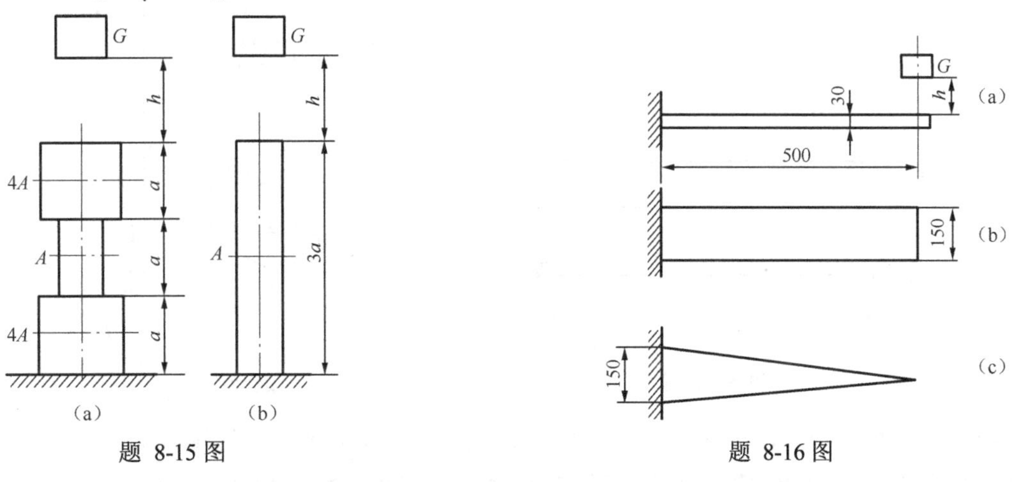

题 8-15 图　　题 8-16 图

8-17．如题 8-17 图所示，等截面刚架，一重量 $G=300\text{N}$ 的物体自高度 h 处自由下落，已知 $h=50\text{mm}$，$E=200\text{GPa}$，刚架质量不计。试求截面 A 的最大竖直位移和刚架内的最大正应力。

8-18．如题 8-18 图所示，一重量为 G 的物体以水平速度 v 冲击于悬臂梁的 A 端，梁的抗弯刚度为 EI，抗弯截面模量为 W，梁本身的质量忽略不计，求 A 点最大水平位移和梁内的最大弯曲正应力。

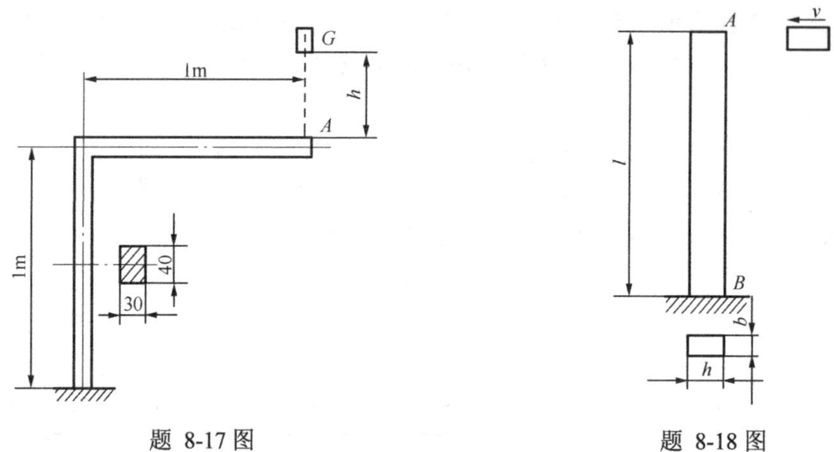

题 8-17 图　　　　题 8-18 图

8-19．如题 8-19 图所示，杆 OC 在水平面内以角速度 ω 绕 O 点转动，图（a）是其俯视图。杆右端有重为 G 的物体，在转动过程中，OC 杆因在 B 点处突然受阻击而停止转动（见图（b）），设杆的质量可以不计，试求此时杆内最大冲击应力。

8-20．一绳索许可承受的载荷为120kN，绳索下端悬 20kN 的重物，以速度 $v_0 = 1\text{m/s}$ 下降，$g = 9.8\text{m/s}^2$，当下降到绳长为10m 时，绳索突然卡住，绳索的 $E = 7\times10^4\text{MPa}$，截面面积 $A = 400\text{mm}^2$。试校核绳索强度。

8-21．如题 8-21 图所示，插床刀杆传动机构，偏心轮 D 带动连杆 AB 摆动，使刀杆作直线往复运动。已知刀杆自重 $G = 400\text{N}$，插削时向下运动切削力 $T = 1000\text{N}$，空行程向上运动时 $T = 0$。试求连杆 AB 中应力变化的应力比 r（忽略惯性力和连杆的倾斜度，l 比 e 大得多）。

提示：此题可先分析连杆 AB 所承受的最大及最小载荷。

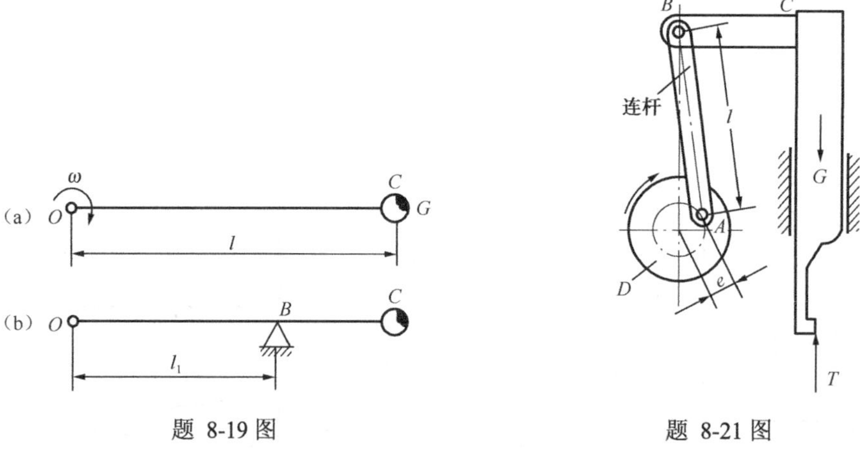

题 8-19 图　　　　题 8-21 图

8-22．一阶梯圆轴，$D = 50\text{mm}$，$d = 40\text{mm}$，过渡半径 $r = 5\text{mm}$，材料的 $\sigma_b = 900\text{MPa}$，轴的表面为粗车加工。试求此轴弯曲及扭转时的系数 $K_\sigma/(\beta\varepsilon_\sigma)$ 及 $K_\tau/(\beta\varepsilon_\tau)$。

8-23．题 8-23 图所示为一机车车轴，若轴上载荷 $P = 40\text{kN}$，钢材的 $\sigma_b = 500\text{MPa}$，$\sigma_{-1} = 250\text{MPa}$。轴的外伸段表面为磨削，轴的其他段表面为粗车，安全系数取为2.2。试校核此轴的疲劳强度。

8-24．某高频疲劳试验机夹头外形如题 8-24 图所示。其危险截面处直径 $d = 40\text{mm}$，$D = 48\text{mm}$，$r = 4\text{mm}$。材料为钢，$\sigma_b = 600\text{MPa}$，$\sigma_s = 320\text{MPa}$，$\psi_\sigma = 0.2$，轴向受力时的疲劳

极限为$(\sigma_{-1})_t=170\text{MPa}$。表面为精车加工，轴向工作载荷$P_{max}=100\text{kN}$，$P_{min}=0$。给定安全系数为1.7。试校核其疲劳强度。

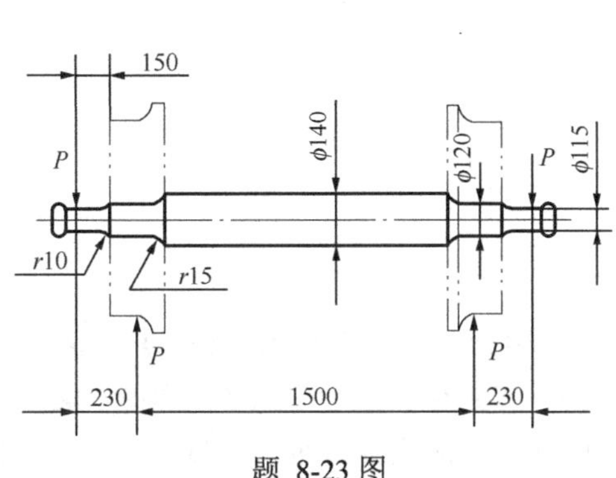

题 8-23 图

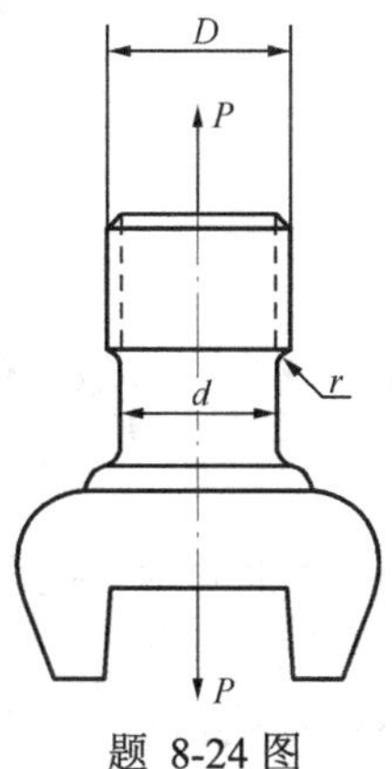

题 8-24 图

第九章　超静定结构

第一节　概述

前面所讨论的轴向拉压杆及杆系结构、受扭转的圆轴以及受弯曲的梁，无论是其外部约束力还是构件内部约束力，都可以通过静力学的平衡方程求解，这类问题称为**静定问题**（statically determinate problem）。在工程实际中，为了减小构件内的应力或变形（位移），往往采用更多的构件或支座。例如，图 9-1（a）所示为一桁架结构桥梁，图 9-1（b）所示为中央电视台办公大楼，其中都用到了桁架结构。在桁架结构中，最基本的结构应该简化为一个二杆桁架结构，如图 9-1（c）所示，可以通过静力学平衡方程求得两杆的内力。如果其强度或刚度不能满足要求，为了增强结构的强度或刚度，在结构中增加一杆 *AD*，如图 9-1（d）所示。由于平面汇交力系仅有两个独立的平衡方程，显然，仅由静力学平衡方程不可能求出三个未知轴力。又如图 9-2（a）所示在铣床上铣削工件时，为防止工件的移动并减小其变形和振动，需要增加辅助支撑，虎钳和辅助支撑构成系统。工件受力的力学模型如图 9-2（b）所示，工件整体处于平面任意力系，有三个独立的平衡方程，工件左固定端有三个外部约束力，右端有一个外部约束力，也不可能仅由静力学平衡方程确定。再如图 9-3 所示自行车中部三角架，仅通过截面法，利用静力学平衡方程也无法求解出三角架内部约束力，这类仅用静力学平衡方程无法求解的问题，称为**超静定问题**（statically indeterminate problem）。

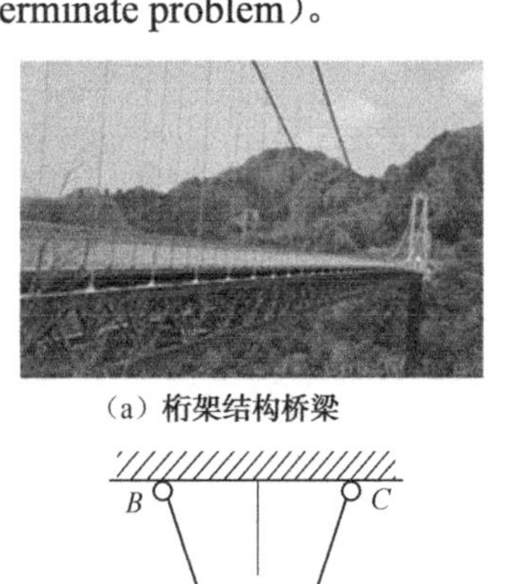

（a）桁架结构桥梁

（b）桁架结构建筑

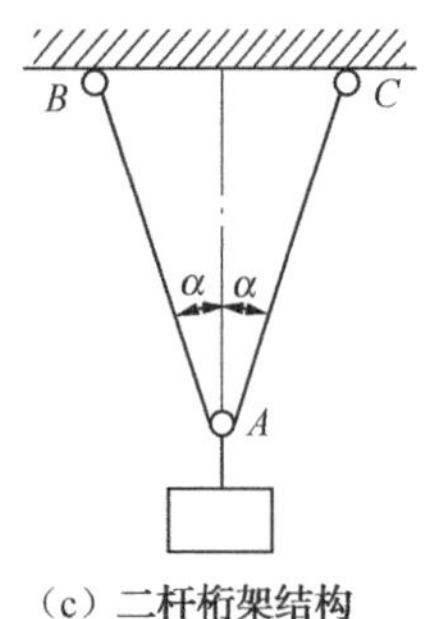

（c）二杆桁架结构

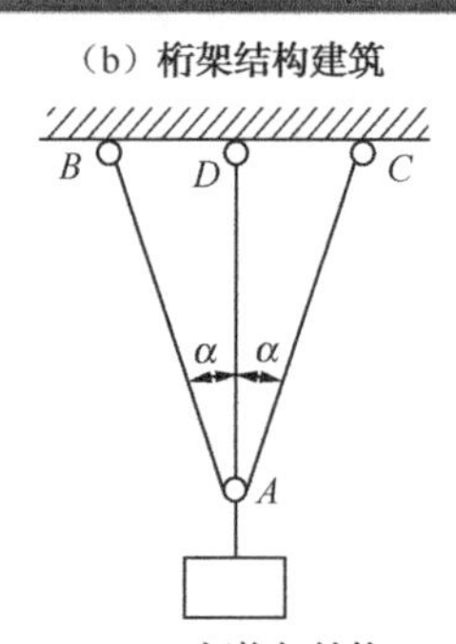

（d）三杆桁架结构

图 9-1　桁架结构

如图 9-1（c）所示的二杆结构中，杆件只可能发生由于变形引起的位移，这样的结构称为几何不变体系，若去掉任何一个杆件，都会使结构成为几何可变的。与静定问题相比，超静定问题都存在多于维持结构几何不变体系所必需的支座或杆件，例如，图 9-1（d）所示的三杆结构，如果去掉其中的任何一个杆件，结构仍然是几何不变的。因此把这类约束称为**多余约束**（superfluous constraint）。与多余约束相应的支反力或内力，习惯上称为多余约束力。由于多余约束的存在，未知力的数目必然多于独立平衡方程的数目。未知力个数超过独立平衡方程个数的数目，称为**超静定次数**（degree of statically indeterminate problem）。因此，超静定的次数就等于多余约束的数目。多余约束越多，超静定次数越高，超静定问题越复杂，求解越困难。

（a）铣床上铣削工件

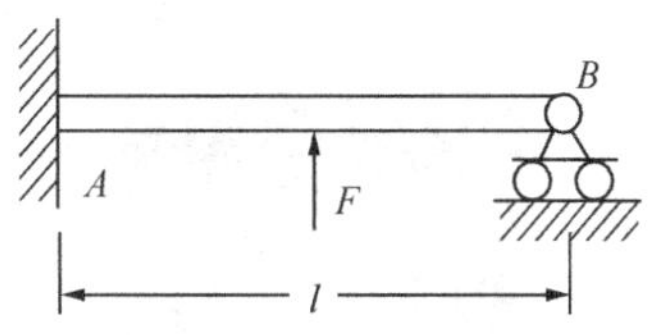

（b）铣削工件力学模型

图 9-2　铣床上铣削工件示例

图 9-3　自行车三角架

若结构所受的外部约束力不能由结构整体的静力平衡方程完全确定，则这种结构称为外超静定问题。如图 9-2 所示工件问题即为一次外超静定问题。如果结构的外部约束力由静力方程完全确定，继续用截面法无法确定其内部约束力，这种问题称为内超静定问题。如图 9-4（a）所示平面刚架结构，静力平衡方程可确定其三个外部约束力，确定内力需要用截面法，假想将其切开，如图 9-4（b）所示，截面上有三个未知力（轴力、剪力、弯矩），而静力平衡方程又自然成立，所以无法确定，因此为三次内超静定问题。又如图 9-5（a）所示屋顶结构，取其一部分，简化后的力学模型如图 9-5（b）所示，外部约束为静定问题，用截面法将 *CD* 杆切开，如图 9-5（c）所示，内力只有轴力，这时，静力平衡方程仍自然满足，所以为一次内超静定问题。对于内超静定问题，截面上的未知内力数目就是其超静定次数。此外，还有一些结构既是外超静定的，又是内超静定的，称为混合超静定问题，其超静定次数应该为外、内超静定次数之和。如图 9-6（a）所示的拱形门，其简化后的力学模型如图 9-6（b）所示，其外部为三次超静定，内部也为三次超静定，所以为六次混合超静定问题。

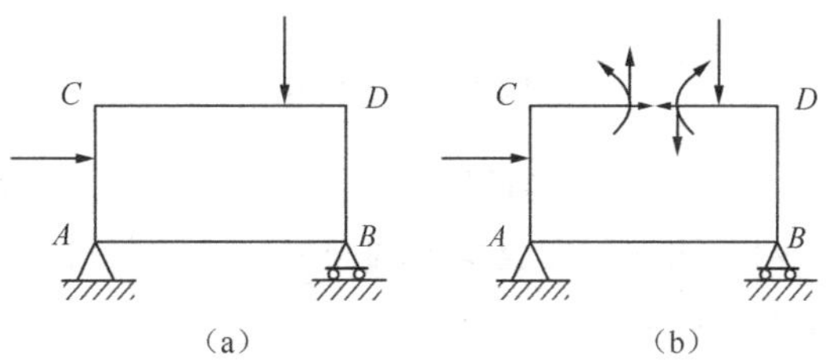

图 9-4　平面刚架结构的超静定问题

（a）屋顶桁架结构

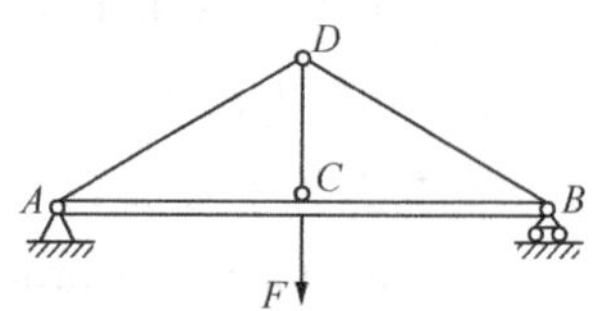

（b）部分结构力学模型

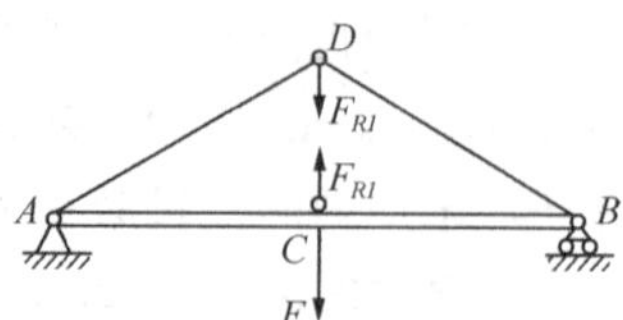

（c）部分结构内超静定分析

图 9-5　屋顶桁架结构示例

（a）拱形门

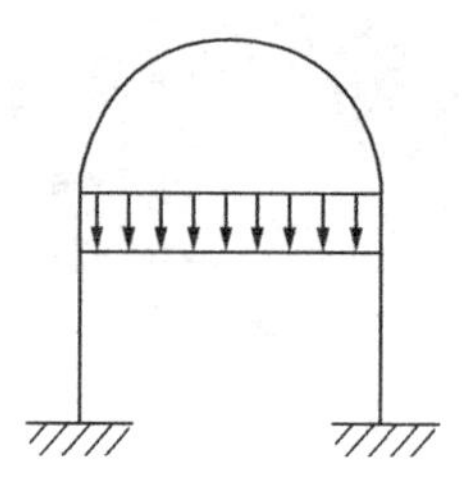

（b）拱形门力学模型

图 9-6　拱形门示例

第二节　拉压杆及圆轴扭转超静定问题

1．拉压超静定问题

求解超静定问题的关键在于使未知力个数和方程个数相等，这就要求除了利用平衡方程外，还要建立若干个补充方程，其个数等于超静定次数，从而使方程数目和未知力数目相等，然后联立各方程，即可求出全部未知力。

建立补充方程的根据在于：在外力作用下，结构和构件各部分的变形不是孤立的，它们之间保持一定的相互协调的几何关系，称为**变形协调关系**（compatibility equation of deformation），由这些条件可列出若干补充方程来。下面举例说明拉压超静定问题的解法和步骤。

例 9-1　*两端固定的等直杆 AB，在 C 处承受轴向力 F，如图 9-7（a）所示，杆的拉压刚度为 EA，试求杆的支反力。*

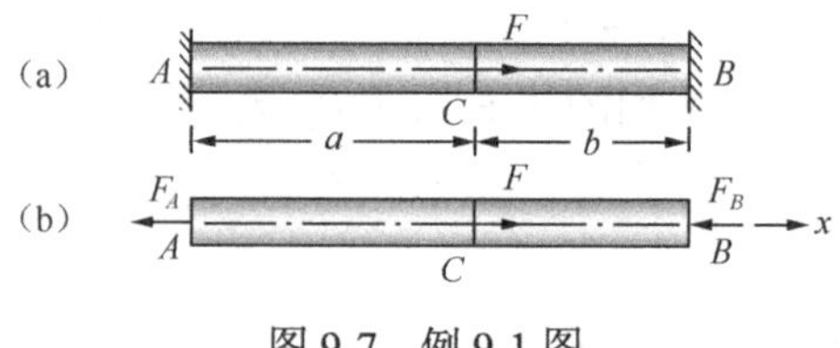

图 9-7　例 9-1 图

【解】（1）列出杆的静力平衡方程，判断是否属于超静定问题，确定超静定次数。杆 AB 受到轴向载荷作用，所以杆件两端的支反力也均为轴向力，受力分析如图 9-7（b）所示。共线力系仅有一个独立的静力平衡方程，即

$$\sum F_x = 0 \qquad F - F_A - F_B = 0$$

所以为一次超静定问题。

（2）变形协调方程。由于杆的左、右两端均已固定，所以杆的总变形为零，即 $\Delta l_{AB}=0$，而 Δl_{AB} 等于 AC 段变形 Δl_{AC} 和 BC 段变形 Δl_{CB} 之和。即

$$\Delta l_{AB}=\Delta l_{AC}+\Delta l_{CB}=0$$

这就是杆 AB 的变形协调方程。

（3）物理方程，即力与变形的关系。对于 AC 段，其轴力 $F_{N1}=F_A$，对于 CB 段，其轴力 $F_{N2}=-F_B$，由胡克定律得

$$\Delta l_{AC}=\frac{F_{N1}a}{EA}=\frac{F_Aa}{EA}，\quad \Delta l_{CB}=\frac{F_{N2}b}{EA}=\frac{-F_Bb}{EA}$$

将物理方程代入变形协调方程，得到补充方程为

$$\frac{F_Aa}{EA}-\frac{F_Bb}{EA}=0$$

（4）将补充方程与静力方程联立求解可得

$$F_A=\frac{b}{a+b}F，\quad F_B=\frac{a}{a+b}F$$

所得 F_A、F_B 为正号，说明其方向与假设方向一致。

例 9-2　如图 9-8（a）所示，杆 1、2、3 三杆用铰连接，已知 1、2 两杆的长度、横截面面积及材料均相同，即 $l_1=l_2=l$，$A_1=A_2=A$，$E_1=E_2=E$，杆 3 的横截面面积为 A_3，长度为 l_3，其材料的弹性模量为 E_3。试求在沿铅垂方向的外力 F 作用下各杆的轴力。

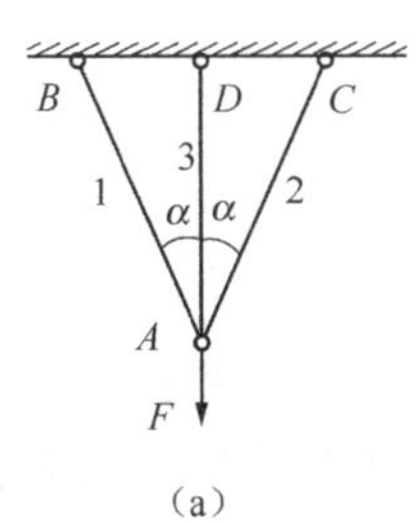

（a）

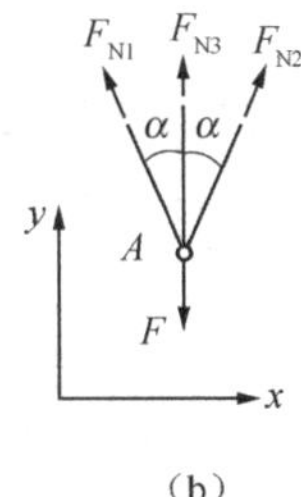

（b）

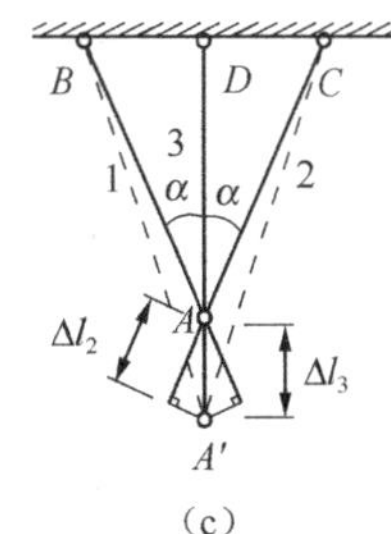

（c）

图 9-8　例 9-2 图

【解】　（1）列出杆的静力平衡方程，判断是否属于超静定问题，确定超静定次数。节点 A 的受力分析如图 9-8（b）所示，其静力平衡方程为

$$\sum F_x=0\quad F_{N1}=F_{N2} \tag{a}$$

$$\sum F_y=0\quad F_{N1}\cos\alpha+F_{N2}\cos\alpha+F_{N3}-F=0 \tag{b}$$

杆系中的三杆汇交于 A 点，其轴力均为未知量，平面汇交力系有两个独立的平衡方程，而未知力有三个，所以为一次超静定问题。

（2）变形协调方程。根据变形协调条件，三杆在受力变形后仍然应铰接于一点 A'，由结构的对称性，可见 A 点位移应铅垂向下，此时三杆均将伸长。1、2 两杆的伸长量 $\Delta l_1=\Delta l_2$，与杆 3 伸长量 Δl_3 之间的关系如图 9-8（c）所示。由此可得变形协调方程为

$$\Delta l_1=\Delta l_2=\Delta l_3\cos\alpha$$

（3）物理方程为

$$\Delta l_2=\frac{F_{N2}l}{EA}，\quad \Delta l_3=\frac{F_{N3}l\cos\alpha}{E_3A_3}$$

将物理方程代入变形协调方程，得到补充方程为

$$\frac{F_{N2}l}{EA}=\frac{F_{N3}l}{E_3A_3}\cos^2\alpha \tag{c}$$

（4）联解（a）、（b）、（c）三式，整理后得

$$F_{N1}=F_{N2}=\frac{F}{2\cos\alpha+\dfrac{E_3A_3}{EA\cos^2\alpha}},\quad F_{N3}=\frac{F}{1+2\dfrac{EA}{E_3A_3}\cos^3\alpha}$$

上例表明，拉压超静定问题是综合静力方程、变形协调方程、物理方程求解的。与静定问题相比，各杆的受力除了与外载荷、结构本身的几何形状有关外，还与各杆的刚度有关。一般来说，增加某杆的拉压刚度，该杆的轴力亦相应增大，同时将引起所有杆件内力的重新分配。对于超静定结构中的截面设计问题，也需要先设定各杆横截面的比值才能求出各杆轴力，然后通过强度条件确定各杆的横截面面积。但是结果往往不是预先设定的比值，只有加大某些杆的横截面面积才能符合设定比值，所以拉压超静定问题中，某些杆件的强度总有富余。

2．装配应力

杆件在加工过程中，误差往往是难免的。在静定问题中，这种误差本身只会使结构的几何形状略有改变，并不会在杆中产生内力。但在超静定结构中，如例9-2的杆系中，若杆3的尺寸较其应有的长度DA短了Δe，如图9-9所示，如果将杆系强行装配后，各杆将处于如图中虚线所示的位置，并因而产生轴力。此时杆3的轴力为拉力，而1、2两杆的轴力则为压力。像这种在装配中产生的附加内力称为**装配内力**。与之相应的应力则称为**装配应力**。装配应力是杆件在载荷作用以前已经具有的应力，称为**初应力**（initial stress）。计算装配应力的关键仍然是根据变形协调条件列出变形协调方程。在图9-9所示的例子中，三杆装配后，与其约束相适应的变形协调条件是其下端必须汇交于同一点A'。

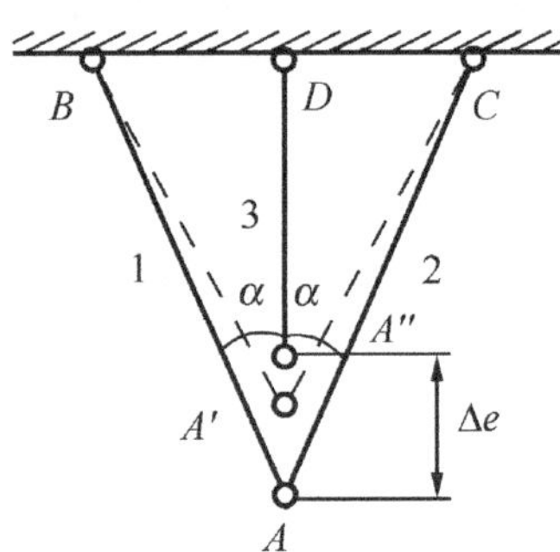

图9-9　杆件误差影响

例9-3　如图9-10所示两铸件用钢杆1、2连接，其间距为l=200mm。现需将铜杆3装入铸件之间，杆3由于加工误差，加工过长，误差为Δe=0.11mm，保持三杆的轴线平行且有等间距a。已知：1、2杆直径d=10mm，3杆横截面为20mm×30mm的矩形，钢的弹性模量E=210GPa，铜的弹性模量E_3=100GPa。铸件的变形可略去不计。试计算各杆件的装配应力。

【解】（1）列出杆的静力平衡方程，判断是否属于超静定问题，确定超静定次数。假定杆1、2的轴力为拉力，而杆3的轴力为压力。于是，铸件的受力如图9-10（d）所示。静力平衡方程为

$$\sum F_x=0\quad F_{N3}-F_{N1}-F_{N2}=0 \tag{a}$$

$$\sum M_C=0\quad F_{N1}=F_{N2} \tag{b}$$

三根互相平行杆的轴力均为未知，但平面平行力系仅有两个独立的平衡方程，所以为一次超静定问题。

（2）变形协调方程。因铸件可视为刚体，其变形协调条件是三杆变形后的端点须在同一直线上，其变形关系图如图9-10（c）所示。从而可得变形几何方程为

$$\Delta l_1+\Delta l_3=\Delta e$$

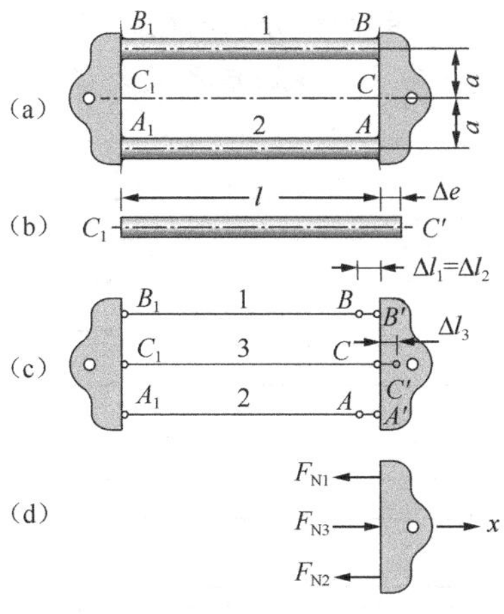

图 9-10　例 9-3 图

（3）物理方程为

$$\Delta l_1 = \frac{F_{N1}l}{EA}, \quad \Delta l_3 = \frac{F_{N3}l}{E_3A_3}$$

式中，A 和 A_3 分别为钢杆和铜杆的横截面面积。3 杆的长度在理论上应是原长度 $l+\Delta e$，但由于 Δe 与 l 相比很小，所以用 l 近似代替。

将物理方程代入变形协调方程，得补充方程为

$$\frac{F_{N1}l}{EA} + \frac{F_{N3}l}{E_3A_3} = \Delta e \tag{c}$$

（4）联立求解式（a）、式（b）、式（c），整理后即得装配内力为

$$F_{N1} = F_{N2} = \frac{\Delta eEA}{l} \cdot \frac{1}{1+2\dfrac{EA}{E_3A_3}}, \quad F_{N3} = \frac{\Delta eE_3A_3}{l} \cdot \frac{1}{1+\dfrac{E_3A_3}{2EA}}$$

所得结果均为正，说明原先假定杆 1、2 为拉力和杆 3 为压力是正确的。

将已知数据代入上面结果中，可得装配应力为

$$\sigma_1 = \sigma_2 = \frac{F_{N1}}{A} = 74.5\,\text{MPa}$$

$$\sigma_3 = \frac{F_{N3}}{A_3} = 19.5\text{MPa}$$

从上面的例题可以看出，在超静定问题里，杆件尺寸的微小误差，会产生相当可观的装配应力。这种装配应力既可能引起不利的后果，也可能带来有利的影响。土建工程中的预应力钢筋混凝土构件，就是利用装配应力来提高构件承载能力的例子。

3．温度应力

在工程实际中，结构或其部分杆件往往会遇到温度变化。若杆的同一截面上各点处的温度变化相同，则杆将仅发生伸长或缩短变形。在静定问题中，由于杆能自由变形，由温度所引起的变形不会在杆中产生内力。但在超静定问题中，由于有了多余约束，杆由温度变化所引起的变形受到限制，从而将在杆中产生内力。这种内力称为**温度内力**。与之相应的应力则称为**温度应力**。计算温度应力的关键也同样是根据问题的变形协调条件列出变形协调方程。与前面不同的是，杆的变形包括两部分，即由温度变化所引起的变形，以及与温度内力相应的弹性变形。

例 9-4　图 9-11 所示的等直杆 AB 的两端分别与刚性支撑连接。设两支撑间的距离为 l，杆的横截面面积为 A，材料的弹性模量为 E，线膨胀系数为 α，试求温度升高 Δt 时杆件内的温度应力。

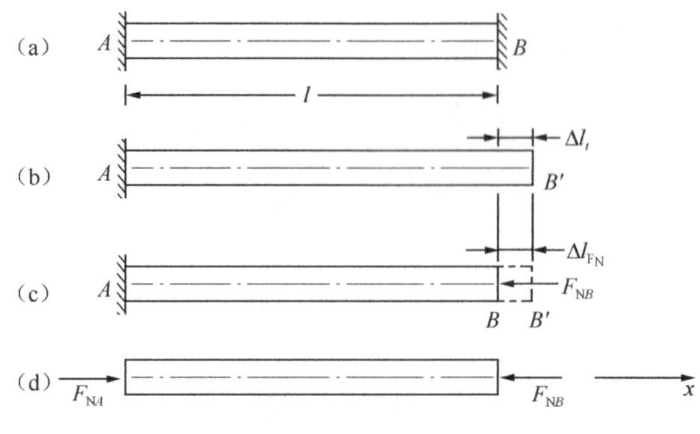

图 9-11　例 9-4 图

【解】（1）列出杆的静力平衡方程，判断是否属于超静定问题，确定超静定次数。杆件 AB 受力如图 9-11（d）所示。静力平衡方程为

$$\sum F_x = 0 \ -F_{NB} + F_{NA} = 0$$

由静力平衡方程可知两端的轴向压力相等，而压力的大小未知。所以为一次超静定，需建立一个补充方程。

（2）变形协调方程。由于杆的左、右两端均已固定，故杆的总变形为零，即 $\Delta l_{AB} = 0$，注意到杆的变形包括：由温度升高引起的变形 Δl_t，如图 9-11（b）所示；与轴向压力 F_N（亦即温度内力）相应的弹性变形 Δl_{F_N}，如图 9-11（c）所示。所以其变形协调方程为

$$\Delta l_{AB} = \Delta l_t + \Delta l_{F_N} = 0$$

（3）物理方程为

$$\Delta l_{F_N} = -\frac{F_{NB} l}{EA},\quad \Delta l_t = \alpha \cdot \Delta t \cdot l$$

（4）将物理方程带入变形协调方程，可求得温度内力为

$$F_{NB} = \alpha EA\Delta t$$

则温度应力为

$$\sigma = \frac{F_N}{A} = \alpha E\Delta t$$

结果为正，说明原先认为杆受轴向压力是对的，该杆的温度应力为压应力。

若杆为钢杆，其 $\alpha = 1.2\times10^{-5} / (℃)$，$E$=210GPa，则当温度升高 Δt=40℃℃时，杆内的温度应力为

$$\sigma = \alpha E\Delta t = 1.2\times10^{-5}\times210\times10^9\times40 = 100\,\text{MPa}\text{（压应力）}$$

计算表明，在超静定结构中，温度应力是一个不容忽视的因素。如图 9-12（a）所示，在铁路钢轨接头处，以及混凝土路面中，通常都留有空隙；如图 9-12（b）所示，高温管道隔一段距离要设一个弯道，都为考虑温度的影响，调节因温度变化而产生的伸缩。如果忽视了温度变化的影响，将会导致破坏或妨碍结构的正常工作。

（a）铁轨夹缝

（b）高温蒸汽管道

图 9-12　温度应力示例

4．圆轴扭转超静定问题

当组合杆件扭转变形时，通常会产生超静定问题。如图 9-13 所示，AB 为由一根外部套管和一根圆轴组成的复合结构，其左端固定，右端被一刚性圆盘固定。当在端部圆盘上施加外力偶矩 T 时，仅用静力平衡方程已经无法确定套管和圆轴的内力，此问题归结为扭转超静定问题，其求解方法与拉压杆的超静定问题完全相同。下面给出详细的求解过程。

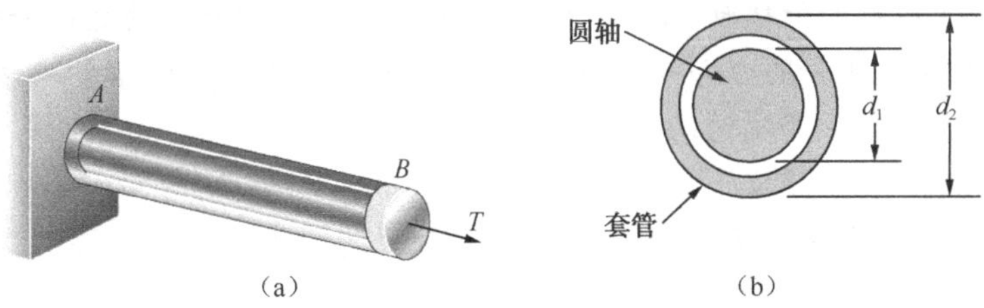

图 9-13　扭转超静定问题示例

首先，由于 AB 为复合结构，假设在 B 端刚性圆盘上所施加的外力偶矩 T 在圆轴和套管上分别产生的外力偶矩为 T_1 和 T_2，如图 9-14（b）、（c）所示。则根据静力平衡方程有

$$\sum T_x = 0\text{，}\ T_1+T_2=T$$

显然，T_1 和 T_2 均为未知量，此问题为一次超静定问题。

其次，由于 B 端为刚性固定，当整体在外部产生扭转角 φ 时，圆轴和套管必产生相同的扭转角 φ，如图 9-14（a）、（b）、（c）所示。因此，该问题的变形协调方程为

$$\varphi_1=\varphi_2$$

物理方程为

$$\varphi_1=\frac{T_1L}{G_1I_{P1}}\text{，}\ \varphi_2=\frac{T_2L}{G_2I_{P2}}$$

将物理方程代入变形协调方程，得补充方程为

$$\frac{T_1L}{G_1I_{P1}}=\frac{T_2L}{G_2I_{P2}}$$

将静力平衡方程与补充方程联立求解，即可求得圆轴和套管所受的外力偶矩 T_1 和 T_2 分别为

$$T_1=T\left(\frac{G_1I_{P1}}{G_1I_{P1}+G_2I_{P2}}\right)\text{，}\ T_2=T\left(\frac{G_2I_{P2}}{G_1I_{P1}+G_2I_{P2}}\right)$$

在求得 T_1 和 T_2 后，则可利用前面章节的知识继续求解圆轴和套管分别所受的内力、应力及

所产生的扭转角等。从 T_1 和 T_2 的结果来看，可以发现与拉压超静定问题相似的特点，T_1 和 T_2 的大小均与本身的刚度有关，并且本身的刚度越大，其值也越大。

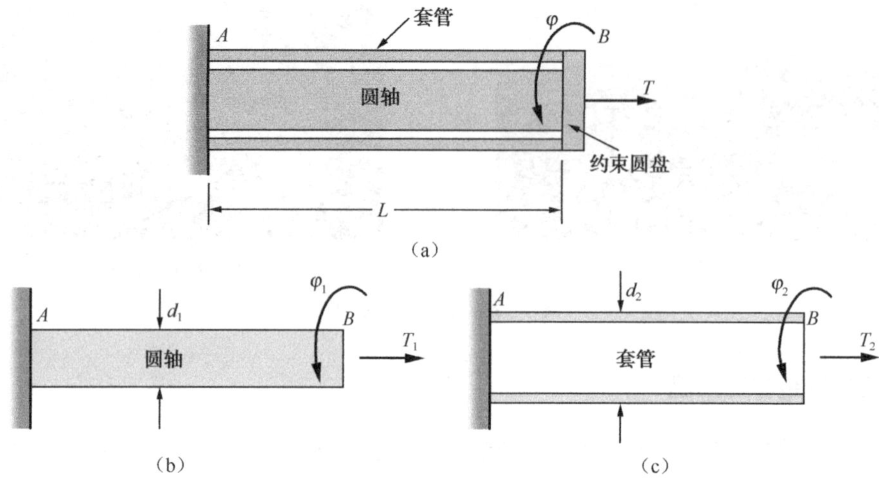

图 9-14　扭转超静定问题分析

下面举例说明单个圆轴扭转变形时的超静定问题。

例 9-5　图 9-15 所示的阶梯轴 ACB 的两端固定。AC 段和 CB 段的直径分别 d_A 和 d_B，长度分别为 L_A 和 L_B，极惯性矩分别为 I_{PA} 和 I_{PB}，两段材料相同，剪切弹性模量均为 G，在 C 截面施加一个外力偶矩 T_0，试求：两端的约束反力偶矩。

【解】　(1) 静力平衡方程。

阶梯轴 ACB 受到外力偶矩 T_0 作用，所以圆轴两端的约束反力也均为力偶矩，受力分析如图 9-16 所示。仅有一个独立的静力平衡方程，即

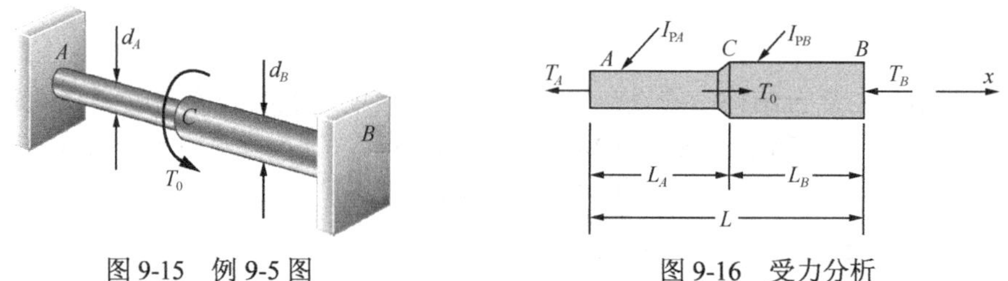

图 9-15　例 9-5 图　　　　图 9-16　受力分析

$$\sum T_x = 0 \qquad T_0 - T_A - T_B = 0$$

T_A 和 T_B 均为未知，所以为一次扭转超静定问题。

(2) 变形协调方程。由于阶梯轴 ACB 的左、右两端均已固定，所以轴两端的相对扭转角为零，即 $\varphi_{AB} = 0$。

$$\varphi_{AB} = \varphi_{AC} + \varphi_{CB} = 0$$

这就是阶梯轴 ACB 的变形协调方程。

(3) 物理方程，即力偶矩与扭转角的关系。由胡克定律得

$$\varphi_{AC} = \frac{T_A L_A}{GI_{PA}}, \quad \varphi_{CB} = -\frac{T_B L_B}{GI_{PB}}$$

将物理方程代入变形协调方程，得到补充方程为

$$\frac{T_A L_A}{GI_{PA}} - \frac{T_B L_B}{GI_{PB}} = 0$$

（4）将补充方程与静力方程联立求解可得

$$T_A = T_0\left(\frac{L_B I_{PA}}{L_B I_{PA} + L_A I_{PB}}\right),\quad T_B = T_0\left(\frac{L_A I_{PB}}{L_B I_{PA} + L_A I_{PB}}\right)$$

若 ACB 为等直圆轴，即 $I_{PA}=I_{PB}$，则 A 端和 B 端的约束力偶矩可进一步简化为

$$T_A = T_0\frac{L_B}{L},\quad T_B = T_0\frac{L_A}{L}$$

第三节　简单超静定梁的解法——变形比较法

在工程实际中经常会遇到超静定梁问题，如图 9-2 所示的工件就是超静定梁问题，再如生活中常见的桥梁，如图 9-17 所示，也是多支座超静定梁问题。与拉压超静定问题类似，超静定梁与静定梁的主要区别在于存在多余约束，要求解超静定梁的约束反力，也必须综合静力方程、变形协调方程、物理方程的关系。

图 9-17　桥梁

下面以图 9-18（a）所示问题为例来说明超静定梁的求解。

从结构上而言，该问题之所以用静力方程不能求解，仅仅是因为结构上存在一个多余约束，所以为一次超静定问题。可设想将“多余”约束予以解除，用约束反力 F_B 代替，从而使问题从结构形式上成为静定的，如图 9-18（b）所示。解除了多余约束的结构，称为原超静定结构的基本静定基。这时，问题的本质并没有发生变化，仍然与图 9-18（a）所示问题等效，因此把图 9-18（b）所示问题称为原超静定结构的**相当系统**。在相当系统中，如果求得多余约束反力 F_B，那么图 9-18（b）所示问题即成为静定问题。为了求出 F_B，必须从相当系统和原问题变形上的等效条件出发。在相当系统中，如果用 $(w_B)_q$、$(w_B)_{F_B}$ 分别表示 q 和 F_B 单独作用下引起的 B 端挠度，如图 9-18（c）、（d）所示，则 q 和 F_B 共同作用下的 B 端挠度应为 $(w_B)_q$、$(w_B)_{F_B}$ 的代数和。但在原问题结构中 B 端是铰支座，因此相当系统中 B 端挠度的挠度也应该为零，即

$$w_B = (w_B)_q + (w_B)_{F_B} = 0$$

上式就是求解该超静定问题的变形协调方程。

查表 4-2 可得力与挠度间的物理方程为

$$(w_B)_q = -\frac{ql^4}{8EI},\quad (w_B)_{F_B} = \frac{F_B l^3}{3EI}$$

将物理方程代入变形协调方程，即得补充方程为

$$-\frac{ql^4}{8EI}+\frac{F_B l^3}{3EI}=0$$

可以求得 F_B 为

$$F_B=\frac{3}{8}ql$$

所得 F_B 为正号，表明原来假设的指向是正确的。

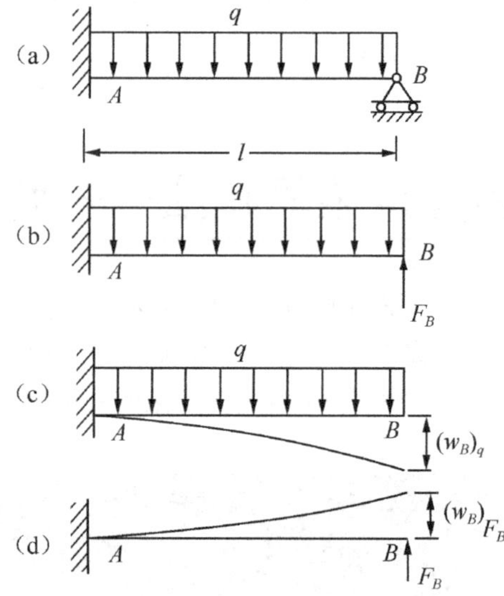

图 9-18　超静定梁求解示例

求得多余反力 F_B 后，原来的超静定梁也就相当于在 q 和 F_B 共同作用下的悬臂梁，进一步计算属于静定问题，这里不再赘述。

与求解拉压超静定问题不同，上面求解超静定梁的方法主要采用了比较相当系统和原超静定结构在多余约束处的变形，从而得到二者的等效条件，进一步求出多余约束反力，把问题变成静定问题，因此这种方法被称为**变形比较法**。

应该指出，多余约束的选取并不是唯一的，以上是取支座 B 作为“多余”约束来求解的。同样，也可以取支座 A 处阻止梁端面转动的约束作为“多余”约束，将其解除并加上相应的多余反力偶矩 M_A 后，所得的相当系统如图 9-19 所示。

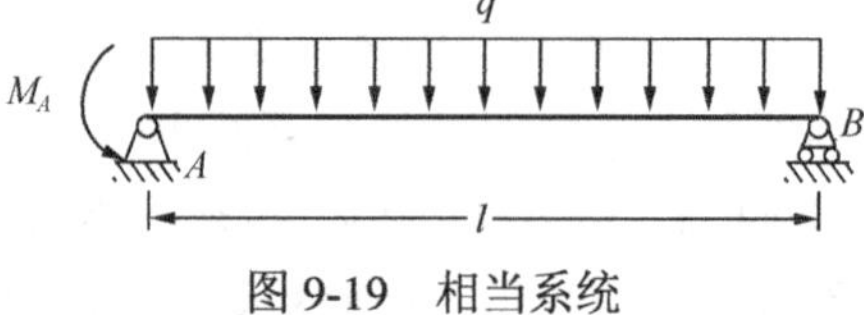

图 9-19　相当系统

根据原超静定梁端面 A 的转角应等于零，即可写出其变形协调方程为

$$(\theta_A)_q+(\theta_A)_{M_A}=0$$

查表 4-2 可得力与挠度间的物理方程为

$$(\theta_A)_q=-\frac{ql^3}{24EA}，\quad (\theta_A)_{M_A}=\frac{M_A l}{3EI}$$

将物理方程代入变形协调方程，即得补充方程为

$$-\frac{ql^3}{24EI}+\frac{M_A l}{3EI}=0$$

由该方程可解出

$$M_A = \frac{1}{8}ql^2$$

进一步可再求出其余的约束反力。可知 F_B 与前面一种方法的结果相同。

由上例可知，超静定梁的基本静定基有多种选择，但是在选择时，应选择一个容易计算或计算量较少的基本静定基，以便于分析和计算。在解除多余约束后，必须保证所得的相当系统是静定的。

如图 9-20（a）所示一次超静定梁，可以选择基本静定基如图 9-20（b）所示的简支梁，其相当系统如图 9-20（c）所示；也可以选择基本静定基如图 9-20（d）所示的外伸梁，其相当系统如图 9-20（e）所示。显然图 9-20（b）所示简支梁的计算较为简单，其计算量相对较少。

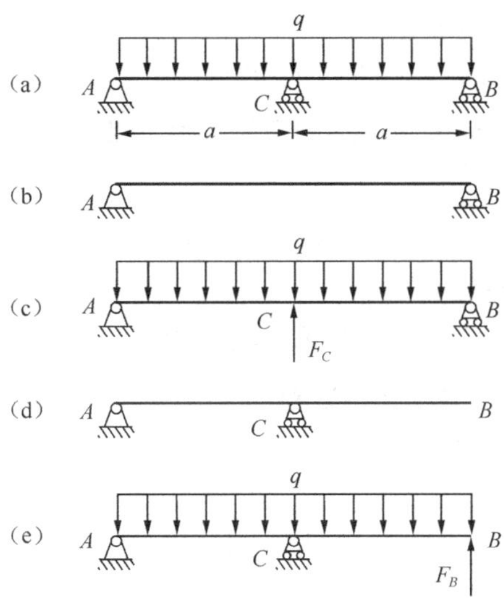

图 9-20　选择不同的基本静定基

第四节　用力法解超静定问题

由本章第三节可知，如果求出超静定问题中多余约束力，则其余的问题就成了静定问题。因此可以把求解多余约束力当作计算超静定问题的关键。这种把多余约束力作为基本未知量来求解超静定问题的方法就称为力法。

力法是计算超静定问题的基本方法之一，与第三节所介绍的变形比较法相比，并没有本质上的区别，仅仅是把建立的变形协调方程写成了更加规范的形式，形成了统一的求解方程，该方程称为**力法正则方程**（generalized equations in the force method），从而把求解各种超静定问题的方法统一起来。

下面仍然以图 9-18（a）所示问题为例来说明力法正则方程的建立过程。

解除多余约束活动铰支座 B，并以多余约束力 X_1 代替，即为原超静定问题的相当系统，如图 9-21（b）所示。以 Δ_1 表示在 q 和 X_1 共同作用下 X_1 的作用点沿其作用方向的位移，以 Δ_{1F}、Δ_{1X_1} 分别表示 q 和 X_1 单独作用下 X_1 的作用点沿其作用方向的位移，如图 9-21（c）、（d）所示。其中 Δ_{1F}、Δ_{1X_1} 的第一个下标“1”表示是 X_1 的作用点沿其作用方向的位移，第二个下标“X_1”

和“F”表示位移是由 X_1 或 F 引起的。利用叠加原理，得

$$\Delta_1 = \Delta_{1X_1} + \Delta_{1F}$$

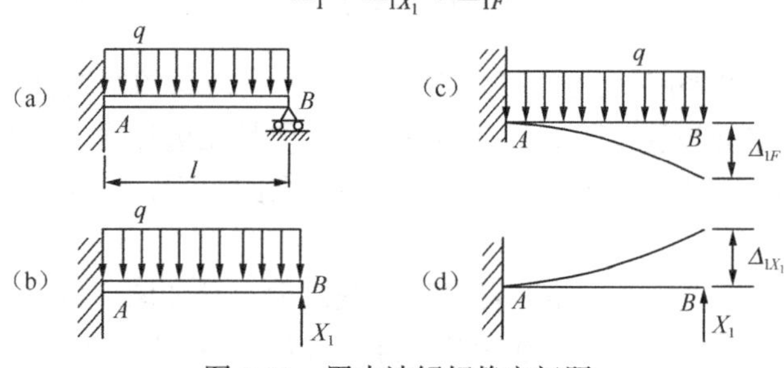

图 9-21　用力法解超静定问题

可以写出其变形协调方程，即

$$\Delta_1 = \Delta_{1X_1} + \Delta_{1F} = 0$$

对于线弹性结构，位移与外力成正比，如果记 X_1=1 单独作用下引起的位移 Δ_1 为 δ_{11}，则 Δ_{1X} 为 δ_{11} 的 X_1 倍，即

$$\Delta_{1X_1} = \delta_{11} X_1$$

那么变形协调方程可重新写为

$$\delta_{11} X_1 + \Delta_{1F} = 0$$

上式即为一次超静定问题的**力法正则方程**。求出方程的系数项 δ_{11} 和常数项 Δ_{1F}，即可求出 X_1。利用莫尔积分可很方便地求出

$$\delta_{11} = \frac{l^3}{3EI}，\quad \Delta_{1F} = -\frac{ql^4}{8EI}$$

代入正则方程便可求得

$$X_1 = \frac{3ql}{8}$$

例 9-6　如图 9-22（a）所示，圆截面直角折杆 ABC 位于水平平面内，载荷 F 沿垂直方向，求 C 端的约束反力。

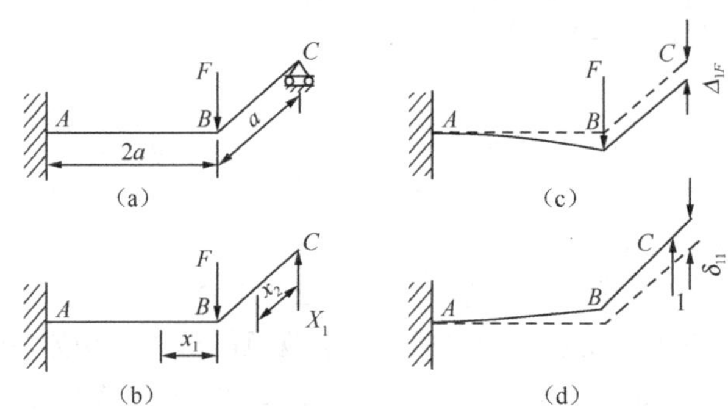

图 9-22　例 9-6 图

【解】 不难看出，图 9-22（a）所示结构为一次超静定结构。取 C 端活动铰支座为多余约束，解除多余约束并以约束力 X_1 代替，得到其相当系统，如图 9-22（b）所示。其静定基在 F 单独作用下，C 端沿 X_1 方向的位移为 Δ_{1F}，如图 9-22（c）所示；在 X_1=1 单独作用下，引起的 C 端沿 X_1 方向的位移为 δ_{11}；由原结构的约束条件，在 X_1 和 F 共同作用下，引起的 C 端沿 X_1 方向的位移应该为零，力法正则方程为

$$\delta_{11}X_1+\varDelta_{1F}=0$$

下面将用莫尔积分法来计算 $\varDelta_{1F}$ 和 δ_{11}，剪力影响忽略不计。其静定基在 F 单独作用下（如图 9-22（c）所示），两段杆件上的内力为

AB杆：$M(x_1)=-Fx_1$　（$0\leqslant x_1\leqslant 2a$）

CB杆：$M(x_2)=0$　　（$0\leqslant x_2\leqslant a$）

其次，在静定基单独作用单位力 X_1=1 时（如图 9-22（d）所示），注意到 AB 杆上弯矩和扭矩同时存在，两段杆件上的内力为

AB杆：$M'(x_1)=x_1$，$T'(x_1)=a$　（$0\leqslant x_1\leqslant 2a$）

CB杆：$M'(x_2)=x_2$　　（$0\leqslant x_2\leqslant a$）

由莫尔积分得

$$\varDelta_{1F}=\int_0^l\frac{M'(x)M(x)}{EI}\mathrm{d}x=\frac{1}{EI}\int_0^{2a}-Fx_1\cdot x_1\cdot\mathrm{d}x=-\frac{8Fa^3}{3EI}$$

$$\begin{aligned}\delta_{11}&=\int_0^l\frac{M'(x)\cdot M'(x)}{EI}\mathrm{d}x+\int_0^l\frac{T'(x)\cdot T'(x)}{GI_\mathrm{P}}\mathrm{d}x\\&=\int_0^{2a}\frac{x_1^2\mathrm{d}x_1}{EI}+\int_0^a\frac{x_2^2\mathrm{d}x_2}{EI}+\int_0^{2a}\frac{a^2\mathrm{d}x_1}{GI_\mathrm{P}}\\&=\frac{3a^3}{EI}+\frac{2a^3}{GI_\mathrm{P}}\end{aligned}$$

将 $\varDelta_{1F}$ 和 δ_{11} 代入 $\delta_{11}X_1+\varDelta_F=0$，得

$$X_1=\frac{8F}{3(3+\dfrac{2EI}{GI_\mathrm{P}})}$$

例 9-7　计算图 9-23 所示平面桁架各杆的内力。设各杆的材料相同，截面面积也相同。

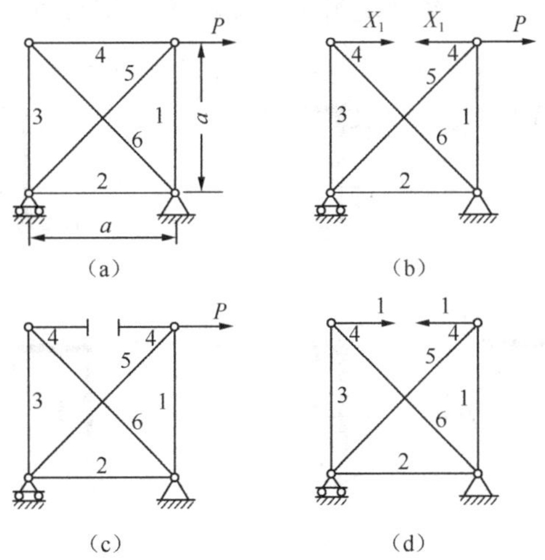

图 9-23　例 9-7 图

【解】 与图 9-5 类似，桁架的外部约束力是静定的。但杆件数目较保持其几何不变性所需的杆数多一根，是一次内静不定结构。选杆 4 轴力为多余约束力，用 X_1 表示，则其相当系统如图 9-23（b）所示。力法正则方程为

$$\delta_{11}X_1+\Delta_{1P}=0$$

根据图 9-23（c）所示求出其静定基在载荷 P 单独作用下的内力 F_{Ni}，根据图 9-23（d）所示求出其静定基在 X_1=1 单独作用下的内力 F'_{Ni}，均列入表 9-1 中。

表 9-1　例 9-7 计算结果

杆件编号	F_{Ni}	F'_{Ni}	l_i	$F_{Ni}\ F'_{Ni}\ l_i$	$F'^2_{Ni}l_i$	$F_{Ni}+F'_{Ni}X_1$
1	$-P$	1	A	$-Pa$	a	$-P/2$
2	$-P$	1	A	$-Pa$	a	$-P/2$
3	0	1	A	0	a	$P/2$
4	0	1	A	0	a	$P/2$
5	$\sqrt{2}P$	$-\sqrt{2}$	$\sqrt{2}a$	$-2\sqrt{2}P$	$2\sqrt{2}a$	$P\sqrt{2}/2$
6	0	$-\sqrt{2}$	$\sqrt{2}a$	0	$2\sqrt{2}a$	$-P\sqrt{2}/2$

由莫尔积分计算得

$$\Delta_{1P}=\sum_{i=1}^{6}\frac{F'_{Ni}F_{Ni}l_i}{EA}=-\frac{2(1+\sqrt{2})Pa}{EA}$$

$$\delta_{11}=\sum_{i=1}^{6}\frac{F'^2_{Ni}l_i}{EA}=\frac{4(1+\sqrt{2})a}{EA}$$

$$X_1=-\frac{\Delta_{1p}}{\delta_{11}}=\frac{2(1+\sqrt{2})Pa}{4(1+\sqrt{2})a}=\frac{P}{2}$$

在求出 X_1 以后，在相当系统上计算桁架的内力。依据叠加原理，得

$$F^P_{Ni}=F_{Ni}+F'_{Ni}X_1\quad(i=1,2,3,\cdots,6)$$

计算得到的结果列于表 9-1 的最后一列中。

例 9-8　求解图 9-24（a）所示超静定刚架。设两杆的 EI 相等。

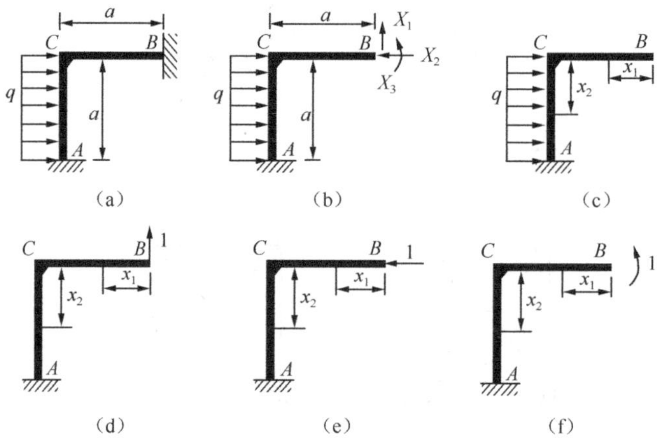

图 9-24　例 9-8 图

【解】 如图 9-24（a）所示，两端固定，共有 6 个外部约束力，因此为三次超静定问题。选 B 端三个支座约束力为多余约束力，用 X_1、X_2 和 X_3 表示，相当系统如图 9-24（b）所示。其静定基在外载荷 q 单独作用下，B 端沿 X_1 方向的位移为 Δ_{1F}；在 X_1=1 单独作用下，引起的 B 端沿

X_1方向的位移为δ_{11}；在X_2=1单独作用下，引起的B端沿X_1方向的位移为δ_{12}；在X_3=1单独作用下，引起的B端沿X_1方向的位移为δ_{13}。依据叠加原理，得B端沿X_1方向的位移Δ_1为

$$\Delta_1 = \delta_{11}X_1 + \delta_{12}X_2 + \delta_{13}X_3 + \Delta_{1F}$$

由于图9-24（a）所示原结构中，B端沿X_1方向的位移为零，所以变形协调方程为

$$\Delta_1 = \delta_{11}X_1 + \delta_{12}X_2 + \delta_{13}X_3 + \Delta_{1F} = 0$$

同理，可写出B端沿X_2方向的位移Δ_2为零和沿X_3方向的转角Δ_3为零的变形协调方程。三个方程联立如下：

$$\begin{cases}\delta_{11}X_1 + \delta_{12}X_2 + \delta_{13}X_3 + \Delta_{1F} = 0\\ \delta_{21}X_1 + \delta_{22}X_2 + \delta_{23}X_3 + \Delta_{2F} = 0\\ \delta_{31}X_1 + \delta_{32}X_2 + \delta_{33}X_3 + \Delta_{3F} = 0\end{cases}$$

此式即为三次超静定问题的正则方程，其中$\Delta_{iF}(i=1,2,3)$为方程的常数项，表示在相当系统中，由外载荷单独作用下，引起的X_i作用点沿X_i方向的位移；系数项$\delta_{ij}(i=1,2,3;j=1,2,3)$表示在相当系统中，由$X_j$=1单独作用下，引起的$X_i$作用点沿$X_i$方向的位移。由位移互等定理可知，$\delta_{ij}=\delta_{ji}$，这样要想求解方程，需要计算的独立的系数项只有6个。

下面来计算系数项$\delta_{ij}(i=1,2,3;j=1,2,3)$和常数项$\Delta_{iF}(i=1,2,3)$，平面刚架中，横截面中一般都有轴力、弯矩和剪力等内力，但是轴力和剪力对位移的影响都远小于弯矩，所以在满足工程精度的前提下，一般只考虑弯矩的影响。

由图9-24（c）、（d）、（e）、（f）可得，在外载荷F以及X_1=1、X_2=1和X_3=1单独作用下，各段弯矩方程如下：

AC段：$M_{1F}=-\dfrac{1}{2}qx_2{}^2$，$BC$段：$M_{2F}=0$

AC段：$M_{1X_1}=a$，BC段：$M_{2X_1}=x_1$

AC段：$M_{1X_2}=x_2$，BC段：$M_{2X_2}=0$

AC段：$M_{1X_3}=1$，BC段：$M_{2X_3}=1$

应用莫尔积分得

$$\delta_{11}=\int_0^a \frac{M^2{}_{1X_1}}{EI}\mathrm{d}x+\int_0^a \frac{M^2{}_{2X_1}}{EI}\mathrm{d}x=\frac{1}{EI}\int_0^a x_1\cdot x_1\cdot \mathrm{d}x_1+\frac{1}{EI}\int_0^a a\cdot a\cdot \mathrm{d}x_2=\frac{4a^3}{3EI}$$

$$\delta_{22}=\int_0^a \frac{M^2{}_{1X_2}}{EI}\mathrm{d}x+\int_0^a \frac{M^2{}_{2X_2}}{EI}\mathrm{d}x=\frac{1}{EI}\int_0^a x_2\cdot x_2\cdot \mathrm{d}x_2=\frac{a^3}{3EI}$$

$$\delta_{33}=\int_0^a \frac{M^2{}_{1X_3}}{EI}\mathrm{d}x+\int_0^a \frac{M^2{}_{2X_3}}{EI}\mathrm{d}x=\frac{1}{EI}\int_0^a 1\cdot 1\cdot \mathrm{d}x_1+\frac{1}{EI}\int_0^a 1\cdot 1\cdot \mathrm{d}x_2=\frac{2a}{EI}$$

$$\delta_{12}=\delta_{21}=\int_0^a \frac{M_{1X_1}M_{1X_2}}{EI}\mathrm{d}x+\int_0^a \frac{M_{2X_1}M_{2X_2}}{EI}\mathrm{d}x=\frac{1}{EI}\int_0^a x_2\cdot a\cdot \mathrm{d}x_2=\frac{a^3}{2EI}$$

$$\delta_{23}=\delta_{32}=\int_0^a \frac{M_{1X_2}M_{1X_3}}{EI}\mathrm{d}x+\int_0^a \frac{M_{2X_2}M_{2X_3}}{EI}\mathrm{d}x=\frac{1}{EI}\int_0^a x_2\cdot 1\cdot \mathrm{d}x_2=\frac{a^2}{2EI}$$

$$\delta_{13}=\delta_{31}=\int_0^a \frac{M_{1X_1}M_{1X_3}}{EI}\mathrm{d}x+\int_0^a \frac{M_{2X_1}M_{2X_3}}{EI}\mathrm{d}x=\frac{1}{EI}\int_0^a x_1\cdot 1\cdot \mathrm{d}x_1+\frac{1}{EI}\int_0^a a\cdot 1\cdot \mathrm{d}x_2=\frac{3a^2}{2EI}$$

$$\Delta_{1F}=\int_0^a \frac{M_{1X_1}M_{1F}}{EI}\mathrm{d}x+\int_0^a \frac{M_{2X_1}M_{2F}}{EI}\mathrm{d}x=\frac{1}{EI}\int_0^a a\cdot(-\frac{1}{2}qx_2^2)\mathrm{d}x_2=-\frac{qa^4}{6EI}$$

$$\Delta_{2F}=\int_0^a\frac{M_{1X_2}M_{1F}}{EI}dx+\int_0^a\frac{M_{2X_2}M_{2F}}{EI}dx=\frac{1}{EI}\int_0^a x_2\cdot(-\frac{1}{2}qx_2^2)dx_2=-\frac{qa^4}{8EI}$$

$$\Delta_{3F}=\int_0^a\frac{M_{1X_3}M_{1F}}{EI}dx+\int_0^a\frac{M_{2X_3}M_{2F}}{EI}dx=\frac{1}{EI}\int_0^a 1\cdot(-\frac{1}{2}qx_2^2)dx_2=-\frac{qa^3}{6EI}$$

将求出的系数项和常数项代入正则方程，整理后可得

$$\begin{cases}8aX_1+3aX_2+9X_3=qa^2\\12aX_1+8aX_2+12X_3=3qa^2\\9aX_1+3aX_2+12X_3=qa^2\end{cases}$$

求解得

$$X_1=-\frac{1}{16}qa,\quad X_2=\frac{7}{16}qa,\quad X_3=\frac{1}{48}qa^2$$

式中，负号表示所求约束力与假设方向相反。在求得多余约束力之后，可在相当系统上进行超静定刚架的内力和变形分析，这里不再赘述。

由上例可把力法推广至 n 次超静定问题，其正则方程如下：

$$\begin{cases}\delta_{11}X_1+\delta_{12}X_2+\cdots+\delta_{1n}X_n+\Delta_{1F}=0\\\delta_{21}X_1+\delta_{22}X_2+\cdots+\delta_{2n}X_n+\Delta_{2F}=0\\\vdots\\\delta_{n1}X_1+\delta_{n2}X_2+\cdots+\delta_{nn}X_n+\Delta_{nF}=0\end{cases}$$

至此，力法把求解超静定问题写成了统一的正则方程的形式。在求解高次超静定问题时，显得非常方便，尤其在应用计算机编程计算时，得到了广泛的应用。

第五节　对称性在超静定分析中的应用

对称结构是工程中经常使用的结构，其力学性质也十分鲜明。在解超静定问题时，如果能充分利用其对称性的性质，可以大大降低其超静定次数，从而使问题得到简化。

如图 9-25（a）所示刚架结构，结构几何尺寸、形状、构件材料及约束条件均对称于某一轴，这样的结构称为对称结构。如图 9-25（b）所示，若将结构绕对称轴对折，结构在对称轴两边的载荷的作用点和作用方向将重合，而且力大小相等，这样的载荷称为对称载荷；如图 9-25（c）所示，若将结构绕对称轴对折，结构在对称轴两边的载荷的大小相等，作用点重合而作用方向相反，这样的载荷称为反对称载荷。与外载荷类似，杆件的内力也可以分为对称和反对称的。如图 9-26（a）所示，有剪力、弯矩和轴力三个内力分量，对所考察的截面来说，弯矩和轴力为对称内力，而剪力是反对称内力；如图 9-26（b）所示，杆件扭转变形时，截面上的扭矩是反对称内力。

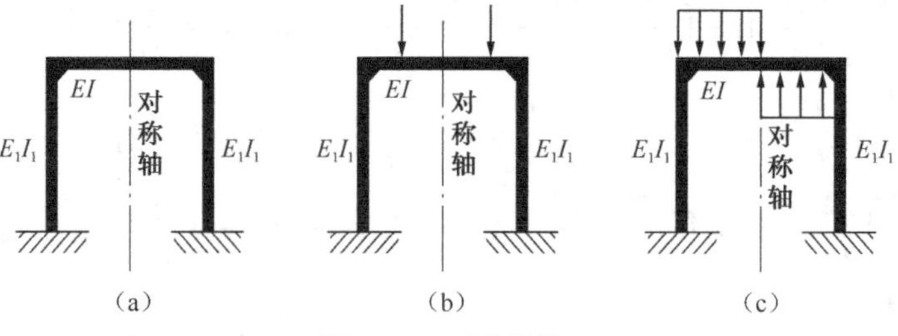

图 9-25　对称结构

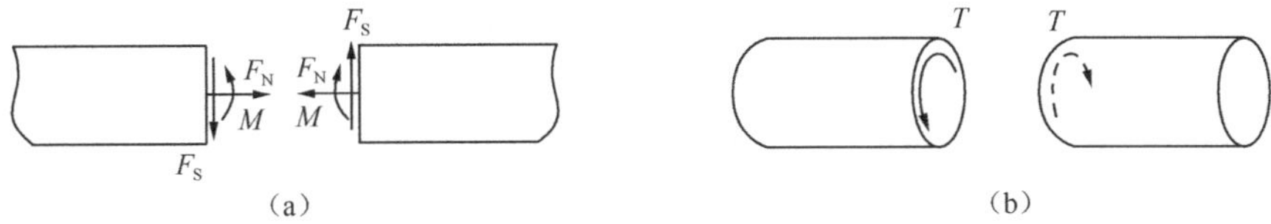

图 9-26　内力的对称性

当在对称的超静定结构上作用对称载荷时，则在对称的基本静定基上，其反对称的多余约束力为零，这时，作用在对称的基本静定系上的载荷和多余约束力都是对称的，所以结构的受力和变形都是对称的，即不会产生反对称的内力和位移。

现以图 9-25（b）所示结构为例说明。刚架有三个多余约束，如沿对称轴将刚架切开，就可以解除三个多余约束，其对称的静定基和相当系统如图 9-27（a）所示。因为解除的是内部约束，三个约束反力为对称面上的轴力、剪力和弯矩，分别用 X_1、X_2 和 X_3 表示。三个多余约束条件分别为切开平面两侧水平相对位移、铅直相对位移和相对转角等于零。根据这三个条件建立力法正则方程，即

$$\begin{cases}\delta_{11}X_1+\delta_{12}X_2+\delta_{13}X_3+\varDelta_{1F}=0\\ \delta_{21}X_1+\delta_{22}X_2+\delta_{23}X_3+\varDelta_{2F}=0\\ \delta_{31}X_1+\delta_{32}X_2+\delta_{33}X_3+\varDelta_{3F}=0\end{cases} \quad \text{(a)}$$

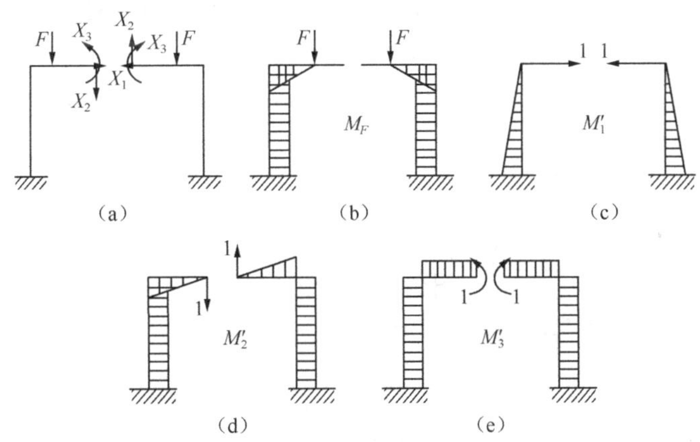

图 9-27　三次超静定刚架

其对称的静定基在外载荷单独作用下的弯矩 M_F，如图 9-27（b）所示，X_1=1、X_2=1、X_3=1 各自单独作用时的弯矩图 M'_1、M'_2 和 M'_3，分别如图 9-27（c）、（d）、（e）所示。在这些弯矩图中，M_F、M'_1 和 M'_3 的图形是对称的，M'_2 是反对称的。

下面来计算正则方程中的常数项和系数项。首先计算 $\varDelta_{2F}$，由于 M_F 的弯矩图是对称的，而 M'_2 的弯矩图是反对称的，根据图乘法可知

$$\varDelta_{2F}=\int_l \frac{M_F M'_2 \mathrm{d}x}{EI}=0$$

同理可得

$$\delta_{12}=\delta_{21}=\delta_{23}=\delta_{32}=0$$

因此，正则方程（a）简化为

$$\begin{cases}\delta_{11}X_1+\delta_{13}X_3=-\Delta_{1F}\\ \delta_{22}X_2=0\\ \delta_{31}X_1+\delta_{33}X_3=-\Delta_{3F}\end{cases} \tag{b}$$

由式（b）可知，$X_1 \neq 0$，$X_2=0$，$X_3 \neq 0$。由此可见，当在对称结构上作用对称载荷时，其对称截面上反对称内力为零。

当在对称的超静定结构上作用反对称载荷时，如图9-25（c）所示，如果沿对称轴将刚架切开，同样可解除对称面上的三个多余约束，用约束反力X_1、X_2和X_3代替，得到其相当系统，求解的正则方程与式（a）完全相同。但在求解其常数项和系数项时，由于M_1'和M_3'的图形是对称的，M_F、M_2'是反对称的，根据图乘法可知

$$\Delta_{1F}=0,\quad \Delta_{3F}=0$$

和前面一样

$$\delta_{12}=\delta_{21}=\delta_{23}=\delta_{32}=0$$

于是正则方程简化为

$$\begin{cases}\delta_{11}X_1+\delta_{13}X_3=0\\ \delta_{22}X_2=-\Delta_{2F}\\ \delta_{31}X_1+\delta_{33}X_3=0\end{cases} \tag{c}$$

由式（c）可知，$X_1=0$，$X_2 \neq 0$，$X_3=0$。可见，对称结构受反对称载荷作用时，其对称截面上内力分布是反对称的，对称内力为零；同时其位移也是反对称分布的。

例9-9 如图9-28（a）所示，在等截面圆环直径AB的两端，沿直径作用方向相反的一对F力，试求AB直径的长度变化。

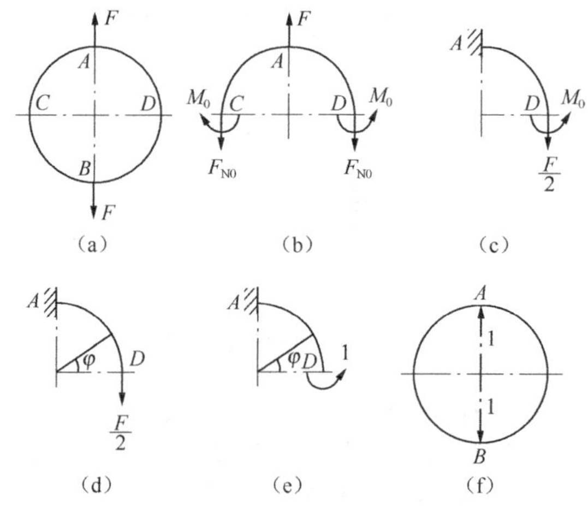

图9-28 例9-9图

【解】 图9-28（a）所示的圆环是三次内超静定结构。结构和载荷都对称于过圆心的水平面和铅直面，圆环的内力位移的分布也对称于这两个平面。根据超静定结构的对称性质，在A、B、C、D四点处，截面上剪力为零，同时切向位移和转角为零。沿水平直径CD将圆环切开（如图9-28（b）所示），截面C、D上只有轴力F_{N0}和弯矩M_0，利用平衡条件可很容易求出

$$F_{N0}=\frac{F}{2}$$

所示取M_0为多余约束，记为X_1。由于A截面转角为零，所以可将圆环继续沿直径AB方向

切开（如图 9-28（c）所示），把 A 当作固定端。选 D 点处对转角的约束为多余约束，则相当系统如图 9-28（c）所示，原结构简化为一次超静定结构，正则方程为

$$\delta_{11}X_1 = -\Delta_{1F}$$

依据图 9-28（d）、（e）所示，可求得基本静定基分别单独受载荷 $F_{\mathrm{N0}} = \dfrac{F}{2}$ 和 $X_1 = 1$ 作用时的弯矩为

$$M_F = \frac{Fa}{2}(1-\cos\varphi)\text{，}\quad (0 \leqslant \varphi \leqslant \frac{\pi}{2})$$

$$M_1' = -1\text{，}\quad (0 \leqslant \varphi \leqslant \frac{\pi}{2})$$

根据莫尔积分计算得

$$\Delta_{1F} = \frac{1}{EI}\int_l M_1' M_F \mathrm{d}s = \frac{1}{EI}\int_0^{\frac{\pi}{2}} (-1)\cdot\frac{Fa}{2}(1-\cos\varphi)a\mathrm{d}\varphi = -\frac{Fa^2}{2EI}\left(\frac{\pi}{2}-1\right)$$

$$\delta_{11} = \frac{1}{EI}\int_l M_1'^2 \mathrm{d}s = \frac{1}{EI}\int_0^{\frac{\pi}{2}} 1\cdot 1\cdot a\mathrm{d}\varphi = \frac{\pi a}{2EI}$$

将 Δ_{1F} 和 δ_{11} 代入正则方程，可得

$$X_1 = Fa\left(\frac{1}{2}-\frac{1}{\pi}\right)$$

求出 X_1 后，可继续求出在 $F_{\mathrm{N0}} = \dfrac{F}{2}$ 和 X_1 共同作用下 $\dfrac{1}{4}$ 圆环内任意一截面的弯矩为

$$M(\varphi) = \frac{Fa}{2}(1-\cos\varphi) - Fa\left(\frac{1}{2}-\frac{1}{\pi}\right) = Fa\left(\frac{1}{\pi}-\frac{\cos\varphi}{2}\right)\text{，}\quad (0 \leqslant \varphi \leqslant \frac{\pi}{2})$$

这就是 $\dfrac{1}{4}$ 圆环内的实际弯矩。

只要在上式中令 F=1（如图 9-28（f）所示），就可求出单位力作用下，$\dfrac{1}{4}$ 圆环内任意一截面的弯矩为

$$M'(\varphi) = a\left(\frac{1}{\pi}-\frac{\cos\varphi}{2}\right)\text{，}\quad (0 \leqslant \varphi \leqslant \frac{\pi}{2})$$

要求出 AB 直径的变化，也就是求 A、B 两点的相对位移，利用莫尔积分，积分应遍及整个圆环，得

$$\Delta_{AB} = 4\int_l \frac{M(\varphi)M'(\varphi)}{EI}\mathrm{d}s = \frac{4Fa^3}{EI}\int_0^{\frac{\pi}{2}}\left(\frac{1}{\pi}-\frac{\cos\varphi}{2}\right)^2 \mathrm{d}\varphi = 0.149\frac{Fa^3}{EI}$$

总结与讨论

本章主要介绍了杆件在不同变形下的超静定问题的解法。基本知识点主要有：超静定问题与静定问题的区别、超静定次数的判定以及超静定问题的一般求解过程和步骤。重点和难点在于如何正确写出其变形协调关系，以及用力法正则方程解超静定问题。

综合本章内容，求解超静定问题需要综合静力平衡方程、变形协调方程以及物理方程三方

面的关系。其一般求解过程可以总结如下：

（1）受力分析，建立结构的静力平衡方程，首先判定其是静定还是超静定的，进而判定其超静定次数。

（2）解除多余约束，并以约束反力代替，得到其静定基以及相当系统。

（3）根据结构的变形，写出变形协调方程。

（4）根据胡克定律，写出变形与未知力之间的关系，即物理方程。

（5）将物理方程代入变形协调方程得到补充方程。

（6）补充方程与静力平衡方程联立求解，求得未知力。

力法作为超静定问题的通用解法，只不过是把变形协调方程写成简洁的、具有统一规则形式的方程而已。在解超静定问题时，还应根据结构及受力的特点来简化求解过程。

习题 A

9-1．什么是超静定问题？如何判断超静定问题？怎样解超静定问题？

9-2．超静定结构中的“多余”约束中，“多余”的含义是什么？从“多余”约束处可得到什么条件？

9-3．试述变形比较法和力法解超静定问题的异同之处。应用这两种方法解超静定问题的关键是什么？

9-4．试说明力法正则方程以及其常数项和系数项的物理意义。

9-5．题 9-5 图所示桁架结构，哪些是静定的？哪些是超静定的？是几次超静定？

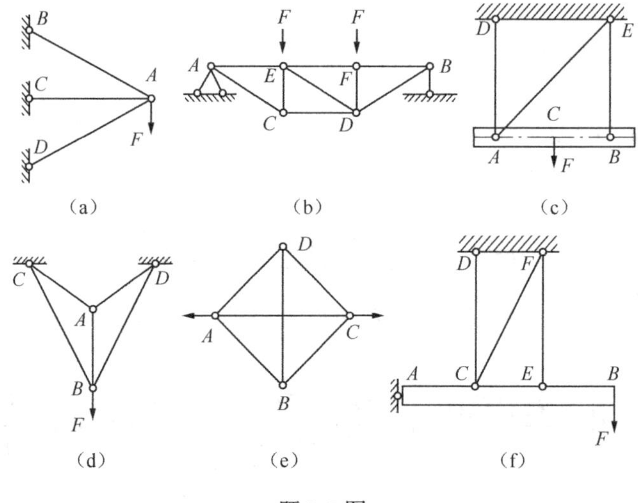

题 9-5 图

9-6．题 9-6 图所示平面超静定结构中，若载荷作用在结构平面内，试判定各个结构的超静定次数。

9-7．试绘出题 9-7 图所示超静定结构的静定基，并写出相应的变形协调方程。

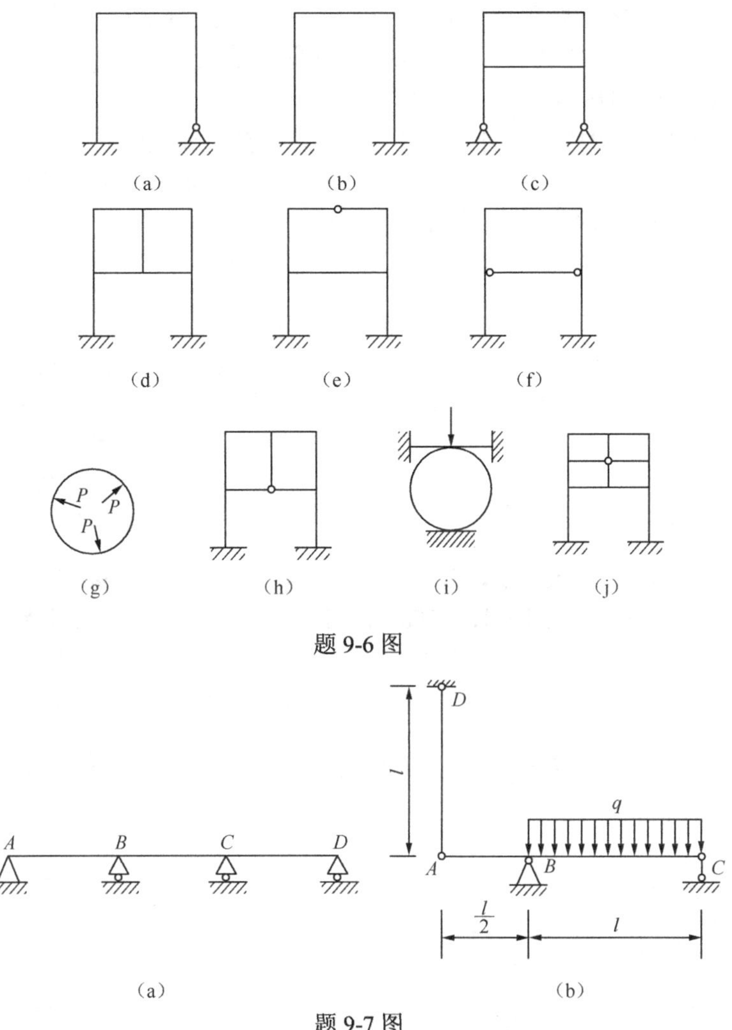

题 9-6 图

题 9-7 图

习题 B

9-8．刚性杆 *AB* 的左端铰支，两根长度相等、横截面相同的杆 *CD* 和 *EF* 使该刚性杆处于水平位置，如题 9-8 图所示。已知 F=50kN，两杆的横截面面积 A=1000mm^2，试求两杆的轴力和应力。

9-9．题 9-9 图所示桁架结构各杆的抗拉刚度均为 EA，求各杆轴力。

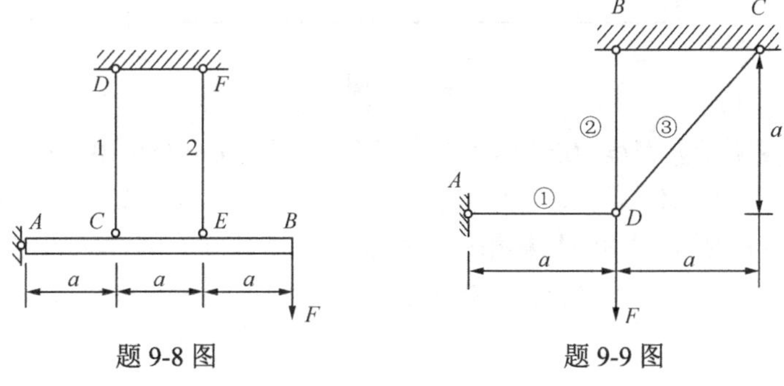

题 9-8 图

题 9-9 图

9-10．两端固定的阶梯杆如题 9-10 图所示，已知 BC 段的横截面面积为 A，AC 段的横截面面积为 $2A$；杆件材料的弹性模量为 E=210GPa，线膨胀系数 $\alpha=12\times10^{-6}\,(℃)^{-1}$。试求温度升高 30℃后，杆件各部分产生的应力。

9-11．水平刚性横梁 AB 上部由杆 1 和杆 2 悬挂，下部由铰支座 C 支撑，如题 9-11 图所示。由于制造误差，杆 1 的长度短了 $\delta=1.5\,\text{mm}$。已知两杆的材料和横截面面积均相同，且 $E_1=E_2$=200GPa，$A_1=A_2=A$。试求装配后两杆的应力。

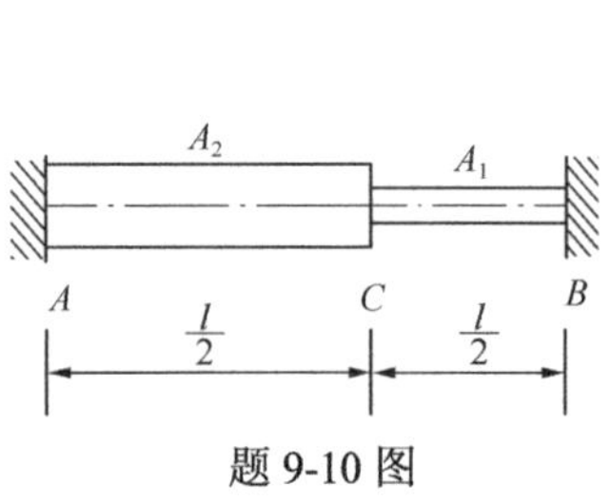

题 9-10 图

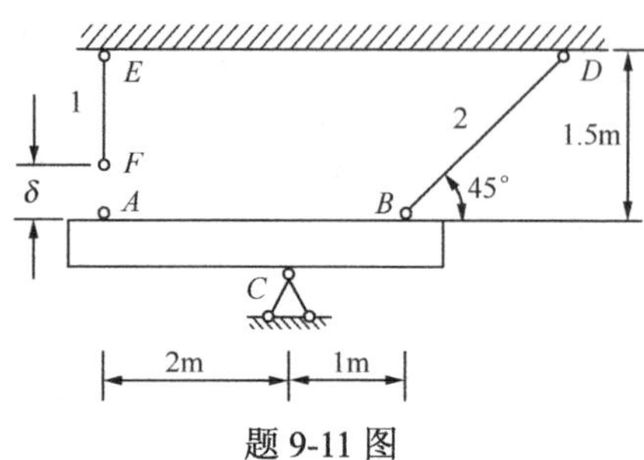

题 9-11 图

9-12．如题 9-12 图所示，木制短柱四角用 4 个 40mm×40mm×4mm 的等边角钢加固。已知角钢和木材的许用应力分别为 $[\sigma]_1=160\text{MPa}$ 和 $[\sigma]_2=12\text{MPa}$；弹性模量分别为 E_1=200GPa 和 E_2=10GPa。试求许可载荷。

9-13．受预拉力 10kN 拉紧的缆索如题 9-13 图所示。若在 C 点再作用向下的载荷 15kN，并设缆索不能承受压力，试求在 $h=\dfrac{l}{5}$ 和 $h=\dfrac{4l}{5}$ 两种情况下，AC 和 BC 两段内的内力。

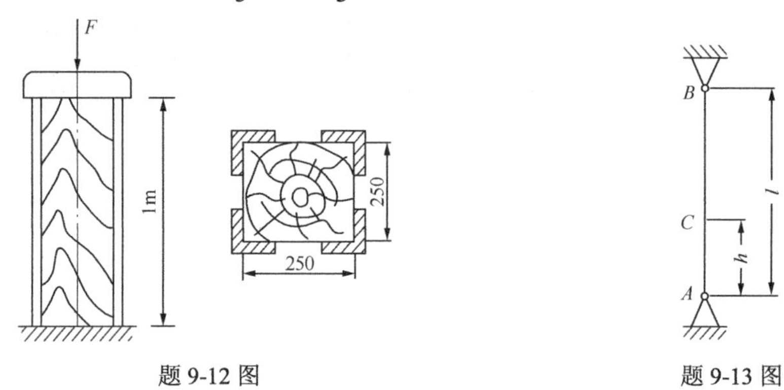

题 9-12 图　　　　题 9-13 图

9-14．试用变形比较法求超静定梁的约束反力，如题 9-14 图所示。

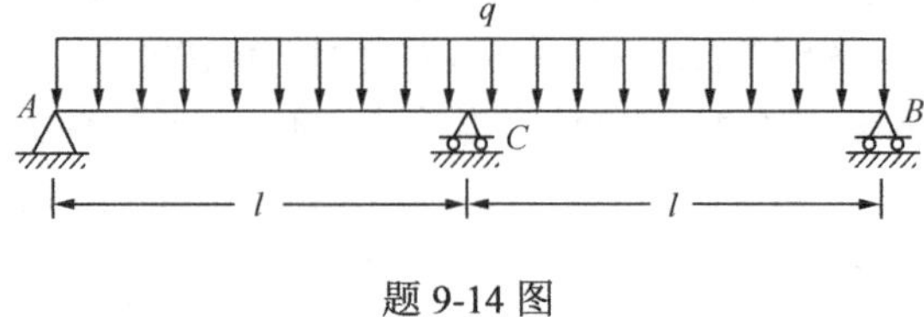

题 9-14 图

9-15．题 9-15 图所示悬臂梁 AD 和 BE 的抗弯刚度同为 $EI=24\times10^6\text{N}\cdot\text{m}^2$，由钢杆 CD 相连接。CD 杆的 l=5m，$A=3\times10^{-4}\text{m}^2$，$E$=200GPa。若 F=50kN，试求悬臂梁 AD 在 D 点的挠度。

9-16．如题 9-16 图所示二梁的材料相同，截面惯性矩分别为 I_1 和 I_2。在无外载荷时两梁刚好接触。试求在 F 力作用下，二梁分别负担的载荷。

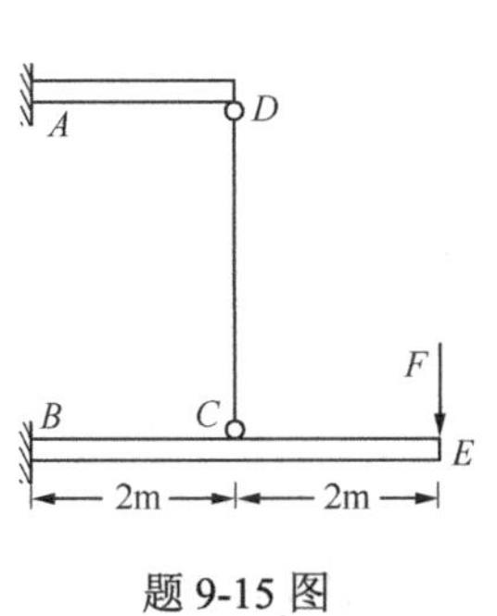

题 9-15 图

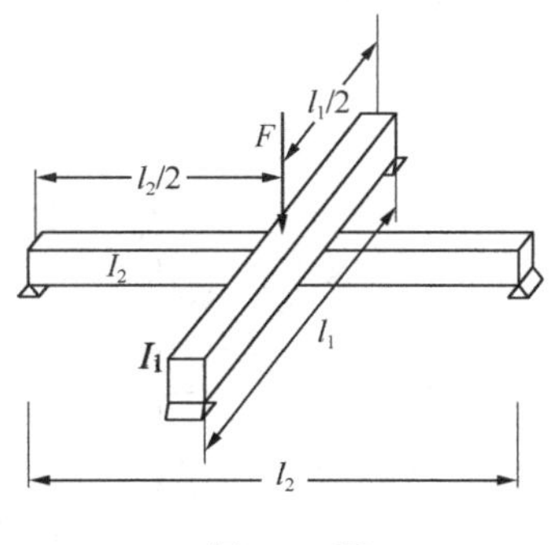

题 9-16 图

9-17. 悬臂梁 AB 因强度和刚度不足，用同一材料和同样截面的短梁 AC 进行加固，如题 9-17 图所示。试求：(1) 两梁接触处的压力；(2) 加固后梁 AB 的最大弯矩和 B 点的挠度减小了百分之多少？

9-18. 已知平面刚架各段的抗弯刚度分别为 EI，如题 9-18 图所示，试画出其内力图。

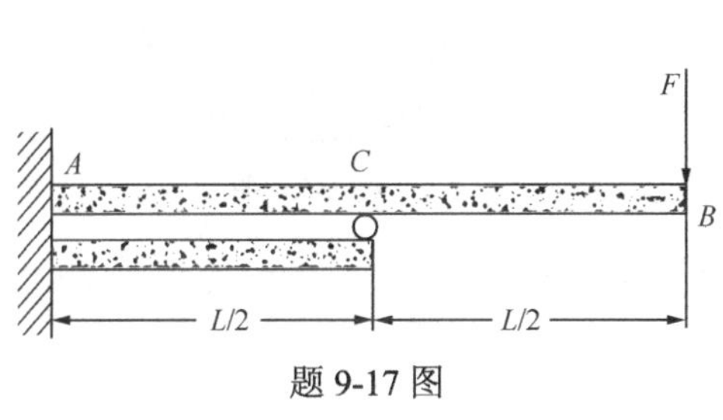

题 9-17 图

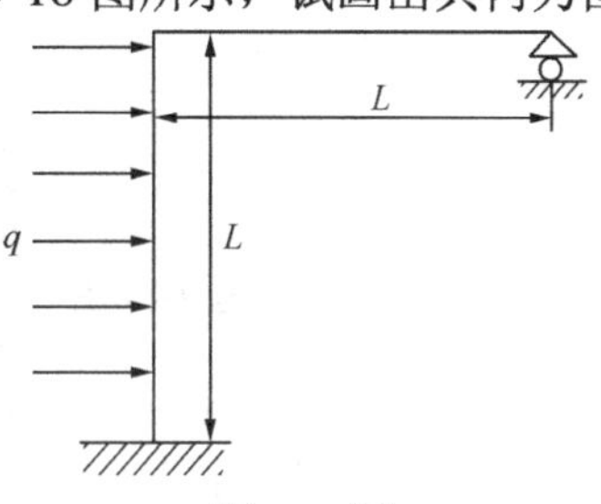

题 9-18 图

9-19. 一长度为 $2R$、横截面面积为 A 的直杆，用铰链连接在由直径为 d 的圆钢弯成的半圆环 AB 的两端，如题 9-19 图所示。直杆的抗拉刚度为 EA，曲杆的抗弯刚度为 EI。在半圆环的 A、B 两点加力 P 后，求直杆 AB 的内力。

9-20. 折杆截面为圆形，如题 9-20 图所示，直径 d=2cm，a=0.2m，l=1m，F=650N，E=200GPa，G=80GPa。试求 F 作用点的垂直位移。

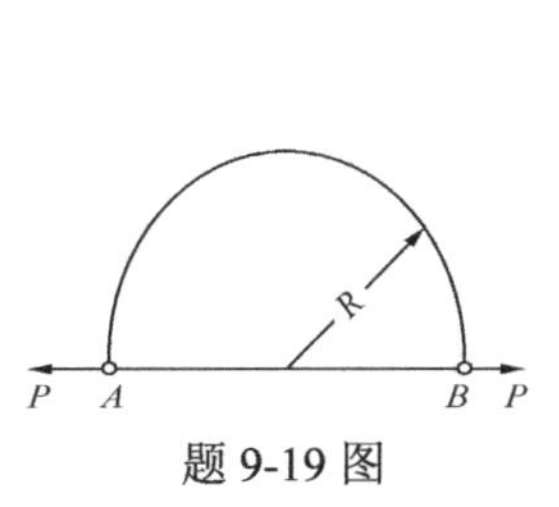

题 9-19 图

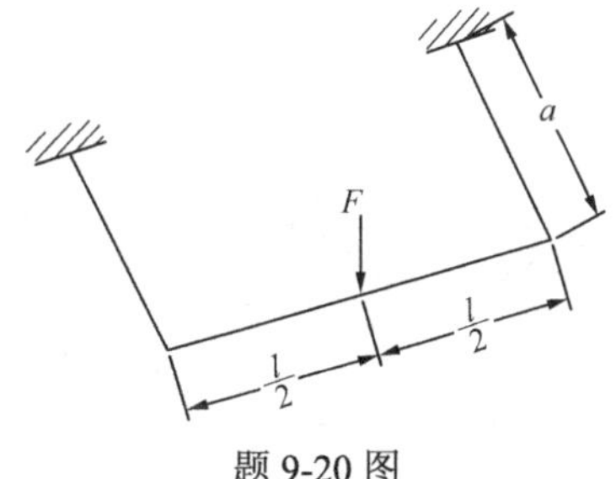

题 9-20 图

9-21. 题 9-21 图所示各杆的材料相同，截面面积相等，试用力法求解各杆的内力。

9-22. 试绘出题 9-22 图所示刚架的弯矩图。

9-23. 试求题 9-23 图所示刚架的全部约束反力，并作弯矩图，刚架 EI 为常数。

9-24. 如题 9-24 图所示，薄壁圆环的 EI 为常数，试求圆环 1—1 内的弯矩。

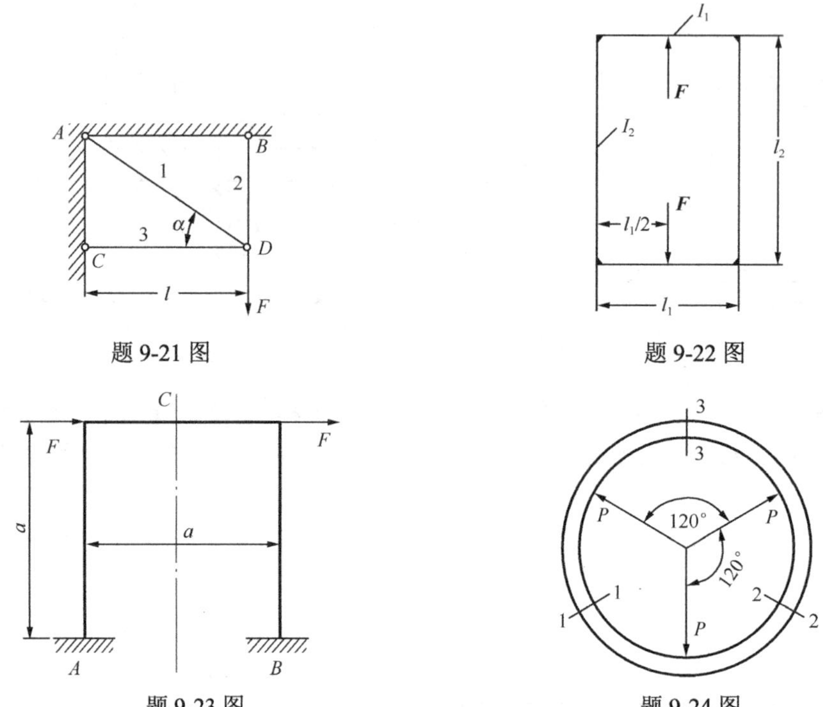

题 9-21 图

题 9-22 图

题 9-23 图

题 9-24 图

9-25．一蒸汽管道如题 9-25 图所示，已知该管道工作时较安装时的温度相差 T℃，该管道的抗弯刚度为 EI，线膨胀系数为 α，试求管道工作时的内力。

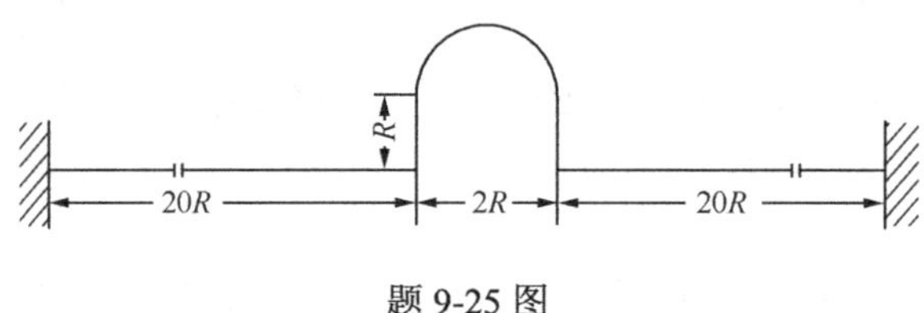

题 9-25 图

附录A　平面图形的几何性质

构件的承载能力不仅与构件材料的性能和载荷情况有关，还与构件横截面的几何形状和尺寸有关。所以在研究构件的强度、刚度和稳定性问题时，都涉及与横截面形状及尺寸相关的几何量，这些几何量统称为平面图形的几何性质。例如，在轴向拉（压）中横截面的面积，圆轴扭转中截面的极惯性矩和抗扭截面系数，梁弯曲时截面的惯性矩和抗弯截面系数等都是截面图形的几何性质。这些几何量虽然比较复杂，但都从不同的角度反映了截面图形的几何特征，是构件承载能力的重要因素。下面集中介绍这些几何性质的基本概念及计算方法。

A.1　形心和静矩

一、形心

一个平面图形的形心位置的确定，可以借助于确定等厚度均质薄板的重心位置的方法。当薄板的厚度极其微小时，其重心就成为平面图形的形心了。按照理论力学确定薄板重心位置的概念，取图A-1所示等厚均质薄板，厚度为t，单位体积的重量为γ，面积为A，则重心的纵横坐标为

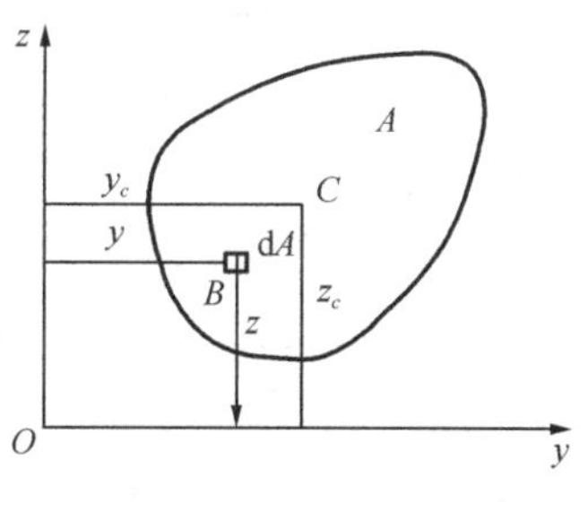

图A-1　形心和静矩

$$\left.\begin{aligned} y_C &= \frac{\int_A y\gamma t\mathrm{d}A}{At\gamma} \\ z_C &= \frac{\int_A z\gamma t\mathrm{d}A}{At\gamma} \end{aligned}\right\}$$

对于等厚均质薄板，t和γ均为常量，所以平面图形形心的坐标为

$$\begin{aligned} y_C &= \frac{\int_A y\mathrm{d}A}{A} \\ z_C &= \frac{\int_A z\mathrm{d}A}{A} \end{aligned} \qquad \text{(A-1)}$$

二、静矩

如图A-1所示的任意平面图形，面积为A。在图形平面内选取直角坐标系yOz。图形内任意点B的坐标为（y,z）。在B点处取微面积dA，则$y\mathrm{d}A$和$z\mathrm{d}A$分别称为微面积dA对z轴和y轴的静矩，而其遍及整个图形面积A的积分为

$$\left.\begin{aligned} S_z &= \int_A y\mathrm{d}A \\ S_y &= \int_A z\mathrm{d}A \end{aligned}\right\} \tag{A-2}$$

分别定义为图形对 z 轴和 y 轴的静矩（一次矩）。显然图形对某个坐标轴的静矩不仅与图形的形状和尺寸有关，而且还与所选取的坐标轴的位置有关。静矩的数值可能为正，可能为负，也可能为零。静矩的量纲为长度的三次方，常用单位为 mm^3 或 m^3。

利用图形的静矩可确定图形形心的位置。将式（A-2）代入式（A-1），得

$$\left.\begin{aligned} y_C &= \frac{S_z}{A} \\ z_C &= \frac{S_y}{A} \end{aligned}\right\}$$

或

$$\left.\begin{aligned} S_z &= y_C A \\ S_y &= z_C A \end{aligned}\right\} \tag{A-3}$$

式（A-3）说明，平面图形对 y 轴和 z 轴的静矩，分别等于图形的面积 A 与图形形心坐标 z_C 和 y_C 的乘积。

由式（A-3）看出，若图形的静矩 $S_z = 0$（或 $S_y = 0$），则 $y_C = 0$（$z_C = 0$）。可见图形对某个轴的静矩为零时，该轴必然通过图形的形心，称为形心轴。反之，若 $y_C = 0$（或 $z_C = 0$），则 $S_z = 0$（或 $S_y = 0$），即图形对于形心轴的静矩必为零。

工程中常见的具有对称轴的截面图形（如图 A-2 所示），由于对称轴两边的面积对对称轴的静矩数值相等而符号相反，所以整个图形对对称轴的静矩必为零，图形的形心必然在对称轴上。若图形有两个对称轴，则两对称轴的交点必然是图形的形心。

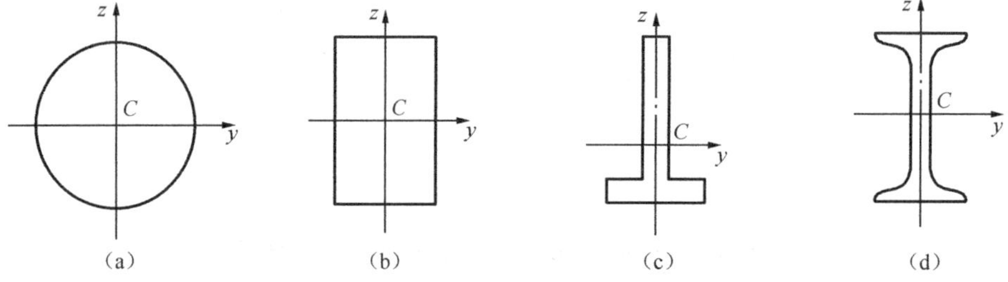

图 A-2 常见的对称截面图形

三、组合图形的形心和静矩

工程中有些构件的截面是由若干简单的图形（矩形和圆形）组合而成的，称为组合图形（如图 A-3 所示）。由静矩的定义可知，组合图形对某个轴的静矩等于其各部分图形对该轴静矩的代数和，即

$$\left.\begin{aligned} S_y &= \sum_{i=1}^{n} S_{yi} = \sum_{i=1}^{n} A_i z_{Ci} \\ S_z &= \sum_{i-1}^{n} S_{zi} = \sum_{i=1}^{n} A_i y_{Ci} \end{aligned}\right\} \tag{A-4}$$

式中，S_y（或S_z）为组合图形对y（或z）轴的静矩；S_{yi}（或S_{zi}）为简单图形对y（或z）轴的静矩；z_{Ci}（或y_{Ci}）为简单图形的形心坐标；A_i为简单图形的面积。

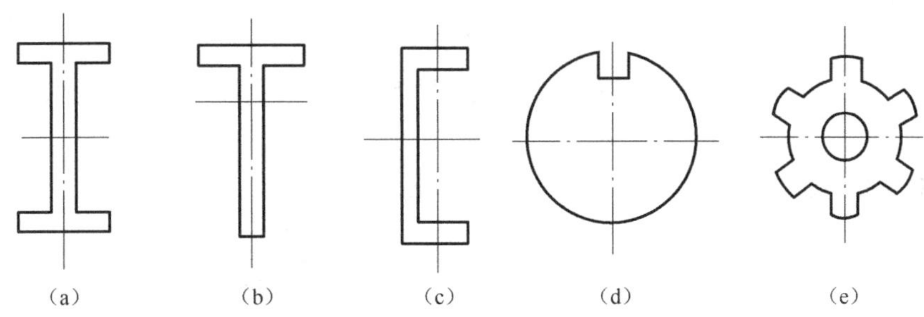

图A-3 工程构件截面

将式（A-4）代入式（A-3），得组合图形的形心坐标计算公式为

$$\left.\begin{aligned} y_C &= \frac{\sum_{i=1}^{n} A_i y_{Ci}}{\sum_{i=1}^{n} A_i} \\ z_C &= \frac{\sum_{i=1}^{n} A_i z_{Ci}}{\sum_{i=1}^{n} A_i} \end{aligned}\right\} \tag{A-5}$$

【例A-1】 求图A-4所示的三角形对y轴的静矩。

【解】 （1）取微面积$\mathrm{d}A = b(z)\mathrm{d}z$，由图A-4中几何关系，可得

$$\frac{b(z)}{b} = \frac{h-z}{h}$$

所以 $$\mathrm{d}A = \frac{b(h-z)}{h}\mathrm{d}z$$

（2）图形对y轴的静矩：

$$S_y = \int_A z\mathrm{d}A = \int_0^h z\frac{b(h-z)}{h}\mathrm{d}z = b\int_0^h z\mathrm{d}z - \frac{b}{h}\int_0^h z^2\mathrm{d}z = \frac{bh^2}{6}$$

（3）若已知三角形沿z轴形心坐标$z_C = \frac{h}{3}$，面积$A = \frac{1}{2}bh$，则有

$$S_y = Az_C = \frac{bh}{2}\cdot\frac{h}{3} = \frac{bh^2}{6}$$

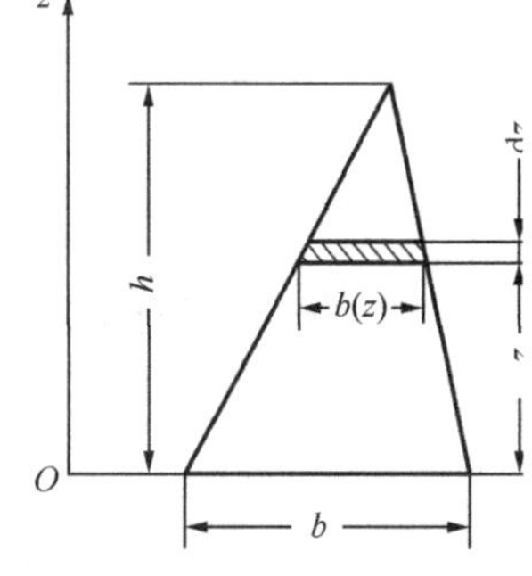

图A-4 例A-1图

两种计算结果完全一致。

【例A-2】 求半径为R的半圆形截面（如图A-5所示）对y轴和z轴的静矩及形心位置。

【解】 （1）选取微面积$\mathrm{d}A = b(z)\mathrm{d}z = 2\sqrt{R^2 - z^2}\mathrm{d}z$。

（2）计算静矩。

$$\begin{aligned} S_y &= \int_A z\mathrm{d}A = \int_0^R zb(z)\mathrm{d}z \\ &= \int_0^R 2z\sqrt{R^2-z^2}\mathrm{d}z = \int_0^R \sqrt{R^2-z^2}\mathrm{d}(R^2-z^2) = \frac{2}{3}R^3 \end{aligned}$$

由于z轴是对称轴，所以 $S_z=0$

（3）求形心坐标 y_C 和 z_C。由于 z 轴是对称轴，所以

$$y_C=0$$

$$z_C=\frac{S_y}{A}=\frac{\frac{2}{3}R^3}{\frac{1}{2}\pi R^2}=\frac{4R}{3\pi}$$

【例A-3】 试确定图A-6所示图形形心 C 的位置。

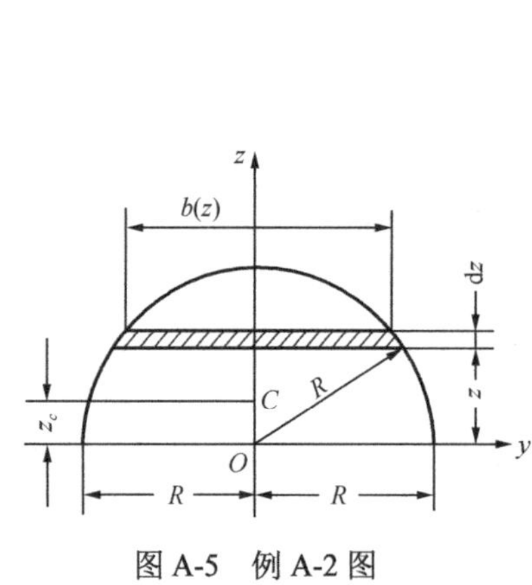

图A-5　例A-2图

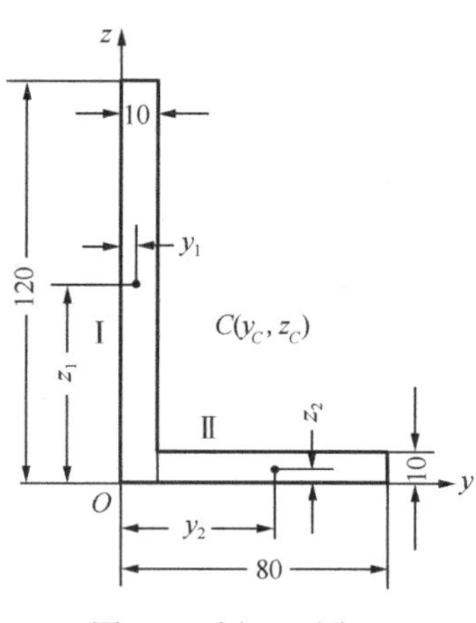

图A-6　例A-3图

【解】 （1）选取坐标系如图A-6所示。把它看作由两矩形I和II组合而成。每个矩形的面积和形心位置如下。

矩形I　$A_1=120\times10=1200\text{mm}^2$；　$y_1=\frac{10}{2}=5\text{mm}$；　$z_1=\frac{120}{2}=60\text{mm}$

矩形II　$A_2=70\times10=700\text{mm}^2$；　$y_2=10+\frac{70}{2}=45\text{mm}$；　$z_2=\frac{10}{2}=5\text{mm}$

（2）图形的形心坐标。

$$y_C=\frac{A_1y_1+A_2y_2}{A_1+A_2}=\frac{1200\times5+700\times45}{1200+700}=19.7\text{mm}$$

$$z_C=\frac{A_1z_1+A_2z_2}{A_1+A_2}=\frac{1200\times60+700\times5}{1200+700}=39.7\text{mm}$$

A.2　惯性矩和惯性积

一、惯性矩

如图A-7所示的任意平面图形，面积为 A。在图形所示的平面内，选取一对坐标轴 y 轴和 z 轴。在图形内任意点（y,z）处取微面积 dA，则 z^2dA 和 y^2dA 分别称为微面积 dA 对 y 轴和 z 轴的惯性矩，而其对遍及整个面积的积分为

$$\left.\begin{aligned} I_y &= \int_A z^2 \mathrm{d}A \\ I_z &= \int_A y^2 \mathrm{d}A \end{aligned}\right\} \quad \text{(A-6)}$$

分别定义为图形对 y 轴和 z 轴的惯性矩（二次矩）。由于 y^2 和 z^2 总是正的，所以 I_y 和 I_z 永远是正值。惯性矩的量纲为长度的四次方，常用单位为 mm^4 和 m^4。

惯性矩不仅与图形面积有关，而且与图形面积相对于坐标轴的分布有关。面积离坐标轴越远，惯性矩越大；反之，面积离坐标轴越近，惯性矩越小。

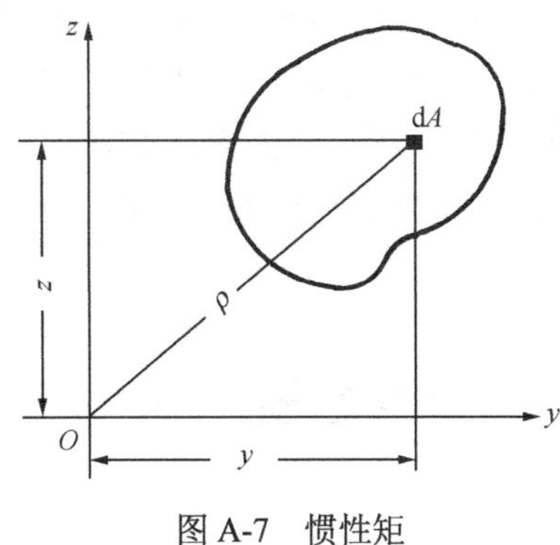

图 A-7 惯性矩

二、惯性半径

在力学计算中，有时把惯性矩写成图形面积与某一长度平方的乘积，即

$$I_y = A \cdot i_y^2, \quad I_z = A \cdot i_z^2$$

或

$$i_y = \sqrt{\frac{I_y}{A}}, \quad i_z = \sqrt{\frac{I_z}{A}} \quad \text{(A-7)}$$

式中，i_y 和 i_z 分别表示图形对 y 轴和 z 轴的惯性半径。惯性半径恒为正值，它的大小反映了图形面积对坐标轴的聚集程度。惯性半径的量纲是长度的一次方，常用单位为 mm 或 m。

三、极惯性矩

在图 A-7 所示的平面图形中，微面积 $\mathrm{d}A$ 到坐标原点 O 的距离为 ρ，则积分

$$I_\mathrm{P} = \int_A \rho^2 \mathrm{d}A \quad \text{(A-8)}$$

定义为图形对坐标原点 O 的极惯性矩，极惯性矩 I_P 永为正值。它的量纲为长度的四次方，常用单位为 mm^4 或 m^4。极惯性矩的大小，反映了图形面积对于坐标原点的聚集程度。

从图 A-7 中看到 $\rho^2 = y^2 + z^2$，所以

$$I_\mathrm{P} = \int_A \rho^2 \mathrm{d}A = \int_A (y^2 + z^2) \mathrm{d}A = \int_A y^2 \mathrm{d}A + \int_A z^2 \mathrm{d}A = I_y + I_z \quad \text{(A-9)}$$

式（A-9）说明，图形对任意一对互相垂直的坐标轴的惯性矩之和，等于它对该两轴交点的极惯性矩。

四、惯性积

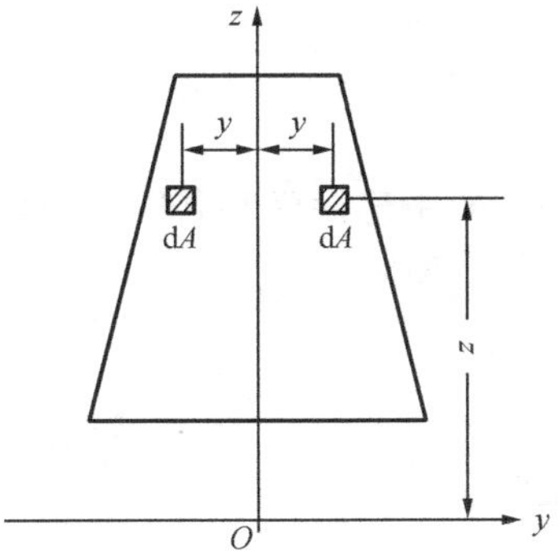

图 A-8 惯性积

在图 A-7 所示平面图形中，微面积 $\mathrm{d}A$ 与其坐标的乘积 $yz\mathrm{d}A$ 称为 $\mathrm{d}A$ 对 y 轴和 z 轴的惯性积，而遍及整个图形面积 A 的积分为

$$I_{yz} = \int_A yz \mathrm{d}A \quad \text{(A-10)}$$

式中，I_{yz} 定义为图形对 y、z 轴的惯性积。

因为坐标乘积 yz 可能为正或负，所以惯性积 I_{yz} 的数值可能为正，可能为负，也可能为零。惯性积的量纲是长度的四次方，常用单位为 mm^4 或 m^4。

若所取的坐标系有一个轴是图形的对称轴，则图形对此对称轴的惯性积必然为零。以图 A-8 为例，z 轴是图形的对称轴，如果在 z 轴左右两侧的对称位置处，各取一微面积 dA，两者的 z 坐标相同，而 y 坐标数值相等但符号相反。这两个微面积对 y 、z 轴的惯性积数值相等，符号相反，在积分中互相抵消，即

$$I_{yz}=\int_A yz\mathrm{d}A=0$$

五、简单图形的几何性质

1．矩形

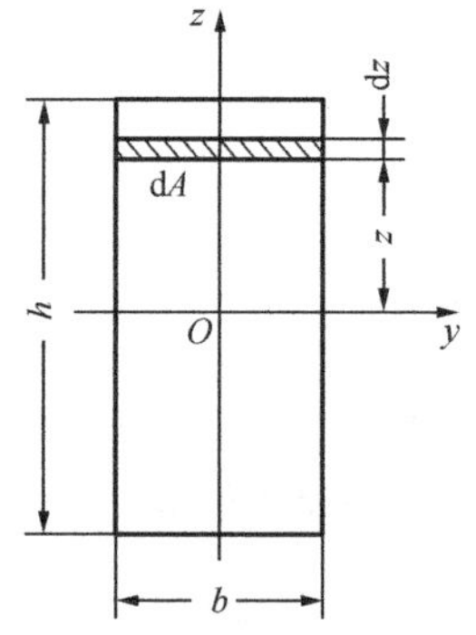

图 A-9 矩形惯性矩

如图 A-9 所示，矩形高为 h，宽为 b，y 轴和 z 轴为对称轴。取平行于 y 轴的狭长的微面积 $\mathrm{d}A=b\mathrm{d}z$，有

$$I_y=\int_A z^2\mathrm{d}A=\int_{-\frac{h}{2}}^{\frac{h}{2}} z^2 b\mathrm{d}z=\frac{bh^3}{12}$$

同理 $$I_z=\frac{hb^3}{12}$$

因为 y 、z 轴是对称轴，所以 $$I_{yz}=0$$

2．圆形和环形

从图 A-10（a）所示的圆形中，取圆环微面积 $\mathrm{d}A=2\pi\rho\mathrm{d}\rho$ 。图形对坐标原点 O 点的极惯性矩为

$$I_{\mathrm{P}}=\int_A \rho^2\mathrm{d}A=\int_0^{\frac{d}{2}} 2\pi\rho^3\mathrm{d}\rho=\frac{\pi\mathrm{d}^4}{32}$$

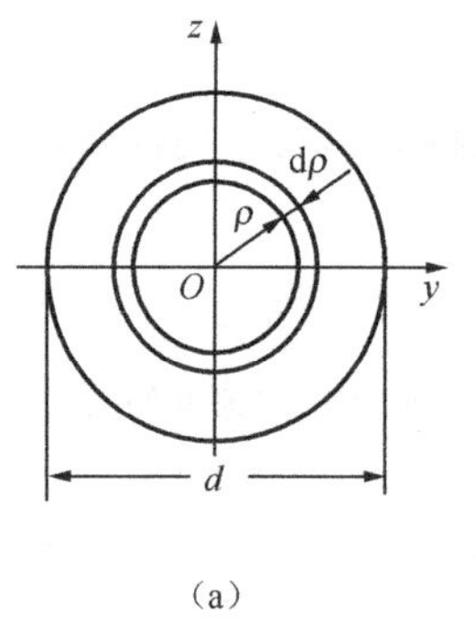

（a）

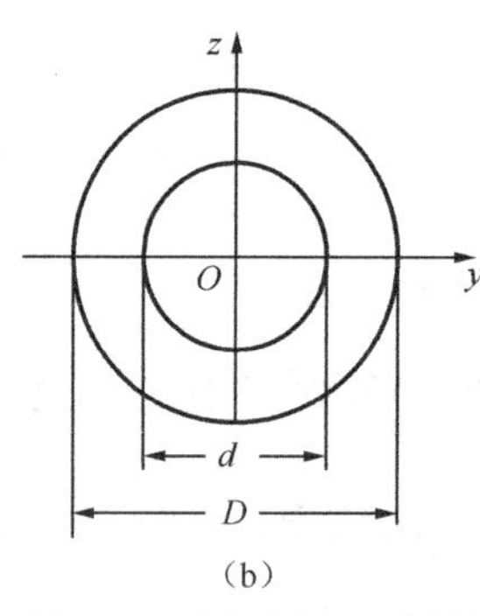

（b）

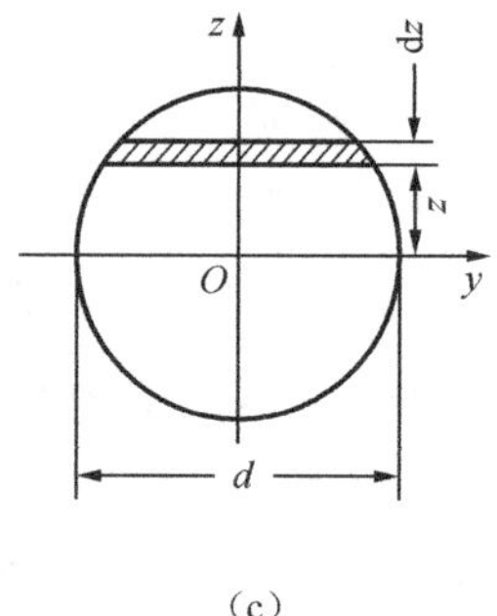

（c）

图 A-10 圆形和环形惯性矩

若在图 A-10（c）中取平行 y 轴、宽度为 $b(z)=2\sqrt{\left(\frac{d}{2}\right)^2-z^2}$ 的矩形微面积 $\mathrm{d}A=b(z)\mathrm{d}z=2\sqrt{\left(\frac{d}{2}\right)^2-z^2}\mathrm{d}z$，则

$$I_y=\int_A z^2\mathrm{d}A=\int_{-\frac{d}{2}}^{\frac{d}{2}} z^2 2\sqrt{\left(\frac{d}{2}\right)^2-z^2}\mathrm{d}z=\frac{\pi d^4}{64}$$

同理
$$I_z=\frac{\pi d^4}{64}$$
由于
$$I_P=I_y+I_z=2\times\frac{\pi d^4}{64}=\frac{\pi d^4}{32}$$
与用积分求得的 I_P 结果相同。由于 y、z 轴是对称轴，所以 $I_{yz}=0$。

从图 A-10（b）所示的环形中，取环形微面积 $dA=2\pi\rho d\rho$。图形对坐标原点 O 点的极惯性矩为
$$I_P=\int_{\frac{d}{2}}^{\frac{D}{2}}2\pi\rho^3 d\rho=\frac{\pi D^4}{32}-\frac{\pi d^4}{32}=\frac{\pi D^4}{32}(1-\alpha^4)$$
式中，$\alpha=\frac{d}{D}$（内径与外径之比）。

环形对 y、z 轴的惯性矩为
$$I_y=I_z=\frac{1}{2}I_P=\frac{\pi D^4}{64}(1-\alpha^4)$$
由于 y、z 轴是对称轴，所以 $I_{yz}=0$。

3．三角形

图 A-11 所示直角三角形中，取平行于 y 轴的狭长微面积 $dA=b(z)dz$，由相似三角形关系：
$$b(z)=b\frac{h-z}{h}=b\left(1-\frac{z}{h}\right)$$
所以
$$I_y=\int_A z^2 dA=\int_0^h z^2 b\left(1-\frac{z}{h}\right)dz=\frac{bh^3}{12},\quad I_z=\frac{hb^3}{12}$$
$$I_{yz}=\int_A yz dA=\int_A\frac{1}{2}b(z)z dA=\int_0^h\frac{b^2}{2}\left(1-\frac{z}{h}\right)z^2 dz=\frac{b^2h^2}{24}$$

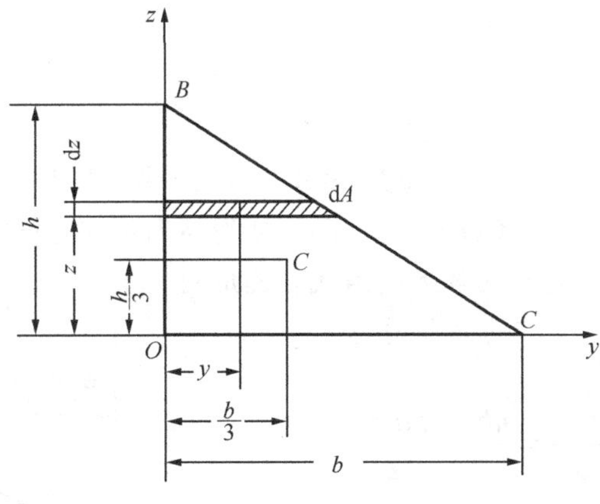

图 A-11　三角形惯性矩

六、组合图形的几何性质

组合图形是由若干简单图形组合而成的。根据定义，组合图形对某个坐标轴的惯性矩等于各简单图形对同一坐标轴惯性矩之和；组合图形对某对垂直坐标轴的坐标轴的惯性积等于各简单图形对该对坐标轴惯性积之和，即

$$\left.\begin{aligned}I_y&=\sum_{i-1}^{n}(I_y)_i\\I_z&=\sum_{i=1}^{n}(I_z)_i\\I_{yz}&=\sum_{i=1}^{n}(I_{yz})_i\end{aligned}\right\}\tag{A-11}$$

式中，I_y、I_z 和 I_{yz} 为组合图形对 y 轴或 z 轴的惯性矩和惯性积；$(I_y)_i$、$(I_z)_i$、$(I_{yz})_i$ 为简单图形对 y 轴或 z 轴的惯性矩和惯性积。

【例 A-4】 求图 A-12 所示图形对 y 轴的惯性矩。

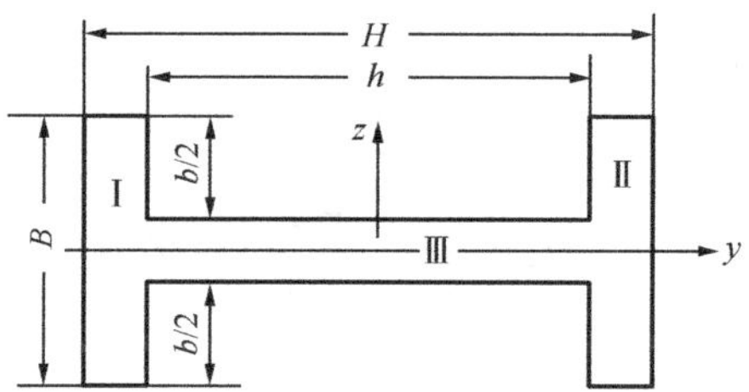

图 A-12　例 A-4 图

【解】 将该组合图形视为三个矩形 I、II、III 的组合，则每个矩形对 y 轴的惯性矩为

$$(I_y)_{\mathrm{I}}=\frac{1}{12\times2}(H-h)B^3$$

$$(I_y)_{\mathrm{II}}=\frac{1}{12\times2}(H-h)B^3$$

$$(I_y)_{\mathrm{III}}=\frac{1}{12}h(B-b)^3$$

该组合图形对 y 轴的惯性矩为

$$I_y=(I_y)_{\mathrm{I}}+(I_y)_{\mathrm{II}}+(I_y)_{\mathrm{III}}$$

$$=\frac{1}{12}(H-h)B^3+\frac{1}{12}h(B-b)^3$$

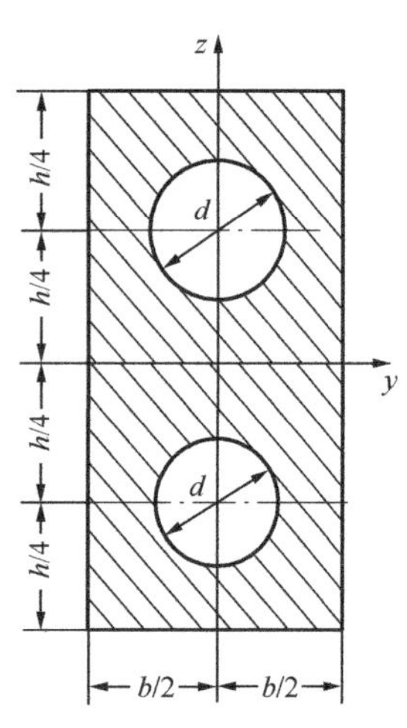

图 A-13　例 A-5 图

【例 A-5】 求图 A-13 所示图形对 z 轴的惯性矩。

【解】 可把图形视为高为 h，宽为 b 的矩形截面减去两个直径为 d 的圆形而组成。图形对 z 轴的惯性矩为

$$I_z=\frac{hb^3}{12}-2\times\frac{\pi d^4}{64}=\frac{hb^3}{12}-\frac{\pi d^4}{32}$$

A.3　平行移轴公式

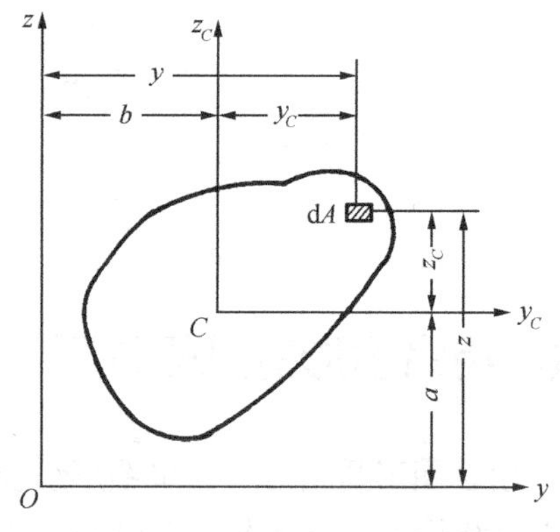

图 A-14　平行移轴公式示意图

图 A-14 所示图形，面积为 A，C 为图形形心，y_C 和 z_C 是一对通过形心 C 互相垂直的坐标轴。图形对形心轴 y_C 和 z_C 的惯性矩和惯性积为

$$I_{y_C}=\int_A z_C^2\mathrm{d}A$$
$$I_{z_C}=\int_A y_C^2\mathrm{d}A$$
$$I_{y_Cz_C}=\int_A z_C y_C\mathrm{d}A$$

选取另一坐标系 yOz，y 轴与 y_C 轴平行，z 轴与 z_C 轴平行，形心 C 在该坐标系中的坐标为 (a,b)。显然，y 与 y_C 轴之间的距离为 a，z 和 z_C 轴之间的距离为 b。由图中不难看出

$$\begin{cases}y=y_C+b\\ z=z_C+a\end{cases}$$

图形对 y 轴和 z 轴的惯性矩和惯性积为

$$I_y=\int_A z^2\mathrm{d}A=\int_A(z_C+a)^2\mathrm{d}A=\int_A z_C^2\mathrm{d}A+2a\int_A z_C\mathrm{d}A+a^2\int_A\mathrm{d}A$$

式中，$\int_A z_C^2\mathrm{d}A=I_{y_C}$；$\int_A z_C\mathrm{d}A=S_{y_C}=0$；$\int_A\mathrm{d}A=A$。

同理可得 I_z 和 I_{yz}。

$$\left.\begin{aligned}I_y&=I_{y_C}+a^2A\\ I_z&=I_{z_C}+b^2A\\ I_{yz}&=I_{y_Cz_C}+abA\end{aligned}\right\}\tag{A-12}$$

式（A-12）称为惯性矩和惯性积的平行移轴公式。使用公式时须注意：

（1）式中 a 和 b 是形心 C 在 yOz 坐标系中的坐标，可为正也可为负。

（2）式中 I_{y_C}、I_{z_C} 及 $I_{y_Cz_C}$ 为图形对形心轴的惯性矩和惯性积。

（3）图形对一簇平行轴的惯性矩中，以对形心轴的惯性矩最小。

【例A-6】 试求图A-15所示图形对形心轴的惯性矩和惯性积。

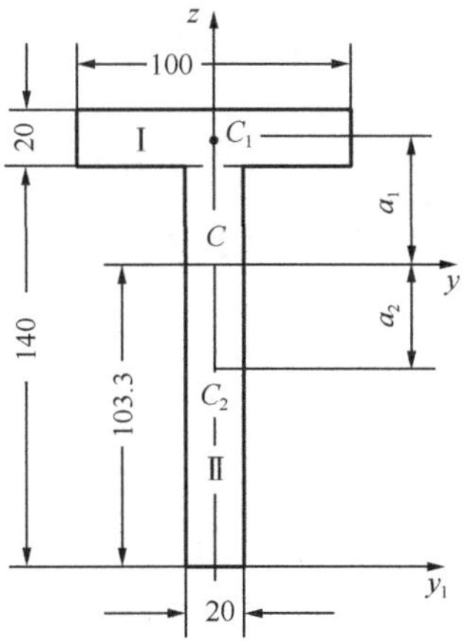

图A-15 例A-6图

【解】 将图形看作两个矩形的组合。取其对称轴为 z 轴，与另一垂直 y_1 轴组成参考坐标系。

（1）确定形心位置：

$$y_C=0$$
$$z_C=\frac{A_1z_1+A_2z_2}{A_1+A_2}=\frac{100\times20\times150+20\times140\times70}{100\times20+20\times140}$$
$$=103.3\text{mm}$$

（2）图形对 z 轴的惯性矩：

$$I_z=(I_z)_{\text{I}}+(I_z)_{\text{II}}=\frac{20\times100^3}{12}+\frac{140\times20^3}{12}$$
$$=176\times10^4\text{mm}^4$$

（3）图形对 y 轴的惯性矩：

$$(I_y)_{\text{I}}=\frac{100\times20^3}{12}+(150-103.3)^2\times100\times20=443\times10^4\text{mm}^4$$
$$(I_y)_{\text{II}}=\frac{20\times140^3}{12}+(103.3-70)^2\times20\times1400=768\times10^4\text{mm}^4$$
$$I_y=(I_y)_{\text{I}}+(I_y)_{\text{II}}=443\times10^4+768\times10^4=1211\times10^4\text{mm}^4$$

（4）由于 z 是对称轴，所以

$$I_{yz}=0$$

A.4 转轴公式与主惯性矩

一、转轴公式

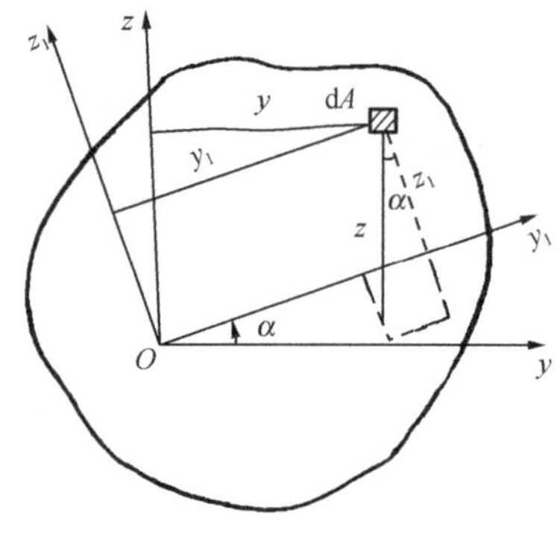

图 A-16 转轴公式示意图

图 A-16 所示平面图形对任意一对坐标轴 y 轴和 z 轴的惯性矩和惯性积为

$$I_y = \int_A z^2 \mathrm{d}A$$

$$I_z = \int_A y^2 \mathrm{d}A$$

$$I_{yz} = \int_A yz \mathrm{d}A$$

若将坐标轴绕坐标原点 O 旋转 α 角（规定 α 角逆时针旋转为正，顺时针旋转为负），得到一对新坐标轴 y_1 轴和 z_1 轴。图形对 y_1 轴和 z_1 轴的惯性矩和惯性积为

$$I_{y_1} = \int_A {z_1}^2 \mathrm{d}A$$

$$I_{z_1} = \int_A {y_1}^2 \mathrm{d}A$$

$$I_{y_1 z_1} = \int_A y_1 z_1 \mathrm{d}A$$

下面证明图形对两对坐标轴的惯性矩和惯性积之间的关系。

从图中任意点取一微面积 dA，它在新旧坐标系中的坐标为（y_1, z_1）和（y, z），有如下关系：

$$y_1 = y\cos\alpha + z\sin\alpha$$

$$z_1 = z\cos\alpha - y\sin\alpha$$

将此关系代入 I_{y_1}、I_{z_1} 和 $I_{y_1 z_1}$ 中，得

$$\begin{aligned} I_{y_1} &= \int_A z_1^2 \mathrm{d}A = \int_A (z\cos\alpha - y\sin\alpha)^2 \mathrm{d}A \\ &= \cos^2\alpha \int_A z^2 \mathrm{d}A + \sin^2\alpha \int_A y^2 \mathrm{d}A - 2\sin\alpha\cos\alpha \int_A yz \mathrm{d}A \\ &= I_y \cos^2\alpha + I_z \sin^2\alpha + I_{yz} \sin 2\alpha \end{aligned}$$

将 $\sin^2\alpha = \dfrac{1-\cos 2\alpha}{2}$，$\cos^2\alpha = \dfrac{1+\cos 2\alpha}{2}$ 代入上式，得

$$\left.\begin{aligned} I_{y_1} &= \frac{1}{2}(I_y + I_z) + \frac{1}{2}(I_y - I_z)\cos 2\alpha - I_{yz}\sin 2\alpha \\ I_{z_1} &= \frac{1}{2}(I_y + I_z) - \frac{1}{2}(I_y - I_z)\cos 2\alpha + I_{yz}\sin 2\alpha \\ I_{y_1 z_1} &= \frac{1}{2}(I_y - I_z)\sin 2\alpha + I_{yz}\cos 2\alpha \end{aligned}\right\} \tag{A-13}$$

式（A-13）称为惯性矩和惯性积的转轴公式，且 $I_{y_1} + I_{z_1} = I_y + I_z$。显然，惯性矩和惯性积都是 α 角的周期性连续函数。转轴公式反映了惯性矩和惯性积随 α 角改变的变化规律。

二、主惯性轴和主惯性矩

将式（A-13）对 α 求导数，以确定惯性矩的极值：

$$\frac{\mathrm{d}I_{y_1}}{\mathrm{d}\alpha}=-2\left[\frac{1}{2}(I_y-I_z)\sin 2\alpha+I_{yz}\cos 2\alpha\right]$$

令 $\alpha=\alpha_0$ 时，

$$\frac{\mathrm{d}I_{y_1}}{\mathrm{d}\alpha}=-2\left[\frac{1}{2}(I_y-I_z)\sin 2\alpha_0+I_{yz}\cos 2\alpha_0\right]=0$$

得

$$\tan 2\alpha_0=-\frac{2I_{yz}}{I_y-I_z} \tag{A-14}$$

由式（A-14）可以解得相差 90° 的两个角度 α_0 和 $\alpha_0+90°$，从而确定了一对互相垂直的坐标轴 y_0 轴和 z_0 轴。图形对这对轴的惯性矩一个为最大值 $I_{\max}$，另一个为最小值 $I_{\min}$。将 α_0 及 $\alpha_0+90°$ 代入式（A-13）惯性矩的转轴公式，经化简得到惯性矩极值的计算公式：

$$\left.\begin{aligned}I_{y_0}&=I_{\max}=\frac{1}{2}(I_y+I_z)+\sqrt{\left(\frac{I_y-I_z}{2}\right)^2+I_{yz}^2}\\I_{z_0}&=I_{\min}=\frac{1}{2}(I_y+I_z)-\sqrt{\left(\frac{I_y-I_z}{2}\right)^2+I_{yz}^2}\end{aligned}\right\} \tag{A-15}$$

将 α_0 和 $\alpha_0+90°$ 代入式（A-13）惯性积的转轴公式，（与 $\frac{\mathrm{d}I_{y_1}}{\mathrm{d}\alpha}=0$ 比较）得惯性积 $I_{y_0z_0}=0$。

因此，图形对某一对坐标轴 y_0 轴和 z_0 轴的惯性矩为极值时，图形对该坐标轴的惯性积为零，称这对坐标轴为主惯性轴。图形对主惯性轴的惯性矩称为主惯性矩。主惯性矩的值是图形对通过同一点的所有坐标轴的惯性矩的极值。

三、形心主惯性轴和形心主惯性矩

若主惯性轴通过图形的形心，称为形心主惯性轴。图形对形心主惯性轴的惯性矩，称为形心主惯性矩。由 A.2 节可知，图形对于对称轴的惯性积等于零；而对称轴必然通过形心，所以图形的对称轴就是形心主惯性轴。

综上所述，形心主惯性轴的特点可归纳为以下几点：

（1）形心主惯性轴是通过图形形心，由 α_0 角定向的一对互相垂直的坐标轴。

（2）图形对形心主惯性轴的惯性矩即形心主惯性矩，是图形对通过形心的所有坐标轴的惯性矩的极值。

（3）图形对形心主惯性轴的惯性积为零。

（4）对称轴一定是图形的形心主惯性轴。

对于复杂圆形，可以看成许多简单圆形的组合，先求得各简单圆形的惯性矩，然后利用平行移轴公式移到形心并求和，再用转轴公式确定形心主惯性轴及形心主惯性矩。

【例 A-7】　试求图 A-17 所示图形的形心主惯性轴和形心主惯性矩。

【解】（1）确定形心位置。由于图形有对称中心 C，所以点 C 即为图形的形心。以形心 C 为坐标原点，平行于图形棱边的 y、z 轴为参考坐标系，把图形看作三个矩形 I、II、III 的组合图形。矩形 I 的形心 C_1 与 C 重合。矩形 II 的形心 C_2 的坐标为（−35,55）。矩形 III 的形心 C_3 的坐标为（35,−55）。

（2）计算图形对 y 轴和 z 轴的惯性矩和惯性积。

$$I_y=(I_y)_{\rm I}+(I_y)_{\rm II}+(I_y)_{\rm III}=\frac{10\times120^3}{12}+2\left[\frac{60\times10^3}{12}+55^2\times(60\times10)\right]=508\times10^4\,\text{mm}^4$$

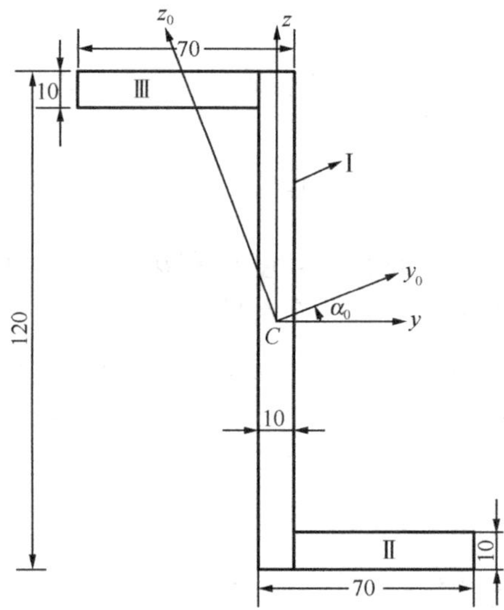

图 A-17　例 A-7 图

$$\begin{aligned}I_z&=(I_z)_{\rm I}+(I_z)_{\rm II}+(I_z)_{\rm III}\\&=\frac{120\times10^3}{12}+2\left[\frac{10\times60^3}{12}+35^2\times(60\times100)\right]\\&=184\times10^4\,\text{mm}^4\end{aligned}$$

$$\begin{aligned}I_{yz}&=(I_{yz})_{\rm I}+(I_{yz})_{\rm II}+(I_{yz})_{\rm III}\\&=0+(-35\times55)\times60\times10+(-55\times35)\times60\times10\\&=-231\times10^4\,\text{mm}^4\end{aligned}$$

（3）确定形心主惯性轴的位置。

$$\tan2\alpha_0=-\frac{2I_{yz}}{I_y-I_z}=-\frac{2\times(-231\times10^4)}{508\times10^4-184\times10^4}=1.426$$

解得 $2\alpha_0=54.9°$ 及 $234.9°$，所以 $\alpha_0=27.4°$ 及 $117.4°$（逆时针转）。

（4）求形心主惯性矩。

$$\begin{aligned}I_{y_0}=I_{\max}&=\frac{1}{2}(I_y+I_z)+\sqrt{\left(\frac{I_y-I_z}{2}\right)^2+I_{yz}^2}\\&=\left[\frac{1}{2}(508+184)+\sqrt{\left(\frac{508-184}{2}\right)^2+(-231)^2}\right]\times10^4\\&=628\times10^4\,\text{mm}^4\end{aligned}$$

$$I_{z_0}=I_{\min}=\frac{1}{2}(I_y+I_z)-\sqrt{\left(\frac{I_y-I_z}{2}\right)^2+I_{yz}^2}$$
$$=\left[\frac{1}{2}(508+184)-\sqrt{\left(\frac{508-184}{2}\right)^2+(-231)^2}\right]\times10^4$$
$$=64\times10^4\,\text{mm}^4$$

习题 A

A-1．设题 A-1 图所示任意平面图形对该平面内的 z_1、z_2、z_3 轴的惯性矩分别为 I_1、I_2、I_3，对 O 点的极惯性矩为 I_P，在下列关系式中，________是正确的（z_1 轴垂直于 z_3 轴）。

A．$I_2=I_1+I_3$　　B．$I_P=I_1+I_2$　　C．$I_P=I_1+I_3$　　D．$I_P=I_2+I_3$

A-2．设平面图形具有对称轴，则图形对于该对称轴的________。

A．静矩不为零，惯性矩为零　　B．静矩和惯性矩均为零

C．静矩为零，惯性矩不为零　　D．静矩和惯性矩均不为零

A-3．直角边长为 b 的等腰直角三角形，坐标轴与直角边平行，其绕 x 轴和 y 轴的惯性矩分别为________和________。

A-4．题 A-4 图所示正方形的边长为 a，其截面对 x 轴惯性矩 $I_x=$________。

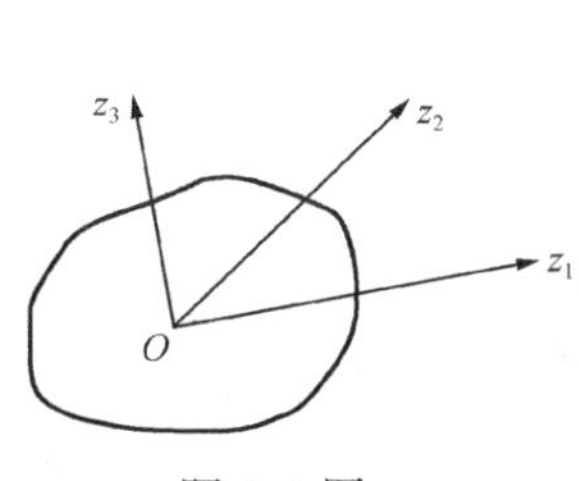

题 A-1 图

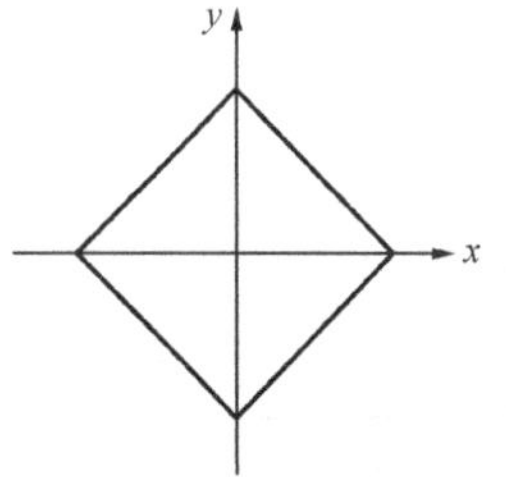

题 A-4 图

A-5．试画出题 A-5 图中图形的形心主轴，并指出对哪个轴惯性矩最大。

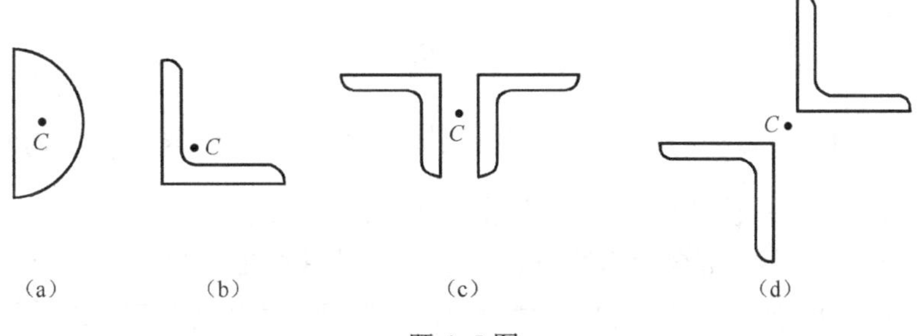

题 A-5 图

习题 B

A-6．题 A-6 图中抛物线方程为 $z=h\left(1-\dfrac{y^2}{b^2}\right)$。试求图形对 y、z 轴的静矩，并确定形心 C。

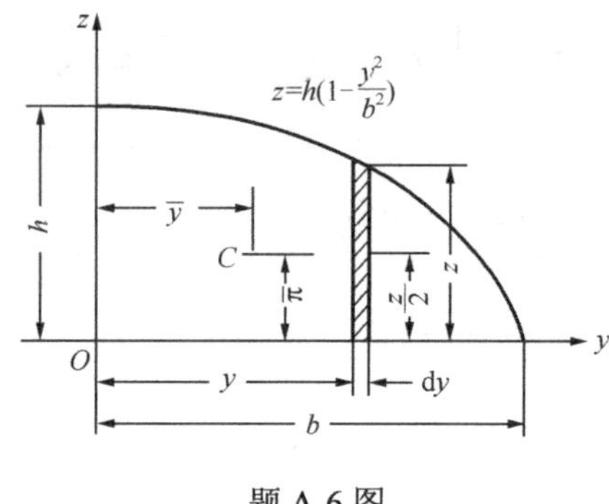

题 A-6 图

A-7．确定题 A-7 图所示各图形的形心位置。

A-8．试求题 A-8 图所示各图形对 y 、z 轴的惯性矩和惯性积。

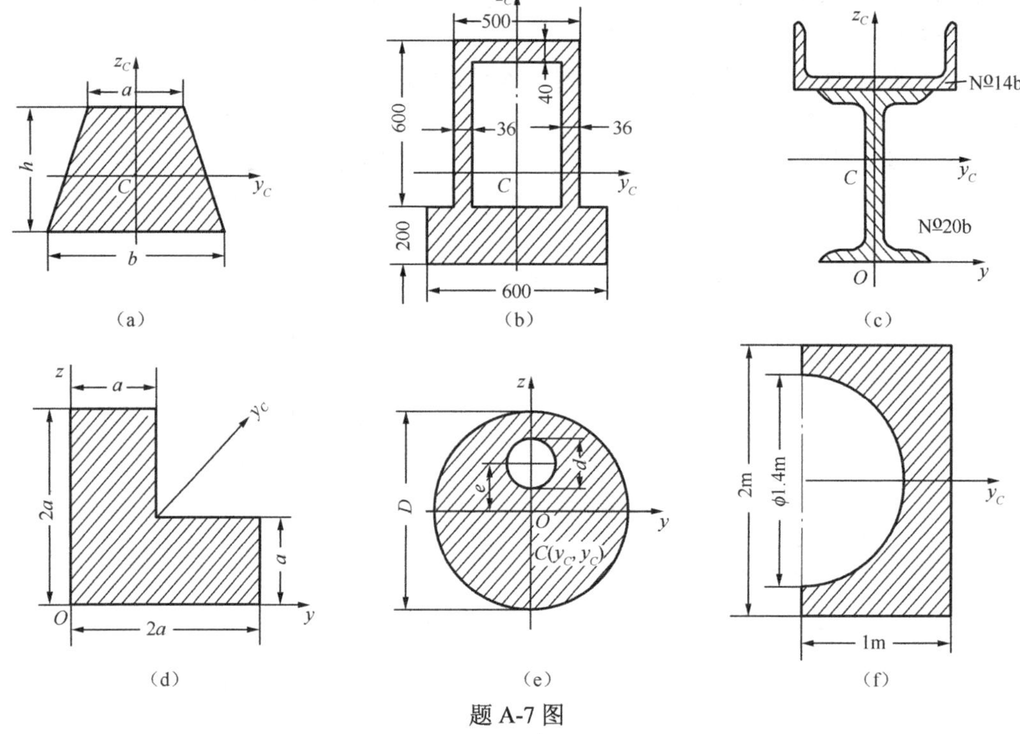

题 A-7 图

A-9．题 A-9 图所示矩形 $b=\frac{2}{3}h$，在左右两侧切去两个半圆形（$d=\frac{h}{2}$）。试求切去部分的面积与原面积的百分比，以及惯性矩 I_y、I_z 比原来减小了百分之几。

A-10．求题 A-10 图所示组合图形的形心坐标 z_C 及对形心轴 y_C 轴的惯性矩。

A-11．题 A-11 图所示为由两个 20a 号槽钢组成的图形，欲使其对两个对称轴的惯性矩相等（$I_y=I_z$），试求两槽钢之间的距离 b 。

A-12．4 个100mm×100mm×10mm 的等边角钢组成题 A-12 图所示两种图形，若 $\delta=12\text{mm}$ ，试求其形心主惯性矩。

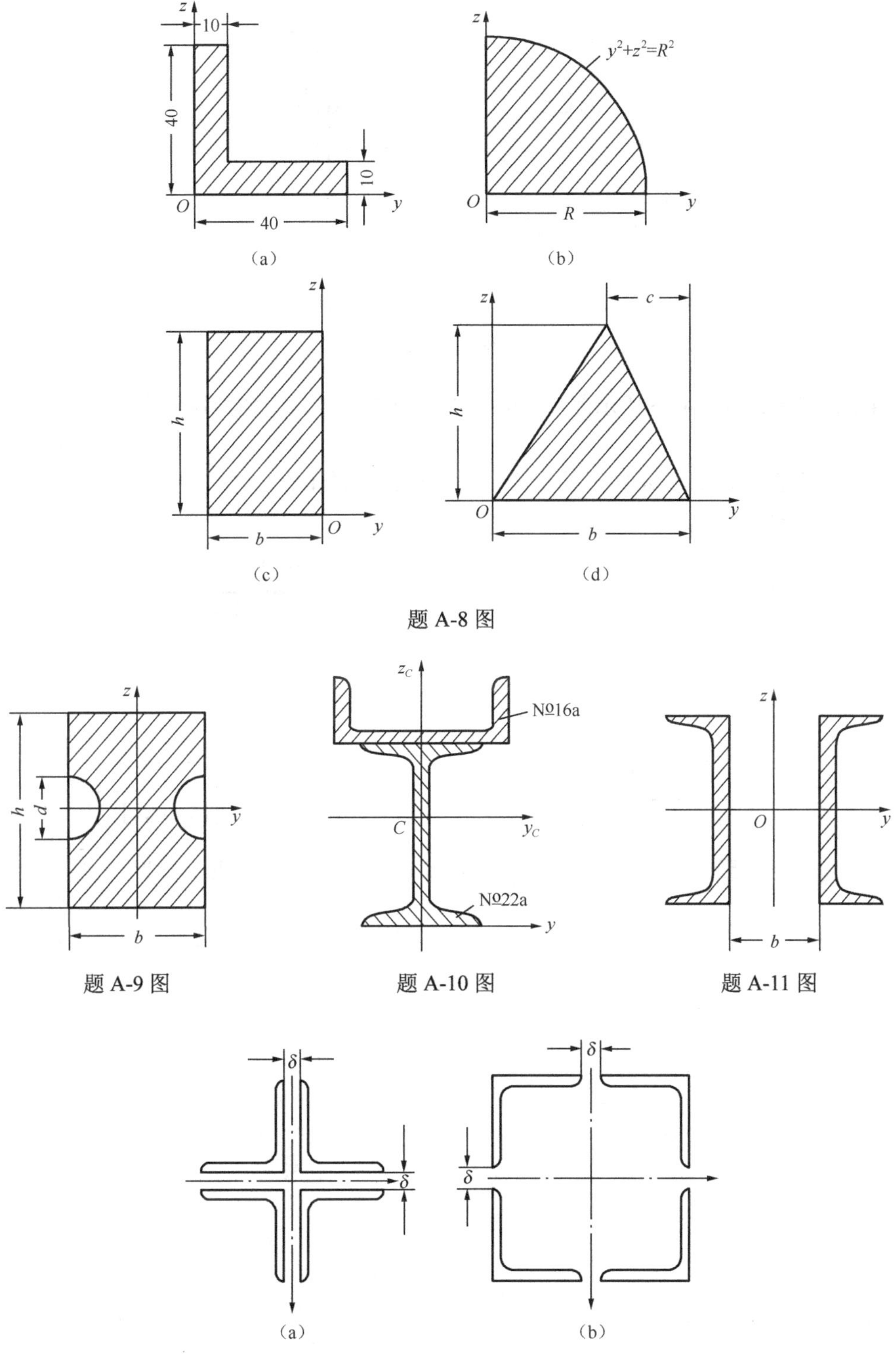

题 A-12 图

A-13．求题 A-13 图所示图形对形心轴 y 轴的惯性矩和惯性积。

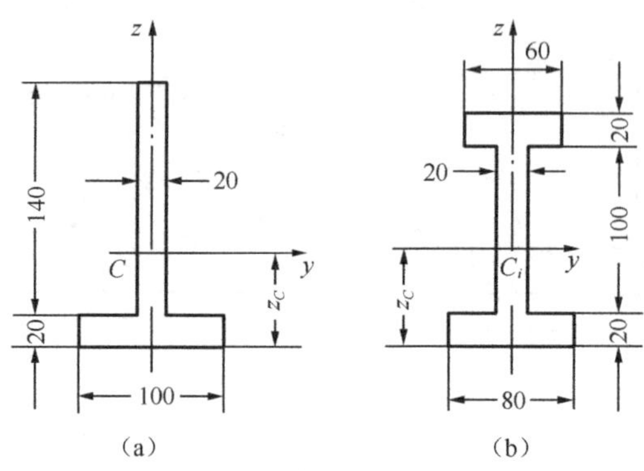

题 A-13 图

A-14．试确定题 A-14 图所示图形对通过坐标原点 O 点的主惯性矩的位置，并计算主惯性矩。

A-15．试求题 A-15 图所示图形的形心主惯性轴的位置和形心主惯性矩。

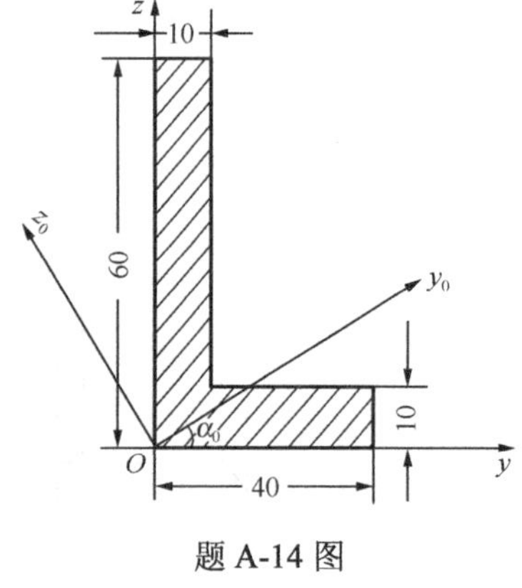

题 A-14 图

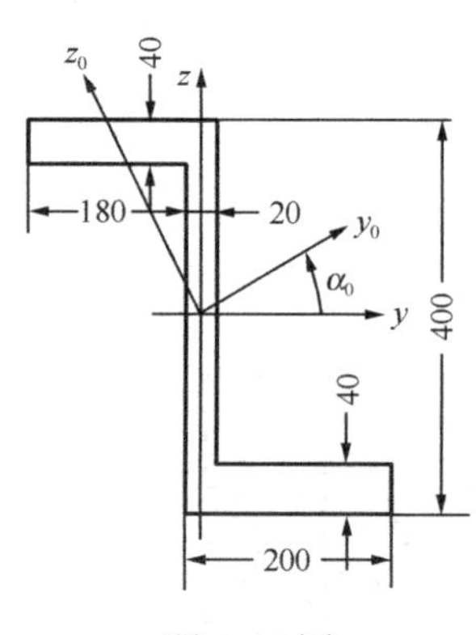

题 A-15 图

附录 B　型钢表

具体见表B.1～表B.4。

表B.1　热轧等边角钢（GB 9787—88）

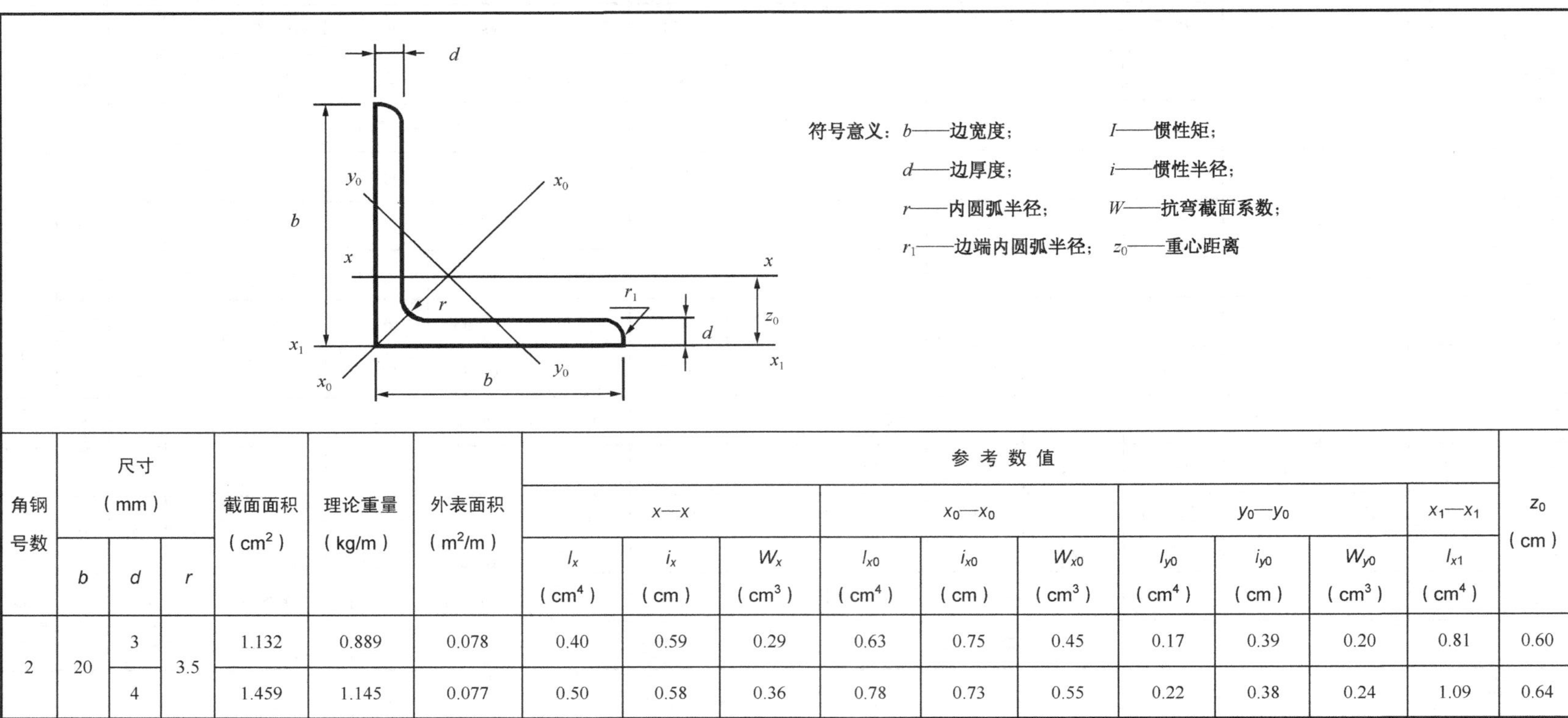

符号意义：b——边宽度；　I——惯性矩；
d——边厚度；　i——惯性半径；
r——内圆弧半径；　W——抗弯截面系数；
r_1——边端内圆弧半径；　z_0——重心距离

角钢号数	尺寸（mm）			截面面积（cm^2）	理论重量（kg/m）	外表面积（m^2/m）	参考数值										z_0（cm）
							x—x			x_0—x_0			y_0—y_0			x_1—x_1	
	b	d	r				I_x（cm^4）	i_x（cm）	W_x（cm^3）	I_{x0}（cm^4）	i_{x0}（cm）	W_{x0}（cm^3）	I_{y0}（cm^4）	i_{y0}（cm）	W_{y0}（cm^3）	I_{x1}（cm^4）	
2	20	3	3.5	1.132	0.889	0.078	0.40	0.59	0.29	0.63	0.75	0.45	0.17	0.39	0.20	0.81	0.60
		4		1.459	1.145	0.077	0.50	0.58	0.36	0.78	0.73	0.55	0.22	0.38	0.24	1.09	0.64

续表

角钢号数	尺寸（mm）			截面面积（cm^2）	理论重量（kg/m）	外表面积（m^2/m）	参考数值										z_0（cm）
							$x—x$			$x_0—x_0$			$y_0—y_0$			$x_1—x_1$	
	b	d	r				I_x（cm^4）	i_x（cm）	W_x（cm^3）	I_{x0}（cm^4）	i_{x0}（cm）	W_{x0}（cm^3）	I_{y0}（cm^4）	i_{y0}（cm）	W_{y0}（cm^3）	I_{x1}（cm^4）	
2.5	25	3	3.5	1.432	1.124	0.098	0.82	0.76	0.46	1.29	0.95	0.73	0.34	0.49	0.33	1.57	0.73
		4		1.859	1.459	0.097	1.03	0.74	0.59	1.62	0.93	0.92	0.43	0.48	0.40	2.11	0.76
3.0	30	3	4.5	1.749	1.373	0.117	1.46	0.91	0.68	2.31	1.15	1.09	0.61	0.59	0.51	2.71	0.85
		4		2.276	1.786	0.117	1.84	0.90	0.87	2.92	1.13	1.37	0.77	0.58	0.62	3.63	0.89
3.6	36	3		2.109	1.656	0.141	2.58	1.11	0.99	4.09	1.39	1.61	1.07	0.71	0.76	4.68	1.00
		4		2.756	2.163	0.141	3.29	1.09	1.28	5.22	1.38	2.05	1.37	0.70	0.93	6.25	1.04
		5		3.382	2.654	0.141	3.95	1.08	1.56	6.24	1.36	2.45	1.65	0.70	1.09	7.84	1.07
4.0	40	3	5	2.359	1.852	0.157	3.58	1.23	1.23	5.69	1.55	2.01	1.49	0.79	0.96	6.41	1.09
		4		3.086	2.422	0.157	4.60	1.22	1.60	7.29	1.54	2.58	1.91	0.79	1.19	8.56	1.13
		5		3.791	2.976	0.156	5.53	1.21	1.96	8.76	1.52	3.10	2.30	0.78	1.39	10.74	1.17
4.5	45	3		2.659	2.088	0.177	5.17	1.40	1.58	8.20	1.76	2.58	2.14	0.89	1.24	9.12	1.22
		4		3.486	2.736	0.177	6.65	1.38	2.05	10.56	1.74	3.32	2.75	0.89	1.54	12.18	1.26
		5		4.292	3.369	0.176	8.04	1.37	2.51	12.74	1.72	4.00	3.33	0.88	1.81	15.25	1.30
		6		5.076	3.985	0.176	9.33	1.36	2.95	14.76	1.70	4.64	3.89	0.88	2.06	18.36	1.33

续表

角钢号数	尺寸 (mm)			截面面积 (cm^2)	理论重量 (kg/m)	外表面积 (m^2/m)	参考数值										z_0 (cm)
							$x—x$			$x_0—x_0$			$y_0—y_0$			$x_1—x_1$	
	b	d	r				I_x (cm^4)	i_x (cm)	W_x (cm^3)	I_{x0} (cm^4)	i_{x0} (cm)	W_{x0} (cm^3)	I_{y0} (cm^4)	i_{y0} (cm)	W_{y0} (cm^3)	I_{x1} (cm^4)	
5	50	3	5.5	2.971	2.332	0.197	7.18	1.55	1.96	11.37	1.96	3.22	2.98	1.00	1.57	12.50	1.34
		4		3.897	3.059	0.197	9.26	1.54	2.56	14.70	1.94	4.16	3.82	0.99	1.96	16.69	1.38
		5		4.803	3.770	0.196	11.21	1.53	3.13	17.79	1.92	5.03	4.64	0.98	2.31	20.90	1.42
		6		5.688	4.465	0.196	13.05	1.52	3.68	20.68	1.91	5.85	5.42	0.98	2.63	25.14	1.46
5.6	56	3	6	3.343	2.624	0.221	10.19	1.75	2.48	16.14	2.20	4.08	4.24	1.13	2.02	17.56	1.48
		4		4.390	3.446	0.220	13.18	1.73	3.24	20.92	2.18	5.28	5.46	1.11	2.52	23.43	1.53
		5		5.415	4.251	0.220	16.02	1.72	3.97	25.42	2.17	6.42	6.61	1.10	2.98	29.33	1.57
		6		8.367	6.568	0.219	23.63	1.68	6.03	37.37	2.11	9.44	9.89	1.09	4.16	46.24	1.68
6.3	63	4	7	4.978	3.907	0.248	19.03	1.96	4.13	30.17	2.46	6.78	7.89	1.26	3.29	33.35	1.70
		5		6.143	4.822	0.248	23.17	1.94	5.08	36.77	2.45	8.25	9.57	1.25	3.90	41.73	1.74
		6		7.288	5.721	0.247	27.12	1.93	6.00	43.03	2.43	9.66	11.20	1.24	4.46	50.14	1.78
		8		9.515	7.469	0.247	34.46	1.90	7.75	54.56	2.40	12.25	14.33	1.23	5.47	67.11	1.85
		10		11.657	9.151	0.246	41.09	1.88	9.39	64.85	2.36	14.56	17.33	1.22	6.36	84.31	1.93
7	70	4	8	5.570	4.372	0.275	26.39	2.18	5.14	41.80	2.74	8.44	10.99	1.40	4.17	45.74	1.86

续表

角钢号数	尺寸(mm)			截面面积(cm²)	理论重量(kg/m)	外表面积(m²/m)	参考数值										z_0(cm)
							$x—x$			$x_0—x_0$			$y_0—y_0$			$x_1—x_1$	
	b	d	r				I_x(cm⁴)	i_x(cm)	W_x(cm³)	I_{x0}(cm⁴)	i_{x0}(cm)	W_{x0}(cm³)	I_{y0}(cm⁴)	i_{y0}(cm)	W_{y0}(cm³)	I_{x1}(cm⁴)	
7	70	5	8	6.875	5.397	0.275	32.21	2.16	6.32	51.08	2.73	10.32	13.34	1.39	4.95	57.21	1.91
		6		8.160	6.406	0.275	37.77	2.15	7.48	59.93	2.71	12.11	15.61	1.38	5.67	68.73	1.95
		7		9.424	7.398	0.275	43.09	2.14	8.59	68.35	2.69	13.81	17.82	1.38	6.34	80.29	1.99
		8		10.667	8.373	0.274	48.17	2.12	9.68	76.37	2.68	15.43	19.98	1.37	6.98	91.92	2.03
7.5	75	5	9	7.412	5.818	0.295	39.97	2.33	7.32	63.30	2.92	11.94	16.63	1.50	5.77	70.56	2.04
		6		8.797	6.905	0.294	46.95	2.31	8.64	74.38	2.90	14.02	19.51	1.49	6.67	84.55	2.07
		7		10.160	7.976	0.294	53.57	2.30	9.93	84.96	2.89	16.02	22.18	1.48	7.44	98.71	2.11
		8		11.503	9.030	0.294	59.96	2.28	11.20	95.07	2.88	17.93	24.86	1.47	8.19	112.97	2.15
		10		14.126	11.089	0.293	71.98	2.26	13.64	113.92	2.84	21.48	30.05	1.46	9.56	141.71	2.22
8	80	5	9	7.912	6.211	0.315	48.79	2.48	8.34	77.33	3.13	13.67	20.25	1.60	6.66	85.36	2.15
		6		9.397	7.376	0.314	57.35	2.47	9.87	90.98	3.11	16.08	23.72	1.59	7.65	102.50	2.19
		7		10.860	8.525	0.314	65.58	2.46	11.37	104.07	3.10	18.40	27.09	1.58	8.58	119.70	2.23
		8		12.303	9.658	0.314	73.49	2.44	12.83	116.60	3.08	20.61	30.39	1.57	9.46	136.97	2.27
		10		15.126	11.874	0.313	88.43	2.42	15.64	140.09	3.04	24.76	36.77	1.56	11.08	171.74	2.35

续表

角钢号数	尺寸（mm）			截面面积（cm^2）	理论重量（kg/m）	外表面积（m^2/m）	参考数值										z_0（cm）
							x—x			x_0—x_0			y_0—y_0			x_1—x_1	
	b	d	r				I_x（cm^4）	i_x（cm）	W_x（cm^3）	I_{x0}（cm^4）	i_{x0}（cm）	W_{x0}（cm^3）	I_{y0}（cm^4）	i_{y0}（cm）	W_{y0}（cm^3）	I_{x1}（cm^4）	
9	90	6	10	10.637	8.350	0.354	82.77	2.79	12.61	131.26	3.51	20.63	34.28	1.80	9.95	145.87	2.44
		7		12.301	9.656	0.354	94.83	2.78	14.54	150.47	3.50	23.64	39.18	1.78	11.19	170.30	2.48
		8		13.944	10.946	0.353	106.47	2.76	16.42	168.97	3.48	26.55	43.97	1.78	12.35	194.80	2.52
		10		17.167	13.476	0.353	128.58	2.74	20.07	203.90	3.45	32.04	53.26	1.76	14.52	244.07	2.59
		12		20.306	15.940	0.352	149.22	2.71	23.57	236.21	3.41	37.12	62.22	1.75	16.49	293.76	2.67
10	100	6	12	11.932	9.366	0.393	114.95	3.10	15.68	181.98	3.90	25.74	47.92	2.00	12.69	200.07	2.67
		7		13.796	10.830	0.393	131.86	3.09	18.10	208.97	3.89	29.55	54.74	1.99	14.26	233.54	2.71
		8		15.638	12.276	0.393	148.24	3.08	20.47	235.07	3.88	33.24	61.41	1.98	15.75	267.09	2.76
		10		19.261	15.120	0.392	179.51	3.05	25.06	284.68	3.84	40.26	74.35	1.96	18.54	334.48	2.84
		12		22.800	17.898	0.391	208.90	3.03	29.48	330.95	3.81	46.80	86.84	1.95	21.08	402.34	2.91
		14		26.256	20.611	0.391	236.53	3.00	33.73	374.06	3.77	52.90	99.00	1.94	23.44	470.75	2.99
		16		29.267	23.257	0.390	262.53	2.98	37.82	414.16	3.74	58.57	110.89	1.94	25.63	539.80	3.06
11	110	7	12	15.196	11.928	0.433	177.16	3.41	22.05	280.94	4.30	36.12	73.38	2.20	17.51	310.64	2.96
		8		17.238	13.532	0.433	199.46	3.40	24.95	316.49	4.28	40.69	82.42	2.19	19.39	355.20	3.01

续表

角钢号数	尺寸(mm)			截面面积(cm²)	理论重量(kg/m)	外表面积(m²/m)	参考数值										z_0 (cm)
							x—x			x_0—x_0			y_0—y_0			x_1—x_1	
	b	d	r				I_x (cm^4)	i_x (cm)	W_x (cm^3)	I_{x0} (cm^4)	i_{x0} (cm)	W_{x0} (cm^3)	I_{y0} (cm^4)	i_{y0} (cm)	W_{y0} (cm^3)	I_{x1} (cm^4)	
11	110	10	12	21.261	16.690	0.432	242.19	3.39	30.60	384.39	4.25	49.42	99.98	2.17	22.91	444.65	3.09
		12		25.200	19.782	0.431	282.55	3.35	36.05	448.17	4.22	57.62	116.93	2.15	26.15	534.60	3.16
		14		29.056	22.809	0.431	320.71	3.32	41.31	508.01	4.18	65.31	133.40	2.14	29.14	625.16	3.24
12.5	125	8	14	19.750	15.504	0.492	297.03	3.88	32.52	470.89	4.88	53.28	123.16	2.50	25.86	521.01	3.37
		10		24.373	19.133	0.491	361.67	3.85	39.97	573.89	4.85	64.93	149.46	2.48	30.62	651.93	3.45
		12		28.912	22.696	0.491	423.16	3.83	41.17	671.44	4.82	75.96	174.88	2.46	35.03	783.42	3.53
		14		33.367	26.193	0.490	481.65	3.80	54.16	763.73	4.78	86.41	199.57	2.45	39.13	915.61	3.61
14	140	10		27.373	21.488	0.551	514.65	4.34	50.58	817.27	5.46	82.56	212.04	2.78	39.20	915.11	3.82
		12		32.512	25.522	0.551	603.68	4.31	59.80	958.79	5.43	96.85	248.57	2.76	45.02	1099.28	3.90
		14		37.567	29.490	0.550	688.81	4.28	68.75	1093.56	5.40	110.47	284.06	2.75	50.45	1284.22	3.98
		16		42.539	33.393	0.549	770.24	4.26	77.46	1221.81	5.36	123.42	318.67	2.74	55.55	1470.07	4.06
16	160	10	16	31.502	24.729	0.630	779.53	4.98	66.70	1237.30	6.27	109.36	321.76	3.20	52.76	1365.33	4.31
		12		37.441	29.391	0.630	916.58	4.95	78.98	1455.68	6.24	128.67	377.49	3.18	60.74	1639.57	4.39
		14		43.296	33.987	0.629	1048.36	4.92	90.95	1665.02	6.20	147.17	431.70	3.16	68.24	1914.68	4.47

续表

角钢号数	尺寸(mm)			截面面积(cm²)	理论重量(kg/m)	外表面积(m²/m)	参考数值										
							x—x			$x_0—x_0$			$y_0—y_0$			$x_1—x_1$	z_0 (cm)
	b	d	r				I_x (cm⁴)	i_x (cm)	W_x (cm³)	I_{x0} (cm⁴)	i_{x0} (cm)	W_{x0} (cm³)	I_{y0} (cm⁴)	i_{y0} (cm)	W_{y0} (cm³)	I_{x1} (cm⁴)	
16	160	16	16	49.067	38.518	0.629	1175.08	4.89	102.63	1865.57	6.17	164.89	484.59	3.14	75.31	2190.82	4.55
18	180	12	16	42.241	33.159	0.710	1321.35	5.59	100.82	2100.10	7.05	165.00	542.61	3.58	78.41	2332.80	4.89
		14		48.896	38.383	0.709	1514.48	5.56	116.25	2407.42	7.02	189.14	621.53	3.56	88.38	2723.48	4.97
		16		55.467	43.542	0.709	1700.99	5.54	131.13	2703.37	6.98	212.40	698.60	3.55	97.83	3115.29	5.05
		18		61.955	48.634	0.708	1875.12	5.50	145.64	2988.24	6.94	234.78	762.01	3.51	105.14	3502.43	5.13
20	200	14	18	54.642	42.894	0.788	2103.55	6.20	144.70	3343.26	7.82	236.40	863.83	3.98	111.82	3734.10	5.46
		16		62.013	48.680	0.788	2366.15	6.18	163.65	3760.89	7.79	265.93	971.41	3.96	123.96	4270.39	5.54
		18		69.301	54.401	0.787	2620.64	6.15	182.22	4164.54	7.75	294.48	1076.74	3.94	135.52	4808.13	5.62
		20		76.505	60.056	0.787	2867.30	6.12	200.42	4554.55	7.72	322.06	1180.04	3.93	146.55	5347.51	5.69
		24		90.661	71.168	0.785	3338.25	6.07	236.17	5294.97	7.64	374.41	1381.53	3.90	166.65	6457.16	5.87

注：截面图中的 $r_1=d/3$ 及表中 r 值，用于孔型设计，不作为交货条件。

表B.2　热轧不等边角钢（GB 9788—88）

符号意义：B——长边宽度；　b——短边宽度；
d——边厚度；　r——内圆弧半径；
r_1——边端内圆弧半径；　x_0——形心坐标；
y_0——形心坐标；　I——惯性矩；
i——惯性半径；　W——抗弯截面系数

角钢号数	尺寸（mm）				截面面积	理论重量	外表面积	参考数值													
								x—x			y—y			x_1—x_1		y_1—y_1		u—u			
	B	b	d	r	(cm^2)	(kg/m)	(m^2/m)	I_x (cm^4)	i_x (cm)	W_x (cm^3)	I_y (cm^4)	i_y (cm)	W_y (cm^3)	I_{x1} (cm^4)	y_0 (cm)	I_{y1} (cm^4)	x_0 (cm)	I_u (cm^4)	i_u (cm)	W_u (cm^3)	$\tan\alpha$
2.5/1.6	25	16	3	3.5	1.162	0.912	0.080	0.70	0.78	0.43	0.22	0.44	0.19	1.56	0.86	0.43	0.42	0.14	0.34	0.16	0.392
			4		1.499	1.176	0.079	0.88	0.77	0.55	0.27	0.43	0.24	2.09	0.90	0.59	0.46	0.17	0.34	0.20	0.381
3.2/2	32	20	3		1.492	1.171	0.102	1.53	1.01	0.72	0.46	0.55	0.30	3.27	1.08	0.82	0.49	0.28	0.43	0.25	0.382
			4		1.939	1.22	0.101	1.93	1.00	0.93	0.57	0.54	0.39	4.37	1.12	1.12	0.53	0.35	0.42	0.32	0.374
4/2.5	40	25	3	4	1.890	1.484	0.127	3.08	1.28	1.15	0.93	0.70	0.49	5.39	1.32	1.59	0.59	0.56	0.54	0.40	0.385
			4		2.467	1.936	0.127	3.93	1.26	1.49	1.18	0.69	0.63	8.53	1.37	2.14	0.63	0.71	0.54	0.52	0.381
4.5/2.8	45	28	3	5	2.149	1.687	0.143	4.45	1.44	1.47	1.34	0.79	0.62	9.10	1.47	2.23	0.64	0.80	0.61	0.51	0.383
			4		2.806	2.203	0.143	5.69	1.42	1.91	1.70	0.78	0.80	12.13	1.51	3.00	0.68	1.02	0.60	0.66	0.380
5/3.2	50	32	3	5.5	2.431	1.908	0.161	6.24	1.60	1.84	2.02	0.91	0.82	12.49	1.60	3.31	0.73	1.20	0.70	0.68	0.404
			4		3.177	2.494	0.160	8.02	1.59	2.39	2.58	0.90	1.06	16.65	1.65	4.45	0.77	1.53	0.69	0.87	0.402

续表

角钢号数	尺寸 (mm)				截面面积 (cm^2)	理论重量 (kg/m)	外表面积 (m^2/m)	参考数值													
								x—x			y—y			x_1—x_1		y_1—y_1		u—u			
	B	b	d	r				I_x (cm^4)	i_x (cm)	W_x (cm^3)	I_y (cm^4)	i_y (cm)	W_y (cm^3)	I_{x1} (cm^4)	y_0 (cm)	I_{y1} (cm^4)	x_0 (cm)	I_u (cm^4)	i_u (cm)	W_u (cm^3)	$\tan\alpha$
5.6/3.6	56	36	3	6	2.743	2.153	0.181	8.88	1.80	2.32	2.92	1.03	1.05	17.54	1.78	4.70	0.80	1.73	0.79	0.87	0.408
			4		3.590	2.818	0.180	11.45	1.78	3.03	3.76	1.02	1.37	23.39	1.82	6.33	0.85	2.23	0.79	1.13	0.408
			5		4.415	3.466	0.180	13.86	1.77	3.71	4.49	1.01	1.65	29.25	1.87	7.94	0.88	2.67	0.79	1.36	0.404
6.3/4	63	40	4	7	4.058	3.185	0.202	16.49	2.02	3.87	5.23	1.14	1.70	33.30	2.04	8.63	0.92	3.12	0.88	1.40	0.398
			5		4.993	3.920	0.202	20.02	2.00	4.74	6.31	1.12	2.71	41.63	2.08	10.86	0.95	3.76	0.87	1.71	0.396
			6		5.908	4.638	0.201	23.36	1.96	5.59	7.29	1.11	2.43	49.98	2.12	13.12	0.99	4.34	0.86	1.99	0.393
			7		6.802	5.339	0.201	26.53	1.98	6.40	8.24	1.10	2.78	58.07	2.15	15.47	1.03	4.97	0.86	2.29	0.389
7/4.5	70	45	4	7.5	4.547	3.570	0.226	23.17	2.26	4.86	7.55	1.29	2.17	45.92	2.24	12.26	1.02	4.40	0.98	1.77	0.410
			5		5.609	4.403	0.225	27.95	2.23	5.92	9.13	1.28	2.65	57.10	2.28	15.39	1.06	5.40	0.98	2.19	0.407
			6		6.647	5.218	0.225	32.54	2.21	6.95	10.62	1.26	3.12	68.35	2.32	18.58	1.09	6.35	0.93	2.59	0.404
			7		7.657	6.011	0.225	37.22	2.20	8.03	12.01	1.25	3.57	79.99	2.36	21.84	1.13	7.16	0.97	2.94	0.402
(7.5/5)	75	50	5	8	6.125	4.808	0.245	34.86	2.39	6.83	12.61	1.44	3.30	70.00	2.40	21.04	1.17	7.41	1.10	2.74	0.435
			6		7.260	5.699	0.245	41.12	2.38	8.12	14.70	1.42	3.88	84.33	2.44	25.37	1.21	8.54	1.08	3.19	0.435
			8		9.467	7.431	0.244	52.39	2.35	10.52	18.53	1.40	4.99	112.50	2.52	34.23	1.29	10.87	1.07	4.10	0.429
			10		11.590	9.098	0.244	62.71	2.33	12.79	21.96	1.38	6.04	140.80	2.60	43.43	1.36	13.10	1.06	4.99	0.423
8/5	80	50	5	8	6.375	5.005	0.255	41.96	2.56	7.78	12.82	1.42	3.32	85.21	2.60	21.06	1.14	7.66	1.10	2.74	0.388
			6		7.560	5.935	0.255	49.49	2.56	9.25	14.95	1.41	3.91	102.53	2.65	25.41	1.18	8.85	1.08	3.20	0.387
			7		8.724	6.848	0.255	56.16	2.54	10.58	16.96	1.39	4.48	119.33	2.69	29.82	1.21	10.18	1.08	3.70	0.384
			8		9.867	7.745	0.254	62.83	2.52	11.92	18.85	1.38	5.03	136.41	2.73	34.32	1.25	11.38	1.07	4.16	0.381

续表

角钢号数	尺寸（mm）				截面面积（cm^2）	理论重量（kg/m）	外表面积（m^2/m）	参考数值													
								x—x			y—y			x_1—x_1		y_1—y_1		u—u			
	B	b	d	r				I_x（cm^4）	i_x（cm）	W_x（cm^3）	I_y（cm^4）	i_y（cm）	W_y（cm^3）	I_{x1}（cm^4）	y_0（cm）	I_{y1}（cm^4）	x_0（cm）	I_u（cm^4）	i_u（cm）	W_u（cm^3）	$\tan\alpha$
9/5.6	90	56	5	9	7.212	5.661	0.287	60.45	2.90	9.92	18.32	1.59	4.21	121.32	2.91	29.53	1.25	10.98	1.23	3.49	0.385
			6		8.557	6.717	0.286	71.03	2.88	11.74	21.42	1.58	4.96	145.59	2.95	35.58	1.29	12.90	1.23	4.18	0.384
			7		9.880	7.756	0.286	81.01	2.86	13.49	24.36	1.57	5.70	169.66	3.00	41.71	1.33	14.67	1.22	4.72	0.382
			8		11.183	8.779	0.286	91.03	2.85	15.27	27.15	1.56	6.41	194.17	3.04	47.93	1.36	16.34	1.21	5.29	0.380
10/6.3	100	63	6	10	9.617	7.550	0.320	99.06	3.21	14.64	30.94	1.79	6.35	199.71	3.24	50.50	1.43	18.42	1.38	5.25	0.394
			7		11.111	8.722	0.320	113.45	3.20	16.88	35.26	1.78	7.29	233.00	3.28	59.14	1.47	21.00	1.38	6.02	0.394
			8		12.584	9.878	0.319	127.37	3.18	19.08	39.39	1.77	8.21	266.32	3.32	67.88	1.50	23.50	1.37	6.78	0.391
			10		15.467	12.142	0.319	153.81	3.15	23.32	47.12	1.74	9.98	333.06	3.40	85.73	1.58	28.33	1.35	8.24	0.387
10/8	100	80	6	10	10.637	8.350	0.354	107.04	3.17	15.19	61.24	2.40	10.16	199.83	2.95	102.68	1.97	31.65	1.72	8.37	0.627
			7		12.301	9.656	0.354	122.73	3.16	17.52	70.08	2.39	11.71	233.20	3.00	119.98	2.01	36.17	1.72	9.60	0.626
			8		13.944	10.946	0.353	137.92	3.14	19.81	78.58	2.37	13.21	266.61	3.04	137.37	2.05	40.58	1.71	10.80	0.625
			10		17.167	13.476	0.353	166.87	3.12	24.24	94.65	2.35	16.12	333.63	3.12	172.48	2.13	49.10	1.69	13.12	0.622
11/7	110	70	6	10	10.637	8.350	0.354	133.37	3.54	17.85	42.92	2.01	7.90	265.78	3.53	69.08	1.57	25.36	1.54	6.53	0.403
			7		12.301	9.656	0.354	153.00	3.53	20.60	49.01	2.00	9.09	310.07	3.57	80.82	1.61	28.95	1.53	7.50	0.402
			8		13.944	10.946	0.353	172.04	3.51	23.30	54.87	1.98	10.25	354.39	3.62	92.70	1.65	32.45	1.53	8.45	0.401
			10		17.167	13.467	0.353	208.39	3.48	28.54	65.88	1.96	12.48	443.13	3.70	116.83	1.72	39.20	1.51	10.29	0.397
12.5/8	125	80	7	11	14.096	11.066	0.403	227.98	4.02	26.86	74.42	2.30	12.01	454.99	4.01	120.32	1.80	43.81	1.76	9.92	0.408
			8		15.989	12.551	0.403	256.77	4.01	30.41	83.49	2.28	13.56	519.99	4.06	137.85	1.84	49.15	1.75	11.18	0.407
			10		19.712	15.474	0.402	312.04	3.98	37.33	100.67	2.26	16.56	650.09	4.14	173.40	1.92	59.45	1.74	13.64	0.404
			12		23.351	18.330	0.402	364.41	3.95	44.01	116.67	2.24	19.43	780.39	4.22	209.67	2.00	69.35	1.72	16.01	0.400

续表

角钢号数	尺寸 (mm)				截面面积 (cm²)	理论重量 (kg/m)	外表面积 (m²/m)	参考数值														
								x—x			y—y			x_1—x_1		y_1—y_1		u—u				
	B	b	d	r				I_x (cm⁴)	i_x (cm)	W_x (cm³)	I_y (cm⁴)	i_y (cm)	W_y (cm³)	I_{x1} (cm⁴)	y_0 (cm)	I_{y1} (cm⁴)	x_0 (cm)	I_u (cm⁴)	i_u (cm)	W_u (cm³)	tanα
14/9	140	90	8	12	18.038	14.160	0.453	365.64	4.50	38.48	120.69	2.59	17.34	730.53	4.50	195.79	2.04	70.83	1.98	14.31	0.411
			10		22.261	17.475	0.452	445.50	4.47	47.31	146.03	2.56	21.22	913.20	4.58	245.92	2.21	85.82	1.96	17.48	0.409
			12		26.400	20.724	0.451	521.59	4.44	55.87	169.79	2.54	24.95	1096.09	4.66	296.89	2.19	100.21	1.95	20.54	0.406
			14		30.456	23.908	0.451	594.10	4.42	64.18	192.10	2.51	28.54	1279.26	4.74	348.82	2.27	114.13	1.94	23.52	0.403
16/10	160	100	10	13	25.315	19.872	0.512	668.69	5.14	62.13	205.03	2.85	26.56	1362.89	5.24	336.59	2.28	121.74	2.19	21.92	0.390
			12		30.054	23.592	0.511	784.91	5.11	73.49	239.09	2.82	31.28	1635.56	5.32	405.94	2.36	142.33	2.17	25.79	0.388
			14		34.709	27.247	0.510	896.30	5.08	84.56	271.20	2.80	35.83	1908.50	5.40	476.42	2.43	162.23	2.16	29.56	0385
			16		39.281	30.835	0.510	1003.04	5.05	95.33	301.60	2.77	40.24	2181.79	5.48	548.22	2.51	182.57	2.16	33.44	0382
18/11	180	110	10	14	28.373	22.273	0.571	956.25	5.80	78.96	278.11	3.13	32.49	1940.40	5.89	447.22	2.44	166.50	2.42	26.88	0.376
			12		33.712	26.464	0.571	1124.72	5.78	93.53	325.03	3.10	38.32	2328.35	5.98	538.94	2.52	194.87	2.40	31.66	0.374
			14		38.967	30.589	0.570	1268.91	5.75	107.76	369.55	3.08	43.97	2716.60	6.06	631.95	2.59	222.30	2.39	36.32	0.372
			16		44.139	34.649	0.569	1443.06	5.72	121.64	411.85	3.06	49.44	3105.15	6.14	726.46	2.67	248.84	2.38	40.87	0.369
20/12.5	200	125	12		37.912	29.761	0.641	1570.90	6.44	116.73	483.16	3.57	49.99	3193.85	6.54	787.74	2.83	285.79	2.74	41.23	0.392
			14		43.867	34.436	0.640	1800.97	6.41	134.65	550.83	3.54	57.44	3726.17	6.62	922.47	2.91	326.58	2.73	47.34	0.390
			16		49.739	39.045	0.639	2023.35	6.38	152.18	615.44	3.52	64.69	4258.86	6.70	1058.86	2.99	366.21	2.71	53.32	0.388
			18		55.526	43.588	0.639	2238.30	6.35	169.33	677.19	3.49	71.74	4792.00	6.78	1197.13	3.06	404.83	2.70	59.18	0.385

注：1. 括号内型号不推荐使用。

2. 截面图中的 $r_1 = d/3$ 及表中 r 值，用于孔型设计，不作为交货条件。

表B.3 热轧槽钢（GB 707—88）

符号意义：h——高度； r_1——腿端圆弧半径；
b——腿宽度； I——惯性矩；
d——腰厚度； W——抗弯截面系数；
t——平均腿厚度； i——惯性半径；
r——内圆弧半径； z_0——y-y 轴与 y_1-y_1 轴间距

型号		尺寸（mm）						截面面积（cm^2）	理论重量（kg/m）	参考数值							
										x—x			y—y			y_1—y_1	z_0（cm）
		h	b	d	t	r	r_1			W_x（cm^3）	I_x（cm^4）	i_x（cm）	W_y（cm^3）	I_y（cm^4）	i_y（cm）	I_{y1}（cm^4）	
5		50	37	4.5	7	7.0	3.5	6.928	5.438	10.4	26.0	1.94	3.55	8.30	1.10	20.9	1.35
6.3		63	40	4.8	7.5	7.5	3.8	8.451	6.634	16.1	50.8	2.45	4.50	11.9	1.19	28.4	1.36
8		80	43	5.0	8	8.0	4.0	10.248	8.045	25.3	101	3.15	5.79	16.6	1.27	37.4	1.43
10		100	48	5.3	8.5	8.5	4.2	12.748	10.007	39.7	198	3.95	7.8	25.6	1.41	54.9	1.52
12.6		126	53	5.5	9	9.0	4.5	15.692	12.381	62.1	391	4.95	10.2	38.0	1.57	77.1	1.59
14	a	140	58	6.0	9.5	9.5	4.8	18.516	14.535	80.5	564	5.52	13.0	53.2	1.70	107	1.71
	b	140	60	8.0	9.5	9.5	4.8	21.316	16.733	87.1	609	5.35	14.1	61.1	1.69	121	1.67

续表

型号		尺寸(mm)						截面面积	理论重量	参考数值								
										$x—x$			$y—y$			$y_1—y_1$	z_0
		h	b	d	t	r	r_1	(cm²)	(kg/m)	W_x (cm³)	I_x (cm⁴)	i_x (cm)	W_y (cm³)	I_y (cm⁴)	i_y (cm)	I_{y1} (cm⁴)	(cm)
16	a	160	63	6.5	10	10.0	5.0	21.962	17.240	108	866	6.28	16.3	73.3	1.83	144	1.80
	b	160	65	8.5	10	10.0	5.0	25.162	19.752	117	935	6.10	17.6	83.4	1.82	161	1.75
18	a	180	68	7.0	10.5	10.5	5.2	25.699	20.174	141	1270	7.04	20.0	98.6	1.96	190	1.88
	b	180	70	9.0	10.5	10.5	5.2	29.299	23.000	152	1370	6.84	21.5	111	1.95	210	1.84
20	a	200	73	7.0	11	11.0	5.5	28.837	22.637	178	1780	7.86	24.2	128	2.11	244	2.01
	b	200	75	9.0	11	11.0	5.5	32.837	25.777	191	1910	7.64	25.9	144	2.09	268	1.95
22	a	220	77	7.0	11.5	11.5	5.8	31.846	24.999	218	2390	8.67	28.2	158	2.23	298	2.10
	b	220	79	9.0	11.5	11.5	5.8	36.246	28.453	234	2570	8.42	30.1	176	2.21	326	2.03
25	a	250	78	7.0	12	12.0	6.0	34.917	27.410	270	3370	9.82	30.6	176	2.24	322	2.07
	b	250	80	9.0	12	12.0	6.0	39.917	31.335	282	3530	9.41	32.7	196	2.22	353	1.98
	c	250	82	11.0	12	12.0	6.0	44.917	35.260	295	3690	9.07	35.9	218	2.21	384	1.92
28	a	280	82	7.5	12.5	12.5	6.2	40.034	31.427	340	4760	10.9	35.7	218	2.33	388	2.10
	b	280	84	9.5	12.5	12.5	6.2	45.634	35.823	366	5130	10.6	37.9	242	2.30	428	2.02
	c	280	86	11.5	12.5	12.5	6.2	51.234	40.219	393	5500	10.4	40.3	268	2.29	463	1.95
32	a	320	88	8.0	14	14.0	7.0	48.513	38.083	475	7600	12.5	46.5	305	2.50	552	2.24
	b	320	90	10.0	14	14.0	7.0	54.913	43.107	509	8140	12.2	59.2	336	2.47	593	2.16
	c	320	92	12.0	14	14.0	7.0	61.313	48.131	543	8690	11.9	52.6	374	2.47	643	2.09

续表

型号		尺寸（mm）						截面面积（cm^2）	理论重量（kg/m）	参考数值							
										x—x			y—y			y_1—y_1	z_0（cm）
		h	b	d	t	r	r_1			W_x（cm^3）	I_x（cm^4）	i_x（cm）	W_y（cm^3）	I_y（cm^4）	i_y（cm）	I_{y1}（cm^4）	
36	a	360	96	9.0	16	16.0	8.0	60.910	47.814	660	11900	14.0	63.5	455	2.73	818	2.44
	b	360	98	11.0	16	16.0	8.0	68.110	53.466	703	12700	13.6	66.9	497	2.70	880	2.37
	c	360	100	13.0	16	16.0	8.0	75.310	59.118	746	13400	13.4	70.0	536	2.67	948	2.34
40	a	400	100	10.5	18	18.0	9.0	75.068	58.928	879	17600	15.3	78.8	592	2.81	1070	2.49
	b	400	102	12.5	18	18.0	9.0	83.068	65.208	932	18600	15.0	82.5	640	2.78	1140	2.44
	c	400	104	14.5	18	18.0	9.0	91.068	71.488	986	19700	14.7	86.2	688	2.75	1220	2.42

表B.4　热轧工字钢（GB706—88）

符号意义：h——高度；　r_1——腿端圆弧半径；
b——腿宽度；　I——惯性矩；
d——腰厚度；　W——抗弯截面系数；
t——平均腿厚度；　i——惯性半径；
r——内圆弧半径；　S——半截面的静力矩

斜度1:6

型号		尺寸（mm）						截面面积（cm^2）	理论重量（kg/m）	参考数值						
										$x—x$				$y—y$		
		h	b	d	t	r	r_1			I_x（cm^4）	W_x（cm^3）	i_x（cm）	$I_x:S_x$（cm）	I_y（cm^4）	W_y（cm^3）	i_y（cm）
10		100	68	4.5	7.6	6.5	3.3	14.345	11.261	245	49.0	4.14	8.59	33.0	9.72	1.52
12.6		126	74	5.0	8.4	7.0	3.5	18.118	14.223	488	77.5	5.20	10.8	46.9	12.7	1.61
14		140	80	5.5	9.1	7.5	3.8	21.516	16.890	712	102	5.76	12.0	64.4	16.1	1.73
16		160	88	6.0	9.9	8.0	4.0	26.131	20.513	1130	141	6.58	13.8	93.1	21.2	1.89
18		180	94	6.5	10.7	8.5	4.3	30.756	24.143	1660	185	7.36	15.4	122	26	2.00
20	a	200	100	7.0	11.4	9.0	4.5	35.578	27.929	2370	237	8.15	17.2	158	31.5	2.12
	b	200	102	9.0	11.4	9.0	4.5	39.578	31.069	2500	250	7.96	16.9	169	33.1	2.06
22	a	220	110	7.5	12.3	9.5	4.8	42.128	33.070	3400	309	8.99	18.9	225	40.9	2.31
	b	220	112	9.5	12.3	9.5	4.8	46.528	36.524	3570	325	8.78	18.7	239	42.7	2.27

续表

型号		尺寸（mm）						截面面积（cm^2）	理论重量（kg/m）	参考数值						
										$x—x$				$y—y$		
		h	b	d	t	r	r_1			I_x（cm^4）	W_x（cm^3）	i_x（cm）	$I_x : S_x$（cm）	I_y（cm^4）	W_y（cm^3）	i_y（cm）
25	a	250	116	8.0	13.0	10.0	5.0	48.541	38.105	5020	402	10.2	21.6	280	48.3	2.40
	b	250	118	10.0	13.0	10.0	5.0	53.541	42.030	5280	423	9.94	21.3	309	52.4	2.40
28	a	280	122	8.5	13.7	10.5	5.3	55.404	43.492	7110	508	11.3	24.6	345	56.6	2.50
	b	280	124	10.5	13.7	10.5	5.3	61.004	47.888	7480	534	11.1	24.2	379	61.2	2.49
32	a	320	130	9.5	15.0	11.5	5.8	67.156	52.717	11100	692	12.8	27.5	460	70.8	2.62
	b	320	132	11.5	15.0	11.5	5.8	73.556	57.741	11600	726	12.6	27.1	502	76.0	2.61
	c	320	134	13.5	15.0	11.5	5.8	79.956	62.765	12200	760	12.3	26.3	544	81.2	2.61
36	a	360	136	10.0	15.8	12.0	6.0	76.480	60.037	15800	875	14.4	30.7	552	81.2	2.69
	b	360	138	12.0	15.8	12.0	6.0	83.680	65.689	16500	919	14.1	30.3	582	84.3	2.64
	c	360	140	14.0	15.8	12.0	6.0	90.880	71.341	17300	962	13.8	29.9	612	87.4	2.60
40	a	400	142	10.5	16.5	12.5	6.3	86.112	67.598	21700	1090	15.9	34.1	660	93.2	2.77
	b	400	144	12.5	16.5	12.5	6.3	94.112	73.878	22800	1140	16.5	33.6	692	96.2	2.71
	c	400	146	14.5	16.5	12.5	6.3	102.112	80.158	23900	1190	15.2	33.2	727	99.6	2.65
45	a	450	150	11.5	18.0	13.5	6.8	102.446	80.420	32200	1430	17.7	38.6	855	114	2.89
	b	450	152	13.5	18.0	13.5	6.8	111.446	87.485	33800	1500	17.4	38.0	894	118	2.84
	c	450	154	15.5	18.0	13.5	6.8	120.446	94.550	35300	1570	17.1	37.6	938	122	2.79
50	a	500	158	12.0	20.0	14.0	7.0	119.304	93.654	46500	1860	19.7	42.8	1120	142	3.07
	b	500	160	14.0	20.0	14.0	7.0	129.304	101.504	48600	1940	19.4	42.4	1170	146	3.01
	c	500	162	16.0	20.0	14.0	7.0	139.304	106.354	50600	2080	19.0	41.8	1220	151	2.96

续表

型号		尺寸（mm）						截面面积（cm^2）	理论重量（kg/m）	参考数值						
										x-x				y-y		
		h	b	d	t	r	r_1			I_x（cm^4）	W_x（cm^3）	i_x（cm）	$I_x:S_x$（cm）	I_y（cm^4）	W_y（cm^3）	i_y（cm）
56	a	560	166	12.5	21.0	14.5	7.3	135.435	106.316	65600	2340	22.0	47.7	1370	165	3.18
	b	560	168	14.5	21.0	14.5	7.3	146.635	115.108	68500	2450	21.6	47.2	1490	174	3.16
	c	560	170	16.5	21.0	14.5	7.3	157.835	123.900	71400	2550	21.3	46.7	1560	183	3.16
63	a	630	176	13.0	22.0	15.0	7.5	154.658	121.407	93900	2980	24.5	54.2	1700	193	3.31
	b	630	178	15.0	22.0	15.0	7.5	167.258	131.298	98100	3160	24.2	53.5	1810	204	3.29
	c	630	180	17.0	22.0	15.0	7.5	179.858	141.189	102000	3300	23.8	52.9	1920	214	3.27

注：截面图和表中标注的圆弧半径 r 和 r_1 值，用于孔型设计，不作为交货条件。

附录 C　典型问题有限元模拟结果

一、有限单元法简介

有限单元法（Finite Element Analysis，FEA）是一种求解数值模拟方法，用于分析实际工程技术领域复杂的力学问题和场问题，如固体力学中的应力应变场、传热学中的温度场、电磁学中的电磁场、流体力学中的流场以及涉及多学科的耦合场。有限单元法的基本思想是把连续的集合结构离散成有限个单元，在每一个单元中设定有限个节点，从而将连续体视为仅在节点处相连接的一组单元的集合体，同时选择场函数的节点值作为基本未知量，并在每一单元中假设一近似插值函数，以表示单元中场函数的分布规律，再建立用于求解节点未知量的有限元方程组，从而将一个连续域中的无限自由度问题转化为离散域中的有限自由度问题，求解得到节点值后就可以通过设定的插值函数确定单元上以及整个连续体上的场函数。

目前国际上使用较广泛的大型通用有限元商业软件有 ANSYS、ABAQUS、MARC、NASTRAN、IDEAS、ADINA、SAP 等。使用软件进行有限元分析可分成三个阶段：前处理、求解和后处理。

前处理是建立有限元模型，包括建立几何模型，确定单元类型、材料模型，完成网格划分，施加载荷、边界约束条件。

求解则是由软件自动实现。

后处理则是采集处理分析结果，包括结果图片、数据、曲线等，使用户能简便提取信息，了解并评价计算结果。

本节将使用 ANSYS 有限元商业软件，对材料力学中的几个典型问题进行模拟，并输出结果图片和曲线，使读者能够全面深入形象地了解这些问题。

二、问题描述及结果分析

1．圣维南原理

如图 C-1（a）所示，长度为 1m、宽度为 0.2m、厚度为 10mm 的板，左端固定，右端分别施加如图 C-1（b）、（c）、（d）所示的载荷。已知右端载荷是静力等效的，比较三种不同载荷作用下板的轴向正应力σ_x，对应的正应力云图分别如图 C-1（e）、（f）、（g）所示。

通过比较图 C-1（e）、（f）、（g）所示的轴向正应力σ_x的应力云图可知，静力等效的不同载荷作用下，轴向正应力σ_x只是在与横向尺寸相当的两端范围内明显不同，而中间段的轴向正应力是相同的。

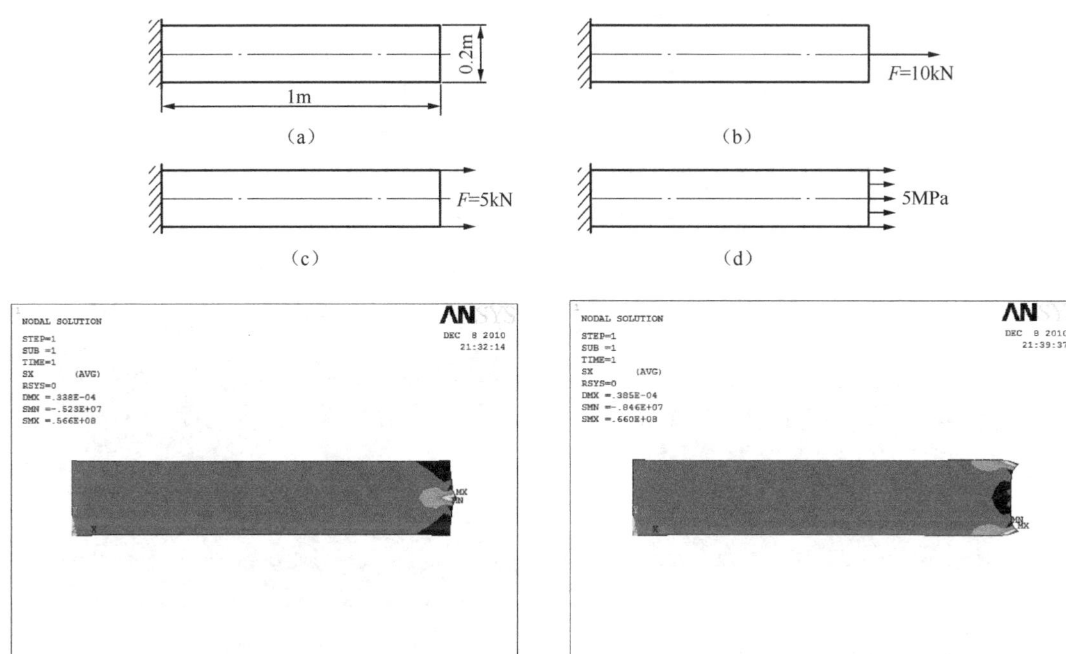

（e）右边中点作用一个力时的正应力云图　　（f）右边角点作用两个力时的正应力云图

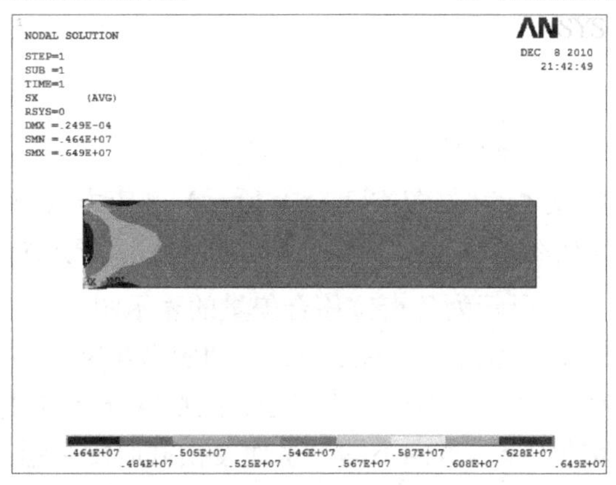

（g）右边作用均布力时的正应力云图

图 C-1　圣维南原理

2．圆孔应力集中

尺寸、所施加载荷如图 C-2（a）所示，试通过圆孔附近的轴向正应力 σ_x 分析圆孔应力集中现象。

从图 C-2（b）、（c）所示可知，在圆孔附近应力分布很复杂。其中 1、2 点的正应力 σ_x 为最大拉伸正应力，3、4 点的正应力 σ_x 为最大压缩正应力，在距离圆孔较远处的正应力 σ_x 与没有圆孔时的正应力相同。

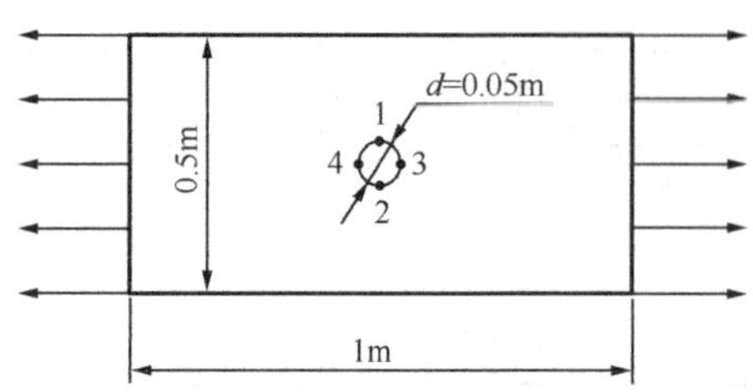

（a）

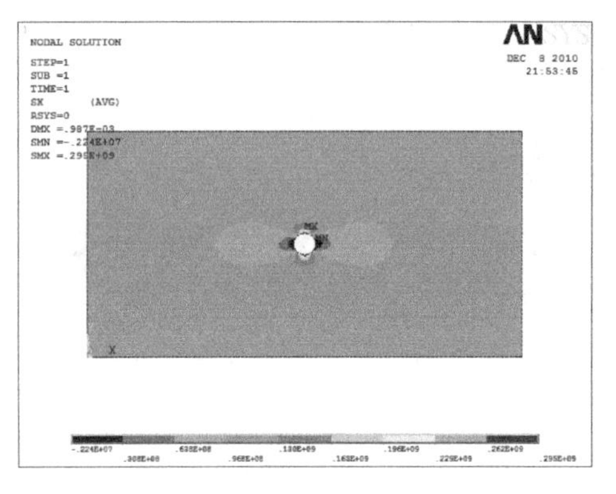

（b）正应力σ_x云图　　　　（c）正应力σ_x云图放大

图 C-2　圆孔应力集中

3．矩形截面直杆扭转

尺寸、所施加载荷如图 C-3（a）所示，发生扭转变形。提取中间位置横截面上的切应力τ_{xy}（如图 C-3（b）所示）和切应力τ_{xz}（如图 C-3（c）所示）的应力云图，并画出横截面长边上的切应力τ_{xy}沿高度变化曲线（如图 C-3（d）所示），以及短边上的切应力τ_{xz}沿宽度变化曲线（如图 C-3（e）所示）。图 C-3（f）所示为各点位移合矢量的表示图。

从图 C-3（b）～（e）所示应力云图和曲线可知，切应力在矩形各边变化规律与理论分析的结果一致。即各边中点切应力最大，角点切应力最小，但数值分析结果角点处切应力不为零。从图 C-3（f）可知，各点位移的大小、方向不同，从而使横截面发生翘曲。

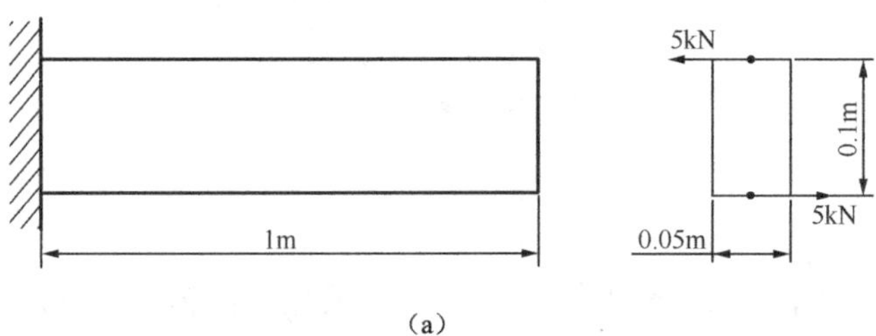

（a）

图 C-3　矩形截面直杆扭转

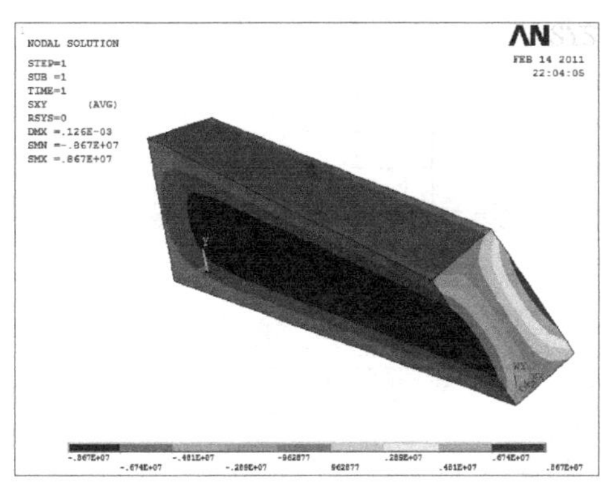

（b）τ_{xy}应力云图

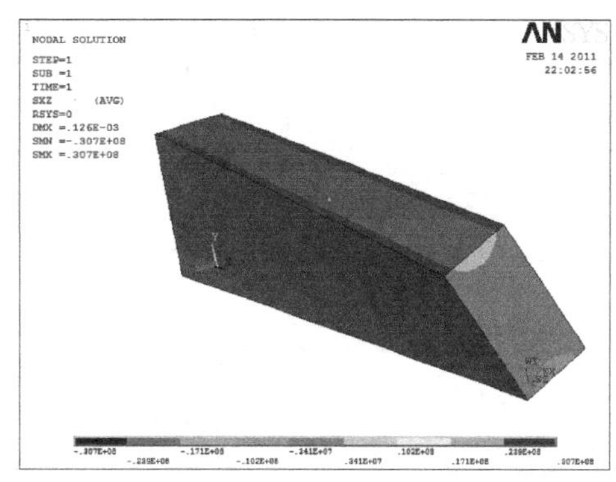

（c）τ_{xz}应力云图

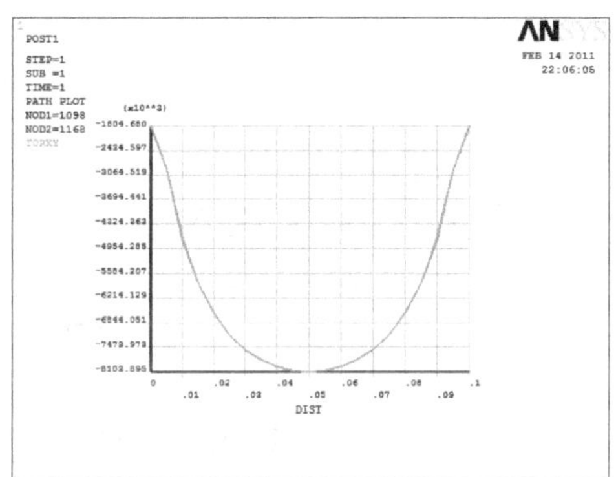

（d）τ_{xy}沿高度变化

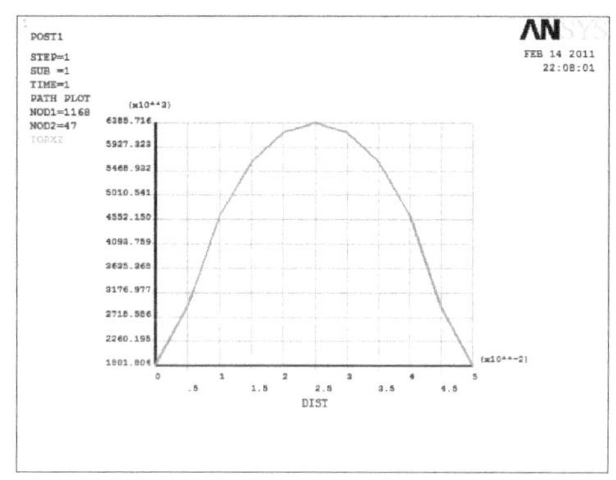

（e）τ_{xz}沿宽度变化

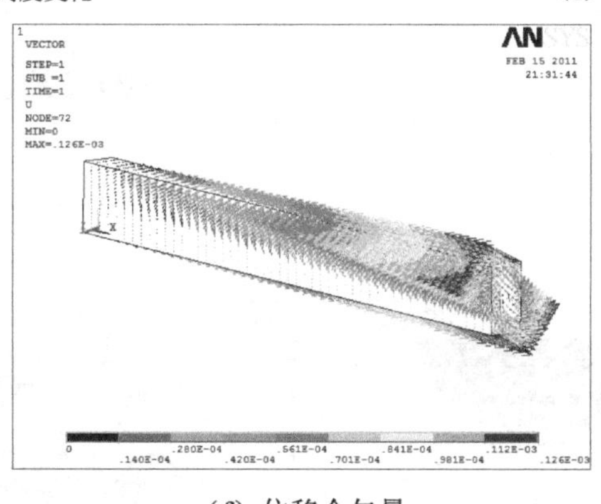

（f）位移合矢量

图C-3 矩形截面直杆扭转（续）

4. 横力弯曲

尺寸、所施加载荷如图C-4（a）所示，发生弯曲变形。正应力σ_x、切应力τ_{xy}的应力云图和沿高度变化与材料力学分析一致。正应力σ_y的应力云图和沿高度变化与弹性力学分析一致。

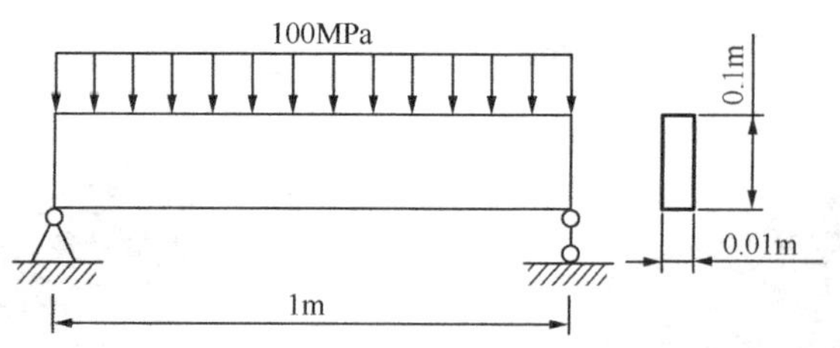

（a）

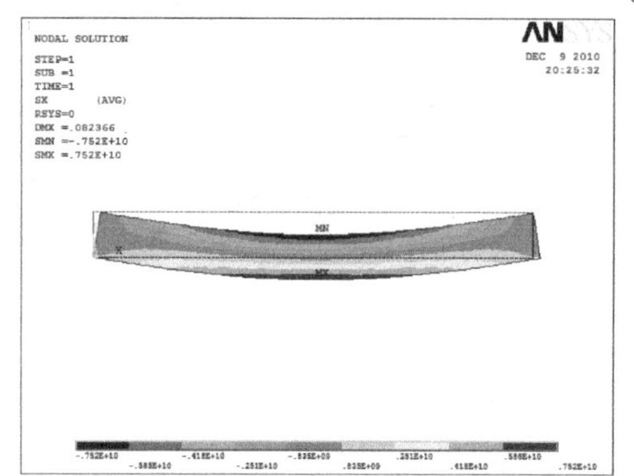

（b）正应力σ_x云图

（c）正应力σ_y云图

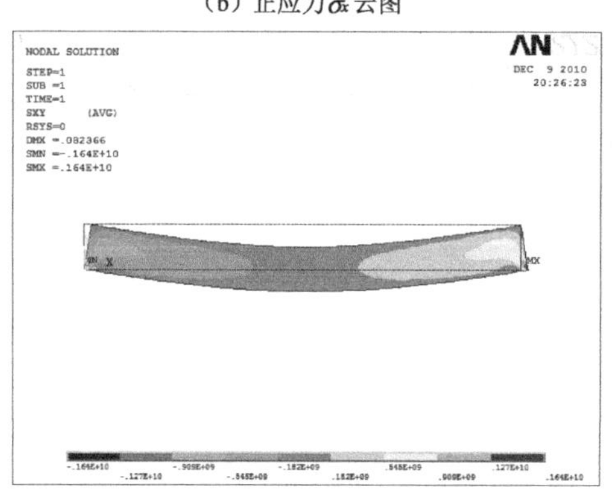

（d）切应力τ_{xy}云图

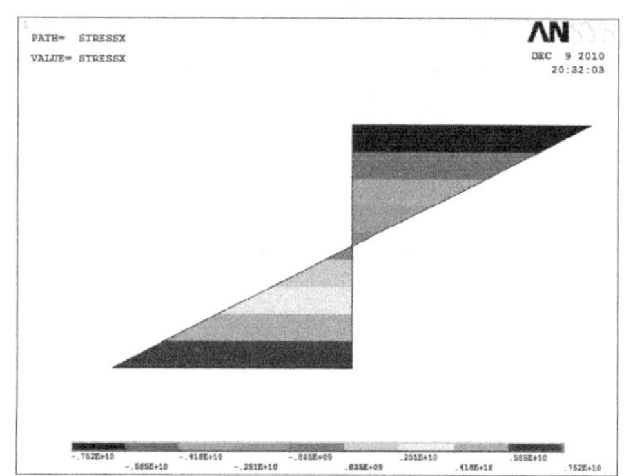

（e）正应力σ_x沿高度变化

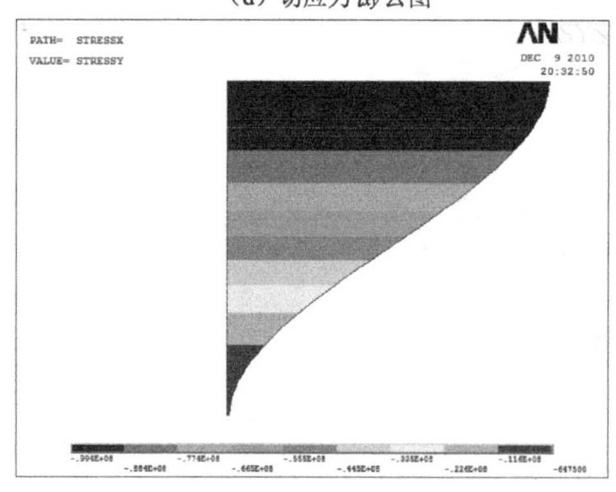

（f）正应力σ_y沿高度变化

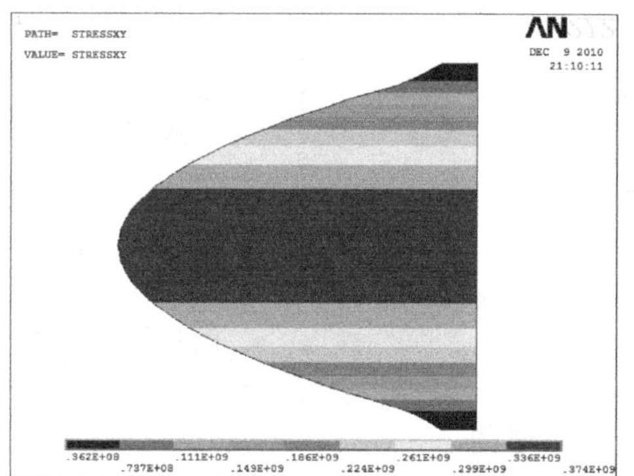

（g）切应力τ_{xy}沿高度变化

图C-4　横力弯曲

5．冲击问题

如图 C-5（a）所示，质量块沿铅直方向以 15m/s 冲击梁，质量块和梁的材料均为钢。图 C-5（b）所示为提取正应力σ_x的三个不同点，图 C-5（c）所示为三个不同点正应力σ_x-时间曲线，图 C-5（d）所示为不同时刻正应力σ_x云图。

由图 C-5（c）、（d）所示可知，不同点正应力随时间的变化规律不同，不同时刻梁上的正应力也不同，这是因为应力波在梁中来回反射而形成的。

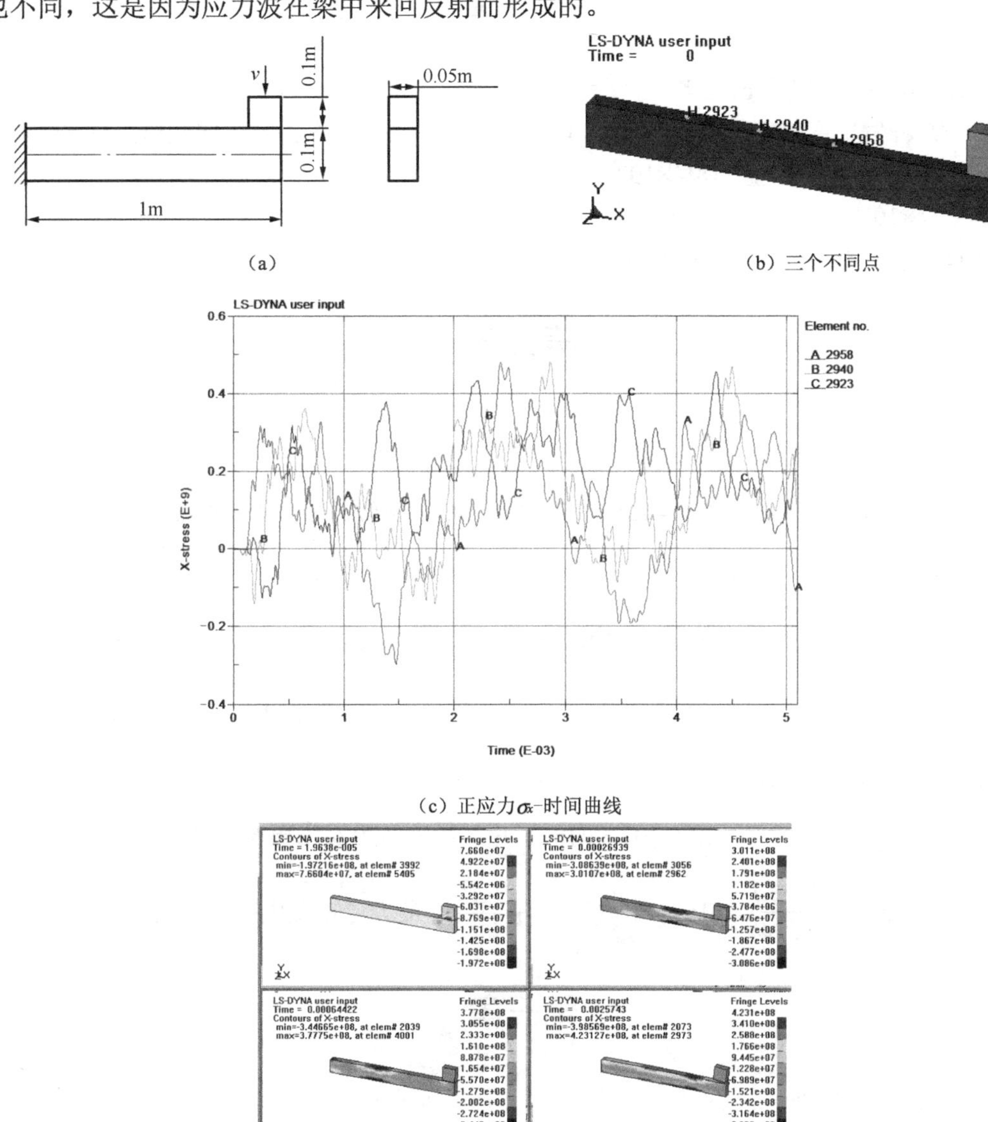

（a）　　　　　　（b）三个不同点

（c）正应力σ_x-时间曲线

（d）不同时刻正应力σ_x云图

图 C-5　冲击问题

习题答案

第一章

1-4.（a）0；（b）γ；（c）2γ

1-6. AB 杆发生弯曲变形，F_S=1kN，M=1kN·m；BC 杆发生轴向拉伸变形，F_N=2kN

1-7. $\varepsilon_{CE}=2.5\times10^{-3}$，$\varepsilon_{BD}=1.07\times10^{-3}$

1-8. $\varepsilon=5\times10^{-4}$

1-9. $(\varepsilon_{AB})_m=-8\times10^{-3}$，$\gamma_{xy}=0.0121$ rad

第二章

2-7.（a）

2-8. C

2-9. $F_{Smax}=P/2$，发生在任意一梁靠近支座处；$M_{max}=Pl/2$，发生在 AB 梁靠近中间位置处

2-17.（a）$F_{Smax}=2P$，　$M_{max}=Pa$　　（b）$F_{Smax}=\dfrac{5}{3}P$，　$M_{max}=\dfrac{5}{3}Pa$

（c）$F_{Smax}=-1.4$kN，$M_{max}=2.4$ kN·m　　（d）$F_{Smax}=-\dfrac{3}{2}qa$，$M_{max}=-2qa^2$

（e）$F_{Smax}=\dfrac{1}{2}qa$，$M_{max}=\dfrac{1}{4}qa^2$　　（f）$F_{Smax}=27.5$kN，$M_{max}=30$ kN·m

2-18.（b）$x=l/2$，$M_{max}=Pl/4$；$x=l/2$，$M_{max}=Pl/4$

（c）$x=\dfrac{l}{2}-\dfrac{d}{4}$，$M_{max}=\dfrac{P}{2}(l-d)+\dfrac{Pd^2}{8l}$，最大弯矩发生在左轮处

或 $x=\dfrac{l}{2}-\dfrac{3d}{4}$，$M_{max}=\dfrac{P}{2}(l-d)+\dfrac{Pd^2}{8l}$，最大弯矩发生在右轮处

第三章

3-8. $\sigma_{max}=100$MPa

3-9. $\sigma_\alpha=30$MPa，$\tau_\alpha=17.3$MPa

3-10. $\sigma=37.1\text{MPa}<[\sigma]$

3-11. $[F]=40.4$kN

3-12.（1）$d_{max}\leqslant17.8$mm；（2）$A_{CD}\geqslant833\text{mm}^2$；（3）$F_{max}\leqslant15.7$kN

3-13. $\tau=44.8$MPa，$\sigma_{bs}=140.6$MPa

3-14. $\tau=0.952$MPa，$\sigma_{bs}=7.41$MPa

3-15. $d/h=2.4$

3-16．T=145N · m

3-17．τ_{ρ} =35MPa，τ_{max}=87.6MPa

3-18．τ_{max}=19.2MPa

3-19．$\tau_{AC\max}$=49.4MPa<[τ]，τ_{DB}=21.3MPa<[τ]，φ_{max}=1.77°/mm<[φ]

3-20．（1）M_e≤110N · m；（2）φ=0.022rad

3-21．（1）σ_{max}=262MPa；（2）R≥1.12m

3-22．空心轴σ_{max}=93.6MPa；实心轴σ_{max}=159Mpa。空心轴比实心轴的最大正应力减小了 41%。

3-23．σ_{max}=200MPa

3-24．σ_{max}=197MPa

3-25．[F]=122kN，Δl=0.25mm

3-26．F=3.75kN

3-27．No.28a 工字钢；τ_{max}=13.9MPa

3-28．σ_{max}=79.1MPa；若为圆截面，σ_{max}=253MPa

3-29　σ_{max}=15.7MPa；

3-30．x=5.2mm

3-31．b=67.3mm

3-32．$\sigma_{t\max}$=26.9MPa，$\sigma_{c\max}$=32.3MPa

3-33．σ_{max}=121MPa，超过许用应力 0.75%，故可使用

3-34．d=122mm

第四章

4-3．B

4-4．1/8

4-5．C、E

4-6．0，0，$a=\sqrt{2}b$，$\dfrac{(2\sqrt{2}+3)qb^4}{24EI}$

4-7．ql，$\dfrac{9ql^2}{8}$

4-8．$\Delta l = 0.075\text{mm}$

4-9．$\Delta l = \dfrac{A\gamma l^2}{2EA} + \dfrac{Fl}{EA}$

4-10．$[F]=15.1\,\text{kN}$，3.34mm

4-11．$\dfrac{4Fl}{3\sqrt{3}EA}$

4-12．$E=208\,\text{GPa}$，$\mu=0.317$

4-13．1.376°，$\varphi'_{max}=1.769°/\text{m}<[\varphi']$

4-14．$d_1=84.6\text{mm}$，$d_2=74.5\text{mm}$

4-18．（a）$\theta_A=\dfrac{5ql^3}{48EI}$，$w_B=\dfrac{ql^4}{16EI}$

（b）$\theta_A=\dfrac{3Fl^2}{8EI}$，$w_B=\dfrac{19Fl^3}{48EI}$

（c）$\theta_A=-\dfrac{ql^2}{24EI}(5l+12a)$，$w_B=\dfrac{qal^2}{24EI}(5l+6a)$

（d）$\theta_A=\dfrac{ql}{24EI}(4a^2-l^2)$，$w_B=\dfrac{qa}{24EI}(-4a^2l+l^3-3a^3)$

4-19．$x=\dfrac{3l}{8}$，$w_{\max}=\dfrac{39Fl^3}{1024EI}$

4-20．在自由端加一向上的集中力 $F=6EIA$，再加一顺时针集中力偶 $M=6EIAl$

4-21．$w_{\max}=\dfrac{Fl^3}{48EI}=0.012\text{m}<[f]$

4-22．$\Delta_{Cy}=8.22\text{mm}$

第五章

5-4．A

5-5．$U=\dfrac{m^2b}{2GI_{\text{P}}}+\dfrac{(2m)^2a}{2GI_{\text{P}}}$

5-6．D 或 E

5-7．$\dfrac{\partial U}{\partial F}=\sqrt{\left(\dfrac{\partial U}{\partial F_x}\right)^2+\left(\dfrac{\partial U}{\partial F_y}\right)^2}$ 或 $\dfrac{\partial U(F,F_f)}{\partial F_f}=0$

5-8．D

5-9．C

5-10．$U=0.957\dfrac{F^2a}{EA}$

5-11．（a）$U=\dfrac{3F^2l}{4EA}$；（b）$U=\dfrac{M_e^2a}{18EI}$

5-12．（a）$\Delta_{Ay}=\dfrac{2Fl(1+\sqrt{2})}{EA}$；（b）$\Delta_{Ay}=\dfrac{Fl}{EA}\dfrac{1+\cos^3\alpha}{\sin^2\alpha\cos\alpha}$

5-13．（a）$\Delta_{Ay}=\dfrac{Fa^3}{3EI}+\dfrac{Fl^3}{3EI}+\dfrac{Fa^2l}{GI_{\text{P}}}$；（b）$\Delta_{Ay}=\dfrac{F\pi^2R^3}{4EI}$

5-14．（a）$\Delta_{Ax}=\dfrac{Phl^2}{8EI}$（向左），$\theta_A=\dfrac{Pl^2}{16EI}$（顺）

（b）$\Delta_{Ax}=\dfrac{Ph^2}{3E}\dfrac{2h+3l}{I}$（向右），$\theta_A=\dfrac{Ph}{2E}\dfrac{h+l}{I}$（逆）

5-15．（a）$\Delta_A=\dfrac{Fl^3}{3EI}-\dfrac{M_el^2}{2EI}$，$\theta_A=\dfrac{Fl^2}{2EI}$

（b）$\Delta_A=-\dfrac{3qa^4}{8EI}$，$\theta_A=\dfrac{5qa^3}{6EI}$

（c）$\theta_A=-\dfrac{3qa^3}{8EI}$

5-16．$\varDelta_{By}=-\dfrac{4Fl^3}{81EI}$

5-19．$\varDelta_{CD}=58\times10^{-3}\,\text{m}$

5-20.（a）$\varDelta_{By}=\dfrac{13}{72}\dfrac{M_0l^2}{EI}$，$\theta_A=\dfrac{M_0l}{6EI}$；（b）$\varDelta_{By}=\dfrac{5}{96}\dfrac{Fl^3}{EI}$，$\theta_A=\dfrac{5Fl^2}{16EI}$

5-21．$\varDelta_{AB}=\dfrac{FR^3\pi}{EI}+\dfrac{3FR^3\pi}{GI_\text{P}}$

第六章

6-2．B

6-3．C

6-8．C

6-11.（a）σ_1=160.5MPa，σ_3=−30.5MPa，α_0=−23.5°

（b）σ_1=36.3MPa，σ_1=−176.3MPa，α_0=65.6°

（c）σ_2=−17MPa，σ_3=−53MPa，α_0=16.1°

（d）σ_1=170MPa，σ_2=70MPa，α_0=−71.6°

6-12．α=36.87°

6-13.（1）$\sigma_\alpha=-50.6\text{MPa}$，$\tau_\alpha=10.8\text{MPa}$

（2）σ_1=114.7MPa，σ_3=−50.95MPa，α_0=−33.67°

6-14.（1）σ_1=150MPa，σ_2=75MPa，τ_{max}=75MPa；（2）$\sigma_\alpha=131.3\text{MPa}$，$\tau_\alpha=-32.5\text{MPa}$

6-15．σ_1=120MPa，σ_2=20MPa，σ_3=0；α_0=−30°

6-17.（a）$\sigma_1=50\,\text{MPa}$，$\sigma_2=50\,\text{MPa}$，$\sigma_3=-50\,\text{MPa}$，$\tau_{max}=50\,\text{MPa}$

（b）$\sigma_1=52.2\,\text{MPa}$，$\sigma_2=50\,\text{MPa}$，$\sigma_3=-42.2\text{MPa}$，$\tau_{max}=47.2\text{MPa}$

（c）$\sigma_1=130\text{MPa}$，$\sigma_2=30\text{MPa}$，$\sigma_3=-30\text{MPa}$，$\tau_{max}=80\text{MPa}$

6-18.（a）v_ε=22.5×10^{3}J/m^3，v_d=21.7×10^{3}J/m^3

（b）v_ε=20.1×10^{3}J/m^3，v_d=18.9×10^{3}J/m^3

（c）v_ε=48.1×10^{3}J/m^3，v_d=42.5×10^{3}J/m^3

6-19．110.5kW

6-20.（1）σ_1=σ_2=0，σ_3=−50MPa

（2）σ_1=0，σ_2=−16.5MPa，σ_3=−50MPa

（3）σ_1=σ_2=−24.6MPa，σ_3=−50MPa

6-22．σ_{r3}=900MPa，σ_{r4}=842MPa

6-23．σ_{r2}=26.8MPa

6-24．第三强度理论，p=1.2MPa；第四强度理论，p=1.39MPa

6-25．σ_{r1}=20.38MPa

6-26．[P]=785N

6-27．σ_{r3}=58.35MPa

6-28．δ=4.3mm

6-29．d=67.2mm

6-30．σ_{r3}=144MPa

第七章

7-4. A
7-5. D
7-6. B
7-7. B
7-8. $F_{cr}=16.8\text{kN}$
7-9. $F_{cr}=119\text{kN}$， $n=\dfrac{119}{70}=1.7<n_{st}$ 不安全，98.7kN
7-10. $[F]=205\text{kN}$， $[F]=72.4\text{kN}$
7-11. $[F]=74.6\text{kN}$
7-12. $[F]=168\text{kN}$
7-13. $[F]=59.1\text{kN}$， $[F]=174\text{kN}$
7-14. $[F]=7.5\text{kN}$
7-15. $d\leqslant 41.4\text{mm}$
7-16. $n=6.5>n_{st}$，安全
7-17. $a=12.2\text{cm}$， $F_{cr}=507\text{kN}$

第八章

8-1. −0.5，100，−50，25，75
8-2. $1+\sqrt{1+\dfrac{2h}{\delta_{st}}}$， $\left(1+\sqrt{1+\dfrac{2h}{\delta_{st}}}\right)f_{st}$， $\left(1+\sqrt{1+\dfrac{2h}{\delta_{st}}}\right)\sigma_{st}$
8-3 $\left(1+\sqrt{1+\dfrac{2h}{\delta_{st}}}\right)f_{Dst}$，$D$ 截面
8-4. D 截面的静挠度
8-5. C
8-6. B
8-7. D
8-8.（d）
8-9.（a）
8-10. $F_{Nx}=A\gamma x\dfrac{a}{g}$
8-11. $\sigma_{max}=\dfrac{\gamma\omega^2 l^2}{2g}$，发生在 $x=l$ 处
8-12. $\varDelta=\dfrac{3\pi R^5 A\gamma}{EIg}\omega^2$
8-13. $d=37.6\text{mm}$
8-14. $d=35.9\text{mm}$， $\sigma_{max}=64.6\text{MPa}$

8-15. $\sigma_a = 115.5\text{MPa}$，$\sigma_b = 81.6\text{MPa}$

8-16. $\sigma_b = 49\text{MPa}$，$\sigma_c = 40\text{MPa}$

8-17. $\delta_d = 74.4\text{mm}$，$\sigma_{d\max} = 168.5\text{MPa}$

8-18. $\delta_{d\max} = \sqrt{\dfrac{Gl^3v^2}{3EIg}}$，$\sigma_{d\max} = \dfrac{v}{W}\sqrt{\dfrac{3GEI}{gl}}$

8-19. 最大冲击应力发生在 B 截面处，$\sigma_{d\max} = \dfrac{\omega}{W}\sqrt{\dfrac{3GlEI}{g}}$

8-20. $P_d = 95.6\text{kN} < 120\text{kN}$

8-21. $r = -\dfrac{2}{3}$

8-22. $\varepsilon = 0.78$，$\beta = 0.72$，$k_\sigma = 1.453$，$K_\sigma = 2.59$，$k_\tau = 1.178$，$K_\tau = 2.1$

8-23. 疲劳强度不够

8-24. $n_\sigma = 2.46 > 1.7$

第九章

9-8. F_1=30kN，$\sigma_1 = 30\text{MPa}$；F_2=60kN，$\sigma_2 = 60\text{MPa}$

9-9. $F_{N1}=\dfrac{F}{2(1+\sqrt{2})}$，$F_{N2}=\dfrac{(1+2\sqrt{2})F}{2(1+\sqrt{2})}$，$F_{N3}=\dfrac{\sqrt{2}F}{2(1+\sqrt{2})}$

9-10. $\sigma_1 = 100.8\text{MPa}$；$\sigma_2 = 50.4\text{MPa}$

9-11. $\sigma_1 = 16.2\ \text{MPa}$；$\sigma_2 = 45.9\ \text{MPa}$

9-12. F=698kN

9-13. 当 $h=\dfrac{4}{5}l>\dfrac{l}{3}$ 时，F_{NAC}=7kN，F_{NBC}=22kN；

当 $h=\dfrac{1}{5}l<\dfrac{l}{3}$ 时，F_{NAC}=0kN，F_{NBC}=15kN

9-14. $F_A=F_B=\dfrac{3}{16}ql$，$F_C=\dfrac{5}{8}ql$

9-15. w_D=5.06mm

9-16. F_s=82.6N

9-17. $\dfrac{5}{4}F$，39%

9-18. 右端支反力 $F=\dfrac{1}{8}ql$

9-19. $F_{AB}=\dfrac{4\pi R^2F}{4I+\pi AR^2}$

9-20. W_E=4.86mm

9-21. $F_{NAD}=\dfrac{F\sin^2\alpha}{1+\cos^3\alpha+\sin^3\alpha}$（拉），$F_{NBD}=\dfrac{F(1+\cos^3\alpha)}{1+\cos^3\alpha+\sin^3\alpha}$（拉），

$F_{NCD}=\dfrac{F\sin^2\alpha\cos\alpha}{1+\cos^3\alpha+\sin^3\alpha}$（压）

9-22．$M_{\max}=\dfrac{Fl_1}{8}\left(1+\dfrac{I_1l_2}{I_2l_1+I_1l_2}\right)$

9-23．$M_A=-\dfrac{6}{7}Fa$

9-24．M=-0.099PR

9-25．中间截面 $M=9.13\dfrac{EI\alpha T}{R}$，$F_N=4.78\dfrac{EI\alpha T}{R^2}$

附录 A　平面图形的几何性质

A-1．C

A-2．C

A-3．$\dfrac{b^4}{48}$，$\dfrac{b^4}{48}$

A-4．$\dfrac{a^4}{12}$

A-6．$S_y=\dfrac{4}{15}bh^2$，$S_z=\dfrac{1}{4}hb^2$，$y_C=\dfrac{3}{8}b$，$z_C=\dfrac{2}{5}h$

A-7．（a）$y_C=0,z_C=\dfrac{h(2a+b)}{3(a+b)}$；（b）$y_C=0$，$z_C=261\text{mm}$；（c）$y_C=0$，$z_C=141\text{mm}$；

（d）$y_C=z_C=\dfrac{5}{6}a$；（e）$y_C=0$，$z_C=\dfrac{d^2e}{(D^2-d^2)}$；（f）$y_C=0$，$z_C=0.663\text{m}$

A-8．（a）$I_y=I_z=5.58\times10^4\text{mm}^4$，$I_{yz}=7.75\times10^4\text{mm}^4$；（b）$I_y=I_z=\dfrac{\pi R^4}{16}$，$I_{yz}=\dfrac{R^4}{8}$；

（c）$I_y=\dfrac{1}{3}bh^3$，$I_z=\dfrac{1}{3}hb^3$，$I_{yz}=-\dfrac{b^2h^2}{4}$；

（d）$I_y=\dfrac{1}{12}bh^3$，$I_z=\dfrac{1}{12}bh(3b^2-3bc+c^2)$，$I_{yz}=\dfrac{b\ h^2}{24}(3b-2c)$

A-9．9.4%，29.5%，94.5%

A-10．$z_C=154\text{mm}$，$I_{yC}=5832\times10^4\text{mm}^4$

A-11．182mm

A-12．（a）$I_{x0}=1.6297\times10^7\text{mm}^4$；（b）$I_{x0}=5.357\times10^7\text{mm}^4$

A-13．（a）$I_y=1210\times10^4\text{mm}^4$，$I_{yz}=0$；（b）$I_y=1172\times10^4\text{mm}^4$，$I_{yz}=0$

A-14．$\alpha_0=-13.5°$，$I_{y0}=76.1\times10^4\text{mm}^4$，$I_{z0}=19.9\times10^4\text{mm}^4$

A-15．$\alpha_0=20.4°$，$I_{y0}=7039\times10^4\text{mm}^4$，$I_{z0}=5390\times10^4\text{mm}^4$

参考文献

[1] 刘鸿文．材料力学（第四版）[M]．北京：高等教育出版社，2004.

[2] 刘鸿文．简明材料力学[M]．北京：高等教育出版社，1997.

[3] 孙训方，方孝淑，关来泰．材料力学（第四版）[M]．北京：高等教育出版社，2006.

[4] 苟文选．材料力学[M]．北京：科学出版社，2005.

[5] 王复兴．材料力学（第二版）[M]．北京：兵器工业出版社，2001.

[6] R. C. Hibbeler. Mechanics of materials（Fifth edition）[M]．北京：高等教育出版社，2004.

[7] 范钦珊，殷雅俊．材料力学（第二版）[M]．北京：清华大学出版社，2008.

反侵权盗版声明

电子工业出版社依法对本作品享有专有出版权。任何未经权利人书面许可，复制、销售或通过信息网络传播本作品的行为，歪曲、篡改、剽窃本作品的行为，均违反《中华人民共和国著作权法》，其行为人应承担相应的民事责任和行政责任，构成犯罪的，将被依法追究刑事责任。

为了维护市场秩序，保护权利人的合法权益，我社将依法查处和打击侵权盗版的单位和个人。欢迎社会各界人士积极举报侵权盗版行为，本社将奖励举报有功人员，并保证举报人的信息不被泄露。

举报电话：（010）88254396；（010）88258888

传　　真：（010）88254397

E-mail:　　dbqq@phei.com.cn

通信地址：北京市万寿路 173 信箱

　　　　　电子工业出版社总编办公室

邮　　编：100036